Gerald North

Den Mond beobachten

Übersetzt aus dem Englischen
von Rainer Riemann und Stephan Fichtner

Spektrum Akademischer Verlag GmbH
Heidelberg · Berlin

„Den Mond beobachten" ist ein Band der von *Sterne und Weltraum* und *Spektrum Akademischer Verlag* herausgegebenen Reihe Astro-Praxis.

Originaltitel: Observing the Moon. The modern astronomer's guide.

Aus dem Englischen übersetzt von Rainer Riemann, Mainz (Kap.1, 3, 4, 8) und Stephan Fichtner, Stuttgart (Kap.2, 5, 6, 7, 9)

Englische Originalausgabe bei Cambridge University Press. All Rights Reserved. Authorized translation from the English language edition published by Cambridge University Press.
© Gerald North 2000

Bibliografische Information Der Deutschen Biliothek
Die Deutsche Biliothek verzeichnet diese Publikation in der Deutschen Nationalbibliografie; detaillierte bibliografische Daten sind im Internet über http://dnb.ddb.de abrufbar.

ISBN 978-3-8274-1328-4 (Hardcover)

ISBN 978-3-8274-3086-1 (Softcover)

© 2003 Spektrum Akademischer Verlag GmbH Heidelberg · Berlin, Softcover 2013

Lektorat: Katharina Neuser-von Oettingen, Ulrike Finck
Produktion: Katrin Frohberg
Umschlaggestaltung: Kurt Bitsch, Birkenau
Satz und Grafik: TypoDesign Hecker GmbH, Leimen
Druck und Verarbeitung: Druckhaus Beltz, Hemsbach

Titelbild: © Eckhard Slawik, Waldenburg

Vorwort

Das Interesse am Mond steigt und fällt wie die Gezeiten, die er in unseren Meeren erzeugt. In der Zeit der bemannten Apollo-Landungen gab es eine besonders hohe Flut. Seitdem kam es zu einer besonders niedrigen Ebbe, aber die Zeiten ändern sich gerade wieder. Erst vor kurzem haben wir die Sonden *Clementine* und *Lunar Prospector* zum Mond geschickt und die wissenschaftlichen Studien des Mondes nehmen zu. Die Annahme, dass innerhalb der nächsten zwei oder drei Jahrzehnte wieder Menschen auf der unwirtlichen Mondoberfläche wandern werden, ist nicht ganz unbegründet. Doch dann werden wir zurückkehren, um dort zu bleiben.

Wir wissen bereits eine ganze Menge über den Mond, aber es bleiben noch viele Rätsel. Einige davon können vielleicht mit Hilfe von modernen Amateurastronomen gelöst werden. Doch abgesehen von dem Wunsch an vorderster Front der Forschung dabei zu sein gibt es noch eine Menge anderer Gründe für Amateure, ihre Zeit und Energie dem Studium des Mondes oder einem der anderen Himmelskörper mit ihren Teleskopen zu widmen. Ich möchte nicht den Platz verschwenden und alle anderen denkbaren Gründe hier aufführen. Es kommt nur darauf an, dass Sie, der Leser dieses Buches, Interesse an der Erforschung des Mondes haben. Wenn dem so ist, ist das genau das richtige Buch für Sie!

Ich betrachte dieses Buch als einen Leitfaden für den interessierten Amateurastronomen, der zum Mondspezialist werden will. Natürlich bespreche ich praktische Dinge wie die Ausrüstung und Beobachtungstechniken. Doch die Geschichte der Mondforschung und neue wissenschaftliche Erkenntnisse sollen auch nicht zu kurz kommen. Ohne die Wissenschaft (und in einem gewissen Maß auch ohne den geschichtlichen Hintergrund) kann man sich den Mond nur anschauen, und jede ernsthafte Beobachtungstätigkeit wäre sinnlos.

Es war nicht so einfach, all das, was ich sagen wollte, auf die vorgegebene Länge des Buches zurechtzustutzen. Dieses Buch enthält sehr viele Abbildungen, was die Herstellung recht teuer macht. Um zu vermeiden, dass der Kaufpreis im wahrsten Sinne des Wortes in astronomische Höhen klettert, musste ich mich in seiner Länge an die eng begrenzten Vorgaben des Verlages halten. Deshalb muss ich Sie an einigen Stellen, an denen mir nicht ausreichend Platz zur Verfügung stand, auf andere Bücher und Artikel verweisen.

Diese Einschränkung hat jedoch auch etwas Gutes. Wie bereits gesagt handelt es sich bei diesem Buch um einen Leitfaden. Ich beabsichtigte nicht, die endgültige Geschichte der Mondforschung oder eine komplette Darstellung unserer wissenschaftlichen Erkenntnisse über den Mond zu schreiben. Ich will auch nicht behaupten, dass mit diesem Buch das letzte Wort über die Methoden und die Ausrüstung eines praktischen Amateurastronomen gesagt ist. Mein Anspruch war, dass dieses Buch genug praktisches Wissen und Erfahrung enthält, um einem Anfänger einen sehr guten Einstieg in die Mondbeobachtung zu geben. Darüber hinaus soll dieses Buch zu weiteren Studien und praktischer Beobachtungsarbeit anregen. Folgen Sie meinen Hinweisen und versuchen Sie, darüber hinaus noch ein paar Schritte weiter zu gehen. Ihr Wissen über den Mond wird sich dann über die Grenzen dieses Buches hinaus erweitern.

Ich hoffe, Ihnen gefällt dieses Buch und Sie finden es interessant. Viel wichtiger ist, dass Sie mit Ihrem Teleskop die Faszination der Krater, Berge und anderer Mondgebilde selbst entdecken. Abgesehen von den wundervollen Ansichten wird es Sie faszinieren, zu verstehen, wie die einzelnen Mondformationen entstanden sind.

Gerald North
Bexhill on Sea

Danksagung

Folgenden Personen möchte ich meinen Dank aussprechen für die Erlaubnis, Beispiele ihrer Arbeit in diesem Buch zu zeigen: Terry Platt, Gordon Rogers, Tony Pacey, Nigel Longshaw, Andrew Johnson, Roy Bridge, Commander Henry Hatfield und Martin Mobberley. Besonders bedanken möchte ich mich bei Dr. T. W. Rackham und der Manchester University, England, Professor E. A. Whitaker und dem Lunar and Planetary Laboratory, University of Arizona, USA, und der National Aeronautics and Space Administration (NASA) für die Genehmigung, viele ihrer wunderbaren Aufnahmen abzubilden.

Außerdem möchte ich noch Herrn John Hill danken, der mir viele gute Ratschläge zu den Themen Computer und Internet gab und sich die Mühe machte, mich mit reichlich Informationsmaterial einzudecken. Allen oben genannten Personen bin ich zu tiefem Dank verpflichtet.

Gerald North
Bexhill on Sea

Inhaltsverzeichnis

Das ist keine Szene aus einem Science-Fiction-Film, sondern ein echter Astronaut (von *Apollo 17*) bei einem Felsbrocken ('Station 6 Boulder') am Nordmassiv des Taurus-Littrow-Tals auf dem Mond! Das Südmassiv ist auf der anderen Seite des Tals zu sehen. Die *Apollo 17*-Mission im Dezember 1972 war die letzte bemannte Expedition zur Mondoberfläche. (Aufnahme: NASA)

1 Mondbeobachtung

Gerald North

„Eine großartige Einöde"

Fieberhaft aufgeregt saß ich im Schneidersitz vor dem heimischen Fernseher und beobachtete, wie sich die verschwommenen und undeutlichen Umrisse von Neil Armstrong und Buzz Aldrin vor dem verwaschenen Grau der Mondoberfläche bewegten. Dass die Bilder von schlechter Qualität waren, da sie aus vierhunderttausend Kilometern Entfernung zur Erde geschickt wurden, konnte meine Begeisterung kaum dämpfen. Ich konnte sogar ein Spinnenbein ihrer Landefähre erkennen, das sich von dem grauen Etwas der Oberfläche in den tiefschwarzen Streifen des atmosphärelosen Mondhimmels erstreckte. Die Tonqualität war ebenfalls schlecht. Die Worte dieser ersten Menschen auf dem Mond klangen verzerrt und verrauscht und waren meist nur schwer zu verstehen. Dennoch hörte ich aufmerksam zu. Zu diesem Zeitpunkt war ich zwar nur ein kleiner Junge, aber das, was ich gesehen habe, hinterließ einen tiefen Eindruck. Ich hörte Neil Armstrongs Worte, bevor er seinen Fuß auf den Mondboden setzte. Ich hörte, wie Buzz Aldrin die Landschaft um ihn herum als „großartige Einöde" beschrieb. Und ich wünschte mir, ich wäre mit ihnen da oben gewesen, um all das zu sehen.

Ich bin kurz nach Beginn des sogenannten Raumfahrtzeitalters geboren worden. Solange ich mich erinnern kann, war ich an Wissenschaft und Technik interessiert und von einer besonderen Leidenschaft für astronomische Dinge infiziert. Bücher über Naturwissenschaften und Astronomie habe ich begierig verschlungen. Zum Zeitpunkt der ersten Mondlandung besaß ich einen Feldstecher und ein ziemlich kleines terrestrisches Fernrohr. Immer, wenn mir nach Einbruch der Dunkelheit erlaubt wurde nach draußen zu gehen, richtete ich diese bescheidenen Instrumente auf den Mond und starrte auf die dunklen Flecken und Krater, die von ihnen nur unscharf wiedergegeben wurden. Ein richtiges astronomisches Fernrohr, nach dem ich mich sehnte, lag zu diesem Zeitpunkt jenseits meiner finanziellen Möglichkeiten.

Jemand, der zu dieser Zeit noch nicht geboren war, kann sich nur schwer die fieberhafte Erregung und die angespannte Erwartung vorstellen, die sich in den sechziger Jahren breit machte, als die Raumfahrtagenturen der Welt sich mit großen Schritten auf die erste bemannte Mondlandung vorbereiteten. Und ebenso wenig die große Vielfalt an käuflichen Artikeln wie Büchern, Broschüren, Postern und Plastik-Modellbausätzen der verschiedenen Raketen. Die Fernsehsender brachten begeistert Neuigkeiten und Hintergrundberichte über den „Wettlauf zum Mond". Über die Bildschirme flimmerten auch viele Science-Fiction-Sendungen. *„Doctor Who"* und *„Raumpatrouille"* gehörten zu meinen Lieblingssendungen, denn sie handelten von Raumflügen zu anderen Planeten.

In diesen phantastischen Filmen spiegelte sich die Sehnsucht der Öffentlichkeit nach richtigen Astronauten wieder, die zu tatsächlich existierenden fremden Welten fliegen. Und ich teilte diese Sehnsucht.
Die nächsten paar Jahre brachten weitere Fortschritte und noch mehr Mondmissionen. Bild und Ton wurden besser. Weihnachten 1970 war für mich sehr bedeutend, da mir meine Eltern ein ‚richtiges‘ astronomisches Teleskop kauften. Es war ein 3 Zoll (76 mm) Newton-Reflektor. Natürlich war es immer noch kleiner als die Größe, die für ein sinnvolles Arbeiten empfohlen wurde, aber ich werde niemals das Erlebnis vergessen, als ich es zum ersten Mal auf den Mond richtete und auf die großen eisengrauen Mondmeere und die zerklüfteten Gebirgszüge fokussierte. Es dauerte noch ein paar Jahre, bis ich die Möglichkeit hatte, ein größeres Fernrohr zu erwerben. Ich habe viele Stunden damit verbracht, am Okular dieses ersten ‚richtigen‘ Teleskops mein ‚Handwerk‘ zu erlernen. Ich wusste es damals noch nicht, aber die Beobachtung des Mondes wurde zu einem wichtigen Teil meines Lebens. Nachdem ich in Astronomie und Physik promoviert hatte, verbrachte ich sogar einige Jahre als Gastbeobachter am Royal Greenwich Observatorium und konnte so professionelle Teleskope neben anderen Projekten auch zur Mondforschung nutzen. Ich habe bestimmt einige tausend Stunden am Teleskop mit der Beobachtung des Mondes verbracht. Man könnte meinen, dass es mir langsam langweilig würde. Weit gefehlt! Ich hoffe, Ihnen auf den folgenden Seiten dieses Buches zu zeigen, warum. Ich hoffe, dass Sie – wie ich – jedes Mal neu ergriffen sind beim Anblick unseres Himmelsnachbarn und seiner „großartigen Einöde“.

1.1 Eine Steinkugel in der Erdumlaufbahn

Auch heutzutage gibt es Menschen (überraschenderweise sogar in unserer westlichen Gesellschaft), die keine Vorstellung von der wahren Natur unseres Mondes haben. Ich hoffe, dass dies nicht auf die Leser dieses Buches zutrifft. Lassen Sie mich – wenigstens der Vollständigkeit halber – noch einmal einige der wichtigsten Tatsachen wiederholen. Der Mond ist ein fester, gesteinsförmiger Körper mit einem Äquatordurchmesser von 3476 km. Er umrundet die Erde in einer mittleren Entfernung von 384000 km. Obwohl er uns am Nachthimmel sehr hell erscheint, erzeugt er kein eigenes Licht. Er leuchtet nur durch die Reflektion von Sonnenlicht (abgesehen von einem winzigen Anteil Fluoreszenz, der von der Absorption unsichtbarer kurzwelliger Sonneneinstrahlung und der Absorption der kinetischen Energie des Sonnenwindes herrührt und im sichtbaren Licht wieder abgestrahlt wird).
Der Durchmesser des Mondes beträgt mehr als ein Viertel des Erddurchmessers (12756 km), deshalb betrachtet man das System Erde-Mond eher als Doppelplanet statt als richtigen Planeten mit Satellit. Natürlich ist die Aussage, dass der Mond die Erde umkreist, nur annähernd richtig. In Wirklichkeit umkreisen beide ihren gemeinsamen Schwerpunkt, das sogenannte Barizentrum. Bei zwei

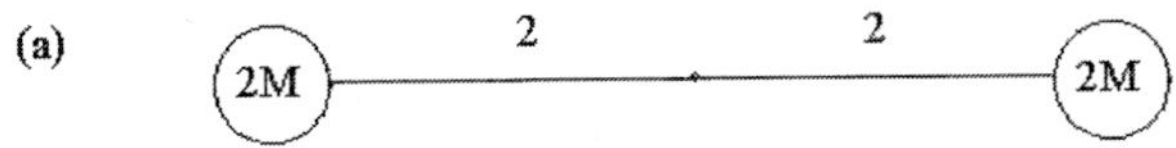

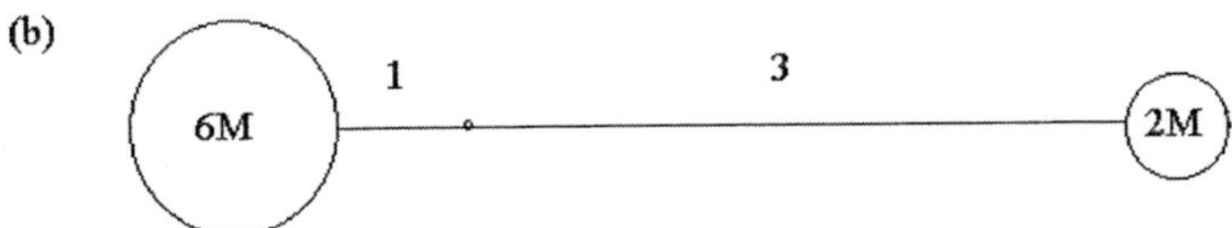

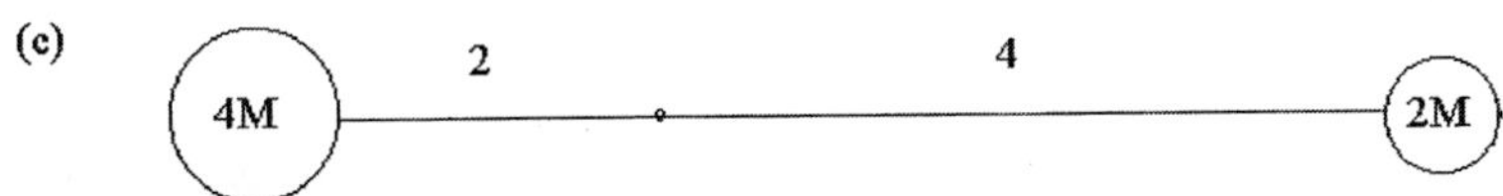

Abb. 1.1 Positionen des gemeinsamen Schwerpunkts bei Körpern unterschiedlicher Massen. In allen Fällen ist die Entfernung der Körper zu ihrem gemeinsamen Schwerpunkt umgekehrt proportional zum Verhältnis ihrer Massen.

sich einander umkreisenden Körpern gleicher Masse liegt der Schwerpunkt des Systems genau in deren Mitte (siehe Abbildung 1.1(a)).

Wenn einer der Körper schwerer ist als der andere, liegt der Schwerpunkt immer noch zwischen beiden, aber er ist zu dem schwereren hin verschoben. Das Verhältnis der Abstände beider Körper zu ihrem gemeinsamen Schwerpunkt ist umgekehrt proportional zum Verhältnis ihrer Massen, wie in Abbildung 1.1(b) und 1.1(c) gezeigt wird. Im Fall von Erde und Mond beträgt die Masse des Mondes $7{,}35 \times 10^{22}$ kg und die Masse der Erde $5{,}89 \times 10^{24}$ kg, die Erde ist also 81-mal schwerer als der Mond. Daraus ergibt sich ein Verhältnis der Abstände vom Mittelpunkt des Mondes zum Schwerpunkt und vom Mittelpunkt der Erde zum Schwerpunkt von 81:1. Oder anders gesagt, der gemeinsame Schwerpunkt liegt $^1/_{82}$ des Weges auf einer Verbindungslinie vom Mittelpunkt der Erde zum Mittelpunkt des Mondes. $^1/_{82}$ von 384000 km ist etwas weniger als 4700 km, also liegt der gemeinsame Schwerpunkt noch innerhalb der Erdkugel. Die Erde eiert zwar etwas, wenn der Mond sie umkreist, aber die Aussage, dass der Mond die Erde umkreist, ist annähernd richtig und ich denke, dass uns zumindest diese Tatsache berechtigt, den Mond als Satelliten der Erde zu betrachten, statt als Doppelplaneten.

1.2 Mondphasen und Finsternisse

Heutzutage wissen die meisten Menschen, dass die Sonne im Mittelpunkt unseres Planetensystems steht und sie von den Planeten in unterschiedlichen Abständen umkreist wird. Ich habe an anderer Stelle die Geschichte dieser Entdeckung ausführlich beschrieben (,*Astronomy explained*', Springer-Verlag 1997), hier sei nur gesagt, dass die Forschungsergebnisse von Kopernikus und Galileo gegen Ende des 16. Jahrhunderts eine Revolution darstellten. Früher glaubte man, dass alle Himmelskörper die Erde umkreisen, doch nur ein einziger Himmelskörper wurde nicht von der neuen Theorie von seinem angestammten Platz in der Erdumlaufbahn vertrieben: der Mond.

Der Mond braucht für einen vollständigen Umlauf um die Erde braucht 27,3 Tage. Man nennt diese Zeitspanne auch einen *siderischen* Monat. Am Anfang des 17. Jahrhunderts stellte Johannes Kepler fest, dass die Umlaufbahnen der Planeten um die Sonne Ellipsen sind statt Kreise, wie noch von Kopernikus angenommen wurde. Die Umlaufbahn des Mondes ist ebenfalls eine Ellipse. Am Punkt seines kleinsten Abstandes von der Erde, dem sogenannten *Perigäum*, beträgt die Entfernung zwischen dem Mittelpunkt der Erde und dem des Mondes 356410 km. Diese nimmt im erdfernsten Punkt, dem sogenannten *Apogäum*, bis auf 406679 km zu.

Abbildung 1.2 zeigt die Entstehung der *Mondphasen* im Verlauf eines kompletten Mondzyklus, der auch als *Lunation* bezeichnet wird. Das Diagramm erklärt jedoch nicht, warum dieser Zyklus nicht ebenso lang ist wie der siderische Monat, nämlich 27,3 Tage. Während der Mond sich um die Erde dreht, bewegt sich die Erde auf ihrer Umlaufbahn ein Stückchen weiter. Deswegen ändert sich die Richtung aus der das Sonnenlicht kommt ein wenig. Es kommt nicht immer aus derselben Richtung wie im Diagramm. Deshalb muss der Mond von einem Neumond zum nächsten etwas mehr als einen Umlauf um die Erde zurücklegen. Dementsprechend beträgt die Länge einer Lunation oder eines *synodischen* Monats, also die Zeitdauer zwischen zwei Neumonden 29,5 Tage.

Ebenso wie die Mondphasen ist auch das sogenannte „Erdlicht" ein seit alter Zeit bekanntes Phänomen. Man nennt diese Erscheinung, die in Abbildung 1.3 zu sehen ist, auch oft poetisch „der alte Mond in den Armen des neuen".

Wenn der Mond nur eine schmale Sichel ist, kann man sie gut ohne optische Hilfsmittel mit dem bloßen Auge erkennen, mit einem kleinen Opernglas oder Feldstecher wird sie noch deutlicher. Die Ursache hierfür ist das von der Erde reflektierte Sonnenlicht, das die erdzugewandte Mondseite beleuchtet, auf der eigentlich Nacht herrscht. Leonardo da Vinci war der Erste, der die richtige Erklärung für diesen Effekt gab.

Das Erdlicht ist am besten zu sehen, wenn die Sichel des Mondes sehr dünn ist, denn dann wird es von der sonnenbeleuchteten Seite nicht so sehr überstrahlt. Wenn der Mond uns von der Erde aus gesehen als schmale Sichel erscheint, sieht man von der Mondoberfläche aus fast „Vollerde". Die Phasen des Mondes sind denen der Erde (vom Mond aus gesehen) nämlich genau entgegengesetzt. Wenn also die Mondsichel sehr dünn ist, ist das von der Erde reflektierte Licht, das

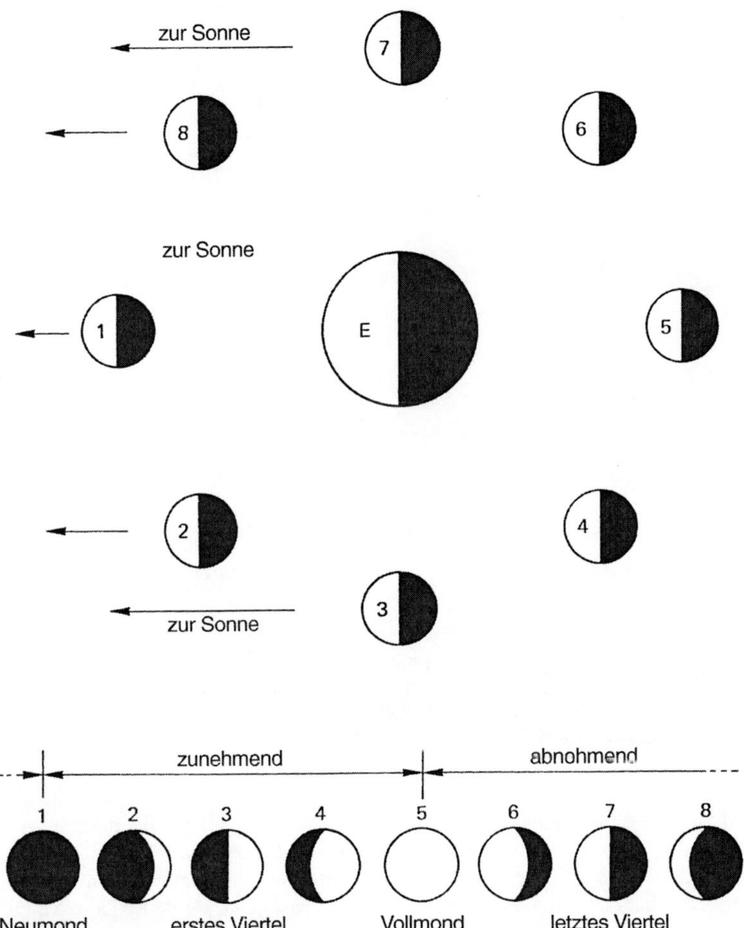

Abb. 1.2 Die Phasen des Mondes. Der obere Teil des Abbildung zeigt den Mond auf verschiedenen Positionen seiner Umlaufbahn. Die dazugehörigen Phasen, die wir auf der Erde sehen, sind im unteren Teil der Abbildung dargestellt.

den Mond beleuchtet, am hellsten. Abgesehen davon ist die scheinbare Helligkeit des Erdlichts auch von dem Grad der Bewölkung der Erdatmosphäre abhängig. (Vom Mond aus gesehen erscheint die Erde am hellsten, wenn sie in eine dichte Wolkendecke gehüllt ist.) Schließlich spielen die Beobachtungsbedingungen auch noch eine nicht unbedeutende Rolle. Wie man erwartet, wird die Sichtbarkeit des Erdlichtes auch durch Dunst und schlechte Sicht behindert.

Abb. 1.3(a) Erdlicht. Photographiert vom Autor mit einer einfachen Kamera mit 58 mm Objektiv, Blende 2 auf 3M 1000 Farbdiafilm.

Abbildung 1.2 ist auch in einem weiteren Punkt nicht ganz richtig, denn sie zeigt nicht die wahren räumlichen Beziehungen von Erde, Mond und Sonne untereinander. Wenn man weiß, dass die Erde im Raum einen gewaltigen kegelförmigen Schatten wirft, könnte man annehmen, dass unser Begleiter jedes Mal bei Vollmond durch diesen Schattenkegel hindurch muss (siehe Abbildung 1.4). Natürlich gibt es solche Mondfinsternisse, aber sie ereignen sich nicht bei jedem Vollmond. Genauso wenig treten Sonnenfinsternisse (siehe Abbildung 1.5) bei jedem Neumond auf, auch wenn es im Diagramm so aussieht, als ob der Mond zu diesem Zeitpunkt genau zwischen Sonne und Erde steht. Die Ebene der Umlaufbahn des Mondes ist etwa 5° gegen die Ebene der Erdumlaufbahn um die Sonne geneigt.

Ein sehr nützliches Konzept in der Astronomie ist das der Himmelssphäre. Dabei stellt man sich den Himmel, der uns umgibt, als die Innenseite einer riesigen Kugel vor, und die Erde befindet sich als winziger Punkt in der Mitte dieser Kugel. Abbildung 1.6 zeigt eine solche Himmelssphäre, auf die die monatliche Bewegung des Mondes projiziert wurde.

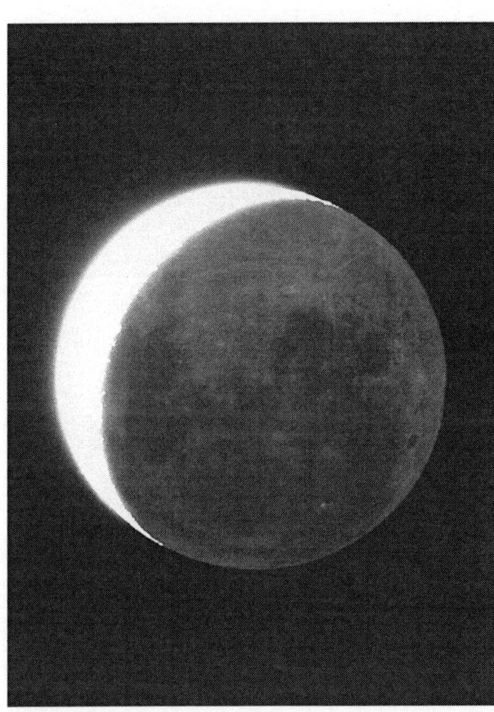

Abb. 1.3(b) Erdlicht. Eine Großaufnahme von Tony Pacey vom 26. März 19:35 UT mit seinem 305 mm f/5,4 Newton-Reflektor. Der von der Sonne beschienene Teil des Mondes ist auf dieser Aufnahme stark überbelichtet. 12 Sekunden belichtet auf *Ilford* FP4 Film.

Die scheinbare Bewegung der Sonne im Laufe eines Jahres wird ebenfalls dargestellt. Diese scheinbare Bewegung ergibt sich in Wirklichkeit aus unserer eigenen Umdrehung um die Sonne, aufgrund der die Sonne von uns aus betrachtet im Laufe eines Jahres vor den Sternbildern des Tierkreises vorüberzuziehen scheint.

Die Projektion dieser scheinbaren Sonnenbahn an den Himmel nennt man *Ekliptik*. Die unterschiedlichen Neigungen der Bahnebenen der Erde und des Mondes erscheinen an der Himmelssphäre als Neigungen der Ekliptik und der Mondbahn. Die Mondbahn und die Ekliptik schneiden sich an zwei gegenüberliegenden Punkten der Himmelssphäre. Den Punkt, an dem der Mond die Ekliptik auf seinem Weg von Süden nach Norden überschreitet, nennt man aufsteigenden Knoten, den anderen Punkt dementsprechend absteigenden Knoten. Sonne und Mond können (von der Erde aus gesehen) nur an derselben Stelle des Himmels stehen, wenn sich beide zum gleichen Zeitpunkt im aufsteigenden oder absteigenden Knoten befinden. Wenn man sich vergegenwärtigt, dass Finsternisse also nur auftreten können, wenn sich Sonne, Erde und Mond zum Zeitpunkt des Vollmondes (für Mondfinsternisse) oder zum Zeitpunkt des Neumonds (für Sonnenfinsternisse) auf einer geraden Linie befinden, ist nicht schwer zu verstehen, warum Finsternisse ziemlich selten sind.

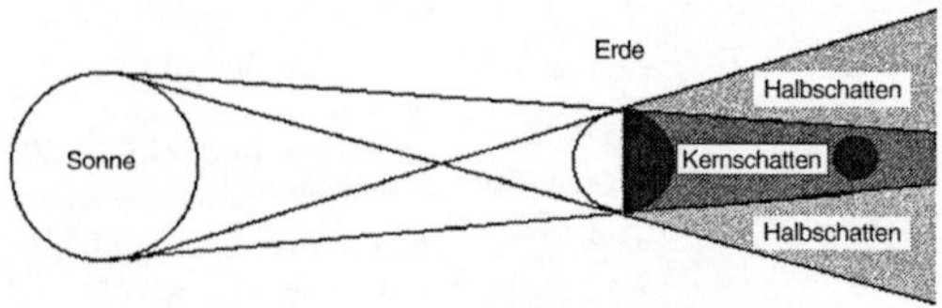

Abb. 1.4 Mondfinsternis. Steht der Mond (schwarze Scheibe) an der angegebenen Position, findet eine totale Mondfinsternis statt. Die Abbildung ist nicht maßstabsgetreu.

Bei den meisten Mondumläufen befindet sich der Neumond etwas nördlich oder südlich der Sonne am Himmel. Auf die gleiche Weise verfehlt der Vollmond in den meisten Fällen den Schattenkegel der Erde.

Abbildung 1.4 zeigt eine *totale Mondfinsternis*, bei der der Mond durch den Kernschatten, die sogenannte *Umbra* wandert. Zuerst tritt der Mond in die Zone des Halbschattens, die sogenannte *Penumbra* ein. Zu diesem Zeitpunkt wird der Mond nur schwach verfinstert. Wenn der Mond dann in den Kernschatten

Abb. 1.5 Sonnenfinsternisse.
(a) Ein Beobachter am Standort b würde eine totale Sonnenfinsternis sehen, während Beobachter an den mit a bezeichneten Stellen nur eine partielle Sonnenfinsternis sehen.
(b) Ein Beobachter am Standort x würde eine ringförmige Finsternis sehen.
Beide Abbildungen sind nicht maßstabsgetreu.

(a)

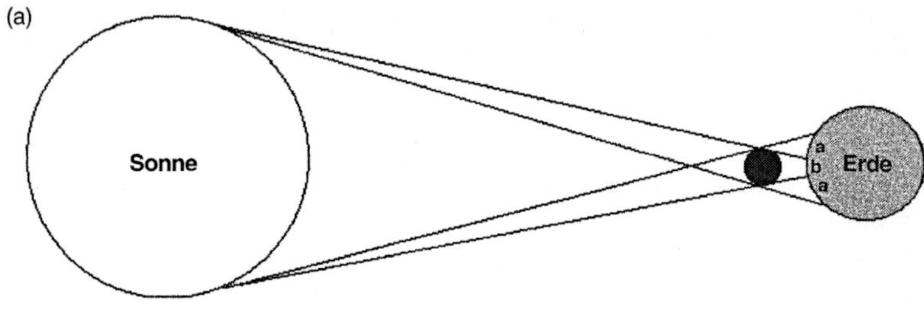

(b)

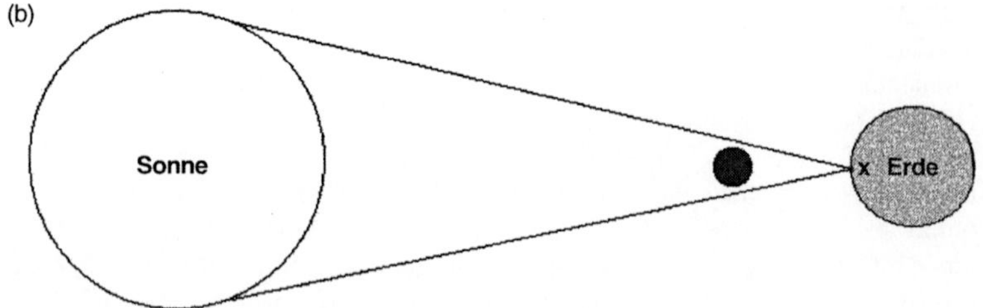

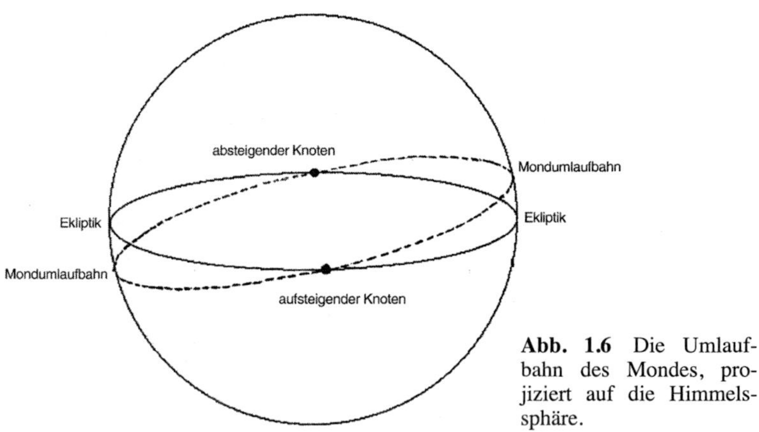

Abb. 1.6 Die Umlaufbahn des Mondes, projiziert auf die Himmelssphäre.

eintritt, scheint ein Stück des Mondes zu fehlen, und er wird immer mehr vom Sonnenlicht abgeschnitten. Bei einer typischen Mondfinsternis dauert es etwa eine Stunde, bis sich der Erdschatten vollständig über die Mondoberfläche gelegt hat (Abbildung 1.7).

Dann ist der Mond von jeglichem direkten Sonnenlicht abgeschnitten. Die Mondoberfläche wird dann nur von Licht beleuchtet, das in der Erdatmosphäre gebrochen und gestreut wurde. Der Mond nimmt dann eine seltsame kupferrote Farbe an. Bei der längst möglichen Finsternis dauert die *Totalität* etwa eine

Abb. 1.7 Die Mondfinsternis vom 3. April 1966, photographiert von Martin Mobberley mit seinem 360 mm Reflektor (im f/5 Newton-Fokus) auf *Fuji* Reala Film.
(a) Belichtung um 22:25 UT mit 1/1000 Sekunde.
(b) 23:00 UT mit 1/250 Sekunde.
(c) 23:20 UT mit 3 Sekunden.

Stunde, und dann braucht es noch etwa eine weitere Stunde, bis der Mond aus der Halbschattenzone austritt.

Wie stark sich der Mond verfinstert und welche Farbe er genau annimmt, ändert sich von Finsternis zu Finsternis (und kann sich sogar im Verlauf einer Finsternis ändern). Auch die genaue Größe des Kernschattens der Erde kann sich von Finsternis zu Finsternis ein wenig verändern, und somit auch die exakte Anfangszeit und Länge einer Finsternis. Die Veränderungen haben nichts Geheimnisvolles an sich, sie geben nur den Zustand der Erdatmosphäre zum Zeitpunkt der Finsternis wieder. Bei einigen Finsternissen befindet sich der Mond nicht nahe genug am Knotenpunkt seiner Bahn und nur ein Teil von ihm dringt in den Kernschatten der Erde ein. Dies nennt man *partielle Mondfinsternis*. Wenn der Mond den Kernschatten vollständig verpasst und nur den Halbschatten durchläuft, so nennt man das eine *Halbschattenfinsternis*, aber die Helligkeitsabnahme des Mondes ist bei Halbschattenfinsternissen so gering, dass man schon sehr genau hinschauen muss. Im Mittel sind pro Jahr etwa zwei Mondfinsternisse irgendwo auf der Erde sichtbar.

Die Beobachtung von Mondfinsternissen

Da sich Mondfinsternisse voneinander unterscheiden, hat deren Beobachtung auch einen wissenschaftlichen Nutzen, auch wenn die Unterschiede durch die Geometrie und den Zustand der Erdatmosphäre bedingt sind und nicht durch Veränderungen des Mondes selbst. Die Beobachtung kann mit dem bloßen Auge, dem Fernglas oder dem Teleskop gemacht werden. Bilder vom Mond kann man zeichnen, photographieren oder mit Videokamera oder astronomischer CCD-Kamera aufnehmen. Informationen zu allen Methoden finden Sie in den betreffenden Kapiteln dieses Buches.

Den Grad der Dunkelheit bei einer Mondfinsternis kann man anhand der *Danjon-Skala* bestimmen. Eine Finsternis der Stufe 0 auf der Danjon-Skala ist am dunkelsten. Zur Mitte der Totalität ist der Mond dann fast unsichtbar. Bei der Stufe 1 ist die Finsternis sehr dunkel mit einem tiefbraunen oder grauen Kernschatten, und auf dem Mond sind nur schwer Oberflächeneinzelheiten auszumachen. Bei Stufe 2 hat der Mond eine tiefrote oder rötlich-braune Farbe, am Rand des Kernschattens kann er aber auch hellorange sein. Eine Finsternis der Danjon-Stufe 3 ist noch heller, der Kernschatten erscheint in der Mitte kupferrot und am Rand hellgelb. Die Danjon-Stufe 4 ist die hellste, der Mond erscheint dann zur Mitte der Totalität hellorange oder sogar gelb.

Die Ein- und Austrittszeiten des östlichen und westlichen Mondrandes oder bestimmter Mondformationen sind von besonderem Interesse, ebenso Beschreibungen (am besten mit Photographien oder Zeichnungen) des Erscheinungsbildes des Kernschattens (und des Verfinsterungsgrades des Halbschattens) und die Erscheinung bestimmter Einzelheiten der Mondoberfläche im Verlauf der Finsternis. Suchen Sie doch selbst einmal nach ungewöhnlichen Erscheinungen. (Dem kontroversen Gegenstand der TLPs, transienter lunarer Phänomene –

Abb. 1.8 Partielle Sonnenfinsternis vom 20. Juli 1982. Aufnahme vom Autor mit einer Spiegelreflexkamera mit 58 mm Objektiv. Belichtung: 1/500 Sekunde bei Blende 16 auf *Kodak* Ektachrome 400 Film.
(a) Aufnahme um 19:26 UT.
(b) Aufnahme um 19:33 UT.

vorübergehender Erscheinungen auf der Mondoberfläche – ist Kapitel 9 dieses Buches gewidmet.)

Ich sollte vielleicht noch betonen, dass Abbildung 1.5, die die Entstehung von Sonnenfinsternissen zeigt, der Einfachheit halber nicht maßstabsgerecht ist. Ich empfand schon es immer als merkwürdigen Zufall, dass Sonne und Mond von der Erde aus gesehen scheinbar die gleiche Größe haben. Ihr Winkeldurchmesser beträgt $\frac{1}{2}°$, was in etwa der Größe eines Zentimeters entspricht, den man im Abstand von einem Meter betrachtet. So ergibt sich, dass das Verhältnis des Durchmessers der Sonne zu ihrer Entfernung genauso groß ist wie das Verhältnis des Durchmessers des Mondes zu seiner Entfernung.

Wie Abbildung 1.5 zeigt, kann man eine *totale Sonnenfinsternis* zu einem bestimmten Zeitpunkt nur in einem begrenzten Bereich der Erdoberfläche sehen. Wegen der Umdrehung der Erde und der relativen Bewegung von Erde und Mond wandert dieses kleine Gebiet über die Erdkugel. So erzeugt sie einen schmalen Pfad auf der Erdoberfläche, innerhalb dessen eine totale Finsternis sichtbar ist. In allen anderen Gebieten ist bestenfalls *ein partielle Sonnenfinsternis* zu sehen (Abbildung 1.8).

Die Dauer der Totalität ändert sich von Finsternis zu Finsternis und beträgt maximal 8 Minuten. Der Grund für die unterschiedlichen Längen liegt an der Tatsache, dass die Umlaufbahn der Erde um die Sonne (und auch die Mondumlaufbahn) etwas elliptisch sind. Die Totalität dauert am längsten, wenn eine Finsternis auftritt, während die Erde sich im sonnenfernsten Punkt ihrer Bahn, dem sogenannten *Aphel* befindet und der Mond im Perigäum ist. Im entgegengesetzten Fall, wenn die Erde in ihrem sonnennächsten Punkt, dem sogenannten *Perihel* steht und der Mond sich im Apogäum befindet, ist die scheinbare Größe der Mondscheibe sogar kleiner als die der Sonne. Dann wird die Sonne vom Mond nicht vollständig bedeckt, und zur Mitte der Finsternis ist die dunkle Mondscheibe von einem hellen Ring aus Sonnenlicht umgeben. Dies nennt man dann *ringförmige Sonnenfinsternis*. Abbildung 1.5(b) zeigt das Zustandekommen einer solchen ringförmigen Sonnenfinsternis.

Eine totale Sonnenfinsternis ist ein spektakuläres Erlebnis. Im Lauf einer Stunde wird ein immer größer werdendes Stück der Sonnenscheibe verdeckt, wenn sich der am Taghimmel unsichtbare Mond vor die Sonne schiebt. Schließlich verschwindet auch der letzte Lichtstrahl der sichtbaren Sonnenoberfläche (der *solaren Photosphäre*). Der Himmel wird rapide dunkel und die *Sonnenkorona* wird sichtbar (Abbildung 1.9).

Oft kann man auch *Sonnenprotuberanzen* sehen, die über den Rand der Mondscheibe hinausragen.

Abb. 1.9 Totale Sonnenfinsternis, photographiert von Martin Mobberley am 3. November 1994 um 12:20 UT in Chile. Martin benutzte ein catadioptrisches *Celestron* C90 Teleskop mit 1000 mm Brennweite und Blende 11. Belichtungszeit: 2 Sekunden auf *Fuji* Velvia Film.

Nach wenigen Minuten brechen die ersten Sonnenstrahlen hinter dem Mondrand hervor, es wird rapide heller, der Mond zieht sich langsam von der Sonnenscheibe zurück und die Sonnenfinsternis wird zur unvergesslichen Erinnerung für den Beobachter, der dieses Schauspiel miterleben konnte.

Während der Mond sich um die Erde dreht, bewegt sich das System von Erde und Mond gemeinsam um die Sonne. Nach einiger Zeit befinden sich dann Sonne, Erde und Mond wieder in einer sehr ähnlichen Stellung zueinander. Das geschieht zum Beispiel alle 6585 Tage (etwas mehr als 18 Jahre), dieser Zeitraum wird auch als *Saroszyklus* bezeichnet. Im Altertum wurde der Saroszyklus zur Vorhersage von Mondfinsternissen benutzt. Wenn an einem bestimmten Tag eine Mondfinsternis stattfindet, so folgt ihr 6858 Tage später eine weitere Mondfinsternis. Das heißt natürlich nicht, dass in der Zwischenzeit keine Mondfinsternisse stattfinden. Es gibt dazwischen auch Finsternisse, aber zu jeder Finsternis gehört eine Finsternis eine Sarosperiode später. Zur Vorhersage von Sonnenfinsternissen eignet sich der Saroszyklus nicht so gut, denn er ist nicht genau genug.

1.3 Gravitation und Gezeiten

Von Isaac Newton wird oft die Anekdote erzählt, dass er im Garten saß und einen Apfel vom Baum fallen sah. Newtons Genie erkannte, dass die Kraft, die den Apfel auf den Boden fallen ließ, auch dieselbe Kraft ist, die den Mond in seiner Bahn um die Erde hält. Er überlegte sich, dass dieselbe Kraft wohl auch zwischen der Sonne und den Planeten herrscht und die Erde und die Planeten auf ihrer Bahn um unser Muttergestirn zwingt. Ob es nun wirklich ein fallender Apfel war, der ihn dazu inspirierte, Newton arbeitete seine Ideen mathematisch aus und veröffentlichte die Ergebnisse im Jahre 1687 in seinem Meisterwerk, der „Principia".

Newton formulierte ein Gesetz, von dem er annahm, dass es im gesamten beobachtbaren Universum Gültigkeit besitzt:

Zwischen zwei Körpern herrscht eine Anziehungskraft, die proportional zum Produkt ihrer Massen und umgekehrt proportional zum Quadrat ihres Abstandes ist.

Dieses Gesetz lässt sich auch in folgender Form als Gleichung schreiben:

$$F \sim Mm/r^2 \text{ oder } F = GMm/r^2 \tag{1.1}$$

Anmerkung des Übersetzers: Der Saroszyklus hat eine genaue Länge von 6858,33 Tagen. Der 1/3 Tag führt dazu, dass sich wegen der Erddrehung die Sichtbarkeitszone der zweiten Finsternis nach einem Saroszyklus um 120° auf der Erdkugel verschoben hat und somit vom Ort der ersten Finsternis oft nicht mehr zu beobachten ist. Nach 3 Saroszyklen (56 Jahre und 1 Monat) findet jedoch wieder eine Finsternis auf fast demselben Längengrad statt.

Dabei bedeutet F die gegenseitige Anziehungskraft mit der Einheit Newton, M und m sind die Massen der sich anziehenden Körper in Kilogramm, r ist der Abstand beider Körper und G ist die *universelle Konstante der Gravitation* oder einfach auch *Gravitationskonstante* genannt.

Den genauen Wert der Gravitationskonstante zu bestimmen war früher nicht einfach, doch heutzutage konnte man mit komplizierten Laborexperimenten einen zuverlässigen Wert bestimmen. Der Wert beträgt $6{,}67 \times 10^{-11}$ Nm^{2}kg^{-2}. Kennt man die Massen von Erde und Mond, so kann man diese Gleichung dazu benutzen, die Größe der Anziehungskraft zwischen beiden zu berechnen. Es ergibt sich der riesige Wert von 2×10^{20} N Auf der Erde wirkt der größte Teil der Kraft auf die feste Erdkruste, doch ein Teil davon wirkt auch auf die Ozeane, die die Erde bedecken und erzeugt so die Gezeiten. Die Gravitationszug des Mondes bewirkt ein Ausbeulen der Ozeane in Richtung des Mondes. Die Gewässer der Erde werden also von der Anziehungskraft des Mondes zu einem Gezeitenberg angehäuft. Zusätzlich dazu wird die Erde auf der anderen Seite von dem Wasser weggezogen, was zu einer zweiten Wasserbeule auf der gegenüberliegenden Seite der Erde führt, wie in Abbildung 1.10 dargestellt. Weil die Erde sich um ihre eigene Achse dreht, gibt es jeden Tag zwei Gezeiten.

Die Sonne trägt auch zu der Gezeitenwirkung bei. Obwohl die Sonne viel schwerer ist als der Mond, ist sie weiter von der Erde entfernt. Deshalb ist die Gezeitenkraft der Sonne nur halb so groß wie die des Mondes. Wenn Neumond oder Vollmond ist und Sonne und Mond mit der Erde in einer Linie stehen, wirken die Gezeitenkräfte in derselben Richtung und deshalb ist zu diesem Zeit-

Abb. 1.10   Entstehung der Gezeiten.

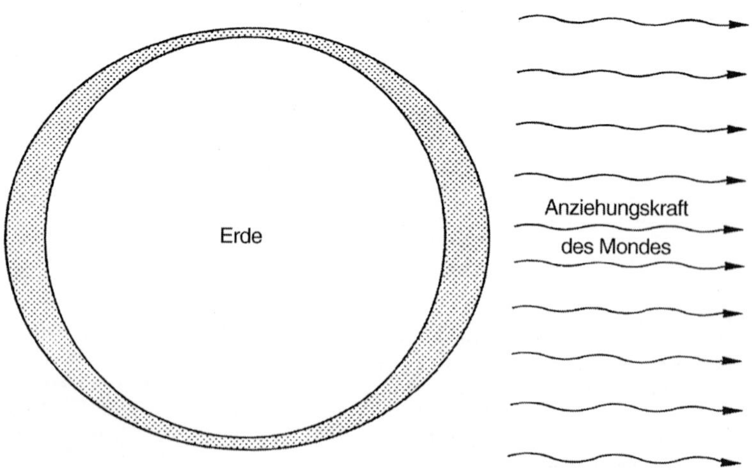

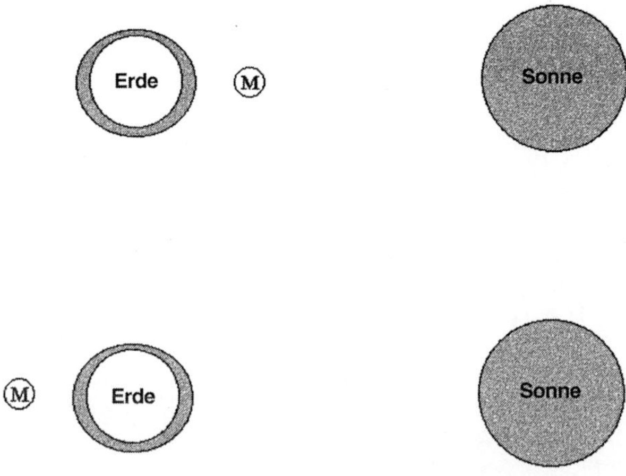

Abb. 1.11 Springfluten entstehen, wenn Erde, Mond und Sonne sich auf einer Linie befinden (auch wenn deren Anziehungskräfte in entgegengesetzte Richtungen wirken).

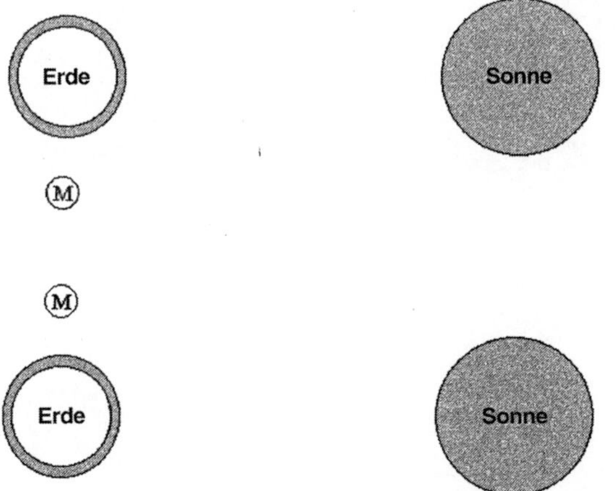

Abb. 1.12 Nippfluten treten auf, wenn Sonne und Mond rechtwinklig zueinander stehen.

punkt die Amplitude der Gezeiten am größten, und der Meeresspiegel hebt und senkt sich am stärksten. Dieser Sachverhalt ist in Abbildung 1.11 dargestellt: Die Flut zu diesem Zeitpunkt nennt man *Springflut*. Beim ersten und letzten Viertel stehen die Zugkräfte von Sonne und Mond im rechten Winkel zueinander und die Gezeiten haben ihre Minimalamplitude (Abbildung 1.12). Die Flut nennt man dann *Nippflut*.

Die örtliche Topographie hat ihren eigenen Effekt auf die Gezeiten (besonders in Buchten und Flussmündungen), das oben Gesagte beschreibt die Situation in globalem Maßstab.

1.4 Mehr über die Bewegung des Mondes – die Libration

Dass der Mond der Erde immer dieselbe Seite zeigt ist schon seit Urzeiten bekannt. Die Erklärung hierfür ist ebenso offensichtlich wie fundamental: Der Mond dreht sich in derselben Zeit um seine eigene Achse, in der die Erde einmal umläuft. Man nennt dies eine *synchrone* oder *gebundene* Rotation.

Der aufmerksame Beobachter am Fernrohr wird jedoch feststellen, dass die topographischen Einzelheiten der sichtbaren Mondscheibe im Laufe einer Lunation nicht exakt an ihrem Platz bleiben. Tatsächlich scheint sich der Mond im Laufe des Monats ein wenig nach rechts und links zu drehen und auf und ab zu

Abb. 1.13   Libration in Länge.
Der Mond dreht sich mit gleichmäßiger Geschwindigkeit um seine Achse, aber seine Umlaufsgeschwindigkeit variiert auf seiner elliptischen Bahn. Deshalb sind beide Bewegungen nicht im Gleichtakt, obwohl die Zeit für eine Umdrehung insgesamt genauso groß ist, wie für einen kompletten Umlauf. Als Resultat scheint der Mond von der Erde aus gesehen im Laufe eines Monats in ostwestlicher Richtung hin und her zu wackeln.

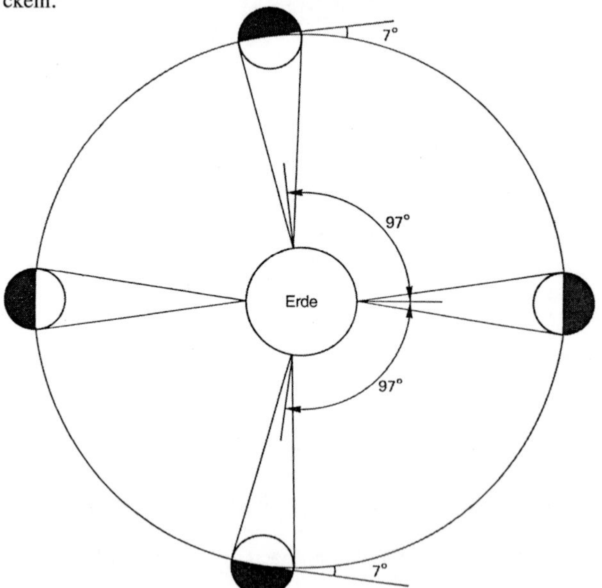

wackeln. Dieses Wackeln verändert sich von einer Lunation zur nächsten. Diesen Effekt nennt man *Libration*. Wenn es die Libration nicht geben würde, hätten wir vor Beginn des Raumfahrtzeitalters lediglich 50 Prozent der Mondoberfläche kartographieren können. Wir können aber in Wirklichkeit 59 Prozent der Mondoberfläche sehen, wenn wir dazu Beobachtungen über einen Zeitraum von mehreren Jahren benutzen. Es gibt drei voneinander getrennte Effekte der Libration: die *Libration in Länge*, die *Libration in Breite* und die *tägliche Libration*.

Die Libration in Länge ergibt sich aus der elliptischen Form der Umlaufbahn des Mondes und der Tatsache, dass sich seine Geschwindigkeit in Abhängigkeit vom Abstand zur Erde ändert. Wenn sich der Mond in Erdnähe befindet, bewegt er sich etwas schneller auf seiner Bahn. Seine Geschwindigkeit ändert sich also ständig. Die Rotationsrate des Mondes um seine eigene Achse bleibt jedoch konstant. Daraus resultiert eine scheinbare Schwingung des Mondes von 7° in Ost-West-Richtung um seine Rotationsachse. Dieser Effekt ist in Abbildung 1.13 dargestellt.

Die Rotationsachse des Mondes steht nicht exakt senkrecht auf seiner Umlaufbahn, sondern weicht davon um 1 1/2° ab. (Zum Vergleich: Die Neigung der Erdachse beträgt 23 1/2° zur Achse ihrer Umlaufbahn.) Dazu muss man noch die bereits erwähnten 5° Neigung der Mondumlaufbahn zur Ekliptik hinzuzählen. (Wir erinnern uns, dass die Ekliptik die Projektion der Erdumlaufbahn an die Himmelssphäre ist.) Zusammengenommen bedeutet das, dass wir abwechselnd einmal 6 1/2° Grad über den einen und 14 Tage später über den anderen Pol schauen können (siehe Abbildung 1.14). Dies ist die Libration in Breite.

Abbildung 1.15 zeigt die Entstehung der täglichen Libration. Während die Erde sich um ihre eigene Achse dreht, ändert sich der Standpunkt eines Beobachters relativ zum Mond ein wenig. Ein Beobachter auf der Erdoberfläche, der den

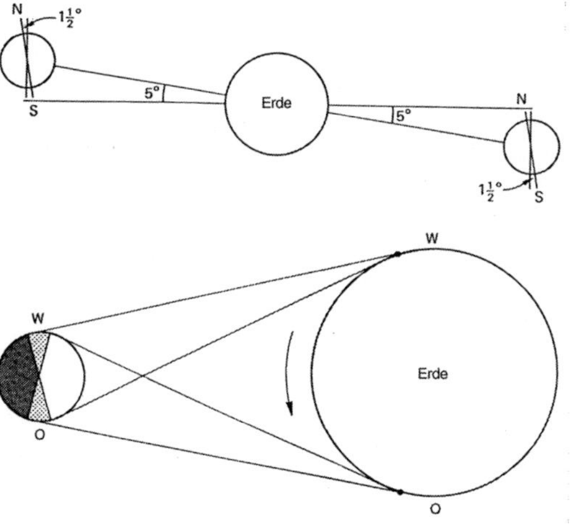

Abb. 1.14 Libration in Breite.

Abb. 1.15 Tägliche Libration.

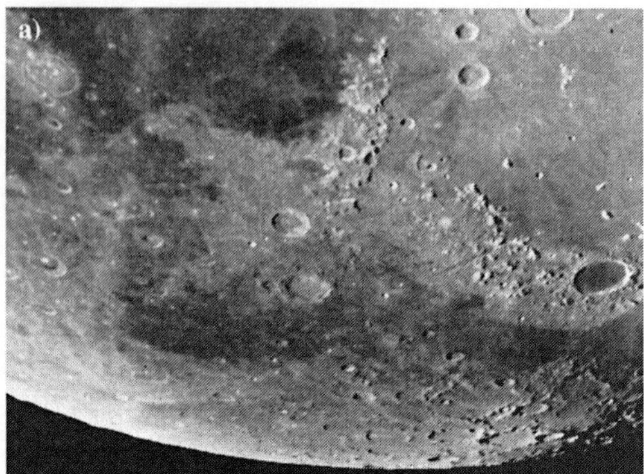

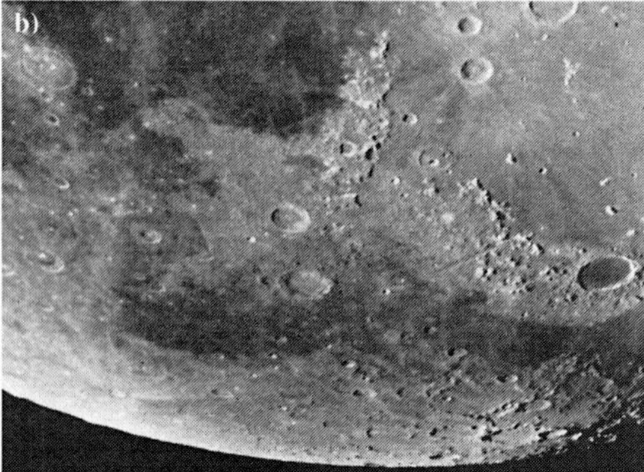

Abb. 1.16 Der Effekt der Libration ist in diesen Aufnahmen sehr schön zu sehen. Die Aufnahmen wurden von Henry Hatfield mit seinem 12Zoll (305 mm) Newton-Reflektor gemacht: (a) am 29. Mai 1966 um 21:03 UT; (b) am 22. November 1966 um 18:14 UT. In beiden Fällen war die Libration in der Breite in der Nähe der möglichen Extremfälle. Die Libration setzt sich aus drei verschiedenen Effekten zusammen, die an einem bestimmten Zeitpunkt unterschiedlich große Beiträge zu dem Gesamteffekt liefern können.

Mond am Horizont aufgehen sieht, wird ein klein wenig um den einen Mondrand herum schauen können. Wenn der Mond dann untergeht, wird er ein klein wenig um den anderen Rand schauen können.

Wie man sich vorstellen kann, kombinieren sich diese Effekte auf komplizierte Art und Weise, und das Ganze wird noch komplizierter durch die *Präzession* der Umlaufbahnen der Erde und des Mondes (d. h. die langsame zeitliche Verschiebung ihrer Knotenlinie). Deshalb unterscheiden sich die Librationen bei jedem Mondumlauf. In Abbildung 1.16 wird der Effekt der Libration deutlich sichtbar.

1.5 Koordinaten auf der Mondoberfläche

Vergleichen Sie eine moderne Mondkarte mit einer älteren aus der Zeit vor dem Jahr 1960 und Sie werden feststellen, dass Ost und West vertauscht sind. Im klassischen Schema befand sich die dunkle Fläche des Mare Crisium im Westen. Diese Seite des Mondes ist auf modernen Mondkarten Osten. Das moderne Schema wurde von der *Internationalen Astronomischen Union (IAU)* beschlossen und ist nun der allgemein akzeptierte Standard. Auf der Mondkugel lassen sich in derselben Art und Weise Breitengrade definieren wie auf der Erde. Ortsangaben, die sich auf die Mondoberfläche beziehen, werden als *selenographische* Koordinaten bezeichnet. Natürlich werden die scheinbaren Positionen von Objekten auf der Mondoberfläche durch die Libration etwas verändert, aber man hat ein Koordinatensystem definiert, dass sich auf die mittleren scheinbaren Positionen bezieht, also einer Libration in Länge und Breite von 0° entspricht.

Das (mittlere) Zentrum der Mondscheibe hat eine *selenographische Länge* von 0° und eine *selenographische Breite* von 0°. Die selenographische Breite ist nach Norden hin positiv und nach Süden negativ. Der Nordpol des Mondes liegt also bei +90° und der Südpol bei –90°. Die selenographische Länge nimmt nach Osten (also in Richtung Mare Crisium) hin zu und beträgt am (mittleren) östlichen Rand 90°. Sie nimmt auf der erdabgewandten Seite weiter zu und beträgt 180° auf deren Mitte und 270° am mittleren westlichen Rand. Nun wieder auf der erdzugewandten Seite nimmt die selenographische Länge weiter zu, bis sie auf der Mitte der Mondscheibe 360° erreicht (was wieder 0° entspricht).

Abbildung 1.17 zeigt eine Übersichtskarte, die das moderne Koordinatensystem veranschaulicht. Beachten Sie bitte, dass die Karte so orientiert ist, dass sich Süden oben befindet. Dies habe ich gemacht, damit die Karten und Abbildungen im Buch einheitlich sind. Das Buch ist nämlich für den praktischen Beobachter gedacht, für den der Mond durch ein normales umkehrendes astronomisches Fernrohr (ohne zusätzliche optische Elemente wie Zenitspiegel) auf den Kopf gestellt erscheint. Dies gilt zumindest für die Mehrzahl der Leser dieses Buches, die sich auf der Nordhalbkugel befinden.

Wie auf der Erde bezeichnet man auf dem Mond die Linien, die durch beide Pole und den Äquator gehen, als Längengrade oder *Meridiane*. Sie bilden auf der Mondoberfläche *Großkreise* (d. h. ihr Durchmesser entspricht dem Monddurchmesser). Die Linien, die parallel zum Äquator sind, nennt man Breitengrade. Sie bilden kleinere Kreise. Nur beim Äquator handelt es sich um einen Großkreis.

Die Grenze zwischen Sonnenlicht und Schatten auf dem Mond nennt man *Terminator*. Sie bewegt sich im Laufe eines Mondphasenzyklus einmal über die Mondoberfläche. Die Länge des Morgenterminators auf dem Mond wird als *selenographische Colongitude der Sonne* bezeichnet. Bei Neumond beträgt sie 270°, beim ersten Viertel 0°, bei Vollmond 90° und beim letzten Viertel 180°. In Ephemeriden wird sie oft mit dem mittleren Zentrum der Mondscheibe als Bezugssystem angegeben. So kann es sein, dass auch die Libration einen Einfluss

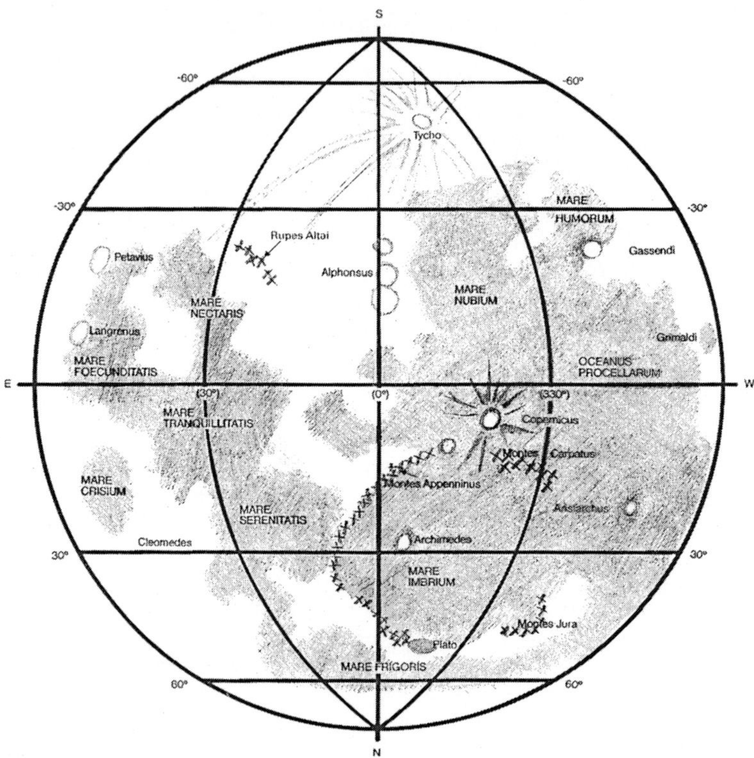

Abb. 1.17   Übersichtskarte des Mondes, die das moderne Koordinatensystem zeigt, das von der Internationalen Astronomischen Union zum Standard erhoben wurde.

auf den wahren Ort des Terminators auf der Mondoberfläche hat. Vergleicht man zum Beispiel den Wert der selenographischen Colongitude der Sonne aus den Ephemeriden mit einer Mondkarte, so kann es sein, dass danach der Terminator mitten durch ein bestimmtes Objekt laufen müsste. Wenn man dann ans Teleskop geht, muss man möglicherweise feststellen, dass die Libration dieses Objekt weiter auf die sonnenbeleuchtete Seite geschoben hat oder sogar ganz im Dunkeln versteckt!

1.6 Sternbedeckungen

Auf seiner monatlichen Bahn um die Erde schiebt sich der Mond auch manchmal vor die weiter entfernt liegenden Sterne und Planeten. Diesen Vorgang nennt man *Sternbedeckung*. Eine Sonnenfinsternis ist eigentlich eine Bedeckung der Sonne. Natürlich treten Sternbedeckungen häufiger auf als Sonnenfinsternisse.

Obwohl eine Sternbedeckung eigentlich eine simple Sache ist, kann es sehr faszinierend sein, wenn sich der Mondrand langsam dem Stern nähert, bis der dann plötzlich verschwindet. Das Wiederauftauchen ist auch sehr interessant, wenn der verdeckte Stern plötzlich ins Gesichtsfeld springt.

Natürlich muss man normalerweise eine sehr präzise Voraussage haben, dass ein bestimmter Stern genau zu diesem Zeitpunkt an dieser Stelle wieder auftaucht, um dieses Ereignis auch wirklich zu erwischen.

Die genaue Messung der Anfangs- und Endzeiten von Sternbedeckungen ist eine sehr nützliche Tätigkeit, denn sie erlaubt uns die genaue Bestimmung der Bahn des Mondes, seines Oberflächenprofils und genauer Sternpositionen, neben vielen anderen Dingen. Heutzutage kann man einiges davon mit anderen Methoden genauer bestimmen. Dennoch sind Sternbedeckungen immer noch wissenschaftlich wertvoll, denn die dabei gewonnen Daten können zu anderen Untersuchungen genutzt werden. Zum Beispiel ermöglichen die seit langer Zeit beobachteten Sternbedeckungen eine genaue Untersuchung der dynamischen Abbremsung des Mondes. Diese Abbremsung wird durch die Gezeitenwechselwirkung des Mondes mit der Erde verursacht.

Die Doppelsternnatur mancher Fixsterne konnte mit dieser Methode gefunden werden, auch wenn sie für herkömmliche Methoden zu nahe beisammen waren. Statt abrupt zu verschwinden, wenn sich der Mondrand vor sie schiebt, dauert das bei manchen Sternen einen kurzen Moment. Während einer Sternbedeckung fand ich einmal einen Stern, der in den Sternkatalogen nicht als Doppelstern verzeichnet war. Diese Entdeckung habe ich natürlich gleich an die entsprechenden Stellen weitergeleitet.

In vielen Bereichen der Astronomie ist es wünschenswert, wenn Beobachter in einer Gruppe zusammenarbeiten. Bei der Beobachtung von Sternbedeckungen ist dies meiner Meinung nach notwendig. Viele regionale Vereine haben Beobachtungsgruppen, die ihre Ergebnisse sammeln und zu einer der beiden internationalen Organisationen schicken, die sich mit Bedeckungen beschäftigen. Das sind das *International Lunar Occultation Centre (ILOC)* in Tokio und die *International Occultation Timing Association (IOTA)* in St. Charles, Illinois. Neben der Aufbereitung von Beobachtungsdaten geben diese Organisationen auch Vorhersagen zukünftiger Sternbedeckungen heraus.

Neben dem Datum und dem erwarteten Zeitpunkt einer Bedeckung enthalten diese Vorhersagen auch die Bezeichnung des Sterns, seine Helligkeit, seine Koordinaten (Rektaszension und Deklination), und die Information, ob es sich bei diesem Ereignis um ein Verschwinden (Eintritt) oder Wiederauftauchen (Austritt) handelt. Bei welchem *Positionswinkel* das Ereignis stattfindet ist eine wei-

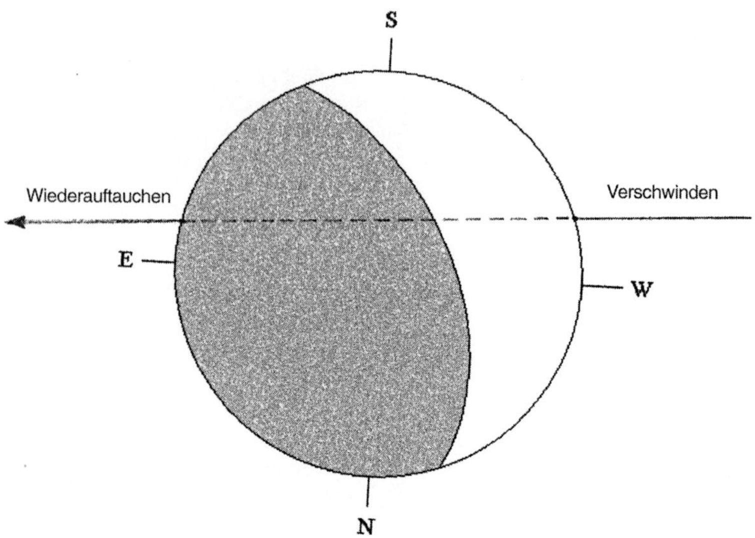

Abb. 1.18   Die Bedeckung eines hypothetischen Sterns durch den Mond. Die Winkel sind der Anschaulichkeit halber übertrieben. Der Positionswinkel (von Norden aus gegen den Uhrzeigersinn gemessen) des Sternes beträgt etwa 110° beim Eintritt der Bedeckung und 260° beim Wiederauftauchen.

tere wichtige Information, die dort angegeben ist. Abbildung 1.18 zeigt die Bahn eines hypothetischen Sterns hinter dem Mond während einer Bedeckung (obwohl man genauso gut sagen könnte, dass der Mond vor dem Stern vorüberzieht). Der Positionswinkel wird von Norden aus entgegen dem Uhrzeigersinn gemessen. Also hat der Nordpunkt der Mondscheibe einen Positionswinkel von 0°. Der Westpunkt (nach IAU-Konvention, früher war es der östliche Punkt) hat einen Positionswinkel von 90° und so weiter.

Die Zeitmessung von Sternbedeckungen ist eines der wenigen Projekte, das auch von einem Amateur mit bescheidener Ausrüstung durchgeführt werden kann. Auch ein Refraktor mit einem Durchmesser von 60 mm oder 76 mm ist ausreichend, wenn er eine einigermaßen stabile Montierung besitzt. (Die billigsten ‚Kaufhaus-Teleskope' haben oft Stative, die viel zu wacklig sind, um damit Sternbedeckungen zu beobachten, geschweige denn andere Beobachtungsprojekte).

Die Helligkeit der schwächsten Sterne, die in einem Teleskop bestimmter Öffnung noch sichtbar sind, kann man mit folgender Formel ungefähr berechnen:

$$m_{\mathrm{v}} = 4{,}5 + 4{,}4 \log D \tag{1.2}$$

wobei D die Öffnung des Teleskops in Millimetern bedeutet und m_v die schwächste beobachtbare Sterngröße angibt. Man findet in der Literatur viele andere Formeln, aber diese Formel wurde von mir auf Basis einer ausgedehnten praktischen Untersuchung von Bradley Schaefer vom NASA Goddard Space Flight Centre aufgestellt. Natürlich ergibt diese Formel nur grobe Schätzwerte, denn bei der Berechnung, welche Grenzgröße ein bestimmter Beobachter mit einem bestimmten Teleskop unter bestimmten Bedingungen erreichen kann, spielen noch weitere Faktoren eine Rolle. Die Formel basiert jedoch auf den praktischen Erfahrungen einer Vielzahl von Beobachter mit modernen Teleskopen und sollte so genauer sein als andere Formeln. Tabelle 1.1 zeigt die berechneten Grenzgrößen für eine Auswahl von Teleskopöffnungen, die gewöhnlich zu Sternbedeckungen benutzt werden.

Öffnung des Teleskops (in Zoll)	Öffnung des Teleskops (in mm)	Grenzgröße m_v
6	152	14,1
8	203	14,7
10	254	15,1
12	305	15,4
14	356	15,7
16	406	16,0
18	457	16,2
20	508	16,4

Tab. 1.1 Teleskopische Grenzgrößen, berechnet anhand der Formel des Autors, die auf einer praktischen Untersuchung von Bradley E. Schäfer basiert. Für die Beobachtung von Sternbedeckungen stellen diese Werte nur den Idealfall dar, wenn die Bedeckung des Sternes bei sehr klarem Himmel am unbeleuchteten Teil der schmalen Mondsichel stattfindet. Wegen der veränderlichen Helligkeit des Mondes sind die schwächsten in Mondnähe sichtbaren Sterne normalerweise heller als hier angegeben. Für den Fall einer Sternbedeckung durch den Vollmond bei dunstigem Himmel sind die hier angegebenen Grenzgrößen einige Größenklassen zu hoch.

Bedenken Sie aber, dass dies nicht unbedingt bedeuten muss, dass man mit einem 6 ZollTeleskop (152 mm) erfolgreich eine Bedeckung eines Sterns 14ter Größe bobachten kann. Die berechneten Werte gelten nur für Sterne, die vor einem sehr dunklen Himmelshintergrund beobachtet werden. Auch wenn der Stern vom dunklen Mondrand bedeckt wird und der helle, sonnenbeleuchtete Teil des Mondes sich außerhalb des Gesichtsfeldes befindet, hellt das im Teleskop gestreute Licht der beleuchteten Mondseite den Himmelshintergrund auf. Wenn der Stern sogar vom beleuchteten Mondrand bedeckt wird, wird es schwer fallen, das Ereignis zu beobachten, auch wenn der Stern einige Größenklassen heller ist als der mit Hilfe der Formel berechnete Wert. Den Extremfall stellt natürlich eine Sternbedeckung durch den Vollmond dar!
Ich empfehle, die Ausrüstung schon eine halbe Stunde vor Beginn der Bedeckung aufzubauen. Man braucht diese Zeit, um den Stern aufzufinden (auch

wenn es sich dabei um einen Eintritt handelt) und sicherzustellen, dass alles funktioniert. Ein fest montiertes Teleskop mit einer Nachführung ist für diese und auch andere Beobachtungen sehr nützlich, auch wenn es von Vorteil sein kann, ein transportables Gerät zu haben, wenn die Sicht des Himmels durch Bäume oder Gebäude eingeschränkt ist. Mit einem nachgeführten Teleskop kann man unter Zuhilfenahme der Teilkreise oder Sternkarten den Stern besser finden und in die Mitte des Gesichtsfeldes stellen. Beobachten Sie dann die Annäherung des Mondrandes, (auch der dunkle Mondrand ist normalerweise sichtbar, da er vom Erdlicht beleuchtet wird) und bestimmen Sie den Zeitpunkt des Verschwindens des Sterns so genau wie möglich. Falls der Mondrand wirklich unsichtbar ist (was bei schlechten Sichtbarkeitsbedingungen der Fall sein kann), dann kann man nur versuchen, die Uhr im Auge zu behalten und etwa eine Minute vor Beginn des vorausberechneten Ereignisses durch das Fernrohr blicken. Wenn Ihr Teleskop keine Nachführung besitzt, dann müssen Sie Ihr Teleskop kurz vor dem Ereignis ein wenig verschieben, damit die Bedeckung ungefähr in der Mitte des Gesichtsfeldes stattfindet. Auch hier ist es hilfreich, bis kurz vor der Bedeckung die Uhr im Auge zu behalten und abzuschätzen, wie weit der Stern in der verbleibenden Zeit wandert, was man aus der bisherigen Bewegung des Sterns im Gesichtsfeld abschätzen kann. Natürlich passiert es allzu leicht, dass man das Teleskop kurz vor dem Augenblick der Bedeckung bewegt und so das Ereignis verpasst!

Eine automatische Nachführung ist besonders nützlich bei Beobachtungen des Austritts. Im Idealfall stellt man den Stern schon in der Mitte des Gesichtsfeldes ein, bevor er hinter dem Mond verschwindet. Dann kann man den Zeitpunkt des Eintritts und des Austritts bestimmen. Falls es nicht möglich sein sollte, den Eintritt zu beobachten, so kann man ein computergesteuertes Teleskop oder eines mit Teilkreisen dazu benutzen, die Koordinaten des Sternes einzustellen. Dann muss man sorgsam das Gesichtsfeld im Auge behalten, bis der Stern wieder auftaucht. Das Beste, was ein Beobachter mit einfacher Ausrüstung machen kann, ist ein wachsames Auge auf den Positionswinkel des Mondrands zu werfen, an dem der Stern wieder auftauchen soll.

Streifende Sternbedeckungen sind von besonderem Interesse. Wie der Name schon sagt, scheint der Stern dabei den Mondrand zu streifen und vielleicht mehrere Male hinter Unregelmäßigkeiten des Mondrandes zu verschwinden und wieder aufzutauchen. Um die besten Ergebnisse zu erzielen, sollte sich ein Team untereinander absprechen und entlang der vorausberechneten Linie der streifenden Sternbedeckung aufstellen. Vorausgesetzt alle Zeitmessungen sind verlässlich und präzise, lässt sich aus den Ergebnissen der Beobachter ein akkurates Profil des Mondrandes erstellen (obwohl dies heutzutage recht gut bekannt ist und eher im persönlichen Interesse der Beobachter liegt) und die Mondposition zum Zeitpunkt der Bedeckung sehr genau bestimmen. (Dies ist auch heute noch von wissenschaftlichem Wert.) Ich muss noch einmal mit Nachdruck darauf hinweisen, dass die Beobachtungen zeitlich sehr genau sein müssen, um von wissenschaftlichem Wert zu sein. Im folgenden Abschnitt wird erklärt, wie man diese Genauigkeit erreichen kann.

1.7 Die genaue Zeitmessung bei Sternbedeckungen

Die traditionellen Werkzeuge eines Beobachters von Sternbedeckungen sind – neben dem Teleskop – sein Auge und eine Stoppuhr. Das Ziel ist, den Zeitpunkt des Ereignisses so genau wie möglich zu bestimmen, im Idealfall mit einer Genauigkeit von 0,1 Sekunden. Die wichtigste Anforderung ist, dass die Stoppuhr verlässlich, präzise und leicht zu bedienen ist. Hüten Sie sich vor Uhren mit winzigen Knöpfen (wie sie viele Digitaluhren haben) und undefiniertem Auslösen beim Drücken des Start/Stopp-Knopfes. Die zweite Anforderung ist eine Quelle exakter Zeitsignale. Man kann die telefonische Zeitansage benutzen (wenn sie genau genug ist). Viel bequemer ist ein Radio, dass auf die Station eingestellt ist, die Zeitsignale aussendet.

Zum Beginn der Zeitmessung starten Sie die Stoppuhr bei einem bestimmten Zeitsignal (egal ob vom Radio oder vom Telefon), und dann stoppen Sie die Stoppuhr beim Eintreten des Ereignisses, während Sie durch das Teleskop beobachten. Wenn die Startzeit der Stoppuhr A war und die Stoppzeit B, dann ist der Zeitpunkt des Ereignisses A+B. Beachten Sie, wie wichtig hierbei die Genauigkeit ist. Verwerfen Sie die Beobachtung, wenn Sie an der Stoppuhr herumfummeln oder in einem unerwarteten Augenblick erwischt werden und die Zeitverzögerung beim Drücken des Stopp-Knopfes zu groß oder zu unbestimmt war. Sie müssen sehr aufmerksam sein und eine schnelle Reaktionszeit haben, um eine Genauigkeit von 0,1 Sekunden zu erreichen.

Einige Beobachter haben sich eigene elektronische Stoppuhren gebaut, die automatisch den Zeitpunkt aufzeichnen, zu dem sie den Knopf einer Handbedienung drücken. In der Theorie ist das schön und gut. Der Apparat muss jedoch sehr präzise und verlässlich sein. Ungenaue Zeiten sind nicht nur nutzlos, sie können sogar die Analyse beeinträchtigen. Glücklicherweise kann man die Genauigkeit selbst gebauter Chronometer mit den Zeitsignalen aus dem Radio oder Telefon vergleichen. Auch wenn der Gleichlauf eines Gerätes über längere Zeit konstant erscheint, ist es gut, ihn kurz vor und auch kurz nach der Beobachtung noch einmal mit dem Zeitsignal zu vergleichen.

Wenn das Chronometer **konstant** etwas zu schnell oder zu langsam läuft, kann man es trotzdem benutzen. Dann muss man natürlich die richtigen Zeiten des Ereignisses interpolieren. Ein Chronometer, das Gleichlaufschwankungen zeigt, ist jedoch keinesfalls akzeptabel. Der Beobachter sollte die Überwachung des Gleichlaufs aller Chronometer als wichtigen Teil seiner Arbeit verstehen.

Die Benutzung einer Videokamera oder einer speziellen CCD-Astrokamera wird in Kapitel 5 dieses Buches beschrieben. Ich möchte hier nur so viel sagen, dass man mit einer empfindlichen Videokamera oder einer CCD-Kamera auch gute Videoaufnahmen einer Sternbedeckung machen kann. Wenn die Kamera oder der Videorecorder eine auf dem Bildschirm einblendbare Sekundenanzeige hat, kann man das Ereignis zumindest theoretisch mit größerer Genauigkeit festhalten, als bei der herkömmlichen Methode mit Auge und Stoppuhr. Amerikanische Videorecorder arbeiten mit 30 Bildern pro Sekunde, also kann man die Zeiten theoretisch mit einer Genauigkeit von $1/30$ Sekunde bestimmen. In

Deutschland und den meisten anderen Ländern benutzt man TV- und Videosysteme mit 25 Bildern pro Sekunde, was einer möglichen Genauigkeit von $^1/_{25}$ Sekunde entspricht. Wie schon zuvor ist es auch hier notwendig, den Videorecorder mit den genauen Zeitsignalen jeweils vor **und** nach der Beobachtung abzugleichen, ebenso den Gleichlauf über längere Zeit.

Wenn jemand in der glücklichen Lage ist, ein computergesteuertes Teleskop und eine Video- oder CCD-Kamera zu besitzen, kann er das Ganze sogar automatisieren. Nachdem er das Teleskop zu Anfang eingestellt hat, kann er es weiterlaufen lassen, während er mit anderen Aktivitäten beschäftigt ist. Die Anfangsprozedur muss jedoch immer einen Abgleich der Uhr beinhalten, mit der das Ereignis aufgenommen wird. Am Ende der Beobachtung muss die Uhr dann noch einmal abgeglichen werden, um sicherzustellen, dass sie mit den Standardzeitsignalen synchron ist.

Zusammen mit den Beobachtungen muss der Beobachter auch seine genauen *geodätischen* Koordinaten mit angeben. Das sind die geographische Länge, die geographische Breite und die Höhe über dem Meeresspiegel des genauen Beobachtungsorts. Ein Besuch bei der örtlichen Bibliothek kann vielleicht helfen, ein Messtischblatt der Gegend zu finden und die genauen Koordinaten des Beobachtungsortes zu bestimmen.

Sie fragen sich vielleicht, ob Sie den Versuch machen sollen, die unvermeidliche Verzögerung zwischen dem Beobachten des Ereignisses und dem tatsächlichen Drücken des Knopfes zu korrigieren. Die Antwort ist nein. Sie sollten die Rohdaten ihrer Zeitmessung angeben. Wenn die IOTA oder das ILOC Ihre Beobachtungen bearbeitet, werden Ihre Ergebnisse mit denen anderer Beobachter verglichen und daraus Ihre *persönliche Gleichung* abgeleitet. Das ist die durchschnittliche Verzögerung zwischen dem tatsächlichen Zeitpunkt des Ereignisses und dem Zeitpunkt, zu dem Sie den Knopf der Stoppuhr gedrückt haben. Die einzige mögliche Ausnahme ist, dass Sie ein besonders erfahrener Beobachter sind und Sie einen genauen Wert für ihre eigene persönliche Gleichung bestimmt haben. In Ihrem Bericht müssen Sie angeben, ob Sie eine persönliche Gleichung auf die Daten angewendet haben, und den genauen Betrag dieser Korrektur. Die persönliche Gleichung eines Beobachters wird für das Wiederauftauchen größer sein als für das Verschwinden.

Das war eine kurze Übersicht über den Mond als Gesteinsbrocken in der Erdumlaufbahn. Neben der Beobachtung von Finsternissen und Sternbedeckungen wird die meisten Amateurastronomen die Natur und Topographie der Mondoberfläche interessieren. Weil dies ein Buch für den praktischen Beobachter sein soll, werde ich den Rest des Buches diesem Thema widmen.

2 Der Mond im Spiegel

Wir wissen heute nicht, wer den Mond zum ersten Mal durch ein Teleskop betrachtet hat. Geschweige denn, wann das Teleskop genau erfunden wurde.

Noch bis vor ein paar Jahren glaubten die meisten Historiker, der holländische Brillenmacher Hans Lippershey habe das Teleskop im Jahre 1608 erfunden. Mittlerweile gibt es aber auch Hinweise, die auf ein früheres Datum hindeuten. So soll der Brite Thomas Digges schon im Jahr 1555 eine frühe Form des Teleskops erfunden und gebaut haben.

Sicher ist jedenfalls, dass Galileo Galilei von der holländischen Erfindung Wind bekommen haben muss. Damit gelang es ihm bereits 1609, mit nur wenig Erfahrung, ein kleines Linsenteleskop für seine eigenen Zwecke zu bauen. Nur kurze Zeit später konstruierte er bereits verbesserte Versionen, die allerdings im Vergleich zum heutigen Stand der Teleskoptechnik weit hinterherhinkten. Galilei benutzte seine Fernrohre vor allem, um Himmelsobjekte – wie auch den Mond – zu beobachten.

So fertigte er beispielsweise Skizzen der Mondoberfläche an. Auch der Brite Thomas Harriott hatte sich ein Teleskop vom Kontinent schicken lassen und beobachtete mit ihm zur gleichen Zeit wie Galilei den Mond. Harriott war auch der Erste, der mit dem optischen Hilfsmittel Teleskop die erste komplette Karte der der Erde zugewandten Mondseite erstellte. Trotz der nur mangelhaften Qualität seines Instruments zeigen Harriotts Karten Einzelheiten der Mondoberfläche, die wir auch heute auf ihr wieder finden.

Man könnte erwarten, dass die größten Strukturen auf dem Mond schon lange vor der Erfindung des Teleskops bekannt waren. Das ist auch der Fall. Die früheste Mondkarte, die wir kennen und die ohne den Einsatz von Teleskopen oder anderen optischen Hilfsmitteln auskam, stammt von William Gilbert. Sie wurde erst lange nach seinem Tod, nämlich 1651 veröffentlicht. Wahrscheinlich hat Gilbert sie aber bereits um das Jahr 1600, drei Jahre vor seinem Tod, angefertigt.

Auch wenn die Anfänge der Mondbeobachtung noch von einem geheimnisvollen Schleier umgeben sind, so ist doch all das, was nach Galilei kam, gut bekannt. Für die Astronomen wurde der Mond schnell ein ernsthaftes wissenschaftliches Untersuchungsobjekt, und so begannen sie, seine Oberflächendetails zu kartographieren. Mit immer besseren und stärkeren Teleskopen wurden natürlich auch die Karten von seiner Oberfläche immer detailreicher.

Ein wichtiger Punkt bei der Erstellung von Karten ist die Verwendung einer standardisierten Nomenklatur. Eine einheitliche Namensgebung von Mondformationen wurde bereits 1645 von Langrenus und 1647 von Johannes Hevelius entwickelt. Die Karten von Hevelius waren schon deswegen bemerkenswert, da sie zum ersten Mal Regionen des Mondes zeigten, die nur durch dessen Libration sichtbar wurden. Trotz dieses Fortschritts bei der Kartenerstellung war die Nomenklatur von Hevelius schnell überholt. Unser heutiges, modernes

System der Namensgebung geht auf Giovanni Riccioli – einen italienischen Jesuiten – zurück. Einer seiner Schüler, Francesco Grimaldi, hatte den Mond mit einem Teleskop genauestens studiert. Riccioli stellte aus dessen Beobachtungen schließlich eine Karte her, die 1651 veröffentlicht wurde.

Bevor ich die Geschichte der Mondbeobachtung weiter fortführe, möchte ich Ihnen zuerst einmal etwas über die Erscheinung des Mondes im Teleskop erzählen und Ihnen einen kurzen Überblick über die moderne Nomenklatur geben, die wir heute für die Hauptmerkmale der Mondoberfläche verwenden.

2.1 Der Mond im Brennpunkt

Selbst ein beiläufiger Blick auf unseren Trabanten ohne jegliche optische Hilfsmittel macht klar, dass der Mond nicht nur eine strukturlose, leuchtende Scheibe ist. Neben dem auffälligen Phasenwechsel gibt es auf seiner silbernen Oberfläche klar abgegrenzte, dunkle Bereiche. Diese gaben früher Anlass zur Legende vom „Mann im Mond" (andere Kulturen sahen in den dunklen Bereichen des Vollmondes aber auch Tiere oder gar Jungfrauen). Die Abbildungen 2.1 bis 2.5 zeigen den Mond in verschiedenen, aufeinander folgenden Phasen seines Laufs um die Erde, so wie er sich dem Beobachter in einem auf der Nordhalbkugel aufgestellten Teleskop (der Mondsüdpol ist dann nämlich oben) präsentiert. Alle Mondaufnahmen in diesem Buch haben diese Orientierung, da ich glaube, dass die meisten seiner Leser auf der Nordhalbkugel der Erde beheimatet sein dürften.

Die großen dunklen Bereiche auf der Mondoberfläche nennt man Mondmeere oder Mare. Dank Ricciolis Einfallsreichtum haben diese heute solch lyrische Namen wie Mare Imbrium (Meer des Regens), Mare Serenitatis (Meer der Heiterkeit) oder Mare Tranquilitatis (Meer der Ruhe oder Meer der Stille).

Noch zu Galileis Zeiten glaubten viele Menschen, dass die dunklen Bereiche tatsächlich mit Wasser gefüllte Becken auf der Mondoberfläche sein müssten. Doch es gab auch einige Beobachter, die davon ausgingen, dass die dunkleren Bereiche das Land, die helleren aber einen großen Mondozean darstellten. Erst sehr viel später erkannten die Wissenschaftler, dass der Mond eine trockene Staubwüste ist und die unterschiedliche Färbung seiner Oberfläche auf die unterschiedliche chemische Zusammensetzung seiner Oberflächenmaterialien zurückgeführt werden kann.

Vor Beginn des Raumfahrtzeitalters wurden die dunklen Bereiche im Englischen auch als *lunarbase*, die helleren dagegen als *lunarite* bezeichnet.

Neben den „Meeren" gibt es auf dem Mond auch einen „Ozean", den Oceanus Procellarum (Ozean der Stürme), sowie einige „Buchten", wie das Sinus Iridum (Regenbogenbucht). Diese repräsentieren die großflächigeren dunklen Bereiche. Zusätzlich gibt es eine Anzahl sogenannter „Sümpfe" (paludes), wie das Palus Somnii (Sumpf des Schlafes), und „Seen", wie den Lacus Mortis (See des Todes). Dies sind die kleineren dunklen Bereiche auf der Mondoberfläche. Schon mit einem normalen Fernglas sind all diese Oberflächenstrukturen rela-

Abb. 2.1 Der vier Tage alte Mond (photographiert von Tony Pacey). Er benutzte hierzu sein 10 Zoll (254 mm) Spiegelteleskop im direkten Fokus bei Blende 5,5. Als Film kam ein *Ilford* FP4 zum Einsatz, der anschließend mit Aculux entwickelt wurde. Die Aufnahme mit einer Belichtungszeit von 1/125 Sekunde wurde am 19. Januar 1991 gemacht. Eine genaue Zeitangabe (aus der ich die selenographische Colongitude errechnen könnte) fehlt hier leider. Ich schätze sie zum Zeitpunkt der Aufnahme auf etwa 307°.

tiv einfach auszumachen. Das lunare Gegenstück zu den auf der Erde vorkommenden Kaps nennt man auf dem Mond *Promontorium*. Als Beispiel sei das Promontorium Agarum (Kap Agarum) an der südöstlichen Begrenzung des Mare Crisium (Meer der Gefahren) genannt.

Am Ende von Kapitel 7 (Abbildung 7.1) habe ich für Sie in einer zugegebenermaßen recht groben Karte die wichtigsten Mondformationen zusammengefasst. Außerdem werden viele der in diesem Kapitel beschriebenen Orte in Kapitel 8 noch einmal detailliert und unter verschiedenen Beleuchtungswinkeln im Bild dargestellt.

Natürlich wird unser Blick auf den Mond genauer, wenn wir statt eines Feldstechers ein (astronomisches) Teleskop benutzen. Schon ein relativ kleines dieser Geräte eröffnet uns eine Fülle neuer Details. Bei einem Teleskop mit einer freien Öffnung von mehr als drei oder vier Zoll (entspricht etwa acht bis zehn Zentimetern) ist der Blick zum Mond wahrhaft berauschend. Mit einem solchen Instrument und einer Vergrößerung von vielleicht dem Hundertfachen erinnert mich das Antlitz des Mondes stark an das Straßenpflaster von Paris. Die wasserlosen „Seen" des Mondes und die anderen dunklen Gebiete erscheinen dem Beobachter in einer Vielzahl stahlgrauer Schattierungen. Die raueren, krater-

Abb. 2.2 Der sechs Tage alte Mond (photographiert von Tony Pacey). Die Aufnahmedetails sind die gleichen wie in Abb. 2.1. Allerdings betrug die Belichtungszeit hier 1/60 Sekunde. Als Film kam der *Ilford Pan F* zum Einsatz (Entwickler ID 11). Das Aufnahmedatum war der 10. Januar 1992, 19 Uhr Weltzeit, was einer selenographischen Colongitude von 327,5° entspricht.

übersäten Hochländer, die den Rest der Mondoberfläche ausmachen, sind dagegen eher gräulich-weiß gefärbt.

Nahe der Vollmondphase (siehe Abbildungen 2.3 bis 2.5) erscheint uns die Mondoberfläche strahlend hell. Sie ist dann mit hellen Strahlen, Punkten und Flecken überzogen. Es ist daher nur sehr schwer vorstellbar, dass die Mondoberfläche hauptsächlich aus sehr dunklem Material besteht. Die *Albedo* (das bedeutet das Rückstrahlvermögen) des Mondes beträgt 0,07. Das bedeutet, dass er im Mittel gerade mal sieben Prozent des Sonnenlichtes reflektiert.

Gerade bei Vollmond ist es besonders schwierig, Details auf dessen Oberfläche auszumachen. Das liegt daran, dass das Sonnenlicht dann genau aus der Richtung auf die Mondoberfläche trifft, aus der wir beobachten. Es gibt dann also keine Schatten, die uns etwas über das Oberflächenrelief des Mondes verraten könnten.

Bei anderen Mondphasen ist die Beobachtungssituation dagegen bedeutend besser: Schräg einfallendes Sonnenlicht und damit verbundene scharfe Schatten lassen Details der Oberflächentopographie des Mondes dann deutlich hervortreten. Dies kommt dem Beobachter besonders nahe der Tag-Nacht-Grenze des Mondes, dem Terminator zugute, wo das Sonnenlicht in einem besonders fla-

Abb. 2.3 Der elf Tage alte Mond (Photo: Tony Pacey). Diesmal benutzte Tony sein 12 Zoll Spiegelteleskop (305 Millimeter) mit dem Öffnungsverhältnis 5,4. Die Aufnahmetechnik ist die gleiche wie in den Aufnahmen 2.1 und 2.2. Die Aufnahme wurde 1/250 Sekunde lang auf *Ilford* Pan F Film belichtet. Aufnahmedatum war der 13. Mai 1992 um 22:14 Uhr Weltzeit. Die selenographische Colongitude betrug 40°.

Abb. 2.4 Der 14,7 Tage alte Mond am 31. Dezember 1990 um 20:15 Uhr Weltzeit bei einer selenographischen Colongitude von 78,7°. Die Belichtungszeit betrug 1/1000 Sekunde. Alle anderen photographischen Details wie in Abbildung 2.1. (Photo: Tony Pacey)

chen Winkel auf die Mondoberfläche trifft. Dieser Effekt lässt sich sehr schön beim Vergleich der Abbildungen 2.1 bis 2.5 zeigen: So sind die Oberflächenstrukturen nahe des Terminators in den Abbildungen 2.1 und 2.2 bei späteren Mondphasen auf den Abbildungen 2.3 bis 2.5 beim besten Willen nicht mehr auszumachen. Bei streifendem Lichteinfall unter einem nur flachen Winkel erscheinen sogar die großen Mondmeere nicht mehr so perfekt glatt wie bei Voll-

Abb. 2.5 Der 16 Tage alte Mond am 11. November 1992 um 21:45 Uhr Weltzeit. Die selenographische Colongitude der Sonne betrug 100,9°, die Belichtungszeit 1/500 Sekunde. Alle anderen photographischen Details wie in Abbildung 2.3. (Photo: Tony Pacey)

mond. So durchziehen bei näherem Hinsehen ganze Netzwerke von Lavarücken, die sogenannten *Dorsa*, die Mondmeere (siehe Abb. 2.6).

Dorsa sind Rücken, die auch in anderen Bereichen der Mondoberfläche reichlich vorhanden sind. Benannt sind diese nach Personen, wie zum Beispiel das Dorsum Andrusov oder das Dorsum Arduino – der durchschnittliche Mondbeobachter wird diesen Namen allerdings kaum begegnen.

Nach den Mondmeeren sind die Krater des Mondes die Strukturen, die mit nur einem geringen Aufwand an optischen Hilfsmitteln sehr einfach auf der Mondoberfläche ausgemacht werden können. Die untertassenförmigen Vertiefungen können Durchmesser von wenigen Metern (wie man bei bemannten Mondmissionen herausgefunden hat) bis zu mehreren hundert Kilometern erreichen, wobei die kleineren Krater die größeren in ihrer Anzahl weit übertreffen.

Nach der von Riccioli entwickelten Nomenklatur besitzen die meisten Krater Namen berühmter Persönlichkeiten – meistens Astronomen. Das ist natürlich ein sehr umstrittenes Vergabesystem. Über die Jahre hinweg haben es jedoch viele Mondkartenzeichner übernommen und dabei in ihrem Sinne ausgelegt. Das heißt, sie haben Krater nach ihrem eigenen oder dem Namen von Freunden benannt. Das Ergebnis: ein und derselbe Krater hatte verschiedene Namen – je nachdem, welche Karte man gerade verwendete. Noch schlimmer: ein und derselbe Name konnte für verschiedene Krater in verschiedenen Karten stehen! Glücklicherweise wurde das lunare Namensverzeichnis von der Internationalen Astronomischen Union (IAU) in neuerer Zeit überholt und standardisiert. Mondkrater werden zwar immer noch nach Persönlichkeiten benannt, es gibt jetzt jedoch einige Regeln zu beachten. So dürfen nur Namen von verstorbenen Persönlichkeiten benutzt werden – eine rühmliche Ausnahme sind die der Apollo-Astronauten. Hatte ein Krater im Laufe der Zeit verschiedene Bezeichnungen, so wurde die ursprünglichere der beiden beibehalten. Die IAU-Nomenklatur ist also diejenige, an die man sich heute halten sollte. Bei Mondkarten, die vor 1975 gedruckt wurden, ist dagegen Vorsicht geboten.

Abb. 2.6 Trifft das Sonnenlicht unter einem sehr flachen Winkel auf die Mondoberfläche, erscheinen auch die Mondmeere nicht mehr einheitlich glatt. So verlaufen Ril-
lenmuster über verschiedene Bereiche des Mare Nubium, wie man auf dieser Aufnahme des Catalina Observatory sieht. Das Photo wurde am 29. Mai 1966 um 4:41 Uhr
Weltzeit mit dem 1,5 m Spiegelteleskop der Sternwarte aufgenommen. Die selenographische Colongitude beträgt 22,6°. (Die Aufnahme wurde von Professor E. A. Whitaker und dem Lunar and Planetary Laboratory in Arizona freundlicherweise zur Verfügung gestellt).

Krater, die sich nahe am Terminator befinden, sind in ihrem Innern fast vollständig von den schwarzen Schatten, die das streifende Sonnenlicht wirft, angefüllt. Man hat daher den Eindruck, sie seien besonders tief. In Wirklichkeit
sind sie im Vergleich zu ihrem Durchmesser aber eher relativ flach. Es ist daher
zum Teil recht schwierig, sie während anderer Mondphasen mit einigem Abstand zum Terminator wiederzuerkennen. Die Hochländer des Mondes sind von
Kratern nur so übersät (siehe Abbildung 2.7).
In den Mondmeeren sind größere Einschlagskrater dagegen Mangelware. Ein
Mondbeobachter mit einem typischen Amateurteleskop von 20 cm Öffnung
kann Krater bis zu einem Durchmesser von ein bis zwei Kilometern noch auflösen. Viele Bereiche der großen Mondmeere erscheinen ihm somit kraterfrei.
In Wirklichkeit sind diese jedoch mit einer Vielzahl kleiner und kleinster Krater überzogen, wie Aufnahmen von niedrig fliegenden Mondsonden bewiesen.
Ganze Ketten kleiner Krater nennt man *catena*. Diese werden jeweils nach der
nächstgelegenen Struktur mit Eigennamen benannt. Catena Abulfeda ist so ein

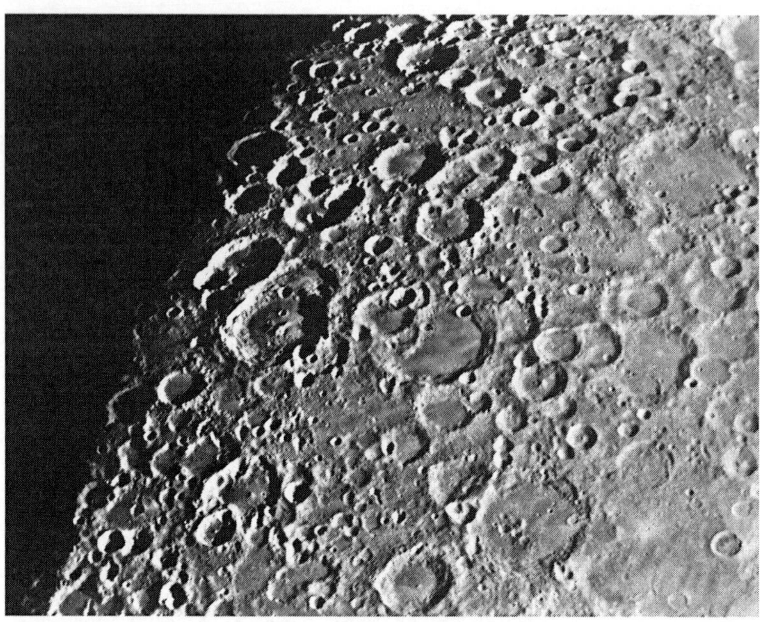

Abb. 2.7   Das mit Kratern übersäte, südliche Hochland des Mondes. Auch dieses Photo wurde mit dem 1,5 m Spiegelteleskop des Catalina Observatory in Arizona am 5. September 1966 um 11:30 Uhr Weltzeit aufgenommen. Die selenographische Colongitude betrug damals 155,5°. (Die Aufnahme wurde von Professor E. A. Whitaker und dem Lunar and Planetary Laboratory in Arizona freundlicherweise zur Verfügung gestellt.)

Beispiel: Eine 210 Kilometer lange Kette kleiner Krater, nahe dem Hauptkrater Abulfeda.

Auch der Boden großer Krater ist oft von kleineren Einschlagskratern übersät. An anderen Stellen haben zwei Krater sich gegenseitig zerstört. In fast allen Fällen ist es dabei so, dass die kleineren Einschlagskrater jünger sind als die großen. Clavius (siehe Kapitel 8.12), Gassendi (siehe Kapitel 8.22), Posidonius (siehe Kapitel 8.35) und Cavalerius (siehe Kapitel 8.20) sind Beispiele hierfür. Mondkrater unterscheiden sich nicht nur anhand ihrer Größe. Einige, wie zum Beispiel Copernicus, haben sehr schön geformte, terrassenförmig ansteigende Kraterwälle. Copernicus (siehe Kapitel 8.13) ist auch ein gutes Beispiel für die oft vorkommenden Zentralberge innerhalb eines Kraters. Der Boden einiger Krater, wie beispielsweise Plato (siehe Kapitel 8.33), ist vollständig mit Mare-Material bedeckt. Andere wiederum haben eingestürzte Wände oder sind bereits vollständig im Material der Mare eingesunken. Einige Krater haben einen sehr hellen Innenbereich, wie zum Beispiel Tycho (siehe Kapitel 8.46). Tycho ist außerdem ein Paradebeispiel für helle, radial vom Kraterrand wegführende Strahlen. Bei Vollmond ist Tycho schon durch ein einfaches Fernglas als heller Fleck im südlichen Hochland des Mondes sehr einfach zu finden. Die von ihm ausgehenden Strahlen scheinen sich fast über den halben Mond zu erstrecken. In Abbildung 2.5 sind sie sehr schön zu sehen. Andere Krater dagegen haben recht dunkles Füllmaterial und können überhaupt keine Strahlen vorweisen. All diese Unterschiede lassen Rückschlüsse auf die Morphologie sowie die Geschichte des Mondes und seiner Oberflächenstrukturen zu, auf die ich später noch ausführlich zurückkommen werde. Im Moment möchte ich mich jedoch darauf beschränken, Ihnen einen kurzen Abriss der wichtigsten Oberflächenstrukturen des Mondes zu geben.

Neben Mondmeeren und Mondkratern erregen auch Berge (Mons), Bergketten und verschiedene Berggipfel (Montes) die Aufmerksamkeit des Mondbeobachters. Sie sind oft nach ihren irdischen Gegenstücken benannt, so gibt es auf dem Mond die Apenninen (Montes Apenninus – beschrieben in Kapitel 8.5) genauso wie die Karpaten (Montes Carpatus – nahe dem Krater Copernicus – siehe Kapitel 8.13). Die Hochländer des Mondes sind eine sehr raue und hügelige Landschaft – die Mare dagegen sind eher spiegelglatt. Oft sind die Mondmeere von Bergketten umgeben und auch einzelne Gipfel ragen zum Teil aus ihrem glatten Erscheinungsbild heraus. Sehr schöne Beispiele hierfür sind der Mons Piton und der Mons Pico (in der Nähe des Kraters Plato – siehe Kapitel 8.33), die beide im Mare Imbrium liegen.

Kleine, blasenförmige Erhebungen auf der Mondoberfläche nennt man *Dome*. Diese besitzen – ähnlich wie die Kraterketten – keine Eigennamen, sondern werden nach der nächstgelegenen, auffälligen Struktur benannt. Die am einfachsten zu findenden Lunardome befinden sich in der Nähe des Kraters Hortensius. Beschrieben werden sie in Kapitel 8.21.

So wie es auf der Erde Klippen gibt, gibt es auch auf dem Mond Steilhänge (plötzliche Erhöhungen des Bodens, die sich in gerader oder gebogener Linie fortsetzen). Der Oberbegriff für solche Strukturen ist *Rupes*. Ein Beispiel hierfür ist der Altai-Steilhang im südöstlichen Teil des Mondes (Rupes Altai – siehe Kapitel 8.30 und 8.44).

Ähnlich, wie sich viele Strukturen (z. B. Krater und Berge) über die Mondoberfläche erheben, gibt es auch massenhaft welche, die sich unter der jetzigen Mondoberfläche befinden. Schluchtenähnliche Täler, *Vallis* genannt, sind die größten dieser Strukturen. Ein Beispiel ist das riesige Vallis Rheita (beschrieben in Kapitel 8.25). Sehr viel kleiner, dafür aber auch oft sehr viel länger sind die sich quer über die Mondoberfläche schlängelnden Kanäle, die *Rillen* genannt werden. In Abbildung 2.8 sind einige von ihnen zu sehen. Einzelne Exemplare dieser Rillen werden als *Rima*, ganze Gruppen dagegen als *Rimae* bezeichnet. Rima Hadley und Rimae Arzachel sind gute Beispiele für diese Strukturen, die ebenfalls in Kapitel 8 detailliert besprochen werden. Alle Rillen sowie die meisten der Steilhänge und Täler auf dem Mond werden nach der nächstgelegenen größeren Struktur benannt. Die einzigen Ausnahmen sind: Rupes Altai, Rupes Recta, Vallis Bouvard und das Vallis Schröteri.

Abb. 2.8 System von Kanälen nahe dem Zentrum der erdzugewandten Mondseite. Die Aufnahme wurde mit dem 74 Zoll (1,9 m) Spiegelteleskop von Kottamia (Ägypten) am 4. August 1965 um 20:43 Uhr Weltzeit aufgenommen.
(Die Aufnahme wurde von Dr. T. W. Rackham freundlicherweise zur Verfügung gestellt).

Alle bis jetzt beschriebenen Mondformationen können schon durch ein relativ kleines Teleskop beobachtet werden. Sogar ein 3 –Zoll Refraktor (76 Millimeter Öffnung) reicht schon aus, um viele der eben besprochenen Rillen trotz ihrer nur geringen Breite und ihrer schlechten Sichtbarkeit bei flachem Sonneneinfall (ihr Inneres ist dann nur ein schwarzer Schatten) zu beobachten. Christian Huygens war der Erste, der die Rillen mit einem primitiven Teleskop des 17. Jahrhunderts entdeckte.

Wie schon früher gesagt, erscheint der Mond durch ein kleines Teleskop betrachtet ziemlich einfarbig. Farbige Erscheinungen an den Rändern der beobachteten Objekte sind nicht real, sondern werden durch die Aufspaltung des Lichts in unserer Atmosphäre verursacht – doch dazu später mehr. Ab einer gewissen freien Öffnung des Teleskops werden für viele Mondbeobachter auch einige Farbtöne sichtbar. Die Empfindlichkeit der Farbwahrnehmung schwankt jedoch von Beobachter zu Beobachter recht stark. Für manche ist das Universum voller Farben, andere nehmen wiederum fast nie Farbeffekte bei den beobachteten Objekten wahr. Einige bemerken nur die kräftigsten Farbtöne, wie zum Beispiel auf Jupiter, oder die Farben von Mars oder Saturn.

Ich selbst kann mich glücklich schätzen, bei vielen Objekten im Universum – ein ausreichend großes Teleskop vorausgesetzt – Farben zu erkennen. Dennoch habe ich im Verlaufe der Jahre eine gewisse Abnahme meiner Farbempfindlichkeit feststellen müssen. Mit meinem 18 ¼ Zoll Newton-Spiegelteleskop und einer 144fachen Vergrößerung gelingt es mir aber durchaus, verschiedene Farbtöne auf der Mondoberfläche zu unterscheiden. Zwar ist das Erscheinungsbild der rauen Hochländer dann immer noch grau – die Farbgebung dann jedoch ein wenig „cremiger" als in einem kleinen Teleskop. Die großen Ebenen der Mondmeere erscheinen mir dann in schwachen Blau- und Grüntönen. Gerade bei Vollmond ist das Meer der Ruhe (Mare Tranquilitatis) besonders blau. Die inneren Bereiche mancher Krater, wie beispielsweise Langrenus, erscheinen dann leicht bräunlich oder gar goldgelb. Aristarchus hat eine bläulich-weiße Färbung, das Plateau auf dem er sich befindet erscheint mir dagegen eher braun. Natürlich ist die Wahrnehmung dieser Farbtöne nicht unbedingt objektiv. Spektroskopische Analysen beweisen, dass die Mondoberfläche in verschiedensten Brauntönen leuchtet. Das menschliche Auge indes tendiert dazu, die Gesamtfarbe des Mondes eher als weiß zu interpretieren.

Die verschiedenen Brauntöne werden vom menschlichen Auge dann als komplett andere Farbtöne wahrgenommen: So wird ein rötlicheres Braun sehr schnell als gelb, ein kühlerer Braunton als grünlich oder bläulich empfunden. Abbildung 2.9 zeigt eine Mondaufnahme, in der alle Grautöne eliminiert wurden. Die dennoch sichtbaren Grauschattierungen stehen für tatsächliche Farbunterschiede. Rottöne erscheinen auf dieser Aufnahme heller, Blautöne dagegen dunkler.

Die Bereiche der Mondmeere erscheinen recht dunkel (blau), die Innenbereiche der meisten Krater dagegen hell (roter). Doch nur eine kleine Minderheit der Mondbeobachter nimmt diese Unterschiede bei großen Teleskopen wirklich

Abb. 2.9 Auf dieser Aufnahme des Mondes wurde die gesamte Skala von Grautönen unterdrückt. Stattdessen stehen diese nun für Farben des Mondlichtes. Rötliche Regionen sind heller, blaue Regionen dagegen dunkler dargestellt.

wahr. Für die vielen Besitzer kleiner Teleskope bleibt der Mond eine Welt aus Grautönen und Schwarz-Weiß.

2.2 Die Pioniere der Mondbeobachtung

Im Laufe des 17. Jahrhunderts entwickelte sich die Kunst der Linsenfertigung immer weiter fort und so ist es nicht verwunderlich, dass auch die Größe der bei Teleskopen verwendeten Linsen immer weiter wuchs. Diese Linsen bestanden damals aus einem Stück Glas und litten daher sehr stark unter dem Effekt, den wir heute als chromatische Aberration (ein Farbfehler bei Linsen) bezeichnen. Eine Lösung des Problems (und anderer Probleme, die durch die sehr einfache Herstellung der Linsen herrührte) schien eine Erhöhung des Öffnungsverhältnisses und damit auch der Brennweite zu bieten. Um die Aberration auf ein erträgliches Maß zu drücken, steigerte man die Brennweite einfach ins Unermessliche, ohne die freie Öffnung der Teleskope zu erhöhen. Das führte dazu, dass immer längere Teleskope gebaut wurden. In einigen Fällen betrug die Brennweite der Instrumente mehrere Dutzend Meter. Doch auch dann waren die Linsen des Objektivs nur maximal 9 Zoll (23 Zentimeter) groß. Trotz dieses Handicaps wurden die Mondkarten immer genauer.

Die vermutlich beste Mondkarte des 17. Jahrhunderts stammt von Cassini und wurde im Jahr 1680 veröffentlicht. Auf 54 Zentimetern zeigt sie bemerkenswerte Details, wenn man bedenkt, mit welch unhandlichen Teleskopen sich Cassini seinerzeit herumschlagen musste. Sie ist nicht nur aus künstlerischer Sicht ein tolles Stück Arbeit, sondern auch in Sachen Genauigkeit die beste ihrer Zeit. So zeigt sie Details in bis dahin nicht gekannter Präzision, wie beispielsweise die kleinen Krater rund um Copernicus, die auch als *Sekundärkrater* bezeichnet werden. In ihrer Darstellung feiner Einzelheiten ist diese Karte bei weitem ausführlicher als alles, was vorher da war. So zeigt sie beispielsweise Strahlensysteme, die viele helle Krater umgeben, und ansatzweise sogar die Färbung der Mondmeere.

Später im 17. Jahrhundert kamen verschiedene Typen von Spiegelteleskopen auf den Markt (Newton-, Cassegrain- und die wieder verschwundenen Gregory-Teleskope), die bei besserer Qualität einfacher zu handhaben waren und so die Mondbeobachtung bedeutend vereinfachten.

In Deutschland war es Tobias Mayer, der eine kleine, aber äußerst genaue Mondkarte erstellte, die 1775 posthum veröffentlicht wurde. In ihr greift Mayer zum ersten Mal auf so etwas wie ein System von Mondkoordinaten zurück, um die Lage von Oberflächendetails genau zu beschreiben. Für seine Messungen benutzte er ein einfaches Mikrometer, das er ins Okular seines Teleskops einsetzte.

Von Tobias Mayer bis ins späte 19. Jahrhundert hinein waren die Deutschen die Nummer eins bei der Kartierung des Mondes. Der berühmteste von allen aber war Johann Hieronymus Schröter. Schröter saß im Magistrat der Stadt Lilienthal nahe Bremen und hatte so genügend Geld und freie Zeit, um sich eine eigene Sternwarte zu bauen. Er besaß mehrere Teleskope, darunter zwei von William Herschel gebaute. Sein größtes Teleskop war jedoch ein 20-Zoll Newton-Spiegelteleskop mit acht Metern Brennweite. Bei seiner Fertigstellung, im Jahr 1793, war es das größte Teleskop Europas und wurde seinerzeit lediglich durch William Herschels 48-Zöller mit zwölf Metern Brennweite übertroffen. Die optische Qualität des Teleskops soll allerdings nicht besonders gut gewesen sein.

Von 1778 bis 1813 steckte Schröter einen Großteil seiner Zeit und Energie in die Beobachtung von Mond und Planeten. Er selbst setzte sich hierbei das Ziel, die genaueste Mondkarte seiner Zeit zu erstellen und fertigte hierfür Hunderte von Mondskizzen an. Mit einem – zugegeben recht groben – Mikrometer im Okular versuchte er sogar die Höhe von Mondbergen zu bestimmen. Er war auch der Erste, der die Rillen genauer untersuchte. Zwar vollendete Schröter seine komplette Mondkarte nie, veröffentlichte Teile davon aber 1791 in dem Buch *Selenographische Fragmente* (1802 erschien ein zweiter Band sowie das jetzt zweibändige Werk in einer gebundenen Neuauflage). Auf der einen Seite erregte Schröters Arbeit mit ihren zum Teil kontroversen Ergebnissen sehr große Aufmerksamkeit und inspirierte unzweifelhaft viele seiner Kollegen. Auf der anderen Seite war er aber kein guter Zeichner und es unterliefen ihm eine ganze Reihe von Fehlern. So glaubte er, über die Jahre Veränderungen auf der Mondoberfläche ausmachen zu können, und war auch von der Existenz einer dichten Mondatmosphäre überzeugt. Weder das eine noch das andere ist richtig.

Ein schwerer Schlag, von dem er sich nicht mehr erholen sollte, war für Schröter der Einfall der Franzosen im April 1813. Diese plünderten Lilienthal und brannten es bis auf seine Grundmauern nieder. Auch seine Sternwarte wurde geplündert und anschließend zerstört. Schröter selbst war zu jener Zeit bereits 67 Jahre alt und nicht mehr bei bester Gesundheit. Er war zu alt, um noch einmal von vorne zu beginnen. Die Trauer und der Schock beschleunigten nur seinen Verfall. Er starb drei Jahre später.

Auch Wilhelm Lohrmann aus Dresden wollte den Mond mit größtmöglicher Genauigkeit kartographieren. Die ersten Teile seiner Karte wurden auch 1824 veröffentlicht. Allerdings litt Lohrmann an Sehschwäche. Dennoch gelang es ihm, eine Karte der Mondoberfläche mit 39 Zentimetern Durchmesser fertigzustellen. Seine Aufgabe übernahmen anschließend Wilhelm Beer und sein Mitarbeiter Johann Mädler. Beer besaß einen 3 3/4 Zoll Refraktor (95 Millimeter Öffnung) in Berlin und gemeinsam studierten sie mit diesem Instrument die Mondoberfläche für über ein Jahrzehnt. 1837 veröffentlichten sie schließlich eine sehr detailgetreue und genaue Mondkarte. Darauf nahm der Mond einen Durchmesser von über 90 Zentimetern ein. Diese Karte sollte für Jahrzehnte nicht übertroffen werden – eine einzigartige Leistung, denkt man an die relativ geringe Größe des verwendeten Teleskops. Beer und Mädler veröffentlichten die Karte zusammen mit ihrem Buch *Der Mond*. Darin beschreiben sie den Mond – ganz im Gegensatz zu Schröter – als tote, unveränderliche Welt.

Wenn der von Schröter skizzierte Mond mit seinen Oberflächenveränderungen und Wetterphänomen das Interesse vieler auf sich zog, so bewirkte das von Beer und Mädler verfochtene Mondbild gerade das Gegenteil. Gerade mit ihrer detailgetreuen Karte bekam man das Gefühl, als sei das letzte Wort in Sachen Mondforschung damit schon gesprochen. Für ein Vierteljahrhundert wagten sich nur wenige ernsthafte Wissenschaftler an die Erforschung des Mondes.

Eine Ausnahme war Julius Schmidt, den ein lebenslanges Interesse mit dem Mond verband. Nach verschiedenen Stellungen an deutschen Observatorien wurde er im Jahr 1858 Direktor der Athener Sternwarte. Dort benutzte er das 7-Zoll Linsenteleskop (178 Millimeter Öffnung) für seine Mondstudien. Er überarbeitete und ergänzte die fehlenden Bereiche in Lohrmanns Mondkarten und arbeitete auch an einer eigenen Karte, die 1878 fertig war.

Schmidts Karte war in 25 Gebiete unterteilt und hatte einen Durchmesser von 1,9 Metern. Sie war äußerst detailreich, gleichzeitig aber auch ausreichend genau. So umfasste sie 32856 verschiedene Details. Nach der Karte von Beer und Mädler bekam sie den legendären Ruf, die beste Mondkarte der Welt zu sein. Diese Position hielt sie bis ins Jahr 1910, als eine Karte mit 1,5 Metern Durchmesser, aber mit größerer Positionsgenauigkeit ihr diesen Rang ablief. Letztere stammte von Walter Goodacre, dem zweiten Direktor der Mondabteilung bei der *British Astronomical Association (BAA)*.

Doch war das nicht Schmidts einziger Beitrag zur Geschichte der Mondkartierung. Mit einer Falschinterpretation einer Erscheinung auf dem Mond sorgten er und andere dafür, dass die Mondforschung wieder auflebte. Alles drehte sich um einen kleinen Krater namens Linné, der im Mare Serenitatis liegt. Lohrmann, Beer und Mädler und auch Schmidt hatten diesen oft genug als tiefen Krater bezeichnet. Im Jahre 1866 alarmierte Schmidt die Mondbeobachterszene mit der Meldung, Linné sei plötzlich nicht mehr sichtbar. An seiner Stelle befinde sich nunmehr ein kleiner heller Fleck. Wie Sie sich gut vorstellen können, sorgte diese Meldung dafür, dass viele Astronomen ihre Teleskope wieder schnurstracks gen Mond richteten. Es begann eine lebhafte Diskussion in der Fachwelt. Noch Mitte des 20. Jahrhunderts führten einige Astronomen Linné als Beispiel dafür an, dass die Oberfläche des Mondes sich sogar in den Zeitskalen der menschlichen Beobachtung verändere.

Heute wissen wir, dass Linné in Wirklichkeit ein relativ kleiner Krater mit einem hellen Umfeld ist. Fällt das Sonnenlicht aber in einem bestimmten Winkel ein, so erscheint Linné dem Beobachter durchaus als sehr tiefer, großer Krater. Schmidt hatte also Unrecht. Bis heute gibt es keine nachgewiesene Veränderung auf der Mondoberfläche, die sich innerhalb der erst kurzen Beobachtung durch den Menschen vollzogen haben könnte. Diese Missinterpretation eines Kraters machte die Mondforschung allerdings erst wieder so richtig interessant, nachdem die Vorstellung von Beer und Mädler vom Mond als einer toten, uninteressanten Welt gerade das Gegenteil bewirkt hatte.

Neben den Karten erschienen viele Mondstudien auch in Buchform. So ist das Werk *The Moon* erwähnenswert, das 1874 von James Nasmyth (einem großartigen Ingenieur und Erfinder des Dampfhammers) zusammen mit James Carpenter herausgebracht wurde. Die Autoren versuchen darin vor allem, den Anfängen des Mondes und der Evolution seiner Oberflächenstrukturen auf die

Spur zu kommen. Leider decken sich ihre damaligen Ideen so gut wie überhaupt nicht mit den heutigen Vorstellungen. Viele ihrer Beobachtungen machten sie mit Nasmyths neu konzipierten 20-Zoll-Reflektor-Teleskop (51 Zentimeter freie Öffnung). Noch heute wird der von Nasmyth gewählte Aufbau der optischen Elemente (Nasmyth-Fokus) in vielen der größten Teleskope verwendet und trägt daher seinen Namen. Nasmyths und Carpenters Buch enthält aber auch viele schöne Zeichnungen und Photographien von nachgebildeten Mondregionen. Die Photographie war zu Zeiten von Nasmyth und Carpenter noch nicht so fortgeschritten, dass man direkt durchs Teleskop photographieren konnte. Die entsprechenden Regionen des Mondes mussten also als Skulpturen nachgebildet und dann photographiert werden.

Andere bemerkenswerte Bücher über den Mond sind das gleichnamige *The Moon* des Engländers Edmund Nevill, das zwei Jahre nach Nasmyths und Carpenters Buch herauskam. Nevill publizierte unter dem Namen Neison. Sein Buch beinhaltete sowohl eine Karte, die auf der von Beer und Mädler basierte, als auch genaue Beschreibungen der dargestellten Details.

Falls Sie aufgrund der Kürze meiner historischen Einführung* jetzt den Eindruck bekommen haben sollten, dass die Erforschung des Mondes nur von einigen wenigen Individuen betrieben wurde, so muss ich diesen Eindruck gleich korrigieren.

So gab es beispielsweise in England seit 1870 die *Selenographical Society*, die speziell zur Erforschung des Erdtrabanten gegründet wurde. Die *British Association for the Advancement of Science* forderte ihren Vorstand, W. R. Birt, auf, einer Gruppe vorzustehen, die die Aufgabe hatte, eine neue, detailliertere Mondkarte zu erstellen. Sie sollte einen Durchmesser von mehr als fünf Metern haben. Birt war zwar ein energischer Mensch und ging auch sofort an die Arbeit, doch machten sein Tod sowie die Auflösung der Selenographical Society im Jahr 1882 dem ganzen Projekt einen Strich durch die Rechnung.

Auch viele kleinere, nationale und regionale astronomische Vereinigungen besaßen Untergruppen, die sich ausschließlich mit dem Mond beschäftigten. Eine sehr aktive Gruppe war die *Liverpool Astronomical Society*. Ihr Direktor, T. G. Elger, war bei der Gründung 1890 der erste Direktor der *Lunar Section of the British Astronomical Association*. In jener Frühzeit der Mondbeobachtung verbrachten viele Beobachter noch eine große Zahl von Stunden damit, den Mond an ihren Okularen zu studieren.

Die letzte große Mondkarte, die noch auf traditionelle Weise, das heißt mit dem Skizzenblock am Teleskop hergestellt wurde, stammt von H. P. Wilkins und hatte die unvorstellbaren Ausmaße von 7,6 Metern. Die erste Version dieser Karte wurde 1946 veröffentlicht, in den darauf folgenden Jahren aber noch verbessert und ergänzt. Wilkins war zu jener Zeit Direktor der *Lunar Section of the British Astronomical Society*. Ich selbst habe seine Karte nur in kleinerem Maßstab zu

---

* Anmerkung: Erst kürzlich erschien das Buch *Mapping and Naming the Moon* von E. A. Whitaker – eine sehr detaillierte und faszinierende Beschreibung der Geschichte der Mondforschung – im Verlag Cambridge University Press.

Gesicht bekommen, und zwar in 25 Kapiteln des Buches *The Moon* von Wilkins und Patrick Moore, das 1955 bei Faber und Faber veröffentlicht wurde. Dabei hatte ich noch großes Glück, dieses Buch überhaupt in einem Antiquariat zu bekommen, denn heute findet man es nur noch sehr selten. Die Komplexität der von Hand angefertigten Zeichnungen ist wirklich wahnsinnig. Heute wissen wir jedoch, dass Wilkins Karte gerade bei der Darstellung von Details viele Ungenauigkeiten enthält. Ich selbst bin schon über einige davon gestolpert, ohne gezielt danach gesucht zu haben. Das tut meiner Bewunderung für seine Leistung allerdings keinen Abbruch.

Gegen Ende des 19. Jahrhunderts und erst recht im 20. Jahrhundert hatte sich die Photographie ihrerseits so weit entwickelt, dass sie von den Mond-Kartographen bereits zu Hilfszwecken eingesetzt werden konnte. Doch dieses Kapitel hebe ich mir für später auf. Nach diesem kurzen historischen Abriss (der einige der weniger wichtigen Personen ausließ) der ersten Jahre der Mondforschung wird es nun Zeit, zu erklären, wie ein Mondbeobachter von heute möglichst viel aus seinem Teleskop herausholt und unseren beeindruckenden Begleiter am besten studiert.

3 Teleskop und Zeichenblock

Warum sollte man den Mond überhaupt beobachten oder sich sogar die Mühe machen, ihn zu zeichnen? Die Antwort darauf fällt wahrscheinlich für jeden anders aus. Ich habe versucht, Ihnen meine persönlichen Beweggründe in Kapitel 1 darzulegen. Da Sie dieses Buch lesen, kann ich annehmen, dass Sie ein gewisses Interesse an der Astronomie im Allgemeinen und am Mond im Besonderen haben. Das ist Grund genug, sich den Mond im Teleskop anzuschauen.

Wie wäre es dann mit dem Zeichnen der Mondoberfläche? Das ist natürlich viel mehr Aufwand als das bloße Anschauen des Mondes mit einem Teleskop. Sind die Ergebnisse Ihrer Anstrengung dann von wissenschaftlichem Nutzen? Vor mehr als einem Jahrzehnt hätte ich diese Frage mit „Ja" beantwortet, mit ein paar Vorbehalten. Ich muss jedoch zugeben, dass man heutzutage aus Amateurzeichnungen der Mondoberfläche kaum neue wissenschaftliche Erkenntnisse gewinnen kann. Wenn Sie qualitativ hochwertige topographische Daten vom Mond haben möchten, suchen Sie am besten nach den Daten der Raumsonden *Clementine* oder *Lunar Prospector* im Internet oder auf CD-ROM. Die vielen Hügel und Krater und andere Mondformationen sind heute mit viel größerer Genauigkeit kartographiert, als es mit dem bloßen Auge, Teleskop und Zeichenstift je möglich wäre.

Ich muss hier offen und ehrlich sein. Es gibt wirklich nicht viele wissenschaftlich sinnvolle Dinge für einen enthusiastischen Mondbeobachter, außer der Zeitbestimmung von Sternbedeckungen (siehe Kapitel 1) und der Überwachung der Mondoberfläche nach vorübergehenden Phänomenen (TLPs) und dem Registrieren verdächtiger Erscheinungen mit verschiedenen Methoden. Auf dieses kontroverse Gebiet werde ich in Kapitel 9 noch näher eingehen.

Es gibt noch einige Fragen und Rätsel, zu deren Lösung Amateure beitragen können. Einige davon haben ich in Kapitel 8 beschrieben. Aber alles in allem sind die Zeiten der Mondkartographie durch Amateure schon seit langem vorbei.

Warum sollte man dann den Mond zeichnen? Die Bergsteigerantwort „Weil er da ist!" ist vielleicht Grund genug. Der Mond als wunderschöner Himmelskörper ist genauso Teil der Natur wie die Flora und Fauna und Berge und Täler hier auf der Erde. Die Oberfläche des Mondes zu zeichnen ist eine effektive Methode, sich damit auseinander zu setzen. Der Prozess des Zeichnens erzeugt auch eine Verbundenheit mit den früheren Selenographen, die den Mond zeichnen mussten, weil es keine besseren Methoden gab. Und Sie werden mit den von Ihnen gezeichneten Teilen der Mondoberfläche besser vertraut werden. Wahrscheinlich werden Sie selbst nie die Möglichkeit haben, zum Mond zu fliegen, aber den Mond sorgfältig zu beobachten und alles, was Sie sehen können, zu zeichnen ist zumindest das Zweitbeste, was Sie machen können.

Was auch immer Ihre Gründe zum Beobachten oder Zeichnen des Mondes sein mögen, ich hoffe, dass Ihre stärkste Motivation – wie bei mir – der Spaß an der Sache selbst ist!

Lassen Sie uns nun zur Sache kommen. Wenden wir uns zuerst einmal dem Teleskop zu. Leider steht mir hier nicht genug Platz zu Verfügung, und so möchte ich Sie an dieser Stelle auf mein Buch *Advanced Amateur Astronomy* (Cambridge University Press, zweite Ausgabe 1997) verweisen, in dem ich umfangreiche Informationen über die verschiedenen Arten von Teleskopen und Zubehör gebe. Man findet dort auch Hinweise zum Aufstellen eines Teleskops und zur notwendigen optischen und mechanischen Justage. Im folgenden Abschnitt werde ich nur einige Hinweise geben, die speziell für Mondbeobachter wichtig sind.

Wenn Sie bereits ein Teleskop besitzen, nehmen Sie dieses zur Mondbeobachtung. Sie werden begeistert sein von den Einzelheiten, die Sie damit auf unserem kosmischen Nachbarn sehen können. Wenn Sie aber den Bau oder Kauf eines neuen Gerätes beabsichtigen, gebe ich Ihnen hier die Möglichkeit sich ausreichend zu informieren. Aber auch wenn Sie das versäumt haben, gibt es immer noch Möglichkeiten ein bereits existierendes Gerät zur Beobachtung des Mondes zu verbessern. Die folgenden Hinweise sollen Ihnen dabei helfen.

3.1 Welches Teleskop brauchen Sie?

In vielen Bereichen der beobachtenden Astronomie ist das Lichtsammelvermögen eines Teleskops entscheidend. In diesem Fall ist natürlich eine große Öffnung von Vorteil. Der Mond ist jedoch einer der wenigen Himmelskörper, der uns mit ausreichend Licht versorgt. Wichtig bei der Beobachtung von Mond und Planeten sind die anderen Abbildungseigenschaften des Teleskops wie Auflösung und Kontrast. Zwischen den beiden besteht ein Zusammenhang. Eine Punktquelle (also ein Stern) wird von einem Teleskop nämlich nicht als Punkt, sondern als kleines Beugungsscheibchen abgebildet. Das typische Beugungsmuster eines Sterns ist in Abbildung 3.1(a) zu sehen.

Teleskope mit größerer Öffnung erzeugen ein kleineres Beugungsmuster. Die Größe dieses Beugungsmusters ist entscheidend für die Fähigkeit eines Teleskops, enge Doppelsterne zu trennen. Dies wird in Abbildung 3.1(b) veranschaulicht.

Statt an punktförmigen Sternen sind wir aber mehr am Auflösungsvermögen von ausgedehnten Objekten wie zum Beispiel dem Mond interessiert. Hier gilt dasselbe Prinzip. Die Abbildung, die das Teleskop vom Mond erzeugt, muss man sich als Muster sich gegenseitig überlappender Beugungsscheibchen denken. Am besten stellt man sich das Bild des Mondes als Mosaik vor. Die Größe der einzelnen Mosaiksteinchen bestimmt die Feinheit der Details, die von dem Mosaik dargestellt werden können. Bei einem größeren Teleskop werden die einzelnen Beugungsscheibchen kleiner. Das ist genauso, als ob man das Mosaik aus kleineren Steinchen zusammensetzen würde.

a)

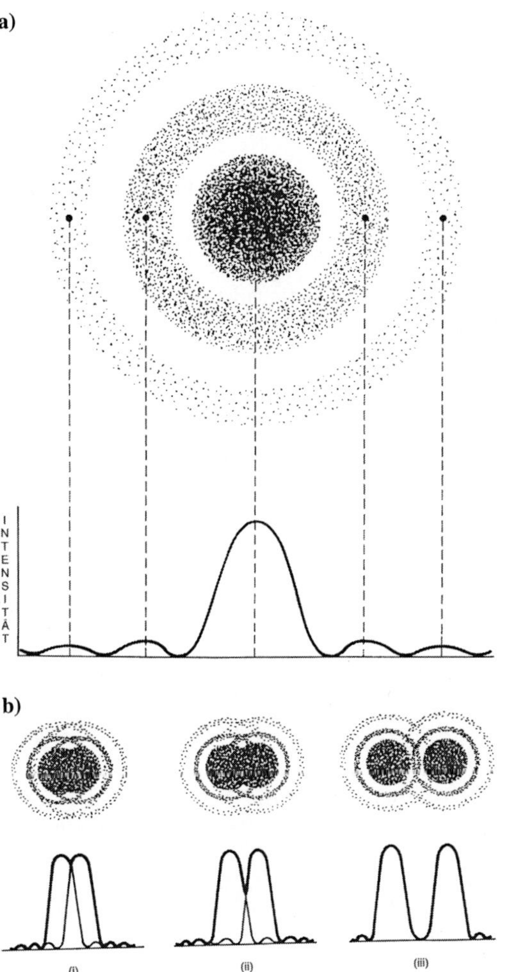

Abb. 3.1(a) Idealisierte Darstellung des Beugungsmusters eines Sterns bei einem Strahlengang ohne Abschattung (z. B. von einem Refraktor). **(b)** Im Fall (i) ist das Sternenpaar zu nah beieinander und kann vom Teleskop nicht aufgelöst werden, da die Beugungsscheibchen miteinander verschmelzen. Im Fall (ii) kann man die Sterne gerade auflösen. Im Fall (iii) lassen sie sich leicht auflösen. Das komplexe und ausgedehnte Bild, das ein Teleskop vom Mond erzeugt, kann man sich etwas vereinfacht als Überlagerung einzelner Punktabbildungen vorstellen.

b)

Das Auflösungsvermögen R eines Teleskops mit freier Öffnung D ergibt sich aus der Formel

$$R = 137/D \tag{3.1}$$

wobei R in Bogensekunden und D in Millimetern gemessen werden. Sie gilt nur für Fernrohre mit freiem Strahlengang (z. B. Linsenfernrohre). Diese Formel ist von dem mathematischen *Rayleigh-Limit* abgeleitet. Der Wert des Zählers (137) gilt für die mittlere Wellenlänge des sichtbaren Lichts (540 Nanometer). Vielen

Lesern ist vielleicht auch das *Dawes-Limit* ein Begriff. Die Gleichung dazu hat dieselbe Form, doch der Zähler hat in diesem Fall den Wert 116. In der Praxis ergibt das Rayleigh-Limit ein besseres Maß für das Auflösungsvermögen ausgedehnter Objekte. Diese Grenze gilt genau genommen nur für Details mit maximalem Kontrast, also schwarz und weiß. Übergange mit geringerem Kontrast erscheinen scharf definiert.

Also brauchen wir ein größeres Teleskop um feinere Details auf der Mondoberfläche zu erkennen. Doch das ist nicht alles. In einem realen Teleskop wird die Größe und Form des Beugungsscheibchens von der optischen Konstruktion des Instruments und Herstellungsgenauigkeit der optischen Flächen beeinflusst. Wir müssen auch noch die atmosphärischen Sichtbarkeitsbedingungen miteinbeziehen, doch dazu kommen wir später.

Eine umfassendere Diskussion über die Herstellungsgenauigkeit der Optik finden Sie in meinem Buch *Advanced Amateur Astronomy*. Hier möchte ich nur so viel sagen: Alle Lichtstrahlen, die von einem Objektpunkt ausgehen und von dem Teleskopobjektiv eingefangen werden, sollten in der Bildebene auf einem Punkt zusammentreffen, dessen Größe nur $\frac{1}{4}$ der Wellenlänge des gelbgrünen Lichts entspricht, also etwa 135 Nanometern. Wenn die Abweichung der Wellenfronten größer ist, wird das Beugungsscheibchen deutlich verzerrt und sowohl Auflösung wie auch Kontrast werden darunter leiden. Auch bei diesem $\frac{1}{4}$-Wellenlängen-Kriterium handelt es sich noch nicht um das Optimum. Bei einer noch höheren optischen Genauigkeit würde sich auch die Leistung des Teleskops noch etwas verbessern. Mit diesem allgemein akzeptierten Qualitätskriterium erreicht man jedoch den größten Teil der optischen Leistung eines Teleskops. Von allen möglichen Bauarten kommt der Refraktor dem idealen Beugungsmuster am nächsten.

Refraktoren besitzen meist große Öffnungsverhältnisse, was oft als Grund für ihre guten Abbildungseigenschaften angegeben wird. Bei großen Öffnungsverhältnissen sind die optischen Flächen nicht so stark gekrümmt und deshalb genauer herzustellen. Dies ist einer der Gründe, weshalb sie sich gut zur Beobachtung der Planeten und des Mondes eignen. Doch man kann auch Reflektoren mit großem Öffnungsverhältnis herstellen, dies ist keine ausschließliche Eigenschaft von Refraktoren. Große Öffnungsverhältnisse liefern auch bei der Benutzung von Okularen mit einfacherem optischen Design gute Ergebnisse, deswegen hat man den Eindruck, sie seien besser.

Bei allen Refraktoren tritt ein bestimmtes Problem auf, und deswegen müssen sie größere Öffnungsverhältnisse haben. Das optische Design eines Refraktors ist so ausgelegt, dass der kürzeste Fokus bei der Wellenlänge liegt, bei der das menschliche Auge am empfindlichsten ist (540 nm). Die exakten Brennpunkte der anderen Wellenlängen liegen deshalb weiter vom Objektiv entfernt als diese Minimalbrennweite. Durch das dabei entstehende *Sekundärspektrum* werden die Bildkonturen weicher und der Kontrast wird reduziert, im schlimmsten Fall können sogar Farbsäume auftreten. In welchen Maße dies tolerierbar ist, hängt natürlich davon ab, was man beobachten möchte. Die Stärke des Sekundärspektrums verringert sich mit dem Quadrat des Öffnungsverhältnisses.

Der Fehler der Wellenfronten (d. h. die Verschiebung des Fokus) kann am extremen roten und ultravioletten Ende des Spektrums um einiges größer sein, als es für die anderen Fehler wie chromatische Aberration, Koma, Astigmatismus, Gesichtsfeldkrümmung und Verzerrung tolerierbar ist, da die Empfindlichkeit des menschlichen Auges für Wellenlängen außerhalb des gelbgrünen Bereichs des Spektrums viel geringer ist.

Über die Jahre hinweg habe ich einige große und kleine Refraktoren benutzt, und aufgrund meiner Erfahrungen würde ich zur Mondbeobachtung ‚altmodische' zweilinsige Apochromaten empfehlen, deren Öffnungsverhältnis mindestens das 1,3fache des Durchmessers in Zoll (oder das 0,06fache des Durchmessers in Millimetern) beträgt, damit das Sekundärspektrum nicht so auffällig wird. Aber auch dann ist die Abbildung noch nicht perfekt. Ich habe zum Beispiel sehr oft den 12,8 Zoll (325 mm, f/16,4) „Mertz"-Refraktor in Herstmonceux benutzt, der auf dem 26 Zoll (660 mm) „Thompson"-Astrographen montiert ist. In ihm scheinen die Mondkrater einen gelben Farbsaum und die schwarzen Schatten einen leichten blauen Schleier zu haben! Im Gegensatz dazu zeigte ein Refraktor mit 7 Zoll (128 mm, f/24) Öffnung, der auf den „Yapp"-Reflektor – ein 36 Zoll (0,91 m) Cassegrain-Reflektor – montiert war am selben Beobachtungsort Bilder, die vollkommen frei von Farbsäumen und Schleiern waren.

Von einigen Herstellern (darunter besonders Meade) werden Refraktoren vertrieben, bei denen die eine Komponente des zweilinsigen Objektivs aus einer speziellen Glassorte besteht. Das Ergebnis ist ein Refraktor mit einem stark reduzierten Sekundärspektrum. Diese werden als sogenannte ‚Apochromaten' angepriesen, obwohl diese Bezeichnung eigentlich ein dreilinsiges Objektiv beschreibt. Sie haben ein schwächeres Sekundärspektrum. (Dessen Intensität ist bei gleichem Öffnungsverhältnis neunmal kleiner als bei Objektiven klassischer Bauart.) Die modernen zweilinsigen ‚Apochromaten' (man sollte sie eigentlich ‚Semi-Apochromaten' nennen) sind viel besser als die herkömmlichen Objektive, aber nicht so gut wie die klassischen dreilinsigen Apochromaten, was das Sekundärspektrum betrifft. Sie werden im Allgemeinen mit Öffnungsverhältnissen von f/9 und Durchmessern von bis zu 7 Zoll (178 mm) hergestellt. Für ihre Größe sind sie recht teuer, aber sie haben sehr gute Abbildungseigenschaften.

In den letzten Jahren waren Schmidt-Cassegrain-Teleskope (und ihre nahen Verwandten, die Maksutov-Cassegrain-Teleskope) besonders beliebt. Wahrscheinlich gehören Teleskope dieser Bauart sogar zu den am meisten verkauften Fernrohren. Aufgrund ihrer Kompaktheit und Portabilität entsprechen sie den Bedürfnissen der modernen Amateurastronomen am besten. Sie sind sehr teuer, aber dafür bekommen Sie meist ein computergesteuertes Instrument, das automatisch Tausende von Himmelsobjekten einstellen und nachführen kann.

Das ist sehr schön, aber wie gut sind sie zur Beobachtung des Mondes geeignet? Wenn Sie zum Einstellen des Mondes eine Computersteuerung brauchen, machen Sie irgendetwas falsch! Natürlich bringen ihre Kompaktheit und Portabilität auch dem Mondbeobachter Vorteile. Der Nachteil ist aber, dass sie bei gleicher Öffnung nicht so gute Abbildungen von Mond und Planeten geben wie Teleskope anderer Bauart.

Hierfür gibt es zwei Gründe: Der eine ist die starke Krümmung des Primärspiegels (üblicherweise etwa f/2,5, deshalb sind die Instrumente so kompakt) und der komplexe Schliff der Korrektorplatte. (Das gilt für das Schmidt-Cassegrain-Teleskop, das am häufigsten produziert wird, das Maksutov-Cassegrain-Teleskop dagegen hat eine meniskusförmige Korrektorplatte.) Beides ist sehr schwer bei Serienfertigung mit der nötigen Genauigkeit zu produzieren. Es ist kaum zu vermeiden, dass die optischen Flächen etwas von der mathematischen Idealfläche abweichen und der Fehler der Wellenfront so größer wird als das gewünschte Minimum von 1/4 der Wellenlänge des gelbgrünen Lichts.

Der zweite Grund betrifft alle Teleskope, die einen Sekundärspiegel als Hindernis im Strahlengang haben. Dieses zentrale Hindernis verändert das Beugungsmuster. Dabei wird Licht vom zentralen Beugungsscheibchen in die Beugungsringe verlagert. Diese Änderung der Abbildungsfunktion verschlechtert die Auflösung kaum, solange das Bild aus schwarzen und weißen Mustern besteht.

Bei Details mit geringem Kontrast wird dadurch jedoch die Auflösung und Sichtbarkeit reduziert, besonders wenn diese Details sich vor einem hellen Hintergrund befinden, wie es bei Planeten üblich ist. Obwohl die Einzelheiten am Terminator meistens fast schwarz und fast weiß sind, spielen auch hier Helligkeitsabstufungen eine Rolle. Außerdem macht die Abschwächung des Kontrasts es sehr schwer, winzige Einzelheiten in der Größenordnung der Beugungsgrenze zu erkennen. Die zentrale Abschattung von Schmidt-Cassegrain-Teleskopen beträgt üblicherweise ein Drittel des Gesamtdurchmessers. Von allen Amateurteleskopen hat diese Bauart die größte Abschattung.

Die schlechtere Optik und die zentrale Abschattung haben beide zusammen Auswirkungen auf die Abbildung. Die heute handelsüblichen Schmidt-Cassegrain-Teleskope mit einem Öffnungsverhältnis von f/10 müssen etwa den doppelten Durchmesser wie ein Linsenfernrohr haben, um bei den gleichen Bedingungen Mond und Planeten genauso gut zu zeigen.

Das Teleskop mit dem besten Preis-Leistungs-Verhältnis ist immer noch der Newton-Reflektor. Hersteller können zwar auch schlechte Newton-Teleskope produzieren, aber es ist nicht allzu schwer, ein gutes zu bauen. Die Abschattung durch den Sekundärspiegel ist etwa ein Viertel des Durchmessers. Wenn die Spiegel gute optische Qualität haben, liefert ein Newton-Teleskop ein besseres Bild von Mond und Planeten als ein Schmidt-Cassegrain-Teleskop gleicher Öffnung, obwohl es immer noch nicht die Abbildungsqualität eines guten Refraktors erreicht. Ein Newton-Teleskop ist dafür aber viel preiswerter.

Wenn Sie sich für den Kauf oder Selbstbau eines Newton-Reflektors entschieden haben, dann wählen Sie die Brennweite so groß wie möglich, sofern es Ihre Gegebenheiten (Größe des Observatoriums, Größe des Gartens usw.) erlauben. Achten Sie auf eine stabile Montierung! Mit einer wackligen Montierung, die sich schon bei einem leichten Windhauch hin und her bewegt und bei jedem Berühren der Fokussierung zu zittern anfängt, kann man nicht gut beobachten!

Wenn Sie nur beobachten und nicht photographieren wollen, brauchen Sie keine Nachführung. Natürlich ist eine richtige funktionierende Nachführung sehr praktisch. Auf die Anforderungen für Photographie und elektronische Aufnahmen gehe ich in den folgenden Kapiteln ein.

Sollte des Teleskop einen offenen oder einen geschlossenen Tubus haben? Die Abschirmung gegen Streulicht von außen ist bei der Beobachtung des Mondes und der Planeten nicht so wichtig, aber die ausgeatmete warme Luft des Beobachters kann stören, wenn sie in den Strahlengang des Teleskops gelangt. Durch einen geschlossenen Tubus lässt sich dies vermeiden. Konvektionsströmungen im Tubus, die von der wärmeren Optik oder den Spiegelhalterungen verursacht werden, können die Abbildung eines Fernrohrs mit geschlossenem Tubus aber auch beeinträchtigen. Hier hat ein offener Tubus Vorteile. Mit Ventilationsöffnungen und elektrischen Ventilatoren in der Nähe des Hauptspiegels lässt sich hier Abhilfe schaffen. Mein 18¼ Zoll (0,46 m) Reflektor hat einen Tubus mit offenem Rahmen, während mein 8½ Zoll (216 mm) Reflektor einen geschlossenen Tubus besitzt. In manchen Nächten sind die Bilder meines 8½-Zöllers sehr schlecht und an den Beugungsscheibchen der Sterne kann man das Vorhandensein von Konvektionsströmen im Tubus erkennen. (Für genauere Erklärungen muss ich Sie leider wieder auf mein Buch *Advanced Amateur Astronomy* verweisen.) Unmittelbar neben dem Hauptspiegel (siehe Abbildung 3.2) befindet sich ein Türchen, das den Zugang zur Schutzabdeckung des Spiegels ermöglicht. Öffnet man dieses Türchen, so verbessert sich das Bild in diesen Nächten sehr deutlich, denn ein Großteil der vom Hauptspiegel erwärmten Luft kann nun zur Seite entweichen, statt im gesamten Tubus hinaufzusteigen.

Deshalb denke ich, dass das Fernrohr in der Nähe des Okulars am besten geschlossen, im Bereich des Hauptspiegel dagegen am besten offen oder zumindest gut belüftet sein sollte, um Luftströmungen im Tubus zu vermeiden. Ein Spiegel, der schnell auskühlen kann, ist ebenfalls von Vorteil. Ein zu dicker Hauptspiegel und eine schlecht belüftete Spiegelzelle sind hier kontraproduktiv. Geschlossene optische Systeme wie Refraktoren oder Schmidt-Cassegrain-Teleskope haben weniger Probleme mit Konvektionsströmungen, aber wenn

Abb. 3.2 Eine Klappe im festen Tubus des 8 1/2 Zoll (216 mm) Newton-Teleskops erlaubt den Zugriff auf die Abdeckung des Primärspiegels. Sie dient auch zur Belüftung des Spiegels und der Spiegelzelle und reduziert so Luftströmungen innerhalb des Tubus.

man sie von drinnen nach draußen bringt, brauchen sie eine Weile zum Auskühlen, bevor man mit ihnen beobachten kann.

Richtige Cassegrain-Teleskope sind sehr teuer und kompliziert zu kollimieren. Sie werden heutzutage von Amateurastronomen nur noch selten benutzt. Die Abschattung durch den Sekundärspiegel ist gewöhnlich etwas größer als bei Newton-Teleskopen, aber sie haben wie Schmidt-Cassegrain-Teleskope den Vorteil einer langen effektiven Brennweite bei kurzer Bauweise.

Falls der Preis keine Rolle spielt, würde ich zur normalen visuellen Beobachtung von Mond und Planeten einen modernen semiapochromatischen Refraktor empfehlen. Falls Sie nach einem guten Preis-Leistungs-Verhältnis suchen, nehmen Sie einen Newton-Reflektor. Der lässt sich auch gut für die meisten anderen Beobachtungsaufgaben verwenden. Von den anderen Bauformen wäre ein Schmidt-Cassegrain meine dritte Wahl, denn die klassischen Cassegrains sind bei gleicher Öffnung teurer, obwohl sie ein besseres Bild liefern.

Soviel zur Bauart. Aber wie steht es mit der Größe?

3.2 Wie groß sollte das Teleskop sein?

Wenn die optische Durchlässigkeit der Erdatmosphäre perfekt wäre und das Teleskop sich in einer perfekten temperaturstabilen Umgebung befände, würde ich sagen ‚je größer, desto besser‘. Selbstverständlich unter dem Vorbehalt, dass die Größe nicht auf Kosten der Qualität geht.

Natürlich befindet sich ein Teleskop nicht in einer Umgebung mit konstanter Temperatur und die normalen Beobachtungsbedingungen sind alles andere als perfekt, was die Dinge etwas relativiert.

Bei der Auswahl eines Teleskops halte ich Qualität immer noch für wichtiger als Größe. Sie werden mehr Freude beim Beobachten mit einem mittelgroßen oder auch kleinen Teleskop von guter optischer und mechanischer Qualität haben als mit einer großen ‚Lichtkanone‘, die ein schlechtes Bild liefert.

Wenn Sie die Wahl zwischen einem erstklassigen 6-Zöller (152 mm), einem durchschnittlichen 8-Zöller (203 mm) und einem verführerisch großen 10-Zöller (254 mm) von schlechterer Qualität haben, versuchen Sie nicht, Ihre Nachbarn und Freunde zu beeindrucken und wählen stattdessen den 6-Zöller. Ich versichere Ihnen, wenn Sie in einer Nacht alle drei nebeneinander am Mond ausprobieren könnten, würde Ihnen das kleinere Teleskop die besten Bilder liefern und am meisten Spaß machen.

Und wenn man genug Geld hat, um sich Qualität und Größe leisten zu können? Wird ein größeres Teleskop immer ein kleineres der gleichen Qualität übertreffen? Aufgrund meiner dreißigjährigen Erfahrung bei der Mondbeobachtung mit einer Vielzahl von Teleskopen von verschiedener Größe und Bauart, die vom 60 mm Refraktor bis zum 0,91 m Cassegrain-Reflektor reicht, lautet meine Antwort auf diese Frage ‚Nein‘! Manchmal ist sogar das Gegenteil der Fall. Das zu verstehen ist gar nicht so schwer. Es gibt hierfür zwei Gründe.

Zum einen befinden sich in der Luftsäule, durch die das Teleskop schaut, viele Konvektionszellen mit Luft unterschiedlicher Temperatur, deren Dichte und Beugungsindex sich deswegen unterscheiden. Luftzellen von 10 − 20 cm Durchmesser, die direkt vor dem Teleskop, aber auch bis in Höhen von einigen Kilometern auftreten können, betreffen die Beobachtung mit dem Teleskop am meisten. Jede dieser Luftzellen stört die hindurchgehenden Lichtstrahlen ein kleines bisschen. Das Teleskop kann deshalb kein ruhiges und scharfes Bild erzeugen. Das verschwommene, hin und her tanzende Bild ist allen Beobachtern vertraut. Man nennt dies turbulentes oder schlechtes ‚*Seeing*'. Vielen ist jedoch gar nicht richtig bewusst, wie sehr dies die Beobachtung einschränkt. Das Seeing in den meisten Hinterhöfen erlaubt kaum die Auflösung von Einzelheiten, die kleiner als eine Bogensekunde sind. Im Abstand des Mondes entspricht dies etwa 1,6 Kilometern.

Ein gutes 6 Zoll Teleskop besitzt diese Auflösung. Auch ein größeres Teleskop wird Ihnen in Nächten mit Seeing von einer Bogensekunde keine kleineren Einzelheiten zeigen. Natürlich wird bei gleicher Vergrößerung das Bild im größeren Teleskop heller und der Bildkontrast höher sein. Unter gewöhnlichen Beobachtungsbedingungen ist der Vorteil einer größeren Öffnung beim Erkennen feiner Details auf Mond und Planeten jedoch nicht so groß, wie man vielleicht annehmen würde. Obwohl ich in seltenen außergewöhnlich guten Nächten mit meinem 18¼ ZollTeleskop Bilder von Jupiter und Saturn gesehen habe, die mich an die Aufnahmen der Voyager-Sonden erinnerten, muss ich zugeben, dass in normalen Nächten der Anblick eher verschwommen und verwaschen ist. In diesen Nächten zeigt mein 8½ Zoll Teleskop diese Objekte genauso gut wie mein 18¼-Zöller.

Manchmal kann ein kleines Teleskop sogar bessere Bilder liefern als ein größeres. Wenn ein kleines Teleskop nur durch eine Konvektionszelle schaut, dann tanzt das Bild um eine mittlere Position herum und wird vielleicht ein wenig verzerrt, bleibt aber dennoch scharf. Wenn die Öffnung des Teleskops aber größer ist, schaut es durch eine Luftsäule, in der sich mehrere Konvektionszellen befinden. Jede einzelne Zelle erzeugt dabei zufällige Verzerrungen, die von dem Teleskop summiert werden. In diesem Fall besteht das Bild aus einer Ansammlung sich gegenseitig überlappender Komponenten, und jede davon bewegt sich in unterschiedlicher Richtung und zeigt auch unterschiedliche Verzerrungen. Das Ergebnis ist ein unscharfes und verschwommenes Bild. Da ist es schon besser, wenn das Bild sich zwar hin und her bewegt, aber dennoch scharf ist.

Der zweite Grund, warum ein größeres Teleskop nicht immer besser sein muss, sind die bereits beschriebenen thermischen Effekte. Je kleiner die Masse des Teleskops ist, desto schneller passt es sich der Umgebungstemperatur an und vermeidet so thermische Konvektionsströmungen zwischen Glas und Gehäuse. Durch starke Temperaturunterschiede können die optischen Flächen auch vorübergehend verformt werden, was die Abbildung beeinträchtigt. Diese Verformung hört auf, wenn das Teleskop eine gleichmäßige Temperatur erreicht hat. Als Resultat all dieser Überlegungen würde ich Ihnen einen Newton-Reflektor mit 10 − 16 Zoll (254 mm − 406 mm) Öffnung empfehlen, sofern Sie sich das leisten können. Das Öffnungsverhältnis sollte dabei so groß gewählt werden, dass sich das Teleskop noch vernünftig unterbringen lässt. Falls Ihr Beobachtungsplatz aber so schlecht wie meiner ist, so sollten Sie nicht vergessen, dass auch ein 10-Zöller unter diesen Umständen nur in wenigen Nächten seine volle Leistung zeigen kann. Wenn an Ihrem Beobachtungsplatz viele atmosphärische Turbulenzen auftreten, wären Sie vielleicht besser beraten mit einem 6- oder 7-zölligen (152 oder 178 mm) apochromatischen Refraktor mit einem Öffnungsverhältnis von f/9 oder einem achromatischen Refraktor mit Öffnungsverhältnissen von f/14 – f/20. Beide kosten einige tausend Euro, wobei die Unterbringung nicht eingeschlossen ist.

3.3 Okulare und Vergrößerung

In meinem Buch *Advanced Amateur Astronomy* finden Sie eine genaue Beschreibung der verschiedenen Arten von Okularen und ihrer optischen Eigenschaften. Wenn das effektive Öffnungsverhältnis Ihres Teleskops f/10 oder mehr ist, reichen zur Mondbeobachtung auch Okulare einfacher Bauart. Ramsden-Okulare oder achromatische Ramsden- und Kellner-Okulare sind leicht erhältlich und besitzen heutzutage auch meist eine Anti-Reflex-Beschichtung. Dies ist sehr sinnvoll zur Vermeidung von störenden Reflexionen innerhalb der Linsen, die sonst den Kontrast verringern. Sie unterscheiden sich in der Größe des Gesichtsfeldes. Ramsden-Okulare haben scheinbare Gesichtsfelder von etwa 35°, während die anderen beiden üblicherweise Gesichtsfelder von 40° haben. Sie geben bei Okularbrennweiten von 12 mm und mehr auch bei Teleskopen mit Öffnungsverhältnissen von f/6 noch gute Bilder.
Die Größe des wahren Gesichtsfelds kann man berechnen, indem man das scheinbare Gesichtsfeld durch die Vergrößerung teilt, d. h. ein Kellner-Okular ergibt bei einem Teleskop mit 160facher Vergrößerung ein wahres Gesichtsfeld von $\frac{1}{4}°$. Ramsden-Okulare sind nicht empfehlenswert für Fernrohre, deren Öffnungsverhältnis kleiner als f/10 ist, denn dann wird das Bild flau und es können sogar Farbsäume sichtbar werden.
Huygens-Okulare klassischer Bauart sollten bei Teleskopen mit Öffnungsverhältnissen kleiner als f/10 nicht benutzt werden, aber moderne Huygens-Okulare haben ein verbessertes optisches Design und können auch bei Öffnungsverhältnissen bis zu f/8 eingesetzt werden. Sie haben ein scheinbares Gesichtsfeld von ungefähr 30°.
Zur Beobachtung von Mond und Planeten eignen sich am besten monozentrische Okulare, die es heutzutage aber kaum noch gibt. Sie bestehen aus einem zusammenhängenden Linsentriplett und ergeben sogar bei einem Öffnungsverhältnis von f/5 noch scharfe Bilder, die frei von Farbsäumen sind, ihr einziger Nachteil ist ein sehr kleines Gesichtsfeld von nur 30°. Ich wünschte mir, sie wären noch zu bekommen. Das Tolles-Okular ist eine Modifikation eines Huygens-Okulars, das nur aus einem einzigen Glas besteht. Sein Gesichtsfeld ist mit 25 – 30° sehr klein. Heutzutage wird es kaum benutzt, früher war es aber ein

Lieblingsokular der Mond- und Planetenbeobachter, da es auch bei Brennweiten bis zu f/7 noch scharfe Abbildungen lieferte, die frei von Farbsäumen waren.

Wenn Sie ein Teleskop mit einem Öffnungsverhältnis von f/10 oder weniger besitzen und ein modernes Okular zur Mond- und Planetenbeobachtung suchen, sind Sie am besten mit einem Plössl-Okular bedient. Plössl-Okulare haben Gesichtsfelder von 50 – 55° und liefern mit Öffnungsverhältnissen von f/5 und mehr sehr gute Abbildungen. Sie haben die orthoskopischen Okulare größtenteils verdrängt, obwohl die besten orthoskopischen Okulare den Plössl-Okularen an Abbildungsqualität ein wenig überlegen sind (aber nur ein Gesichtsfeld von 40 – 45° haben).

Abgesehen von Nagler-Okularen, die auch bei Öffnungsverhältnissen von f/4,5 oder sogar f/4 noch gute Abbildungen liefern, würde ich Weitwinkel-Okulare zur Beobachtung von Mond und Planeten nicht empfehlen, da ihre Abbildung meist etwas an Bildschärfe vermissen lässt und sie trotz Beschichtung Probleme mit Streulicht, Reflexen und Geisterbildern haben.

Barlowlinsen könne auch sehr sinnvoll sein. Gewöhnlich bestehen sie aus einem Tubus, an dessen Ende sich eine konvexe oder plankonvexe zweielementige Zerstreuungslinse befindet. Dieses Ende schiebt man in den Okularauszug des Teleskops, das Okular wird vom anderen Ende aufgenommen. Durch die konvexe Zerstreuungslinse wird die Konvergenz der Strahlen vom Teleskopobjektiv verringert, was die effektive Brennweite des Teleskops um einen bestimmten Faktor vergrößert. Diese Vergrößerung ist normalerweise zweifach, kann aber jeden vom Hersteller gewünschten Wert annehmen. Das alles ist den Lesern wahrscheinlich bekannt. Vielen ist jedoch wohl nicht bewusst, dass sich damit auch das Öffnungsverhältnis des Teleskops um den gleichen Faktor vervielfacht. Benutzt man also eine Zweifach-Barlowlinse, so wird aus einem Fernrohr mit dem Öffnungsverhältnis f/5 eines mit Öffnungsverhältnis f/10. Neben der stärkeren Vergrößerung hat die Barlowlinse also auch den Vorteil, dass man einfachere und damit auch preiswertere Okulare benutzen kann. Das Hinzufügen von Linsen in den Strahlengang bewirkt aber auch, dass mehr Licht gestreut und absorbiert wird. Natürlich hilft hier die Anti-Reflex-Beschichtung und man sollte auch dafür sorgen, dass die Linsenflächen immer absolut sauber sind (was nicht immer ganz einfach ist). Auch die Barlowlinse sollte qualitativ hochwertig sein, damit sie die Abbildungseigenschaften des Teleskops nicht verschlechtert. Leider ist das nicht immer der Fall.

Wenn Sie zum Beispiel ein Teleskop mit einem Öffnungsverhältnis von weniger als f/6 haben und eine einfache, aus zwei Elementen bestehende Barlowlinse benutzen, macht sich die chromatische Aberration bei stark vergrößernden Okularen (Brennweiten von weniger als 10 mm) als störender Farbsaum bemerkbar. Von einigen Herstellern gibt es auch apochromatische Barlowlinsen, die aus drei Elementen bestehen. Wenn Sie einen Reflektor mit kleinem Öffnungsverhältnis besitzen, würde ich Ihnen diese empfehlen. Trotz leichter Nachteile durch Streulicht kann eine gute Barlowlinse in der Tat das Bild eines Fernrohrs mit kleinem Öffnungsverhältnis verbessern, da durch sie die Ansprüche an die Qualität kurzbrennweitiger Okulare nicht mehr so groß sind. Besitzt man eine oder mehrere Barlowlinsen, braucht man nur ein paar gut ausgewählte Okulare und hat somit einen weiten Bereich von Vergrößerungen verfügbar. Aber welche Vergrößerungen sollte man wählen? Hier sollten Sie sich von Ihren persönlichen Vorlieben leiten lassen. Es wäre wünschenswert ein Okular zu besitzen, das den gesamten Mond zeigen kann, besonders bei Gelegenheiten wie Finsternissen. Dafür darf das wahre Gesichtsfeld nicht kleiner als 0,6° sein. Dies bedeutet bei einem Okular mit 40° scheinbarem Gesichtsfeld eine mindestens sechsundsechzigfache Vergrößerung, bei einem Okular mit 52° scheinbarem Gesichtsfeld eine mindestens sechsundachtzigfache Vergrößerung. Es wäre auch sinnvoll einen Satz Okulare zu haben, die eine höhere Vergrößerung liefern, und vielleicht eine Barlowlinse, die Vergrößerungsstufen dazwischen ermöglicht. Wenn die Beobachtungsbedingungen ideal sind und das Teleskop eine sehr gute optische Qualität besitzt, würde ich normalerweise eine Vergrößerung wählen, die dem Durchmesser des Teleskops in Millimetern entspricht. Verschwommene Details wie die einzelnen Gipfel einer Gebirgskette beobachtet man am besten mit stärkeren Vergrößerungen, die bis zum Doppelten des Öffnungsdurchmessers in Millimetern betragen können. Schlechte Sichtbarkeitsbedingungen und ausgedehnte Objekte mit geringem Kontrast verlangen dagegen geringere Vergrößerungen. Wegen des Seeings von 1 Bogensekunde an meinem Beobachtungsstandort beobachte ich den Mond am häufigsten mit meinem 18¼ Zoll (0,46 m) Reflektor und 144fachen und 207fachen Vergrößerungen. Und diese 1 Bogensekunde bezieht sich auf die kurzen Augenblicke guter Sichtbarkeit, das durchschnittliche Seeing ist normalerweise um ein Vielfaches schlechter. Nur selten bringt die Benutzung höherer Vergrößerungen etwas, obwohl ich in einigen wenigen außerordentlich guten Nächten schon unglaubliche Ansichten bei 432facher Vergrößerung genießen konnte. Leider sind solche Gelegenheiten sehr selten und die Zeiträume dazwischen sehr lang. Ich wünschte mir, das wäre anders!

3.4 Machen Sie das Beste aus dem, was Sie haben!

Sie besitzen vielleicht einen großen Newton-Reflektor, eine richtige ‚Lichtkanone' mit kleinem Öffnungsverhältnis, aber einem großen Sekundärspiegel und mittelmäßiger Optik, zum Beispiel eines der billig hergestellten Dobson-Teleskope. Als Zubehör gibt es dazu ein oder zwei einfache Okulare. Die Bild des Mondes ist zwar sehr hell, aber die Schärfe ist enttäuschend. Kann man das verbessern, ohne sich gleich ein neues Teleskop kaufen zu müssen? Ich freue mich, dass ich Ihnen darauf mit „Ja!" antworten kann.

Betrachten wir einmal die Okulare. Der Satz, der Ihrem Teleskop beilag, gibt bei einem größeren Öffnungsverhältnis zweifellos bessere Resultate. Wenn Ihr Öffnungsverhältnis kleiner als f/5 oder f/6 ist, sollten Sie sich eine aus drei Elementen bestehende apochromatische Barlowlinse besorgen, um das Öffnungsverhältnis zu vergrößern. Die Anschaffung höher wertiger Okulare wäre natürlich eine teurere Alternative. Die folgenden Hinweise sollen Ihnen bei der Auswahl helfen.

Was ist mit dem großen Sekundärspiegel? Vielleicht denken Sie darüber nach, ihn durch einen kleineren zu ersetzen. Sie können ihn jedoch nicht zu klein machen, da Sie dadurch den wirksamen Durchmesser des Spiegels verringern würden. (Es sei denn, dass Sie genau das damit bezwecken. Die großen billigen Primärspiegel haben oft in ihren äußeren Bereichen schlechte Qualität. Durch das Ausblenden dieser Zonen könnte man so die Abbildung verbessern!)

Wenn f das Öffnungsverhältnis eines Teleskops ist und A der Abstand zwischen Sekundärspiegel und Bildebene, dann ergibt sich der Minimaldurchmesser d der kleinen Achse des Sekundärspiegels aus folgender Formel:

$$d = A/f \tag{3.2}$$

wobei d, A und f alle die gleichen Einheiten besitzen. Bei diesem Minimaldurchmesser wird jedoch nur die Mitte des Gesichtsfelds von allen Strahlen des Primärspiegels erreicht. Außerhalb der Mitte des Gesichtsfelds werden die Strahlen vignettiert. Beim rein visuellen Beobachten wird man den sich daraus ergebenden leichten Helligkeitsabfall am Gesichtsfeldrand jedoch kaum bemerken. Wenn das Teleskop ein größeres Öffnungsverhältnis hat, kann der Sekundärspiegel natürlich sehr klein sein. Trotz der Vignettierung am Gesichtsfeldrand wird der Bildkontrast am besten, wenn der Sekundärspiegel möglichst klein ist, wie ich bereits zu Anfang des Kapitels erklärt habe.

Über die Vorteile einer Blende, die sich außerhalb der Achse befindet, wird heftig diskutiert. Nach meiner Erfahrung kann ich durch das Abblenden meines 18¼ Zoll Teleskops (0,46 m) auf 6 Zoll (152 mm) mit einer Blende aus Pappe die Abbildung meines Teleskops manchmal verbessern, vor allem, wenn das Seeing sehr schlecht ist und die Einzelheiten verschwimmen.

Wenn die Optik des Teleskops nicht besonders gut ist, dann hilft meistens abblenden, auch unabhängig vom Seeing. Das von der Blende erzeugte Beugungsmuster ähnelt eher dem eines Refraktors, auch wenn es aufgrund der kleineren Öffnung größer wird. Das Loch in der Blende sollte so angebracht werden, dass es sich nicht mit dem Sekundärspiegel oder der Spiegelhalterung überschneidet (siehe Abbildung 3.3).

Mit einem 16 oder 20 Zoll Lichteimer kann man so eine Abbildung erhalten, die einem guten 5 oder 7 Zoll Refraktor entspricht. Probieren Sie es doch einmal selbst aus. Es kostet Sie nur wenige Minuten, eine passende Blende für Ihr Teleskop zu basteln. Ich würde Ihnen jedoch nur empfehlen, die Blende zu benutzen, falls sie wirklich eine deutliche Verbesserung des Bildes bringt. Sonst verpassen Sie durch die kleinere Blende und die beugungsbedingte schlechtere Auflösung die gelegentlichen Momente guten Seeings, die auch in schlechten Nächten kurzzeitig auftreten.

Wenn die Mechanik Ihres Teleskops Mängel hat, können Sie dies vielleicht durch den Bau oder Kauf einiger Teile verbessern. Wenn die Optik gut ist, könnte man sogar darüber nachdenken, das ganze Gerät neu zu bauen und nur eini-

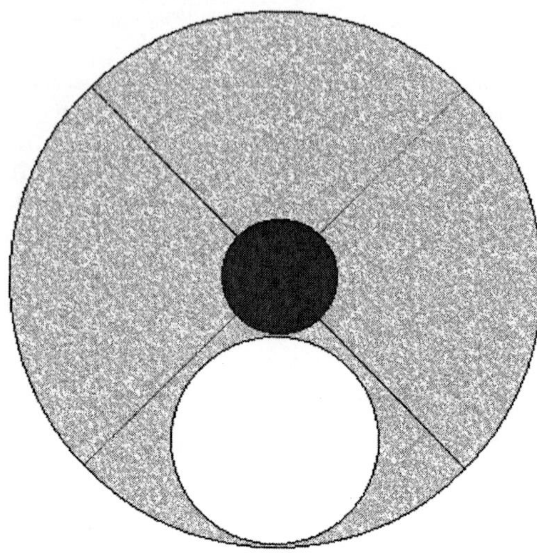

Abb. 3.3 Eine achsenversetzte Blende für ein Spiegelteleskop. Falls der Spiegel nicht so dünn ist, dass er sich an seinem unteren Ende verformt, (was bei Amateurteleskopen eigentlich nicht auftreten sollte,) erhält man die beste Abbildung, wenn man die freie Öffnung am unteren Teil des Spiegels positioniert. Von der ganzen Spiegelfläche wird eine aufsteigende warme Luftströmung erzeugt. Die freie Öffnung sollte sich im unteren Bereich befinden, um die Menge warmer Luft, die von den Lichtstrahlen durchquert wird, zu reduzieren.

ge Originalteile weiter zu verwenden. Dabei können Sie auch einige Änderungen vornehmen, um die thermischen Eigenschaften des Teleskops zu verbessern. Aber darauf weiter einzugehen würde den Rahmen dieses Buches sprengen. Lassen Sie uns lieber zum Beobachten und Zeichnen unseres wunderschönen Begleiters zurückkehren…

3.5 Das Zeichnen des Mondes

Vom Teleskop einmal abgesehen ist der wichtigste Ausrüstungsgegenstand zum Anfertigen von Zeichnungen ein Zeichenbrett mit Beleuchtung. Man kann es sich selbst zusammenbauen aus einer Hartfaserplatte, einem Schalter, einer Glühbirne mit Fassung, Batterien mit Halterung und einer kleinen Schachtel aus Pappe oder Metall zur Unterbringung der Beleuchtung. Eine Abschirmung des direkten Lichts der Glühbirne und eine Helligkeitsregelung wären ebenfalls sehr sinnvoll. Das Zeichenbrett sollte aber einfach und vor allen Dingen leicht sein. Sie können damit eine einfache Strichzeichnung anfertigen, aber auch ein richtiges Kunstwerk des photographischen Realismus, das alle Halbtöne und Schattierungen zeigt. Das hängt alles von Ihren zeichnerischen Fähigkeiten ab, die sich mit zunehmender Übung verbessern werden. Auch wenn Sie mit Ihrer Zeichnung nicht gerade zur Spitzenforschung beitragen, handelt es sich bei der Astronomie um eine ernst zu nehmende Wissenschaft. Deshalb sollten Ihre Zeichnungen so genau wie möglich sein. Ihre astronomischen Freunde werden nicht viel von der malerischsten Zeichnung halten, wenn darauf Größen und Positionen ungenau sind. Dagegen ist eine einfachere, aber genauere Zeichnung vorzuziehen.

Es gibt viele Möglichkeiten, die Oberfläche des Mondes darzustellen. Dazu stehen uns viele Materialien zur Verfügung: Bleistift, Kugelschreiber, Füller, Kohlestift, Pinsel, Papier, Leinwand etc.. Jedes davon erfordert seine eigene Technik, und jeder muss seine eigene Methode finden, mit der er zu den besten Ergebnissen kommt. Ich kann Ihnen hier nur einige Hinweise geben, die auf meinen eigenen Erfahrungen und auf den gesammelten Erfahrungen anderer Mondbeobachter beruhen.

Der Amateurastronom Andrew Johnson macht erstklassige Zeichnungen der Mondoberfläche. In einem Artikel in der Zeitschrift *The Strolling Astronomer* (Band 37, *Ausgabe 1*, Mai 1993, Seite 18–23) der *Association of Lunar and Planetary Observers* hat er seine Methoden dargelegt und Ratschläge für Anfänger gegeben. Andrew hat mir freundlicherweise erlaubt, einige der Zeichnungen aus diesem Artikel hier abzubilden. Er gibt eine Menge Ratschläge, viele davon finden Sie in diesem Buch. Ich empfehle Ihnen dennoch seinen Artikel zu lesen, wenn Sie ernsthaft daran interessiert sind, gute Zeichnungen vom Mond zu machen. Ich bin kein Meister im Zeichnen des Mondes, er aber ist ganz bestimmt einer.

Wenn Sie zu Ihrem Teleskop gehen, überlegen Sie nicht zu lange, was Sie zeichnen wollen. Einen groben Übersichtsplan für den Abend zu haben, hilft Ihnen Zeit und Mühe zu sparen für die eigentliche Beobachtung, auch wenn unvorhersagbares Wetter und wechselnde Beobachtungsbedingungen von Ihnen einiges an Flexibilität verlangen. Wenn Sie sich ein bestimmtes Objekt ausgesucht haben, erforschen Sie es ruhig genauer mit verschiedenen Vergrößerungen, bevor Sie zu Papier und Stift greifen. Versuchen Sie nicht, ein großes Gebiet auf einmal zu zeichnen. Das zu zeichnende Gebiet sollte nicht größer sein als ein Quadrat von 200 km Seitenlänge. Wenn Sie dann mit Ihrer Zeichnung beginnen, wählen Sie einen Maßstab von mindestens 2 km pro mm.

Nach dem Anblick im Fernrohr zeichnen Sie zuerst die groben Umrisse, damit die Proportionen stimmen. Dies kann man am besten an Abbildung 3.4(a) erkennen, die den ersten Schritt einer Zeichnung des Kraters Mairan von Andrew Johnson zeigt. Die Umrisse sollten nicht zu kräftig gezeichnet werden, damit man sie später vor dem Einzeichnen genauerer Einzelheiten wieder wegradieren kann, wie in Abbildung 3.4(b) zu sehen ist.

Zur Vorbereitung können Sie auch die Umrisse von Mondformationen von einem Photo abpausen und dies als Grundlage Ihrer Zeichnung benutzen. Ihre Arbeit am Teleskop ist es dann, genauere Einzelheiten hinzuzufügen und die Schatten auszufüllen. Diese Methode ergibt eine größere Positionsgenauigkeit. Sie müssen dann aber Librationseffekte ignorieren, die besonders am Mondrand auftreten. Die Libration war zum Zeitpunkt der Aufnahme des Bildes sicher ganz anders als zu dem Zeitpunkt, an dem Sie Ihre Zeichnung anfertigen.

Der reale Mond zeigt außer Schwarz und Weiß auch noch etliche Graustufen, zu deren Darstellung es verschiedene Möglichkeiten gibt. So können Sie zum Beispiel die Helligkeitsabstufungen durch Zahlen in den betreffenden Flächen

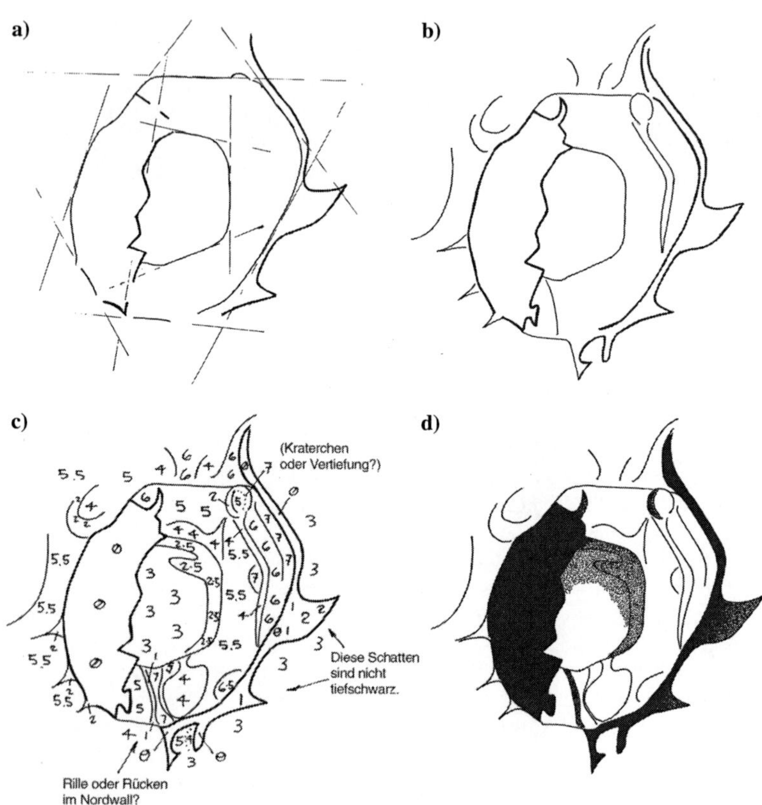

Abb. 3.4(a) – (e)   Die verschiedenen Stadien der Zeichnung des Mondkraters Mairan
(gezeichnet von Andrew Johnson).

darstellen. Abbildung 3.4(c) zeigt dieses Stadium in Andrew Johnsons Zeich-
nung. Der Wert 0 bedeutet in Andrews Skala tiefes Schwarz und 10 helles Weiß.
Das könnte schon ein fertiges Resultat sein.
Sie können diese Umrisszeichnung aber auch mit dem Bleistift (oder anderen
Hilfsmitteln) mit den verschiedenen Graustufen ausfüllen. Die meisten guten
Mondzeichner benutzen diese Methode, bei der die Zeichnung erst nach dem
Ende der Beobachtung fertig gestellt wird. Das bedeutet, dass Sie während der
Beobachtung alles sorgfältig festhalten müssen. Verlassen Sie sich niemals auf
die Erinnerung an das, was Sie glauben am Teleskop gesehen zu haben. Machen
Sie es am Teleskop gleich richtig, dann kommen Sie nicht in Versuchung, im
Nachhinein noch etwas an Ihrer Zeichnung zu ändern.

e)

MAIRAN – bei morgendlicher Beleuchtung

Lunation 867

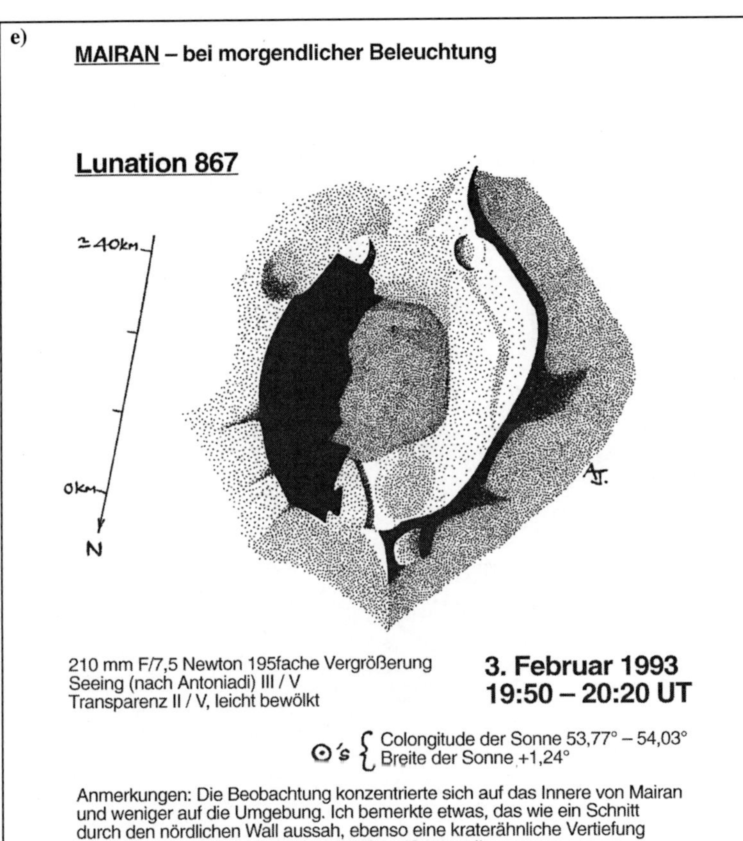

210 mm F/7,5 Newton 195fache Vergrößerung
Seeing (nach Antoniadi) III / V
Transparenz II / V, leicht bewölkt

**3. Februar 1993
19:50 – 20:20 UT**

☉'s { Colongitude der Sonne 53,77° – 54,03°
Breite der Sonne +1,24°

Anmerkungen: Die Beobachtung konzentrierte sich auf das Innere von Mairan
und weniger auf die Umgebung. Ich bemerkte etwas, das wie ein Schnitt
durch den nördlichen Wall aussah, ebenso eine kraterähnliche Vertiefung
am Südrand und Terrassen im westlichen Kraterwall.
Andrew Johnson, Knaresborough , North Yorkshire.

Wenn Sie Ihren ersten Entwurf fertig haben, nehmen Sie sich noch einmal etwas Zeit, ihn mit dem Anblick im Teleskop zu vergleichen. Alle Unterschiede, die Sie jetzt feststellen und nicht mehr in der Zeichnung korrigieren können, können Sie notieren, wie zum Beispiel ‚der kleine Krater in der Zeichnung sollte etwa 20 Prozent größer sein'. Vergessen Sie nicht, Zeit, Datum, Instrument, Vergrößerung und Beobachtungsbedingungen zu notieren.

Vielleicht ziehen Sie es auch vor, das Endresultat mit allen Schatten und Grautönen am Teleskop fertig zu stellen. Ich habe festgestellt, dass das nur bei sehr kleinen und überschaubaren Gebieten der Mondoberfläche gelingt. In der Nähe des Terminators ändern sich die Schatten innerhalb weniger Minuten merklich. Sie können natürlich die Umrisslinien zeichnen und die Zeit notieren, wenn Sie

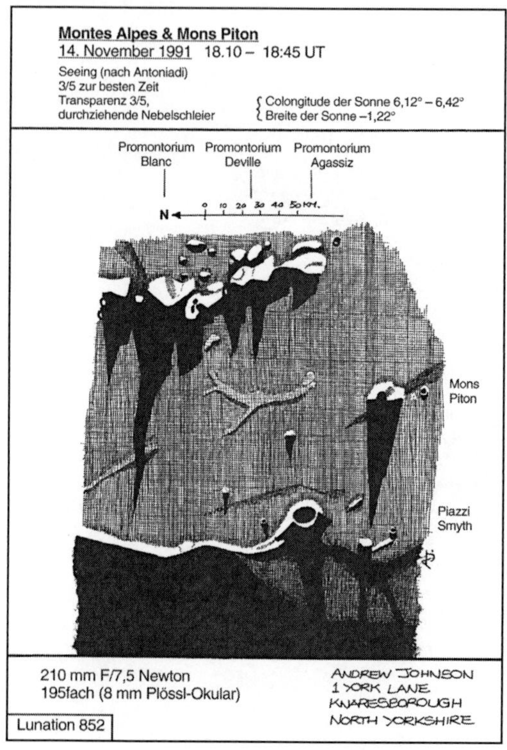

Abb. 3.5 Eine Alternative zur Tüpfeltechnik ist das kreuzweise Schraffieren, hier dargestellt in einer Zeichnung der Montes Alpes und des Mons Piton von Andrew Johnson.

sich aber Zeit zum Ausfüllen der Graustufen nehmen, werden Sie feststellen, dass Ihnen nicht genug Zeit zur Anfertigung einer komplizierten Zeichnung bleibt, bevor sich die Beleuchtungsverhältnisse zu stark ändern. Idealerweise müssten Sie Ihre Zeichnung innerhalb einer halben Stunde fertig haben.

Wenn Sie das Bild wirklich schon am Teleskop fertig stellen wollen, dann sollten Sie einige Vorbereitungen treffen, um Ihre Beobachtungszeit am Teleskop optimal zu nutzen. So sollten Sie die Umrisslinien vorbereiten und das Bild schon vorher grau einfärben. Sie können dazu Bleistifte verwenden oder etwas Holzkohlepulver mit dem Finger auf dem Papier verreiben. Am Teleskop benutzen Sie dann einen sauberen Radiergummi zum Erzeugen der helleren Flächen und einen angespitzten Radierstift als ‚weißen' Stift. Dunklere Grautöne können Sie dann mit Bleistiften erzeugen und die Schatten mit schwarzen Filzstiften verschiedener Breite.

Wenn Sie das Bild erst nach der Beobachtung fertig stellen, haben Sie natürlich noch mehr Möglichkeiten. Falls Sie von Ihren Zeichnungen Kopien machen und sie an Beobachtungsgruppen senden möchten, eigen sich dazu aber nicht alle

Methoden. Die billigste und einfachste Methode zum Anfertigen von Kopien ist die Benutzung eines heute üblichen Bürokopierers. Mit ihnen lassen sich Bilder, die nur aus Linien und Punkten bestehen, sehr gut vervielfältigen. Leider geben sie Grautöne meist nur schlecht wieder. Deswegen benutzen viele Mondzeichner die Tüpfel-Methode, um Grautöne in ihren fertigen Bildern darzustellen. In seinem Artikel in *The Strolling Astronomer* empfiehlt Andrew Johnson einen Stiftdurchmesser von 0,3 mm (dabei kann man einen teuren professionellen Zeichenstift oder auch einen billigen, aber nicht so lange haltbaren Filzstift benutzen). Mit viel Geduld werden dann Punkt für Punkt die grauen Flächen erzeugt. Andrew benutzt dabei ein am Tisch befestigtes Vergrößerungsglas bei guter Beleuchtung, um seine Augen nicht zu überanstrengen. Je dichter die Punkte sind, desto dunkler erscheint die Zeichnung aus einigem Abstand betrachtet. Andrew braucht zur Fertigstellung einer Zeichnung normalerweise etwa 2 Stunden. Abbildung 3.4(d) zeigt den Entstehungsprozess und Abbildung 3.4(e) das Endresultat.

Ich selbst werde schon müde, wenn ich nur daran denke! Trotzdem ist Andrew sehr produktiv, ebenso seine Kollegen Nigel Longshaw und Roy Bridge. Viele ihrer erstklassigen Arbeiten finden Sie in Kapitel 8 dieses Buches. Dort kann man auch sehen, wie sie verschiedene Arten von Mondformationen und unterschiedliche Beleuchtungssituationen darstellen.

Alle drei betrachten den legendären Harold Hill als großen Meister des Mondzeichnens und der Tüpfel-Methode. Er hat den Mond über fünf Jahrzehnte studiert und gezeichnet und viele seiner großartigen Zeichnungen sind in seinem Buch *A Portfolio of Lunar Drawings* (Cambridge University Press 1991) veröffentlicht.

Wenn Ihnen der Arbeitsaufwand der Tüpfel-Methode zu hoch ist, können Sie es ja einmal mit geriffeltem Papier versuchen, das man in Bastelgeschäften bekommen kann, oder Sie legen einfach ein Blatt Papier auf grobes Sandpapier. Dadurch erzeugen Sie einen ‚Tüpfel'-Effekt, der sich besser kopieren lässt als reine Grautöne. Durch Ändern des Drucks auf den Bleistift können Sie die gewünschten Helligkeitsabstufungen erzeugen. Die besten Ergebnisse erhalten Sie aber immer noch mit dem richtigen Tüpfeln.

Eine Alternative zur Tüpfel-Methode, die beim Photokopieren immer noch gute Ergebnisse liefert, ist das kreuzweise Schraffieren. Abbildung 3.5 ist ein Beispiel dieser Methode. Wenn man bessere Kopiermethoden (Laserkopierer oder Computerscanner mit Photoqualität) benutzt, kann man auch weniger anstrengende Methoden zum Zeichnen verwenden.

Vom Zeichnen einen Schritt weiter zu mehr Technik wäre das Photographieren des Mondes. Dies ist das Thema des nächsten Kapitels.

4 Die Photographie des Mondes

Die ersten Jahre des 19. Jahrhunderts brachten uns die Erfindung der Photographie. Anfangs waren die photographischen Materialien noch ziemlich unempfindlich und schwer zu handhaben, aber einige Personen taten ihr Bestes, um Himmelskörper auf Film zu bannen. Der New Yorker J. W. Draper war der Erste, dem eine erfolgreiche Aufnahme des Mondes gelang. In den *Scientific Memoirs* des Jahres 1840 schreibt er:

Es ist nicht schwer, mittels der Daguerreotypie Abbildungen des Mondes zu erhalten. Mit Hilfe einer Linse und eines Heliostaten habe ich Lichtstrahlen des Mondes auf eine photographische Platte abgebildet. Die Linse hatte einen Durchmesser von 3 Zoll. Nach einer halben Stunde war die Belichtung gut. Mit einer anderen Linsenanordnung konnte ich ein Mondbild von einem Zoll Durchmesser erzeugen, auf dem die dunklen Gebiete deutlich hervortraten.

Ein Jahrzehnt später gelang J. A. Whipple (USA) eine Reihe von Daguerreotypien des Mondes in seinen verschiedenen Phasen. Der englische Amateur Warren de la Rue erzielte kurz darauf noch bessere Resultate, ebenso der Amerikaner Lewis Rutherfurd. Gegen Ende des 19. Jahrhunderts hat sich die Qualität der Photographie so weit verbessert, dass man die ersten photographischen Mondatlanten erstellen konnte.

So veröffentlichte W. H. Pickering im Jahre 1904 einen kompletten photographischen Atlas des Mondes. Die Aufnahmen wurden mit einem speziell dafür konstruierten 12 Zoll (305 mm) Objektiv gemacht. Jede Mondregion wurde unter fünf verschiedenen Beleuchtungswinkeln aufgenommen. Doch der Maßstab war nicht groß genug, um kleinste Einzelheiten der Mondoberfläche zu zeigen. Der beste photographische Mondatlas dieser Zeit wurde von M. Loewy und P. Puiseux am Observatorium von Paris erstellt. Von 1896 bis 1909 benutzten sie dort den 23,6 Zoll (0,6 m) Coudé-Refraktor für Aufnahmen ihres *Atlas de la Lune*.

Das herannahende Raumfahrtzeitalter und die Erwartung bemannter Mondexpeditionen spornten G. P. Kuiper und seine Kollegen 1960 zur Veröffentlichung ihres *Photographic Lunar Atlas* an. Das war eine Ausgabe von großformatigen Photographien des Mondes, die aus den besten Aufnahmen der Sternwarten Mount Wilson, Lick, Pic du Midi, MacDonald und Yerkes ausgewählt wurden. Unter der Schirmherrschaft der United States Air Force (USAF) machte Zdeněk Kopal mit einer Gruppe der Universität von Manchester von 1959 bis 1970 Aufnahmen am Pic du Midi in den französischen Pyrenäen, wo das Seeing hervorragend ist. Als Hauptinstrument wurde dabei ein 23,6 Zoll Refraktor benutzt, dessen Objektivlinse sich zuvor in dem Refraktor in Paris befand, mit dem Loewy und Puiseux ihren Mondatlas aufnahmen. Dr. Thomas W. Rackham, ein Mitglied der Gruppe aus Manchester, war für die Arbeit an diesem Refraktor hauptverantwortlich, wurde jedoch auch von den anderen Mitgliedern der Gruppe unterstützt. Über 60 000 Aufnahmen wurden gemacht, aus denen man dann die *Lunar Air Force Charts* erstellte. Die Aufnahmen waren so gut, dass man mit ihnen durch Ausmessen der Schatten die relativen Höhen auf der Mondoberfläche mit einer Genauigkeit von wenigen Metern bestimmen konnte.

Das ausgezeichnete Seeing am Pic du Midi, das meist besser als eine Bogensekunde war, veranlasste die Gruppe aus Manchester dort einen 43 Zoll (1,07 m) Cassegrain-Reflektor aufzustellen, dessen optische Qualität und Design speziell für die Beobachtung von Planeten und Mond ausgelegt wurde. Patrick Sudbury von der Manchester-Gruppe war für die Arbeit an diesem Instrument hauptverantwortlich. Er machte die ersten Aufnahmen damit im Jahre 1964. Unter der Schirmherrschaft der USAF und der NASA arbeitete man auch in der Mondkartographie mit Professor S. Miyamoto und seinen Kollegen in Japan zusammen. So konnte man dem Arsenal von Instrumenten auch einen 74 Zoll (1,9 m) Reflektor in Kottamia (Ägypten) hinzufügen. Dr. Rackham gab mir freundlicherweise die Erlaubnis, einige der Aufnahmen aus Kottamia in diesem Buch zu benutzen.

Die sehr produktive Gruppe aus Manchester war aber nicht die einzige, die sich mit der Kartographie des Mondes beschäftigte. Gerald P. Kuiper, Ewen A. Whitaker und Strom, Fountain und Larson vom Lunar and Planetary Laboratory der University of California waren auf diesem Gebiet auch aktiv. Aus den besten 227 Mondaufnahmen, die mit dem 61 Zoll (1,54 m) Reflektor des Naval Observatory und dem 61 Zoll Reflektor auf dem Catalina Mountain gewonnen wurden, erstellten sie ihren hervorragenden *Consolidated Lunar Atlas*. Dabei wurden insgesamt 8000 Negative belichtet, die meisten davon in der Zeit von 1965 bis 1967 am Catalina Teleskop. Dieses Buch enthält einige dieser Photographien. (Für die freundliche Genehmigung zu ihrer Abbildung möchte ich Professor Whitaker und der Universität von Arizona danken.)

Die professionellen Programme zur Kartographierung des Mondes waren für die kommenden Mondmissionen sehr wichtig. Aber auch Amateurastronomen versuchten sich an der Mondphotographie. Viele davon waren sehr erfolgreich, trotz der schlechten Beobachtungsbedingungen in Hinterhöfen, die nur selten Auflösungen erlauben, die geringer als eine Bogensekunde sind.

In den sechziger Jahren eiferte ein Amateur den Profis nach und veröffentlichte sogar einen eigenen photographischen Atlas. Der sehr nützliche *Amateur Astronomer's Photographic Atlas* von Commander H. R. Hatfield ist in 25 Abschnitte aufgeteilt. Jeder Abschnitt enthält eine detaillierte Übersichtskarte und einige Aufnahmen, die unter verschiedenen Beleuchtungsbedingungen gemacht wurden. Commander Hatfield baute mit eigenen Händen sein Observatorium, seinen 12 Zoll (305 mm) Newton-Reflektor und einen Großteil seiner photographischen Ausrüstung. Auch wenn die erste Auflage des Atlas (Lutterworth Press 1968) schon seit langem vergriffen ist, kann man immer noch Exemplare davon im Antiquariat finden. Mein eigenes Exemplar benutze ich des Öfteren um nachzuschlagen. Commander Hatfields Atlas wird zur Zeit vom Springer-Verlag überarbeitet und neu herausgegeben. Während ich diese Zeilen schreibe, ist er noch in Arbeit, sollte aber zum Zeitpunkt der Veröffentlichung dieses Buches erhältlich sein. Die Neuauflage wird von Jeremy Cook unter dem Namen *The Hatfield Photographic Lunar Atlas* herausgegeben.

Aufgrund seiner hohen Produktivität und der Qualität seiner Aufnahmen, die sich mit denen der Profis messen kann, gehört Georges Viscardy zu den besten Amateur-Mondphotographen der letzten Jahre. Er besitzt einen 20½ Zoll (0,52 m) Cassegrain-Reflektor in den französischen Alpen, wo das Seeing exzellent ist. Sein 1986 veröffentlichter Atlas *Guide Photographique de la Lune* enthält über 200 Aufnahmen mit Beschreibungen der Mondformationen und den photographischen Einzelheiten

Die meisten von uns müssen sich mit Beobachtungsbedingungen begnügen, die nur selten Auflösungen von weniger als einer Bogensekunde erlauben. Die Photographie des Mondes ist dennoch ein lohnenswertes Hobby. Die Aufnahme von verdächtigen transienten Erscheinungen (TLPs) hat sicherlich sehr hohen wissenschaftlichen Wert. Ich hoffe, dass Sie es selbst einmal mit der Mondphotographie versuchen und gebe Ihnen deshalb im folgenden Abschnitt eine Einführung.

4.1 Filme zur Photographie des Mondes

Von allen Filmformaten ist der Kleinbildfilm (35 mm oder 135er Film) heutzutage am gebräuchlichsten. Die meisten Kameras, insbesondere die qualitativ hochwertigen einäugigen Spiegelreflexkameras benutzen dieses Format, und es gibt dafür eine ganze Reihe von Farbnegativ-, Dia- und Schwarz-Weiß-Filmen, deshalb empfehle ich Ihnen auch eine Kamera mit diesem Format.

Nachdem dies geklärt ist, stellt sich die Frage, welchen Filmtyp man für die Mondphotographie benutzen soll. Farbige Photos sehen zwar immer schön aus, für den Mond sind sie aber nicht unbedingt notwendig. Noch schöner ist es, wenn wir aus unseren Aufnahmen einen Diavortrag machen können, obwohl Papierbilder handlicher sind. Sie sind auf jeden Fall leichter mitzunehmen als Diaprojektor und Leinwand. Heutzutage lassen sich aber auch von Diafilmen (auch Farbumkehrfilme genannt) preiswerte Farbabzüge machen.

Es gibt Filme mit verschiedenen Empfindlichkeiten, und das Licht ist bei astronomischen Aufnahmen immer ein wichtiger Punkt. Ist deswegen ein hochempfindlicher (= schneller) Film am besten? Sollte man also einen hochempfindlichen Farbdiafilm benutzen, den man als Dia rahmen kann, von dem man aber auch Papierabzüge bestellen kann?

Leider sind die Dinge nicht so einfach, wenn man gute Ergebnisse erzielen will. Schauen Sie sich dazu einmal Abbildung 4.1 an, einmal aus größerer Entfernung und dann aus der Nähe!

Es ist ein Papierabzug, den ich von einem hochempfindlichen Farbdiafilm gemacht habe. Das griesige Aussehen kommt von dem Filmkorn. Auffälliges Filmkorn ist einer der ungünstigen Effekte von hochempfindlichen (schnellen) Filmen und begrenzt die Auflösung von Details. ‚Langsame‘, d. h. weniger empfindliche Filme haben eine viel feinere Kornstruktur und ermöglichen so die

Abb. 4.1 Die negativen Effekte des Filmkorns.

Auflösung feinerer Details. (Die Korngröße ist nicht der einzige Faktor, der die Auflösung bestimmt, aber einer der wichtigsten.)

Die Filmempfindlichkeit wird in ISO (International Standards Organisation) angegeben. Diese ISO-Angabe enthält zwei Teile: Der erste Zahl ist der ASA-Wert, eine arithmetische Angabe, mit der viele Photographen vertraut sind. Die zweite Zahl ist der alte DIN-Wert, eine logarithmische Maßeinheit. So hat zum Beispiel der *Ilford* FP4 Film eine Empfindlichkeitsangabe von ISO125/22°. In diesem Buch beziehe ich mich nur auf den arithmetischen ASA-Wert. Ein Film mit der Angabe ISO 250 ist also doppelt so empfindlich (und damit auch doppelt so ‚schnell‘) wie ein Film mit ISO 125. Mit einem Film mit ISO 250 könnte man ein Bild der halben Helligkeit in derselben Zeit aufnehmen wie mit einem ISO 125 Film. Oder man könnte ein Bild mit der gleichen Helligkeit in der halben Zeit aufnehmen.

Ich sollte noch den sogenannten Schwarzschildeffekt erwähnen, der bei halber Helligkeit eine Belichtungszeit verlangt, die mehr als doppelt so lang ist. Dieser Effekt tritt jedoch nur bei Belichtungszeiten auf, die länger als einige Sekunden sind. Wir Mondphotographen brauchen uns nicht zu sehr um den Schwarzschildeffekt zu kümmern.

Aber wir sollten nicht vergessen, dass ein ISO 250 Film eine schlechtere Auflösung und eine gröbere Kornstruktur hat. Bei photographischen Emulsionen wird die Auflösung in ‚Linien pro Millimeter' (oder ‚Strich pro Millimeter') angegeben. Wenn man ein Streifenmuster von dünnen schwarzen Linien und weißen Bereichen dazwischen auf einen Film abbildet, kann der entwickelte Film nur dann dieses Streifenmuster zeigen, wenn der Abstand der Linien größer ist als ein bestimmter Wert.

So hat zum Beispiel der *Ilford* FP4 – wenn man ihn genau nach den Anweisungen des Herstellers entwickelt – eine Auflösung von 145 Linien pro Millimeter (laut Angaben des Herstellers). Oder anders gesagt, wenn der Abstand zwischen den Linien weniger als $^1/_{145}$ Millimeter beträgt, kann der Film sie nicht mehr einzeln auflösen und zeigt statt einem Muster von schwarzen und weißen Streifen eine graue Fläche. Hochempfindliche Filme mit ISO 1000 oder mehr haben nur eine Auflösung von 40 Linien pro Millimeter. Wir sind zwar nicht sehr an der Photographie von schwarzen und weißen Linien interessiert, aber wir möchten die kleinstmöglichen Einzelheiten auf der Mondoberfläche aufnehmen.

Ein wichtiger Punkt ist natürlich der Kontrast, doch hierzu möchte ich auf Abschnitt 4.6 verweisen. Bei der Benutzung von Farbfilmen sollte man auch die Genauigkeit der Farbwiedergabe bedenken. Nicht alle Farbfilme geben die subtilen Farbtöne der Mondoberfläche naturgetreu wieder. Brauchen wir eigentlich wirklich einen Farbfilm? Die meisten Leute nehmen die Farben des Mondes sowieso nur als Schwarz, Grau und Weiß wahr.

Bevor wir zu den allgemeineren Dingen kommen, sollten wir erst einige spezielle Fragen klären. Es gibt eine Reihe von Möglichkeiten, Aufnahmen vom Mond zu machen. Die einen möchten vielleicht hochaufgelöste Bilder des Mondes durch ein Teleskop machen, die anderen vielleicht nur die Phasen des Mondes oder gar Finsternisse mit fest stehender Kamera aufnehmen. Im Folgenden erkläre ich, wie man das macht und welchen Film man dazu nimmt. Meine Empfehlungen sollten Sie aber nur als Einstieg betrachten. Wenn Sie dann einiges an praktischer Erfahrung gesammelt haben, kann ich Ihnen nur raten, weiter zu experimentieren und Ihre eigene Technik zu verbessern. Viel Glück dabei!

4.2 Photostative, Objektive, Blenden und Belichtungszeiten

Wenn Sie den Mond vor einer bestimmten Planeten- oder Sternkonstellation aufnehmen wollen, brauchen Sie ein größeres Gesichtsfeld als beim Aufnehmen durch ein Teleskop. Am besten stellen Sie dazu die Kamera auf ein Stativ und benutzen das Normalobjektiv oder ein Teleobjektiv. Natürlich hat das den Nachteil, dass der Abbildungsmaßstab so klein ist, dass der Mond auf dem fertigen Bild ziemlich winzig wird.

Ein optisches System mit einer effektiven Brennweite F erzeugt einen Abbildungsmaßstab

$$I = 206\,265/F \tag{4.1}$$

wobei F in Millimeter und I in Bogensekunden pro Millimeter gemessen werden. Ich habe hier die effektive Brennweite genommen, um damit auch zusätzliche optische Elemente wie Telekonverter etc. zu berücksichtigten. Der scheinbare Durchmesser des Mondes beträgt rund 2000 Bogensekunden. Dadurch ergibt sich die praktische Faustregel, dass der Durchmesser des scharf gestellten Mondscheibchens etwa ein Hundertstel der Brennweite beträgt. Wenn wir also mit einem Teleskop vom 2 Metern Brennweite den Mond photographieren, so wird der Mond auf dem Film etwa 20 mm groß sein. Wenn wir ein 200 mm Teleobjektiv benutzen, wird der Mond nur 2 mm groß, und mit einem Normalobjektiv von 50 mm Brennweite nur 0,5 mm.

Das betrifft natürlich nur die Größe des Mondes auf dem Filmnegativ oder Dia. Wenn man von dem Film einen Papierabzug macht, wird er dabei vergrößert. Aber auch wenn man Mondaufnahmen mit der Normalbrennweite macht und sie dann auf Postkartenformat vergrößert, wird das Bild des Mondes nur ein paar Millimeter groß.

Das Kleinbildformat beträgt 24 mm × 36 mm. Die meisten optischen Systeme erzeugen ein gewisses Maß an geometrischer Verzerrung. Bei Objektivlinsen von Kameras wird der Abbildungsmaßstab außerhalb der Bildmitte meistens etwas größer (d. h. weniger Bogensekunden pro Millimeter). Dieser Effekt ist jedoch normalerweise nicht so schlimm – außer man nutzt kurzbrennweitige Weitwinkelobjektive – so kann man sehr einfach die Größe des Mondes und des zu erwartenden Himmelsauschnittes berechnen. Tabelle 4.1 zeigt die Werte für einige Objektivbrennweiten.

Objektivbrennweite (mm)	Abbildungsmaßstab (Bogensekunden/mm)	Himmelsausschnitt (Grad)
50	4125	27,5 × 41,3
135	1528	10,2 × 15,3
200	1031	6,9 × 10,3
300	688	4,6 × 6,9
400	516	3,4 × 5,2
500	413	2,8 × 4,1
1000	206	1,4 × 2,1
1500	138	0,92 × 1,38
2000	103	0,69 × 1,03
2500	83	0,55 × 0,83
3000	69	0,46 × 0,69

Tab. 4.1 Abbildungsmaßstab und dazugehöriger Himmelsausschnitt auf dem Kleinbildformat bei verschiedenen Objektivbrennweiten.

Der Mond zeigt (zumindest in erster Näherung) die gleiche tägliche Bewegung wie die anderen Sterne auch. Tatsächlich ist er ein klein wenig langsamer, aber er braucht einen ganzen Monat, um sich rückwärts durch alle Sternbilder des Tierkreises zu bewegen. Am Himmelsäquator bewegen sich die Sterne am schnellsten. Der Mond kann bis zu 28,5° vom Himmelsäquator abweichen, aber das ändert die Geschwindigkeit, mit der er sich am Himmel bewegt, kaum. Wenn wir unsere Kamera nicht der Bewegung des Mondes nachführen, müssen wir unsere Belichtungszeit kurz wählen, damit sein Bild auf dem Film nicht verwischt wird. Aus meiner Erfahrung habe ich folgende Formeln für hochempfindliche Filme (= geringere Auflösung) und weniger empfindliche Filme (= höhere Auflösung) aufgestellt:

$$\text{hochempfindlicher Film:}$$
$$\text{längste Belichtungszeit (Sekunden)} = 550/F \qquad (4.2)$$

$$\text{weniger empfindlicher Film:}$$
$$\text{längste Belichtungszeit (Sekunden)} = 300/F \qquad (4.3)$$

wobei F die Brennweite in Millimetern ist. Also können Sie bei einem schnellen Film mit ISO 400 und einem 50 mm Objektiv bis zu 11 Sekunden belichten, sind aber bei einem 500 mm Teleobjektiv auf 1,1 Sekunden Belichtungszeit begrenzt. Tabelle 4.2 zeigt diese Ergebnisse für verschiedene Brennweiten.

Einige werden der Meinung sein, dass dieses Kriterium zu streng ist und man ruhig etwas längere Belichtungszeiten benutzen könnte. Anderen wird dieses Kriterium zu lax erscheinen. Was in der Praxis noch tolerabel sein wird, hängt von der Qualität des Objektivs, den Auflösungseigenschaften des Films und der Vergrößerung des Photos ab.

So viel also zu der längstmöglichen Zeit, die man belichten kann. Aber wie lange sollte man belichten? Das hängt von vier Faktoren ab: der scheinbaren Hel-

| | Empfohlene Belichtungszeiten (in Sekunden) | |
Brennweite (mm)	‚schneller' Film	‚langsamer' Film
50	11,0	6,0
135	4,1	2,2
200	2,8	1,5
300	1,8	1,0
400	1,4	0,75
500	1,1	0,60
1000	0,55	0,30

Tab. 4.2. Empfohlene Maximal-Belichtungszeiten für nicht nachgeführte Aufnahmen des Mondes mit verschiedenen Objektivbrennweiten für ‚schnelle' (hochempfindliche) Filme mit geringer Auflösung und ‚langsame' (niedrigempfindliche) Filme mit hoher Auflösung. In der Praxis muss man natürlich die kürzeren Belichtungszeiten so abrunden, dass man sie auf der Kamera einstellen kann.

ligkeit des Mondes, der Lichtdurchlässigkeit des optischen Systems, der Empfindlichkeit des Films und dem effektiven Öffnungsverhältnis.

Die Helligkeit des Mondes ändert sich sehr stark mit der Mondphase, deswegen müssen wir auch sie in die Berechnung unserer Belichtungszeit mit einbeziehen. Die Lichtdurchlässigkeit des optischen Systems bestimmt man am besten, indem man Aufnahmen des Mondes macht. Wenn diese Aufnahmen dunkler als erwartet ausfallen, verlängert man einfach die Belichtungszeit. Es ist aber sehr unwahrscheinlich, dass die Lichtdurchlässigkeit außerhalb des Bereiches von 50 bis 95 Prozent liegt.

Viel wichtiger ist die Filmempfindlichkeit. Vom Hersteller wird ein Wert für die Empfindlichkeit angegeben, aber die lässt sich durch den Entwicklungsprozess verändern. Oftmals gibt der Hersteller auch einen Empfindlichkeitsbereich mit den verschiedenen Möglichkeiten zur Entwicklung an. Man kann einen Film auch mit anderen als den vom Hersteller vorgesehenen Empfindlichkeiten entwickeln. Mehr dazu in Abschnitt 4.6.

Der letzte wichtige Faktor ist das effektive Öffnungsverhältnis f des gesamten optischen Systems, das sich aus dem Verhältnis effektiver Brennweite F zu dem Öffnungsdurchmesser D ergibt:

$$f = F/D \tag{4.4}$$

Beide Werte müssen dabei natürlich in den gleichen Einheiten ausgedrückt werden, zum Beispiel im Millimetern. Das Öffnungsverhältnis ist nichts anderes als die aus der Photographie bekannte ‚Blende‘. Bei Photoobjektiven lässt sich das Öffnungsverhältnis üblicherweise durch eine interne Irisblende verändern. Telekonverter, die zwischen Objektiv und Kameragehäuse angebracht werden, sind sehr nützlich, denn sie ergeben eine andere effektive Brennweite und somit einen anderen Abbildungsmaßstab. So lässt sich zum Beispiel mit einem Zweifach-Telekonverter die Brennweite effektiv verdoppeln. Man sollte aber nicht vergessen, dass dabei der Durchmesser der Blende gleich bleibt, sich also bei verdoppelter effektiver Brennweite auch das effektive Öffnungsverhältnis verdoppelt.

Sie denken vielleicht, weil sich die Öffnung des Objektivs nicht verändert, fängt es dieselbe Menge Mondlicht ein und wir sollten bei der Benutzung eines Telekonverters die Belichtungszeit nicht ändern. Für die Belichtungszeit ist aber das effektive Öffnungsverhältnis maßgebend!

Um das zu verstehen, stellen Sie sich einmal drei Objektive vor, die alle eine Öffnung von 25 mm haben. Eins davon habe 50 mm Brennweite (also Blende 2), das andere 100 mm (also Blende 4), das dritte 150 mm (also Blende 6). Das erste Objektiv erzeugt ein Bild des Mondes, das etwa 0,5 mm groß ist. Das zweite Objektiv nimmt die gleiche Menge Licht auf wie das erste, aber sein Bild des Mondes ist 1 mm groß, hat also den doppelten Durchmesser und die vierfache Fläche des ersten. Deswegen ist die Flächenhelligkeit des Mondbilds bei dem zweiten Objektiv nur ein Viertel so groß. Das Objektiv mit der Blende 6 erzeugt ein Mondbild, dessen Flächenhelligkeit nur ein Neuntel der Flächenhelligkeit

des Bildes von dem Objektiv mit der Blende 2 beträgt. Es ist die Flächenhelligkeit des Bildes, die für die richtige Belichtung entscheidend ist.
Für ausgedehnte Objekte (also nicht für Punktquellen) gilt:

$$\text{Belichtungszeit} \sim f^2. \tag{4.5}$$

Objekte, die wie Sterne punktförmig abgebildet werden, sind nicht von dieser Vergrößerung des Bildes bei größerer Brennweite betroffen. Deshalb ist die Grenzgröße der Sterne, die man aufnehmen kann, eine Funktion des Durchmessers der Öffnung (und natürlich auch der Filmempfindlichkeit und Belichtungszeit), aber nicht des effektiven Öffnungsverhältnisses.
In Tabelle 4.3 habe ich Belichtungszeiten für verschiedene effektive Öffnungsverhältnisse angegeben. Damit die Tabelle nicht zu kompliziert wird, habe ich sie für eine Standard-Filmempfindlichkeit von ISO 125 berechnet. Wenn man einen höherempfindlichen Film benutzen will, muss man einfach die Belichtungszeit proportional verringern. Bei einem weniger empfindlichen Film muss man sie natürlich dementsprechend vergrößern.

Mondalter (Tage nach dem letzten Neumond)	Belichtungszeiten (in Sekunden) für verschiedene Öffnungsverhältnisse							
	f/5	f/7	f/10	f/14	f/20	f/28	f/40	f/56	f/80
3 oder 25 Tage	1/30	1/15	1/8	1/4	1/2	1	2	4	8
7 oder 21 Tage	1/125	1/60	1/30	1/15	1/8	1/4	1/2	1	2
10 oder 19 Tage	1/250	1/125	1/60	1/30	1/15	1/8	1/4	1/2	1
15 Tage (Vollmond)	1/1000	1/500	1/250	1/125	1/60	1/30	1/15	1/8	1/4

Tab. 4.3. Empfohlene Belichtungszeiten für Aufnahmen des Mondes bei den verschiedenen Mondphasen mit verschiedenen effektiven Öffnungsverhältnissen. Die Angaben sind auf eine Filmempfindlichkeit von ISO 125 bezogen. Daraus lassen sich auch die Belichtungszeiten für andere Öffnungsverhältnisse und Filmempfindlichkeiten berechnen. Die Zeiten für andere Mondphasen lassen sich durch Interpolation ermitteln.

Die Zahlenangaben in der Tabelle beruhen auf Erfahrungen, die ich bei Aufnahmen des Mondes mit meinen eigenen Instrumenten gemacht habe. Sie sollen Ihnen beim Einstieg helfen. Mit der Zeit werden Sie die Werte sicherlich durch eigene ersetzen. Ich empfehle Ihnen sogar, einen Schritt weiter zu gehen und neben den Aufnahmen mit der empfohlenen Belichtungszeit auch zwei weitere Aufnahmen mit der doppelten und der halben Belichtungszeit zu machen. Machen Sie das auch noch, nachdem Sie genügend Erfahrungen gesammelt haben und ziemlich sicher sind, dass Sie mit Ihren Belichtungszeiten die richtigen Ergebnisse erzielen. Dann werden Sie beim Photographieren des Mondes sehr erfolgreich sein.
Aber genug der Theorie! Lassen Sie uns nun ein paar Aufnahmen machen. Nehmen wir ein Dreibeinstativ und eine Kamera mit 200 mm Teleobjektiv und versuchen die Phasen des Mondes aufzunehmen. Hoffen wir, dass wir dabei auch

die gröbsten Oberflächenmerkmale wie die großen Mare aufs Bild bekommen. Welchen Film sollten wir dazu nehmen? Von allen erhältlichen Schwarz-Weiß-Filmen kann ich ihnen einen Film besonders empfehlen, den *Kodak* Technical Pan TP2415. Er lässt sich mit Filmempfindlichkeiten zwischen ISO 25 und ISO 200 und Auflösungen von 125 bis 400 Linien pro Millimeter entwickeln. (Das *Hypersensibilisieren*, eine Methode mit der man TP2415 auf eine Empfindlichkeit von ISO 1200 bringen kann, ist nur für die Photographie von ‚Deep Sky'-Objekten wie Nebeln und Galaxien interessant.) Mit TP2415 kann man Auflösungen erreichen, die etwa doppelt so groß sind wie die anderer Filme mit vergleichbarer Empfindlichkeit. Der Kontrast ist auch stärker, aber es ist die höhere Auflösung, die diesen Film von allen anderen Schwarz-Weiß-Filmen abhebt. Farbnegativ- und Farbumkehrfilme (= Farbdiafilme) mit gleicher Empfindlichkeit sind dagegen in der Auflösung einander ähnlicher.

Ich empfehle Ihnen, Filme mit niedrigen Empfindlichkeiten zu benutzen, am besten weniger als ISO 200. Bei den meisten Teleobjektiven haben Sie ein kleines Öffnungsverhältnis, sicherlich weniger als f/22 (auch wenn Sie einen Zweifach-Telekonverter benutzen), damit können Sie auch einen weniger empfindlichen und damit höher auflösenden Film benutzen. Auch dann bleiben die Belichtungszeiten noch unter einer Sekunde, was bis zu effektiven Brennweiten von 550 mm noch im Rahmen des Möglichen liegt. Sie brauchen dafür keinen schnellen hochempfindlichen Film. Wenn die niedrigempfindlichen Filme die bessere Auflösung haben, warum dann noch hochempfindliche Filme benutzen? Für Farbaufnahmen sollten Sie einmal Filme wie den *Kodak* Gold 100 (ein Farbnegativfilm mit 100 ISO Empfindlichkeit) oder den Kodachrome 64 (ein Farbumkehrfilm mit 64 ISO Empfindlichkeit) ausprobieren, auch wenn eine Menge Filme konkurrierender Hersteller auf dem Markt sind.

Die Farbwiedergabe der Filme ist unterschiedlich. Auf einigen Filmen erscheint der Mond etwas grünlich, auf anderen dagegen bräunlich. Probieren Sie es selbst aus und finden Sie den Farbfilm, dessen Ergebnis Ihnen am besten gefällt. Das Stativ sollte standfest sein und während der Belichtung nicht wackeln (genauso wie bei Aufnahmen von irdischen Objekten). Die Investition in ein gutes, stabiles Stativ lohnt sich. Ein Drahtauslöser ist eine weitere sinnvolle Investition, denn es ist schwer, beim Drücken des Auslösers an der Kamera Erschütterungen zu vermeiden. Man sollte auch darauf achten, dass der Spiegelschlag beim Hochklappen des Spiegels, der bei jeder Spiegelreflexkamera auftritt, keine sichtbaren Vibrationen erzeugt, wenn die Kamera auf ein Stativ montiert ist. Wenn Sie beim Auslösen Vibrationen sehen können, dann müssen Sie sich etwas Besseres kaufen oder bauen. Spiegelreflexkameras, bei denen man den Spiegel vor dem eigentlichen Auslösen nach oben klappen kann, oder Kameras, die nicht nach dem Spiegelreflexprinzip funktionieren, haben üblicherweise weniger Probleme mit dem Verwackeln beim Auslösen. Reden Sie mit Ihrem Kameraverkäufer und ziehen Sie Fachzeitschriften zurate, um herauszufinden, was es auf dem Markt gibt, falls Sie sich entschlossen haben, eine Kamera zu kaufen. In den vergangenen Jahren war zum Beispiel die *Olympus* OM1 eine beliebte Kamera unter Astrophotographen.

Teleobjektive eignen sich neben der Aufnahme von Mondphasen und den größeren Oberflächendetails besonders gut, um die Schönheit von Mondfinsternissen festzuhalten. Die Helligkeitsänderung, wenn der strahlend helle Vollmond in den schwach kupferroten Kernschatten eintritt, stellt für die Photographie von Finsternissen eine große Herausforderung dar. Was aber noch schlimmer ist: Die Helligkeit des Kernschattens kann sich von Finsternis zu Finsternis ändern. Wenn die Erde größtenteils mit Wolken bedeckt ist (aber die Mondfinsternis von Ihrem Beobachtungsplatz gut zu sehen ist), kann der Kernschatten eine hellgoldene Farbe annehmen. Im anderen Extrem kann der Kernschatten so dunkel sein, dass man den Mond mit bloßem Auge nicht mehr sehen kann. In Tabelle 4.4 habe ich einige Belichtungszeiten für die Photographie von Mondfinsternissen angegeben. Diese darf man jedoch nur als grobe Richtwerte ansehen. Zur Sicherheit machen Sie einfach noch weitere Aufnahmen mit der halben und doppelten Belichtungszeit. Wenn es Ihre Mittel erlauben, wäre es am besten, eine Kamera mit einem Film geringer Empfindlichkeit (ISO 50 – 100) für die partiellen Phasen und eine weitere Kamera mit einem hochempfindlichen Film (ISO 400 – 1000) für die Kernschattenphase zu laden.

Stadium der Finsternis	Belichtungszeit (in Sekunden)
Erster Kontakt mit Kernschatten	1/250
Mond halb im Kernschatten	1/125
Mond drei viertel im Kernschatten	1/30
Kurz vor der Totalität	1/15
Kurz nach Beginn der Totalität	5
Mitte der Totalität (bei normalen Finsternissen)	15

Tab. 4.4. Empfohlene Belichtungszeiten für die Aufnahme von Mondfinsternissen. Diese Zeiten gelten für ISO 100 – 125 Film bei f/5, ISO 200 – 250 Film bei f/7, ISO 400 – 500 Film bei f/10 oder ISO 800 – 1000 Film bei f/14. Die angegebenen Werte können auch als Grundlage für die Berechnung der Belichtungszeiten bei anderen Öffnungsverhältnissen benutzt werden.

Die Helligkeit des Erdlichtes lässt sich aus demselben Grund wie die Helligkeit des Kernschattens schwer vorhersagen. Bei einem Öffnungsverhältnis von f/5 und einer Filmempfindlichkeit von ISO 400 sollte eine Belichtungszeit von etwa 5 Sekunden richtig sein. Wenn Sie ein Objektiv mit kurzer Brennweite haben, können Sie mit längerer Belichtung auf einem weniger empfindlichen Film eine höhere Auflösung erzielen.

Den verfinsterten Mond und das Erdlicht aufzunehmen wird einfacher, wenn Sie im Fokus Ihres Teleskops photographieren können (vorausgesetzt dessen Brennweite ist nicht zu groß).

4.3 Mondphotographie im Fokus des Teleskops

Einige Leute sagen fälschlicherweise Primärfokus, obwohl sie den tatsächlichen Fokus eines Teleskops meinen. Ich wage zu behaupten, dass es nur sehr wenige Amateur-Spiegelteleskope ohne Sekundärspiegel gibt, bei denen man tatsächlich im Primärfokus beobachten kann. Der tatsächliche Fokus, in dem man beobachtet, ist meist der Newton-Fokus, obwohl es sich manchmal auch um den Cassegrain-Fokus oder den Fokus eines katadioprischen Teleskops oder eines Refraktors handeln kann. Der Film wird (ohne Zusatzoptiken, die das Bild vergrößern) in diesen Fokus gebracht. Es gelten hier genau die gleichen Grundprinzipen wie für handelsübliche Photoobjektive. Das Teleskop wird so zum Teleobjektiv.

Der Abbildungsmaßstab und der Durchmesser des Mondes auf dem Film lassen sich mit der gleichen Formel berechnen, die ich bereits in diesem Kapitel angegeben habe. Wahrscheinlich ist das Bild des Mondes größer, denn die Brennweite Ihres Teleskops ist sicher größer als die Ihrer Teleobjektive. Wenn die effektive Brennweite Ihres Teleskops sogar größer als 2,4 Meter ist, wird das Mondbild nicht vollständig in das Kleinbildformat passen.

Die Belichtungszeiten für eine bestimmte Mondphase bei gegebenem effektiven Öffnungsverhältnis kann man aus Tabelle 4.3 berechnen. Fast alle Amateur-Teleskope haben Öffnungsverhältnisse von f/4,5 (‚schnelle' Newton-Reflektoren) bis f/20 (einige Cassegrain-Reflektoren), die meisten davon liegen im Bereich von f/6 bis f/15.

Die Probleme bei der Photographie im Fokus sind meist mechanischer Art. Die Kamera genau an die richtige Stelle zu bringen kann schon sehr kompliziert sein. Viele Hersteller vertreiben einiges an Zubehör, darunter auch T-Adapter, mit denen man die Kamera ohne Objektiv im Okularauszug des Teleskops befestigen kann. Die Filmebene liegt normalerweise aber etwa 5 cm hinter dem T-Adapter. Dadurch kann es sein, dass Ihre Fokussiereinrichtung sich nicht weit genug nach innen schieben lässt, um den Film in die Brennebene zu bringen. Der Kauf oder Selbstbau einer flacheren Fokussierung kann hier Abhilfe schaffen. Wenn das nichts hilft, müssen Sie zu drastischeren Mitteln greifen und den Abstand der Optiken in Ihrem Teleskop verändern (beim Newton-Teleskop beispielsweise den Sekundärspiegel und die Fokussierung näher an den Hauptspiegel heranbringen).

Ich muss Sie aber warnen: **Probieren Sie das nicht, falls Sie sich nicht absolut sicher sind, dass Sie alle Änderungen mit der notwendigen Genauigkeit selbst durchführen und währenddessen die Optik sicher verstauen können.**

Bitte entschuldigen Sie diese Warnung, aber ich möchte nicht Schuld daran sein, dass jemand sein teures Teleskop beschädigt.

Bedenken Sie bitte auch Folgendes: Wenn man den Abstand zwischen Primär- und Sekundärspiegel verringert, wird die Querschnittsfläche des Strahlenkegels vom Primärspiegel am Ort des Sekundärspiegels größer. Deshalb sollte der Sekundärspiegel groß genug sein, um alle Strahlen aufzufangen (siehe Gleichung 3.2 in Abschnitt 3.4). Die Größe des Sekundärspiegels mag für seine ursprüngliche Position ausreichend sein. Wenn man ihn aber zu nahe an den Primärspiegel bringt, kann es leicht zur Vignettierung kommen, falls nicht alle Strahlen des Primärspiegels den äußeren Teil des Gesichtsfelds erreichen. Vignettierung kann auch durch den Okularauszug oder den T-Adapter verursacht werden, wenn das Öffnungsverhältnis kleiner als f/5 ist.

Es gibt eine schnelle und einfache Methode, mit der man feststellen kann, ob der Lichtweg durch irgendetwas vignettiert ist. Befestigen Sie eine Kamera ohne Film im Okularauszug und stellen Sie durch den Sucher scharf (das geht natürlich nur bei einer Spiegelreflexkamera). In Stellung ‚B' lösen Sie dann den Verschluss aus. Danach öffnen Sie die Kamerarückwand. Nun schauen Sie mit Ihrem Auge durch den rechteckigen Ausschnitt. Haben Sie auch in den Ecken dieses Rechtecks einen freien Blick auf den Primärspiegel oder die Objektivlinse? Wenn nicht, dann wird Ihr Bild vignettiert. Sie sollten dann auch erkennen können, was die Vignettierung verursacht. Wenn nur der äußere Bildrand sichtbar vignettiert wird und das Bild des Mondes so klein ist, dass es dadurch nicht gestört wird, können Sie sich damit abfinden. Wenigstens wissen Sie nun, welche Komponenten des Teleskops diese Vignettierung verursachen, und Sie können sich nun entscheiden, ob es Sinn macht, deswegen etwas am Teleskop zu verändern.

Braucht man eine Nachführung (mit siderischer oder sogar lunarer Geschwindigkeit), damit die Aufnahmen des Mondes scharf werden? Für die normale Mondphotographie im Fokus des Teleskops lautet die Antwort in den meisten Fällen ‚Nein'! Die Faustregeln, die ich in den Gleichungen (4.2) und (4.3) für die längstmögliche Belichtungszeit mit Teleobjektiven angegeben habe, sind vielleicht etwas zu lax, wenn Sie Aufnahmen mit dem Teleskop machen. Ein Teleskop liefert nämlich Bilder, deren Auflösung nur durch die Beugung begrenzt ist. Die meisten Kameraobjektive, selbst hochwertige Teleobjektive sind nicht so gut. Teleskope mit einem Öffnungsdurchmesser von mehr als 5 Zoll (127 mm) können theoretisch Einzelheiten von einer Bogensekunde auflösen. (Das entspricht etwa 1,7 km auf dem Mond.) Bei größeren Teleskopen kommt noch ein weiterer wichtiger Faktor ins Spiel: atmosphärische Turbulenzen. Dadurch wird die erreichbare Auflösung in vielen Nächten auf 1 bis 2 Bogensekunden begrenzt, egal wie groß Ihr Teleskop sein mag. Ich würde Aufnahmen ohne Nachführung nicht länger als $^1/_{15}$ Sekunden belichten. Durch die Bewegung des Himmels wird das Bild des Mondes in $^1/_{15}$ Sekunde um eine Bogensekunde verwischt. Die Belichtungszeiten sind normalerweise kürzer, es sei denn, man macht Aufnahmen der sehr dünnen Mondsichel mit einen ‚langsamen' Teleskop (hohes Öffnungsverhältnis) auf niedrigempfindlichen Film. Versucht man das Erdlicht oder eine Mondfinsternis aufzunehmen, ergeben sich selbst bei kleinem Öffnungsverhältnis und hochempfindlichem Film Belichtungszeiten von einigen Sekunden. Das macht eine Nachführung während der Belichtung erforderlich.

Ein oft übersehenes Problem ist das Wackeln des Teleskops durch den Spiegelschlag, der bei Belichtungszeiten von mehr als $^1/_{60}$ Sekunde viel häufiger Ursache für unscharfe Bilder ist als die Bewegung des Himmels. Das optische und mechanische System eines Teleskops ist nämlich ein sehr empfindlicher Detektor für Vibrationen. Es gibt einige Kameras, bei denen man den Spiegel manuell vor der Belichtung hochklappen kann. Nachdem man – wie bei anderen Kameras auch – durch den Sucher scharf gestellt hat, klappt man den Spiegel hoch und wartet einige Sekunden, bis die Schwingungen abgeklungen sind, bevor man den Kameraverschluss auslöst. Der Kameraverschluss erzeugt zwar einige Vibrationen, aber viel weniger als der Spiegelschlag. Ein Drahtauslöser ist bei dieser Art von Photographie unbedingt erforderlich. An der Kamera herumzufummeln, um den Auslöseknopf zu drücken, und das Teleskop dabei zu erschüttern, ist nicht sehr hilfreich, wenn man scharfe Aufnahmen machen will!

Um das Verwackeln von Kamera und Teleskop beim Auslösen zu verhindern kann man auch vor der Kamera einen zusätzlichen Verschluss anbringen. Dieser Verschluss wird zuerst geschlossen. Dann öffnet man den Kameraverschluss in der Stellung ‚B‘ (Dauerbelichtung). Nachdem man ein paar Sekunden gewartet hat, bis die unvermeidlichen Vibrationen abgeklungen sind, öffnet man den zusätzlichen Verschluss für die benötigte Belichtungszeit. Danach wird dann auch der Kameraverschluss wieder geschlossen. Es kann aber auch sein, dass die Montierung Ihres Teleskops so stabil ist, dass Vibrationen der Kamera kein Problem darstellen. Vielleicht bekommen Sie auch gute Mondaufnahmen, ohne sich mit Vibrationen herumzuärgern. Warum probieren Sie es nicht einfach aus? Wenn Ihre Bilder verwischt sind, wissen Sie, woran es liegt, und können sich überlegen, wie man dieses Problem löst.

Wenn Sie die Möglichkeit haben, eigene Schwarz-Weiß-Abzüge zu machen, empfehle ich Ihnen zur Aufnahme des Mondes *Kodak* TP2415 Film zu benutzen. (Papierabzüge von Schwarz-Weiß-Filmen machen zu lassen ist recht teuer.) Farbfilme wir der *Kodak* Ektachrome 200 (für Farbdias) und der *Kodak* Gold 200 (für farbige Papierabzüge) sind empfindlich genug zur Photographie des beleuchteten Teils der Mondoberfläche. Ich würde einen weniger empfindlichen Film bevorzugen, solange die Helligkeit des Mondes und das Öffnungsverhältnis des Teleskops Belichtungszeiten erlauben, die kürzer als $1/60$ Sekunde sind.

Die Schönheit von Mondfinsternissen lässt sich am besten auf Farbfilm festhalten, obwohl zum Aufnehmen von Einzelheiten im dunklen Kernschatten ein schnellerer Film zu wünschen wäre, um die Belichtungszeit auf wenige Sekunden zu reduzieren. Es gibt eine Menge Farbnegativ-, Farbumkehr- und Schwarz-Weiß-Filme mit 400 ISO Empfindlichkeit.

Meine Ratschläge aus dem vorangegangenen Abschnitt zur Photographie von Mondfinsternissen und Erdlicht mit Teleobjektiven gelten genauso für die Photographie im Fokus eines Teleskops. Abbildung 4.2 ist eine hervorragende Aufnahme des Erdlichts, die Martin Mobberley mit seinem 14 Zoll (356 mm) Reflektor in f/5 Newton-Fokus machte. (Das Instrument kann man sowohl mit einem Newton- als auch einem Cassegrain-Fokus benutzen.). Die genauen photographischen Daten stehen in der Bildbeschreibung.

In Kapitel 1 (Abbildungen 1.3 und 1.7), Kapitel 2 (Abbildungen 2.1 bis 2.5) und Kapitel 8 (Abbildungen 8.24(b) und 8.46(d)) finden Sie noch weitere Beispiele

Abb. 4.2 Erdlicht auf dem Mond. Photographiert von Martin Mobberley im f/5 Fokus seines 14 Zoll (256 mm) Reflektors am 3. August 1989 um 3:20 UT. 5 Sekunden Belichtung auf T-Max 400 Film.

der Photographie von Finsternissen, Erdlicht und des gesamten Mondes im Fokus eines Teleskops.

4.4 Hochauflösende Photographie

Im Newton-Fokus (2,59 m Brennweite) meines $18\frac{1}{4}$ Zoll (0,46 m) Teleskops beträgt die Auflösung 80 Bogensekunden pro Millimeter. Bei perfektem Seeing sollte man damit Details von 0,3 Bogensekunden sehen können. Um so kleine Details direkt im Fokus aufnehmen zu können, müsste der Film eine Auflösung von 260 Linien pro Millimeter haben. Von allen zur Zeit erhältlichen Filmen hat nur der *Kodak* TP 2415 diese Auflösung, wenn man ihn richtig entwickelt. Aber selbst dann hätte man Probleme, das Bild mit der notwendigen Genauigkeit zu fokussieren. Der Sucher einer Spiegelreflexkamera reicht dazu nicht aus. Zugegeben, die Wahrscheinlichkeit, so gutes Seeing zu haben, ist zwar gering, aber man sollte immer versuchen, die bestmögliche Auflösung zu erreichen. Daraus ergibt sich die Schlussfolgerung, dass man die Abbildung des Teleskops vergrößern muss, um Bilder mit der höchsten Auflösung zu erreichen. Dazu gibt es vier verschiedene Möglichkeiten: die Projektion mit einer Barlowlinse, die Projektion mit einem Okular, die Projektion mit einer Zwischenlinse oder die sogenannte afokale Methode, bei der man durch Okular und Kameraobjektiv aufnimmt und beide auf unendlich stellt. In den folgenden Abschnitten werde ich auf diese Methoden genauer eingehen.

Barlowprojektion

Die Anordnung von Barlowlinse und Kamera sieht man in Abbildung 4.3. Daneben steht die Formel zur Berechnung der Vergrößerung. Die Barlowlinse befindet sich dabei in einem Tubus, an dem sich ein Bajonett oder ein Schraubge-

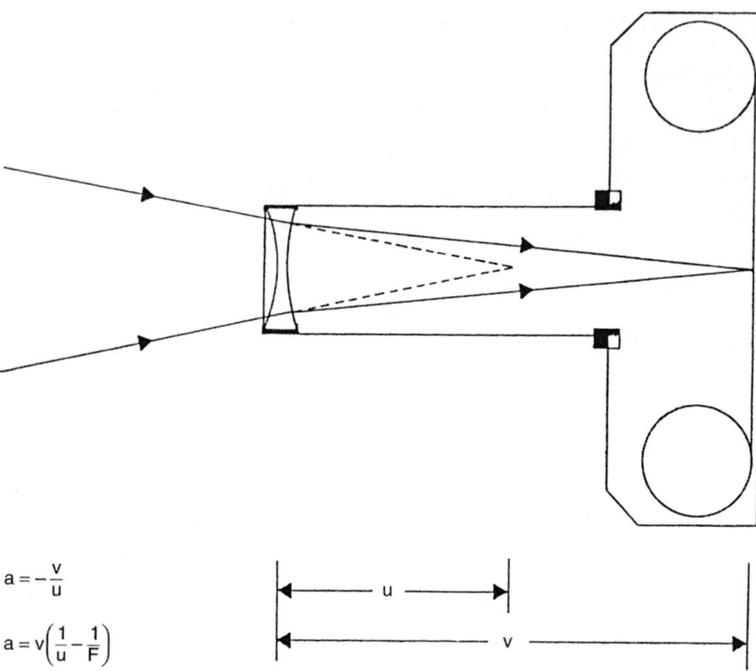

$$a = -\frac{v}{u}$$

$$a = v\left(\frac{1}{u} - \frac{1}{F}\right)$$

Abb. 4.3   Die optische Anordnung zur Projektion (und Vergrößerung) des Primärbildes mit Hilfe einer Barlowlinse. Zwei verschiedene Formeln zur Berechnung des Vergrößerungsfaktors a sind angegeben. F ist die Brennweite der Barlowlinse. Da eine Barlowlinse eine Zerstreuungslinse ist, hat ihre Brennweite einen negativen Wert und muss auch so in die Formel eingesetzt werden.

winde zum Anschluss der Kamera befindet. Problematisch ist nur, dass Barlowlinsen für einen bestimmten Vergrößerungsfaktor (üblicherweise zweifach) berechnet sind. Benutzt man sie mit einer anderen Vergrößerung, erhöht man damit die von der Linse erzeugte Aberration. Aber eine kleine Vergrößerung ist möglicherweise nicht genug, um die mögliche Auflösung des Teleskops der Auflösung des Films anzupassen. Die *Tele Vue 5x Powermate* ist eine Barlowlinse, die sich sehr gut zum Photographieren eignet. Man kann sie auseinander nehmen und den unteren Abschnitt, der die aus vier Elementen bestehende Linsengruppe enthält, in einen eigenen Tubus montieren, den man zwischen Teleskop und Kamera anbringt. Der Abstand zwischen Linse und Film sollte dann aber etwa genauso groß sein, wie der vom Hersteller ursprünglich vorgesehene Abstand zwischen Linse und Okular. Die Vergrößerung ist dann fünffach, wie vom Hersteller beabsichtigt, und die optische Leistung ist gut. **Auf eines möchte ich Sie aber hinweisen: Nehmen Sie auf keinen Fall die Fassung mit den**

einzelnen Linsen auseinander, es sei denn, Sie sind erfahrener Optiker. Das Risiko ist zu hoch, dass Sie beim Auseinandernehmen die optische Leistung des Systems ruinieren.

Bei der Benutzung der Barlowlinse sollten Sie sich an die vom Hersteller vorgesehene Vergrößerung halten, da Sie sonst möglicherweise zusätzliche Vignettierungen erzeugen. Im schlimmsten Fall reduzieren Sie sogar die wirksame Öffnung Ihres Teleskops, ohne dass Sie es bemerken! Den kleinsten Durchmesser D, den die Barlowlinse haben sollte, um das projizierte Bild bis zu einem Durchmesser d auszuleuchten, ergibt sich aus der Formel

$$D = 1/a \ (v/f + d), \tag{4.6}$$

wobei a der Vergrößerungsfaktor, v die Entfernung der Linse vom Fokus des Teleskops und f das Öffnungsverhältnis des Teleskops ohne Barlowlinse ist. Hier ein Beispiel für die Vergrößerung bei Benutzung einer Barlowlinse: Benutzt man die *Tele Vue 5x Powermate*, um die Abbildung eines 12 Zoll (305 mm) Newton-Reflektors wie vom Hersteller vorgesehen fünffach zu vergrößern, so ergeben sich damit eine effektive Brennweite von 7625 mm, ein effektives Öffnungsverhältnis von f/25 und ein Abbildungsmaßstab von 27 Bogensekunden pro Millimeter. Die theoretische beugungsbegrenzte Auflösung des Teleskops ist 0,45 Bogensekunden. Um dies auszunutzen braucht man einen Film mit mindesten 60 Linien pro Millimeter Auflösung. Bei diesem Abbildungsmaßstab hat das Bild des Mondes einen Durchmesser von 7,6 cm, d. h. auf eine Kleinbildaufnahme passt nur ein Teil des Mondes.

Okularprojektion

Bei der Okularprojektion wird das Okular so im Strahlengang angebracht, dass die Lichtstrahlen auf der Filmebene fokussiert werden, wie in Abbildung 4.4 zu sehen. Leider ist das optische Design eines Okulars nicht für solche Zwecke berechnet.

Benutzt man das Okular wie vom Hersteller beabsichtigt, so ist der Strahlengang vom Okular zum Auge des Beobachters nämlich parallel. Bei der Benutzung als Projektionsobjektiv muss man es etwas von seiner normalen Position im Teleskop verschieben, was aber normalerweise kein Problem darstellt. Dadurch wird aber leider eine stärkere optische Aberration erzeugt. Gute Okulare erzeugen immer noch scharfe Abbildungen in der Mitte des Filmformats, aber die äußeren Bereiche können unscharf werden.

Abbildung 4.5 zeigt einen meiner ersten Versuche mit der Okularprojektion. Ich habe ein orthoskopisches 18 mm Okular benutzt, um das Öffnungsverhältnis meines 18¼ Zoll Newton-Reflektors von f/5,6 auf f/17 zu erhöhen. Man beachte die auffällige Unschärfe im Randbereich. Das Problem lässt sich sehr gut reduzieren, indem man eine höhere Vergrößerung wählt. Dafür gibt es zwei Gründe. Zum einen sind dann die Lichtstrahlen, die von Okular kommen, we-

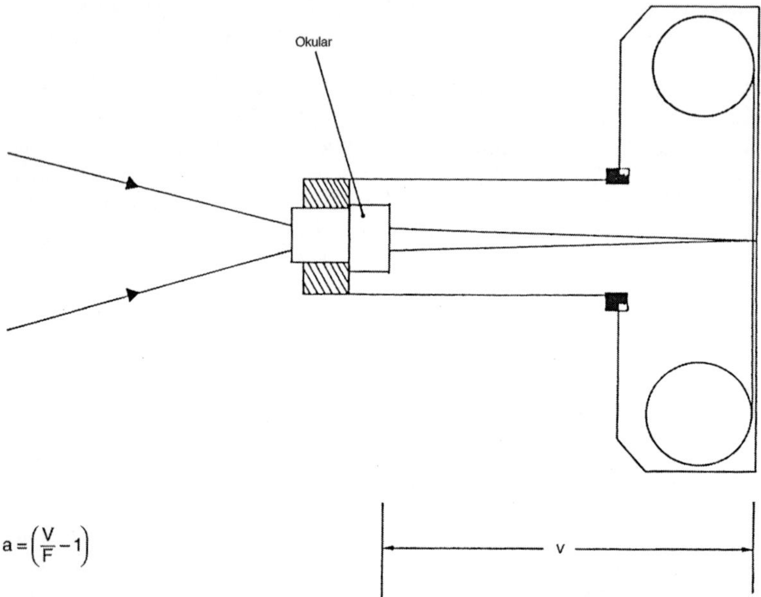

$$a = \left(\frac{V}{F} - 1\right)$$

Abb. 4.4   Die optische Anordnung bei der Okularprojektion. Der Vergrößerungsfaktor *a* lässt sich mit der angegebenen Gleichung berechnen. Dabei ist *F* die Brennweite des Okulars. Die Gleichung gilt nur näherungsweise.

niger konvergent (und somit entsprechen sie mehr dem vom Hersteller beabsichtigten Strahlengang). Zum anderen wird durch die Vergrößerung der ‚scharfe Fleck' mit vergrößert.

Für kleinere Vergrößerungen eignen sich qualitativ hochwertige Barlowlinsen besser. Bei stärkeren Vergrößerungen wählt man am besten die Okularprojektion. Abbildung 4.6 ist ein gutes Beispiel dafür, was man mit dieser Methode erreichen kann. Andere Beispiele finden Sie in Kapitel 8 (Abbildungen 8.5(c), 8.13(a), 8.13(f), 8.14(a), 8.17(a), 8.17(b), 8.24(a), 8.26(b), 8.30(a), 8.34(a), 8.35(a), 8.42(a) und 8.44(a)). Alle photographischen Einzelheiten dazu findet man in den Bildbeschreibungen. Man sieht, dass die Okularprojektion die am meisten verbreitete Methode zur Vergrößerung des Primärbildes ist!

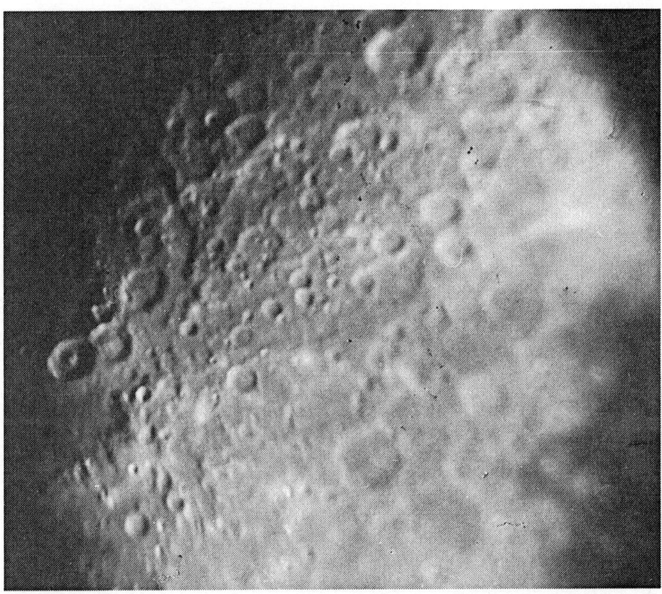

Abb. 4.5 Der verschwommene Randbereich auf dieser Aufnahme ist ein Nachteil der Okularprojektion mit kleinen Vergrößerungsfaktoren. Diese Aufnahme wurde vom Autor am 2. September 1977 um 23:57 UT gemacht. Er benutzte seinen 18¼ Zoll (0,46 m) Reflektor zur Okularprojektion mit einem orthoskopischen 18 mm Okular. Dabei wurden die Brennweite und das Öffnungsverhältnis von f/5,6 bis auf f/17 verdreifacht. Es wurde ¹⁄₃₀ Sekunde auf *Ilford* Pan F Schwarz-Weiß-Film belichtet.

Projektion mittels Zwischenlinsen

Die Aberration und besonders die Unschärfe im Randbereich des Bildfelds, die bei der Okularprojektion auftritt, lässt sich vermeiden, indem man eine Zwischenlinse oder eine andere zusammengesetzte Linse benutzt, die speziell zur Projektion gedacht ist. Das Objektiv eines photographischen Vergrößerungsgeräts eignet sich dazu sehr gut. Das Prinzip ist einfach. Die Schwierigkeit liegt darin, die notwendigen mechanischen Verbindungen und Adapter zu basteln. Es gibt dazu so viele mögliche Lösungen wie es Teleskope gibt. Was Sie selbst tun können, hängt von Ihren eigenen technischen Fähigkeiten und den Werkzeugen und Materialien ab, die Ihnen zur Verfügung stehen. Meist sind einige oder sogar alle Teile bereits fix und fertig von Teleskopherstellern oder als Photozubehör erhältlich. Während ich Ihnen immer zu großer Vorsicht mit Ihrer teuren Kamera und dem Fernrohr rate, empfehle ich Ihnen hier etwas zu experimentieren.

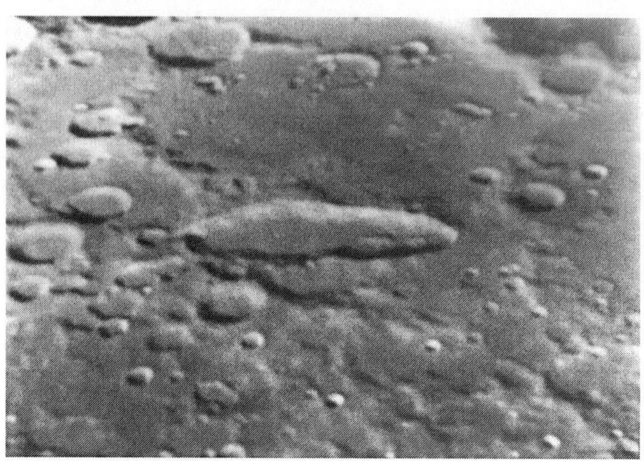

Abb. 4.6   Der seltsame Mondkrater Schiller. Aufnahme von Martin Mobberley vom 14. März um 20:55 UT. Er benutzte die Okularprojektion, um das Öffnungsverhältnis seines 14 Zoll (356 mm) Cassegrain-Reflektors von f/20 auf f/60 zu vergrößern. Die Aufnahme wurde ½ Sekunde auf *Ilford* XP1 Schwarz-Weiß-Film belichtet. Die lange Achse des Kraters Schiller ist ungefähr in Nord-Süd-Richtung orientiert. Da Schiller nahe am Südostrand des Monds liegt, befindet sich Süden auf diesem Ausschnitt links oben.

Das Öffnungsverhältnis der Zwischenlinse sollte höchstens halb so groß wie das Ihres Teleskops sein, damit Sie die wirksame Öffnung Ihres Teleskops nicht unbeabsichtigt reduzieren. Das gilt zumindest für den Fall, dass Sie das volle Gesichtsfeld durch eine Linse mit einem Vergrößerungsfaktor von 1 ausleuchten wollen. Die Formel zur Berechnung der Vergrößerung ist die gleiche wie bei der Okularprojektion. Zur Erzeugung höherer Vergrößerungen kann das Öffnungsverhältnis der Zwischenlinse etwas größer sein, aber dann wird vielleicht nur die Mitte des Gesichtsfeldes vollständig ausgeleuchtet. Wenn Sie sich an die Regel halten, dass das Öffnungsverhältnis der Zwischenlinse nicht mehr als halb so groß sein soll wie das des Teleskops, erhalten Sie auch bei höheren Vergrößerungen ein größeres unvignettiertes Gesichtsfeld.

Die im Handel erhältlichen *Telekonverter* und *Teleextender* möchte ich auch in diesen Abschnitt mit einschließen. Auch wenn sie eigentlich zur Benutzung zwischen Kameragehäuse und einem normalen Teleobjektiv entwickelt wurden, arbeiten sie auch mit einem Teleskop sehr gut zusammen.

Afokale Photographie mit Okular und Kameralinse (bei Einstellung unendlich)

Auch wenn der Purist bei dem Gedanken an acht oder noch mehr Linsen zwischen dem Fokus und der Filmebene erschaudern mag und er vielleicht Albträume bekommt wegen der mehrfachen Reflexionen, die das lichtschwache Bild möglicherweise noch mit einem zusätzlichen Lichtschleier überziehen, kann man auch das Objektiv an der Kamera lassen und damit durch das Okular photographieren und dabei durchaus brauchbare Ergebnisse erzielen. Bei den modernen mehrfach beschichteten Okularen und Kameraobjektiven ist die Menge des reflektierten und gestreuten Lichts stark reduziert gegenüber Produkten früherer Zeit. Bei dieser Anordnung fokussiert man das Okular wie sonst auch und stellt dann das Kameraobjektiv auf ∞ (unendlich). Die Kamera wird dann mit dem Objektiv so sorgfältig hinter dem Okular angebracht, dass sie in der Mitte und in gerader Linie durch das Okular schaut, d. h. beide optischen Achsen übereinstimmen. So wird das Auge des Beobachters durch die Kamera ersetzt.

Mit dieser Methode kann man auch andere Kameras als Spiegelreflexkameras benutzen. Es ist aber sehr hilfreich, wenn man den ganzen Vorgang im Sucher kontrollieren kann. Mit einer Spiegelreflexkamera lässt sich dann auch die Schärfe noch etwas nachstellen. Durch die Akkomodation des Auges und eventuelle Weit- oder Kurzsichtigkeit hat man das Okular möglicherweise nicht präzise auf unendlich eingestellt.

Mit den billigen ‚Ritsch-Ratsch-Klick‘-Kameras erreicht man höchstwahrscheinlich keine brauchbaren Resultate. Diese sind mehr für Photomotive wie ‚Tante Mathilda mit Hund im Garten‘ gedacht, und der Blitz ist für die Mondphotographie vollkommen unnütz! Wenn Sie wollen, versuchen Sie es ruhig einmal mit einer solchen Kamera, aber seien Sie auf eine Enttäuschung vorbereitet.

Der Vergrößerungsfaktor a ergibt sich dabei einfach aus dem Verhältnis der Brennweiten von Kameraobjektiv F_k und Okular F_o:

$$a = F_k/F_o. \tag{4.7}$$

Ein Vorteil dieser Methode liegt darin, dass das Okular und das Kameraobjektiv so benutzt werden, wie es vom Hersteller vorgesehen ist, und so die besten Bilder liefern können. Sie haben vielleicht bemerkt, dass Abbildungen 4.5 und 4.7 mit derselben effektiven Brennweite gemacht wurden. Beides sind auch keine Ausschnittsvergrößerungen, sondern Abzüge des gesamten Negativs. Bei Abbildung 4.7 fällt auf, dass der Schärfebereich deutlich größer ist.

Obwohl es immer besser ist, die Kamera fest am Teleskop zu montieren, hat die Methode mit Okular und Kameraobjektiv den Vorteil, dass man auch ein brauchbares (aber sicher nicht das beste) Ergebnis erhält, wenn man die Kamera einfach so hinter das Okular hält und einen Schnappschuss macht! Abbildung 4.7 ist mir auf genau diese Weise gelungen. Ich benutze diese Methode öfters, wenn ich schnell ein paar Aufnahmen machen will, ohne mich mit dem Zusammenbau der Adapter herumärgern zu müssen. Die Abbildungen 8.20(a) und (b) und 8.34(b) wurden ebenfalls mit dieser Methode gemacht. Die genauen photographischen Einzelheiten (wie das effektive Öffnungsverhältnis und welcher Film benutzt wurde) stehen alle im Begleittext der Abbildungen.

Natürlich erfordert das freihändige Halten der Kamera Belichtungszeiten von weniger als $^1/_{60}$ Sekunde auf ISO 1000 Film bei einem Öffnungsverhältnis von höchstens f/20. ISO 1000 Diafilme wie der 3M Colourslide 1000 haben üblicherweise eine Auflösung von etwa 40 Linien pro Millimeter. Mit einem 12 Zoll (305 mm) Teleskop und einem effektiven Öffnungsverhältnis von f/20 kann man so Einzelheiten von etwa einer Bogensekunde aufnehmen (der Abbildungsmaßstab beträgt 34 Bogensekunden pro Millimeter). Die Aussichten feine Einzelheiten aufzunehmen werden bei Vollmond viel besser, denn dann kann man einen weniger empfindlichen Film mit höherer Auflösung oder kürzere Belichtungszeiten oder eine höhere Vergrößerung benutzen.

Wenn Ihnen das Anbringen der Kamera an Ihrem Teleskop zu umständlich ist, empfehle ich Ihnen mal die Kamera mit der Hand dahinter zu halten und einen

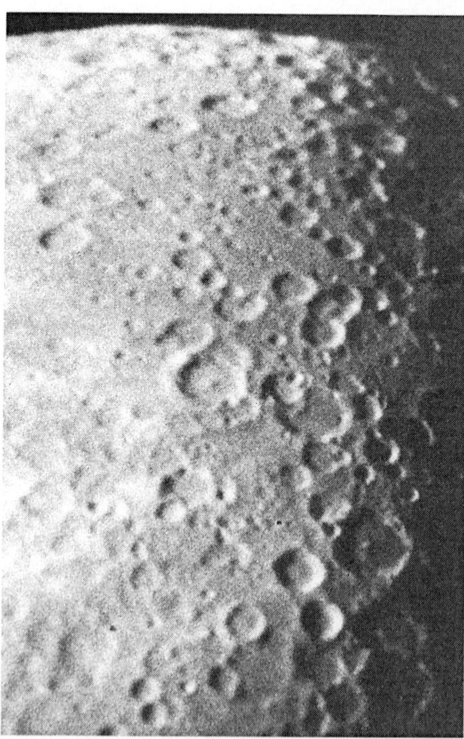

Abb. 4.7 Das südliche Hochland des Mondes. Der Autor benutzte die afokale Methode (Okular und Kameraobjektiv beides auf unendlich eingestellt). Die Aufnahme wurde am 7. Januar 1987 um 19:20 UT gemacht. Die Kamera mit einem 58 mm Normalobjektiv wurde freihändig hinter das orthoskopische 18 mm Okular seines 18¼ Zoll (0,46 m) Newton-Reflektors gehalten. Das effektive Öffnungsverhältnis beträgt f/17. Dies ist das gleiche Öffnungsverhältnis wie in Abbildung 4.5. Man beachte die gleichmäßige Schärfe im ganzen Bild, die durch Benutzung der afokalen Methoden erreicht wurde. Die Aufnahme wurde mit einem *3M* Colourslide 1000 Farbdiafilm gemacht und in einem kommerziellen Labor entwickelt. Der Autor hat dann das Farbdia auf ein Schwarz-Weiß-Negativ umkopiert, um davon eigene Abzüge herstellen zu können.

Schnappschuss auszuprobieren. Ihr Ergebnis wird nicht so gut sein, wie es sein könnte, aber wenn Sie einen empfindlichen Film benutzen, werden Sie überrascht sein, wie gut Ihre Bilder sind. Versuchen Sie es einmal! Das Ergebnis spornt Sie vielleicht dazu an, beim nächsten Mal die etwas aufwändigere Methode zu versuchen.

4.5 Niedrigempfindliche Filme und hohe effektive Öffnungsverhältnisse

Im vorangegangenen Abschnitt habe ich gesagt, dass man Auflösungen von einer Bogensekunde oder weniger auch mit hochempfindlichen Filmen und effektiven Öffnungsverhältnissen von höchstens f/20 erreichen kann. Das gilt zumindest für Amateurteleskope mit großen Öffnungen. Die besten Mondaufnahmen, die ich gesehen habe, wurden aber mit relativ niedrigempfindlichen Filmen (unter ISO 200) und großen effektiven Öffnungsverhältnissen (f/40 oder mehr) und recht langen Belichtungszeiten (etwa ½ Sekunde) gemacht.

Bei so langen Belichtungszeiten können Probleme mit Erschütterungen von Kamera und Teleskop auftreten, auch wenn Ihr Teleskop bei Belichtungszeiten von ¹/₃₀ Sekunde verwacklungsfreie Bilder liefert. Wenn Sie keinen zusätzlichen Verschluss für Ihr Teleskop kaufen können, bauen Sie sich vielleicht selbst einen. Eine brauchbare Lösung wäre zum Beispiel eine Scheibe, die von einer Feder oder einem Motor in den Strahlengang geschoben wird. Absolute Genauigkeit bei den Belichtungszeiten ist nicht unbedingt notwendig, aber die Ergebnisse sollten reproduzierbar sein. Eine simple Methode ist ein schwarz angemaltes Stück Pappe, das man vor das Teleskop hält. Um Luftströmungen zu vermeiden sollte man die Pappe beim Auslösen zur Seite wegziehen. Bei kurzen Belichtungszeiten hat man mit dieser Methode natürlich Probleme, aber Belichtungszeiten von einer halben Sekunde und mehr sollten machbar sein.

Bei längeren Belichtungszeiten braucht man eine Nachführung. Auch wenn die sehr gut funktioniert, sollte man daran denken, dass der Mond sich etwa 4 Prozent langsamer als die Sterne über den Himmel bewegt. Die Nachführung ist wahrscheinlich auf die Geschwindigkeit der Sterne *(siderial rate)* eingestellt. Wenn der Mond sich in der Nähe des Himmelsäquators befindet, ändert sich seine Deklination auch sehr schnell (etwa 0,3 Bogensekunden pro Zeitsekunde). Zu diesem Zeitpunkt beträgt die gesamte differentielle Geschwindigkeit (die Summe aus den Abweichungen der Geschwindigkeit in Rektaszension und Deklination) etwa eine Bogensekunde pro Sekunde. Wenn Ihre Nachführung nicht eine Einstellung auf die Geschwindigkeit des Mondes *(lunar rate)* hat, sollten Sie nicht länger als ½ Sekunde belichten.

Ein weiteres Problem sind die atmosphärischen Turbulenzen, die zu ständig wechselnden Verzerrungen des Bildes führen und so während der Belichtung feine Einzelheiten verwischen. Man sollte deswegen die Belichtungszeiten möglichst kurz halten. Längere Belichtungszeiten sind den allerbesten Nächten vorbehalten. Und auch dann empfehle ich jede Aufnahme (mit allen helleren und dunkleren Belichtungen) mehrfach zu wiederholen, um Ihre Chance auf gute Bilder zu verbessern.

4.6 Die Filmentwicklung und Methoden zur Verbesserung der Papierabzüge

Wenn man Belichtung und Vergrößerung selbst macht, hat man den Vorteil, dass man den gesamten Prozess kontrollieren kann. Man kann die Entwicklung auf den Aufnahmegegenstand zuschneiden, was optimale Ergebnisse ermöglicht. Andererseits ist das Selbstentwickeln ein sehr aufwändiges Hobby. Der Aufbau einer Dunkelkammer ist recht teuer und kann in manchen Häusern etwas problematisch sein. Man braucht auch einiges an praktischer Erfahrung zur Beherrschung der Grundlagen, von fortgeschrittenen Techniken ganz zu schweigen. Ich hatte das Glück, dass ich bereits in jungen Jahren mit der Photographie als Hobby angefangen habe, zusammen mit anderen Wissenschaften wie Chemie und Astronomie. Im Laufe der Jahre konnte ich die Photographie für meine astronomische Arbeit nutzen und auch die Chemie half mir beim Mischen der verschiedenen Entwicklungslösungen.

Beim Schreiben dieser Zeilen sollte ich nicht vergessen, dass nur wenige der Leser Dunkelkammererfahrung besitzen und auch nur wenige davon die Absicht haben, die Kosten und Mühen auf sich zu nehmen und eine Dunkelkammer zu bauen, um Bilder selbst zu entwickeln. Ich würde sogar noch weitergehen und behaupten, dass die Zahl der Jüngeren, die sich das Selbstentwickeln zum Hobby aussuchen, zurückgeht, und es sind gerade die Jüngeren, die den Zuwachs eines Hobbys ausmachen. Das gilt auch für andere praktische Hobbys. So gibt es beispielsweise in der Astronomie nur wenige junge Leute, die am Selbstbau eines Teleskops oder Zubehörs interessiert sind. Ich finde das zwar bedauerlich, aber ich muss dies akzeptieren, da ich dieses Buch für den modernen Amateurastronomen schreibe.

Gegen Ende des Kapitels werde ich einige Hinweise für Leute geben, die schon etwas Erfahrung mit Dunkelkammern haben und ihre eigenen Mondaufnahmen machen wollen. Die meisten Leser benutzen aber ein professionelles Photolabor, und so möchte ich zunächst einmal darauf eingehen.

Filmentwicklung in kommerziellen Labors

Wenn Sie Ihre astronomischen Aufnahmen an ein kommerzielles Entwicklungslabor geben, sollten Sie auf einem beigefügten Zettel darauf hinweisen, was für Aufnahmen es sind. Dort könnte zum Beispiel stehen: „Ich weiß, dass diese Negative sehr schwach belichtet sind, also entwickeln Sie den Film bitte stärker, um den Kontrast zu erhöhen. Sorgen Sie bitte auch dafür, dass die Abzüge nicht zu dunkel werden!" Aber die Fließbandmethoden moderner Filmlabors erlauben nicht viel Handlungsspielraum.

Wenn sich auf Ihrem Film viel dunkler Himmel befindet (zum Beispiel eine Sequenz von Finsternisaufnahmen mit Teleobjektiven), sollten Sie alle paar Aufnahmen ein normales oder ein überbelichtetes Bild hinzufügen, damit man weiß, wo man zu schneiden hat. Es wäre sehr schade, wenn Ihre Mondaufnahmen zurückkämen und alle in der Mitte durchgeschnitten wären!

Wenn Sie Ihre Filme in einem professionellen Photostudio oder bei einem Photographen entwickeln lassen, können Sie Extrawünsche äußern und haben so größeren Einfluss auf den Entwicklungsvorgang. Das ist fast so gut wie bei der eigenen Entwicklung, aber es ist sehr viel teurer.

Filmentwicklung in der eigenen Dunkelkammer

Ich setze voraus, dass Sie schon Grundkenntnisse besitzen und etwas praktische Erfahrung in der Dunkelkammer mitbringen. Wenn Sie diese Erfahrung nicht haben, aber wissen wollen worum es geht (weil Sie sich noch nicht entscheiden können, ob Sie ihre Filme selbst entwickeln sollen), lesen Sie am besten eines der vielen Bücher, die es zu diesem Thema gibt.

Wie bereits erwähnt, hängen der Kontrast, die Körnigkeit und die tatsächliche Filmempfindlichkeit davon ab, wie der Film entwickelt wurde. Die Wahl des Entwicklers, die Konzentration der Entwicklungslösung, die Temperatur und die Entwicklungszeit haben alle Einfluss auf das Endergebnis.

Generell gilt, dass durch die Verlängerung der Entwicklungszeit und Erhöhung der Temperatur die Filmempfindlichkeit, der Kontrast und die Körnigkeit zunehmen. Man sollte damit aber nicht zu weit gehen, sonst bekommt man einen chemischen Schleier auf den Film. Wenn man die Konzentration des Entwicklers reduziert, verringert man damit auch die Empfindlichkeit und den Kontrast des Bildes.

Durch Experimentieren mit der Konzentration und Temperatur des Entwicklers und der Entwicklungszeit lässt das sich Filmkorn etwas unterdrücken. Ich befürworte das Experimentieren, aber ich muss sagen, dass Sie wahrscheinlich die besten Ergebnisse erhalten, wenn Sie sich sehr genau an die Anweisungen des Herstellers halten. Wenn ich meine eigenen Mondaufnahmen entwickle, mache ich dies mit der empfohlenen Temperatur und Konzentration und wähle die Entwicklungszeit so, dass die Aufnahmen möglichst hohen Kontrast haben.

Bei den Abzügen von Mondaufnahmen gibt es ein Problem. Während der Film einen Kontrastumfang (d. h. die Anzahl der verschiedenen Helligkeitsstufen) von etwa 1000:1 hat, ist der Kontrastumfang des Photopapiers nur etwa 50:1. Deswegen ist es gar nicht so einfach, Details in der Terminatorregion des Mondes herauszuarbeiten und dabei zu vermeiden, dass die Gegend jenseits des Terminators vollkommen überbelichtet wird. Abzüge auf kontrastarmes Photopapier (oder die Benutzung von kontrastarmem Papierentwickler) komprimieren die Tonwerte und zeigen einen größeren Helligkeitsbereich. Die Abzüge werden dann aber sehr ‚flau' und Details sind darauf nicht mehr so gut zu erkennen. Abbildung 4.8(a) zeigt ein Beispiel dafür. Abbildung 4.8(b) zeigt einen Abzug desselben Negativs auf Photopapier mit hohem Kontrast. Beachten Sie den Verlust an Details in den Regionen jenseits des Terminators.

Für dieses Problem gibt es aber eine Lösung: Benutzen Sie Photopapier mit hohem Kontrast (und/oder kontrastreichen Papierentwickler), aber belichten Sie die verschiedenen Bereiche des Photopapiers verschieden stark, um die Hellig-

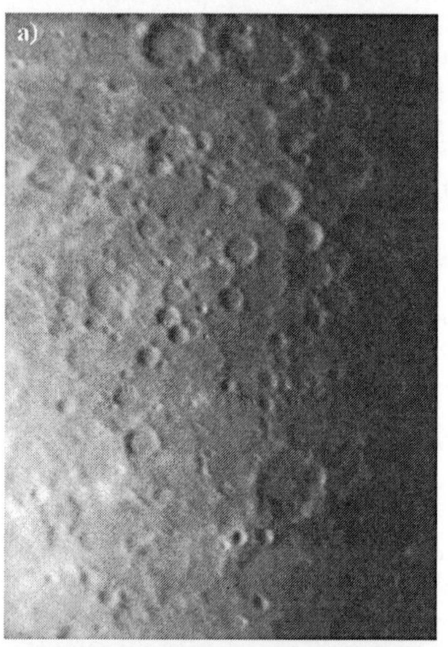

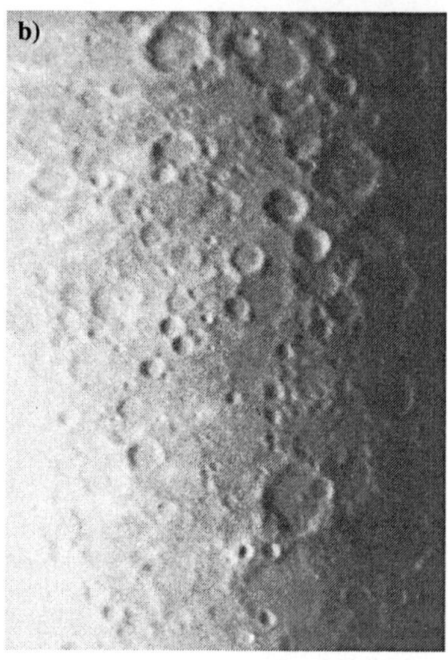

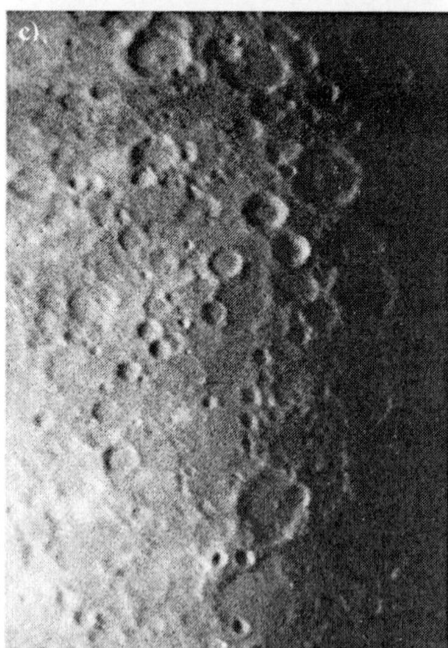

Abb. 4.8 Ein Problem, das besonders bei Mondaufnahmen auftritt, sind die großen Helligkeitsunterschiede am Terminator. All diese Abzüge wurden von demselben Negativ wie in Abbildung 4.7 gemacht. (a) Abzug auf Papier mit normalem Kontrast (Grad 2). Die meisten Einzelheiten sind sichtbar, aber das Ergebnis sieht ziemlich verwaschen aus. (b) Ein Abzug auf Papier mit hartem Kontrast (Grad 4). Obwohl einige Einzelheiten besser zu erkennen sind, gehen Details in den hellsten und dunkelsten Bereichen verloren. (c) Der Abzug wurde auf das gleiche Papier wie (b) gemacht, aber bei der Belichtung im Vergrößerer wurde eine bewegliche Maske über das Papier gezogen, um die unterschiedliche Helligkeitsintensität in den verschiedenen Bildbereichen auszugleichen.

keitsdifferenzen auszugleichen. Wenn Sie Dunkelkammererfahrung haben, kennen Sie wahrscheinlich diese Methode, die man auch als *Abwedeln* bezeichnet. Abbildung 4.8(c) zeigt das Ergebnis. Kurz vor Einschalten des Vergrößerers wurde das ganze Photopapier mit einer Maske aus Karton abgedeckt. Die Maske wird dann langsam, aber kontinuierlich weggezogen, so dass sie zuerst den (auf dem Negativ) dunkelsten Teil des Bildes frei gibt und nach einigen Sekunden das ganze Bild belichtet ist. Nach einigen weiteren Sekunden ist die Belichtung fertig und der Vergrößerer wird ausgeschaltet. Der Papierabzug wird nun ganz normal entwickelt. Natürlich ist dabei einiges an Experimentieren nötig, aber das bessere Ergebnis ist die Mühe wert.

4.7 Photographie mit Farbfiltern

Wir wollen Farbfilter zusammen mit Schwarzweißfilmmaterial benutzen (obwohl man sie natürlich auch mit Farbfilmen benutzen kann). *Kodaks* TP2415, der auch aus anderen Gründen eine gute Wahl für die Astrophotographie ist, eignet sich aufgrund seiner breiten Spektralempfindlichkeit zur Arbeit mit Farbfiltern. Während andere Filme kaum rotempfindlich sind, reicht die Empfindlichkeitskurve des TP2415 sehr weit in den roten Spektralbereich. Natürlich muss man bei der Benutzung von Farbfiltern die Belichtungszeiten dementsprechend verlängern.

Der Mond sieht auf den ersten Blick vielleicht einfarbig aus, vergleicht man aber Aufnahmen durch Rot- und Blaufilter miteinander, wird man überrascht sein. Ein Gelb- oder Orangefilter kann bei dunstigem Himmel helfen den Kontrast zu verbessern. Mit starken Farbfiltern lässt sich auch ein möglicherweise noch verbliebenes Sekundärspektrum vom Teleskop oder von Zusatzoptiken unterdrücken. Bei der Benutzung eines Refraktors sollte ein starker Gelbfilter aus diesem Grund eigentlich obligatorisch sein.

4.8 Weiterführende Literatur

Meine Absicht war es, den Leser mit ausreichender Information zu versorgen, damit er selbst entscheiden kann, ob er es einmal mit der Photographie des Mondes versuchen soll. Meine Ausführungen hierzu sollten Ihnen ausreichende Informationen für einen erfolgreichen Start geben. Und dabei habe ich nur die Oberfläche angekratzt. In meinem Buch *Advanced Amateur Astronomy* bin ich auf die Methoden und die notwendige Ausrüstung zur Astrophotographie genauer eingegangen. Darüber hinaus gibt es einige Bücher zu diesem speziellen Thema, die ich Ihnen empfehlen kann: *Astrophotography for the Amateur* von M. Covington (Cambridge University Press, überarbeitete Ausgabe 1991); *A Manual of Advanced Celestial Photography* von B. Wallis und R. Provin (Cambridge University Press 1988) und *High Resolution Photography* von J. Dragesco (Cambridge University Press 1995).

5 Mondlicht und CCDs

Eine immer größer werdende Zahl von Amateurastronomen macht es den Profis nach und speichert ihre Astrophotographien auf elektronischem Wege. Doch nicht jeder kann sich die Kosten einer digitalen Photo-Ausrüstung leisten. Andere wiederum wollen nicht so tief in die komplizierten technischen Grundlagen der CCD-Photographie einsteigen. Doch das ist keine Schande. Ich habe selbst immer nur ein begrenztes Budget für mein astronomisches Hobby aufgewendet und besitze auch heute noch keine eigene CCD-Astrokamera. Es kann also durchaus sein, dass Sie kein großes, teures Teleskop und auch keine sündhaft teure CCD-Kamera besitzen, die mit einem noch teureren Computer verbunden sind. Das bedeutet aber nicht, dass Sie von der Beobachtung spektakulärer Mondlandschaften oder dem Studium der lunaren Topographie ausgeschlossen wären!

Trotzdem können Sie auch mit bescheidenen Mitteln und klassischen Beobachtungsmethoden einige sinnvolle Forschungsaufgaben – deren Möglichkeiten für Amateure sowieso beschränkt sind – übernehmen. Es wäre jedoch vermessen, zu glauben, dass die Einführung digitaler Bildverarbeitung keine signifikante Verbesserung der Detailgenauigkeit von Mondaufnahmen zur Folge hätte. Wenn Sie sich eine entsprechende Ausrüstung leisten können und auch gerne mit Computern arbeiten, dann empfehle ich Ihnen auf jeden Fall, sich mit diesem Feld der Mondbeobachtung zu beschäftigen. Genau wie ich im letzten Kapitel über den Bereich der klassischen Mondphotographie berichtet habe, so hoffe ich, dass ich Ihnen auch mit diesem Kapitel eine gute Starthilfe in die Welt der elektronischen Mondphotographie geben kann.

Es gibt allerdings einen Weg, auf dem man auch ohne teure CCD-Astrokamera qualitativ gute Digitalaufnahmen des Mondes machen kann: Benutzen Sie einfach Ihre Videokamera für die Aufnahmen. Diese Methode ist die simpelste, da Sie hier sehr gute Resultate erzielen können, ohne auch nur in die Nähe eines Computers zu kommen. Es gibt noch einige andere Vorzüge der Videotechnik, die sie vor anderen Methoden auszeichnet. Ich habe ihr daher einen recht großen Teil dieses Kapitels gewidmet. Doch zuerst zur klassischen CCD-Kamera und ihrer Arbeitsweise.

5.1 Die Grundprinzipien von CCD-Kameras

Ein CCD, oder *Charge-Coupled Device*, besteht aus einer Ansammlung lichtempfindlicher Einheiten, die *Pixel* genannt werden. Jedes Pixel hat eine Größe zwischen 10 und 25 Mikrometern. Profi-Astronomen benutzen meist große CCDs mit typischerweise 2048×2048 Pixeln. Diese sind sehr teuer und stellen darüber hinaus auch hohe Anforderungen an den für die Speicherung und Bildbearbeitung notwendigen Computer. Amateurastronomen benutzen naturgemäß kleinere Versionen. Ein typisches Amateur-CCD besteht vielleicht aus 500 × 360 Pixeln, wobei jedes Pixel eine Seitenlänge von 15 Mikrometern hat. In einem solchen Fall beträgt die für eine Aufnahme zur Verfügung stehende Bildfläche 7,5 × 5,4 Millimeter.

Diese Zahlen sollen Ihnen nur einen groben Einblick über die zur Zeit (1998) typischen Größenverhältnisse in der CCD-Photographie vermitteln.

In dem Moment, in dem ich diese Worte schreibe, kommen immer schnellere Computer mit immer größerem Speichervolumen und besserer Software auf den Markt. Das bedeutet aber gleichzeitig, dass auch Bilder größerer CCD-Kameras demnächst auf ganz normalen Rechnern bearbeitet werden können. Ich glaube, dass schon in einigen Jahren Astrokameras mit größeren CCDs auch für Amateurverhältnisse erschwinglich sein werden. Leider ist es unvermeidlich, dass Dinge, die ich in diesem Kapitel beschreibe (beispielsweise den Fortschritt bei der CCD-Photographie), schon veraltet sind, wenn dieses Buch auf den Markt kommt.

Sie sollten das im Hinterkopf behalten. Wenn Sie sich für den Kauf einer elektronischen Photoausrüstung entschieden haben, so sollten Sie vor deren Anschaffung noch einmal die aktuelle Literatur und Kataloge wälzen. Das Grundwissen über die CCD-Photographie ist jedoch über Jahre hinaus konstant und genau dieses will ich Ihnen in diesem Kapitel vermitteln.

Egal wie groß ein CCD ist, die Pixel sitzen immer auf einem Chip aus Silizium mit etwa 20 Anschlüssen zur umgebenden Elektronik. Fallen Photonen auf ein Pixel, so setzen sie dort elektrische Ladungen frei. Die Energie des einfallenden Photons führt zu Elektronen-Loch-Paaren im Gitter des Halbleiters. Je mehr Licht – also auch Photonen – auf ein CCD fallen, desto größer fällt auch die elektrische Ladung aus, die freigesetzt wird. Wird ein Bild auf ein CCD projiziert, so setzt dessen hellster Teil an dieser Stelle auch die größte Menge an Ladungen frei. Die dunkelsten Bereiche eines Bildes erzeugen analog die geringste Anzahl Ladungen in einem CCD.

Jeder Pixel oder Bildpunkt baut solange Ladungen auf, wie Licht auf ihn fällt oder er in die *Sättigung* übergeht. Bevor die Pixel in das Stadium der Sättigung übergehen, muss der Aufnahmeprozess – auch *Integration* genannt – abgebrochen werden. Im Idealfall ist die *Integrationszeit* (analog zur *Belichtungszeit* in der klassischen Photographie) genau so lang, dass die dunkelsten Bereiche des Bildes gerade ein paar Ladungen aufgebaut haben, die im hellsten Areal liegenden Pixel aber noch nicht in die Sättigung übergegangen sind.

Wenn der Integrationsprozess abgeschlossen ist, werden alle Ladungen auf dem CCD nacheinander ausgelesen und als Datenstrom zum Computer geschickt. Dort werden diese Daten dann als Bild auf einem Monitor dargestellt oder abgespeichert.

Photographische Emulsionen haben eine sogenannte Detektor-Quanten-Effizienz (DQE) von ein bis zwei Prozent. Das bedeutet, dass nur ein oder maximal zwei von hundert Photonen auf der Emulsionsschicht registriert werden und dort dann ein Bild erzeugen. Die anderen 98 oder 99 Photonen tragen hierzu nicht bei – sie sind quasi verschwendet. Natürlich ist ein DQE von 100 Prozent optimal, weil dann alle einfallenden Photonen registriert würden. Einer der Vorteile der CCD-Photographie ist, dass sie über einen weiten Bereich von Wellenlängen DQEs von über 50 Prozent aufweisen.

Frühe Exemplare der CCD-Technologie besaßen ihre Hauptempfindlichkeit im roten oder nahen infraroten Wellenlängenbereich des Spektrums. Eine typische Empfindlichkeitsverteilung begann mit einer hohen Empfindlichkeit von 40 bis 80 Prozent bei einer Wellenlänge von 600 bis 950 Nanometer. Zu kürzeren und längeren Wellenlängen fällt dieser dann steil ab. Bei 400 und bei 1100 Nanometern liegt die Quanteneffizienz sogar bei Null. Ganz anders dagegen die spektrale Empfindlichkeit des menschlichen Auges: Hier wird die größte Empfindlichkeit im gelb-grünen Bereich bei etwa 550 Nanometern erreicht und fällt dann bei 380 Nanometern (violett) sowie bei 700 Nanometern (dunkelrot) quasi auf Null zurück.

Viele der neueren CCDs besitzen Beschichtungen, um ihre Sensibilität im blauen Bereich zu erhöhen. So besitzt der Philips FT 12 eine Empfindlichkeit, die der des menschlichen Auges näher kommt. Seine Hauptsensibilität liegt bei 530 Nanometern, bei 400 und 700 Nanometern ist sie nur noch halb so groß. Allerdings geht dies auf Kosten seiner Gesamtempfindlichkeit, die in der Spitze nur noch eine Quanteneffizienz von 30 Prozent erreicht.

Wer schwache Himmelsobjekte wie Kometen, Nebel oder Galaxien aufnehmen will, benötigt einen CCD-Chip mit hoher Quanteneffizienz. Bei Mondaufnahmen treffen glücklicherweise genügend Photonen das CCD. Die Quanteneffizienz spielt hier deshalb eine weniger wichtige Rolle.

Soviel zu den Grundlagen der CCD-Photographie. Moderne CCD-Detektoren unterscheiden sich aber auch durchaus in ihrer Funktionsweise. Wenn Sie sich die Literatur zu diesem Thema anschauen, so werden Sie auf Begriffe wie *interline transfer* und *frame transfer* stoßen. Diese bezeichnen die Art und Weise, wie das CCD ausgelesen wird. Außerdem gibt es sogenannte *back-illuminated* oder *front-illuminated* CCD-Chips. Diese Begriffe beschreiben die mechanische Struktur eines CCDs. Jeder dieser Typen hat spezifische Vor- und Nachteile (so vor allem bei der Empfindlichkeit, der Rauschfreiheit, der Auflösung und der spektralen Empfindlichkeit).

Mit den Fortschritten bei der Halbleiterentwicklung gibt es immer bessere CCDs und die Vorteile des einen werden bald vom nächsten überholt.

Ein Problem, das alle CCDs betrifft, ist ein Phänomen, das nicht ganz korrekt mit dem Begriff *Dunkelstrom* bezeichnet wird. Auch während eines Integrationsprozesses bauen sich durch thermische Wirkung Ladungen in jedem Pixel des CCDs auf. Bei Raumtemperatur können diese Ladungen innerhalb von wenigen Sekunden zur Sättigung jedes Pixels führen. Diese Ladungen reduzieren also die dynamische Bandbreite (die erfassbaren Helligkeitsstufen) eines CCDs. Bei relativ kurzen Belichtungszeiten von Bruchteilen einer Sekunde ist dieser Effekt vernachlässigbar. Bei längeren Integrationszeiten muss das CCD allerdings gekühlt werden, um diesen Dunkelstrom möglichst gering zu halten. Die meisten CCD-Kameras haben daher thermoelektrische Kühlelemente eingebaut. Diese sind für Astronomen, die relativ dunkle Objekte photographieren,

Pflicht. Bei Mond- und Planetenaufnahmen sind Kühlelemente zwar nicht zwingend notwendig aber auch empfehlenswert.

Wenn wir uns nun auf die notwendige Ausstattung für einen Mondbeobachter konzentrieren, so kommen folgende Argumente in Betracht: die Kosten, die Größe der Bildfläche des CCDs (beim Frame-transfer-CCD ist genau die Hälfte der Fläche für die Aufnahme eines Bildes verfügbar, die andere dient der Ladungsspeicherung vor dem Auslesen des CCDs) sowie die Bildauflösung (die Zahl der horizontalen und vertikalen Pixel, die das Bild ergeben).

Wenn Sie sich ein Auto kaufen, so erkundigen Sie sich sicherlich vorher, welche Leistungsdaten der Motor hat. Wenn Sie sich nicht für die Mechanik des Autos interessieren, so ist es Ihnen egal, wie das Auto diese Leistung erreicht. Ich glaube, die meisten Leser dieses Buches sind auch nur an den Leistungsdaten einer CCD-Kamera interessiert und nicht daran, wie diese zustande kommen. Ich werde mich im Folgenden daher nicht so sehr bei der technischen Theorie der CCDs aufhalten. Details über CCD-Kameras finden Sie in meinem Buch *Advanced Amateur Astronomy*. Hier will ich mich jedoch allein auf die für die Mondphotographie wichtigen Aspekte der CCD-Photographie konzentrieren.

5.2 CCD-Astrokameras im Einsatz

Abbildung 5.1(a) zeigt den Kopf der CCD-Kamera *Starlight Xpress SXL8*. Im Hintergrund sind die Kühlrippen zu sehen. Die Kühleinrichtung macht den größten Teil der Masse des Kamerakopfes mit einem Gewicht von ca. einem Kilogramm aus. Das kleine graue Quadrat, das Sie im Innern des Kamerakopfes sehen können, ist der eigentliche CCD-Chip *Philips FT12*, den ich bereits erwähnte.

Abbildung 5.1(b) zeigt den Rest des *Starlight Xpress* SX Systems. Es ist typisch für ein käufliches CCD-System. Der Stecker am Ende des Flachbandkabels verbindet die Kamera mit dem Computer. An der Vorderseite des Kamerakopfes befindet sich ein kurzes Rohr, mit dem der Kamerakopf ähnlich wie ein Okular in den Okularauszug oder den Adapter einer Barlowlinse eingeführt werden kann. In der Praxis muss das Teleskop nach dem Anbringen der Kamera dann mit Hilfe der Ausgleichgewichte wieder austariert werden.

Ein anderes CCD-System von *Starlight Xpress* ist in Abbildung 5.2 zu sehen. Das SFX Kamera-System ist ungewöhnlich, da es autonom, d.h. auch ohne den Anschluss an einen Computer arbeiten kann. Die angeschlossene Elektronik-Box nimmt die Bilder auf und gibt sie auf einem angeschlossenen Monitor wieder, zum Abspeichern und Bearbeiten der Aufnahmen benötigt man jedoch einen Computer.

Die SXL8 ist typisch für ein handelsübliches Astrokamera-System. Neben den *Starlight Xpress*-Kameras, die von der Firma FDE Ltd. produziert werden, gibt es natürlich noch viele andere. Ich empfehle Ihnen vor dem Kauf einer CCD-Kamera einfach einmal die Annoncen in den einschlägigen Astronomie-Magazinen zu Rate zu ziehen. Besorgen Sie sich weitere Informationen direkt vom

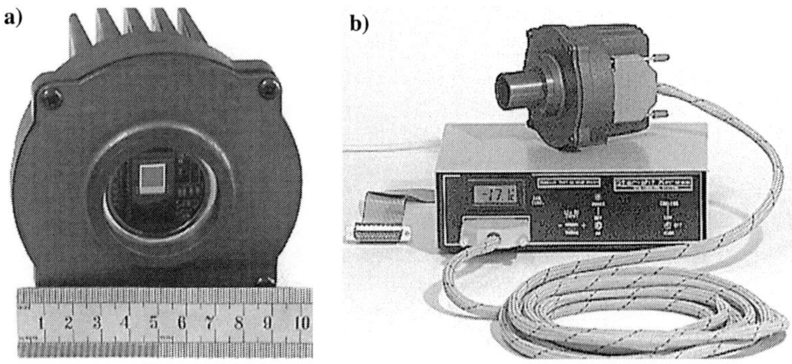

Abb. 5.1(a)   Kopf der *Starlight Xpress* SXL8 Kamera. Das kleine helle Viereck in der Mitte ist der CCD-Chip. **(b)** Das komplette *Starlight Xpress* SX Kamera-System.

Hersteller und lassen Sie sich mit Ihrer Entscheidung ruhig Zeit. In Kapitel 5.6 habe ich Ihnen eine kleine Liste mit Herstellern von CCD-Zubehör zusammengestellt. Diese erhebt natürlich keinen Anspruch auf Vollständigkeit und berücksichtigt nur die großen Hersteller, die es zur Zeit auf dem Markt gibt.
Haben Sie sich dann für ein System entschieden und es gekauft, lesen Sie sich die Bedienungsanleitung des Herstellers genau durch. Diese Zeit sollten Sie sich unbedingt nehmen, da Sie so sehr viel schneller erstklassige Resultate erzielen werden. Ich beschränke mich hier auf die Darstellung einiger allgemeiner Tipps, die Sie beim Betrieb Ihrer CCD-Kamera an einem Teleskop beachten sollten.
Im Betrieb stabilisiert sich die Temperatur eines CCDs etwa 10 bis 15 Minuten nach dem Anschalten der Kühleinheit. Seine Temperatur wird dabei von der Elektronik immer überwacht und über ein Display dargestellt, wie in Abbildungen 5.1(b) und 5.2 zu sehen ist. Nachdem Sie den Kamerakopf (mit der viel-

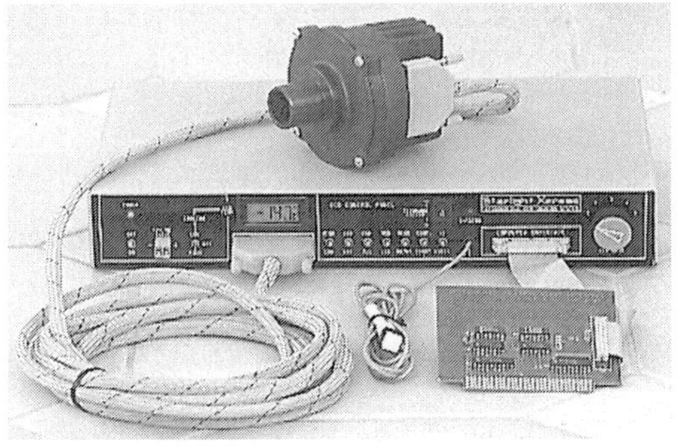

Abb. 5.2 Das System *Starlight Xpress* SFX ist ungewöhnlich, da man mit ihm ohne Anschluss eines Computers Bilder aufnehmen und wiedergeben kann. Zum Speichern und Bearbeiten der Aufnahmen ist dann allerdings ein Rechner notwendig.

leicht notwendigen Zwischenoptik) im Okularauszug des Teleskops befestigt haben, müssen Sie es zunächst auf den Mond ausrichten.

Die kleine Aufnahmefläche eines CCDs macht das ein wenig schwierig, vor allem wenn das Primärbild durch Okularprojektion vergrößert ist.

Hier ist ein Sucherfernrohr mit Fadenkreuz zwar sehr hilfreich, zwingend notwendig ist es aber nicht. Das Ausrichten des Teleskops auf den Mond steht natürlich am Anfang jeder Beobachtung. Wenn man in das Gehäuse des Teleskops schaut, so sieht man überall Mondlicht: auf den Seitenflächen des Teleskop-Zylinders, den optischen Elementen und den Befestigungselementen im Innern. Drehen Sie das Teleskop solange, bis das Mondlicht in den Okularauszug fällt. Die Feinjustierung nehmen Sie dann an der Kamera vor und kontrollieren sie auf dem dazugehörigen Monitor.

Wenn die Kamera am Teleskop hängt und dieses auf den Mond ausgerichtet ist, folgt die Fokussierung des Bildes. Dies erreicht man, indem man den Brennpunkt zwischen den verschiedenen Aufnahmen immer wieder etwas verschiebt und das Ergebnis auf dem Monitor betrachtet. Tipp: Markieren Sie sich die entsprechenden Punkte mit einem Filzstift auf dem Okularauszug oder der Fokussierung, um den Fokus später schneller wiederzufinden. Eine Fokussierung mit elektrischem Antrieb erleichtert das Ganze erheblich, da Sie dann mit der Fernbedienung in der Hand das Ergebnis sofort am Monitor begutachten können. Wenn Ihnen solche Motorantriebe zu teuer sind, können Sie sich mit ein wenig handwerklichem Geschick vielleicht Ihre eigene Motor-Fokussierung bauen.

Natürlich kostet der Prozess des Scharfstellens, Aufnehmens, Kontrollierens, den man mehrmals hintereinander durchführen muss, sehr viel Zeit. Deswegen besitzen manche Astrokameras einen Fokussiermodus, bei dem nur der mittlere Teil des CCDs ausgelesen wird, um Zeit zu sparen. In diesem Modus werden in kurzer Zeit eine große Anzahl von Aufnahmen gemacht, um die Kamera schnell fokussieren zu können.

Wie man sogenannte *dark frame (Dunkelbild)* und *flat field (Weißbild)*- Belichtungen anfertigt wird in der beiliegenden Bedienungsanleitung erklärt. Damit kann man das Erscheinungsbild der CCD-Aufnahmen noch etwas verbessern. Bei Integrationszeiten von weniger als einer Sekunde ist es eigentlich nicht nötig, das Dunkelbild von den gewonnenen Daten abzuziehen, falls Sie die Kühlung eingeschaltet haben. Ob ein Weißbild notwendig ist, hängt von der Qualität des CCDs ab. Mit den Angaben des Herstellers und ein bisschen eigenem Ausprobieren lässt sich diese Frage schnell lösen.

Ich weiß natürlich, dass das Prozedere, das ich hier beschreibe, den Idealfall darstellt. Bei Ihren ersten Versuchen werden mehr oder weniger Probleme auftreten. So werden Sie am Anfang mit der richtigen Fokussierung zu kämpfen haben, bis das erste Bild wirklich scharf ist. Ein bisschen Praxis wirkt hier wahre Wunder und kann den Prozess unheimlich beschleunigen.

Mit einigen weiteren Probeaufnahmen verschiedener Integrationsdauer finden Sie dann das am besten aussehende Bild heraus, und dann können Sie sich ernsthaft der Mondphotographie widmen. Die Bilder speichern Sie als Dateien (*.tif-*

oder *.gif*-Dateien sind unter Amateurastronomen bevorzugt) auf der Festplatte oder einem Speichermedium.

Erhöhung der Auflösung

Wie auch bei der konventionellen Photographie muss das Bild im Primärfokus vergrößert werden, damit die Auflösung des teleskopischen Bildes nicht durch die Auflösungsgrenze des CCDs eingeschränkt wird. Theorie und Praxis der Vergrößerung des Primärbildes beschreibe ich in Kapitel 4.4.

Die Tatsache, dass die Bildfläche eines CCDs sehr viel kleiner ist als die eines normalen Filmausschnitts bedeutet, dass sie auch sehr viel weniger von der Unschärfe am Rand eines Teleskopbildes bei der Okularprojektion betroffen ist.

Doch welcher Vergrößerungsfaktor für das Primärbild ist der Richtige? Hier hilft das Nyquist-Theorem weiter. In unserem Fall besagt es, dass die kleinsten noch aufgelösten Details eines Bildes mindestens zwei Pixeln des CCDs entsprechen sollten. Sollten es weniger sein, so verliert das Bild automatisch etwas von seiner Auflösung. Von der Blockstruktur der CCD-Matrix können auch Details künstlich erzeugt werden, die es gar nicht gibt. Bei Aufnahmen mit einem recht guten Teleskop bis zu 12 Zoll Öffnung (305 Millimeter) kann man mit der gewünschten Auflösung durchaus bis an die Beugungsgrenze gehen (die entsprechende Formel finden Sie in Kapitel 3.1).

Nach der Rayleigh-Formel sollte ein 12-Zöller ein theoretisches Auflösungsvermögen von 0,45 Bogensekunden erreichen können. Natürlich ist das mehr als es das Seeing an den meisten Orten normalerweise erlaubt, aber es ist besser, etwas darüber zu liegen. Ein zu hohes Auflösungsvermögen ist aber wiederum auch nicht so gut. Auch die Größe der abgebildeten Mondfläche ist entscheidend. Denn das gesamte Bild mit dem verschwommenen Anblick eines einzelnen Mondkraters zu füllen ist nicht gerade wünschenswert!

Wenn wir ein CCD mit Pixeln von 15 Mikrometern ($1,5 \times 10^{-5}$ m oder $1,5 \times 10^{-2}$ mm) Größe nehmen, so sollte das kleinste noch auflösbare Detail mindestens zwei benachbarte Pixel abdecken (das entspricht einer linearen Distanz von $2 \times 1,5 \times 10^{-2}$ mm oder 3×10^{-2} mm). Als Beispiel dient wieder unser 12-Zöller, mit dem wir Details bis zur Beugungsgrenze hinunter aufnehmen wollen. Die Skala, die wir hier also anlegen müssen, beträgt $0,45/3 \times 10^{-2}$, oder 15 Bogensekunden pro Millimeter. Um dies zu erreichen benötigen wir eine effektive Brennweite von 206.265/15 oder 13.551 Millimetern. (Die Gleichung (4.1), die den Abbildungsmaßstab zur effektiven Brennweite in Beziehung setzt, finden Sie in Kapitel 4.2). Das entspricht einem effektiven Öffnungsverhältnis von f/44.

Es ist hilfreich, sich klar zu machen, dass das beugungsbegrenzte „Nyquist-Limit" von 15 Mikrometer-CCDs mit jedem beliebigen optischen System dieses Öffnungsverhältnisses erreicht wird (da der Abbildungsmaßstab sich bei einem vorgegebenen Öffnungsverhältnis proportional zur Öffnung und die Auflösung sich ebenfalls proportional zur Öffnung verhält). Das gleiche Limit wird mit einem effektiven Öffnungsverhältnis von f/30 und einem CCD mit 10 Mikrometer großen Pixeln oder bei einem Öffnungsverhältnis von f/60 mit 20 Mikrometer großen Pixeln erreicht.

Normale Seeing-Bedingungen vorausgesetzt, würde ich mich gegen eine weitere Erhöhung der Brennweite bei Öffnungen größer als 12 Zoll aussprechen. Stattdessen sollte man die große Öffnung des Teleskops dazu verwenden, um Bilder mit geringerem Öffnungsverhältnis auf dem CCD abzubilden. Die dadurch resultierende größere Helligkeit des Bildes erlaubt dann kürzere Belichtungszeiten und erhöht so die Chance auf scharfe Bilder trotz der üblichen Luftturbulenzen. Das ist zumindest das, was ich tun würde. Letztendlich müssen Sie jedoch durch Experimentieren selbst herausfinden, welche Bedingungen mit Ihrer Ausstattung und Ihrem Beobachtungsplatz am besten harmonieren.

Wenn Sie die Bilder auf Ihrem Computer dann gespeichert haben, kommt einer der großen Vorteile der neuen Technologie zum Tragen: Sie können Ihr Bild mit Hilfe moderner Bildbearbeitungssoftware verbessern. In Kapitel 5.4 wird darauf näher eingegangen.

5.3 Videoaufnahmen des Mondes

In Abbildung 5.3 sehen Sie den großen Krater Plato und einen Teil der Mondalpen. Ich habe diese Aufnahme mit meinem Teleskop, jedoch weder mit konventionellem Film noch mit einer CCD-Kamera gewonnen. Sie werden es kaum glauben: Ich habe hierfür einfach meine Videokamera benutzt.

Das Seeing in dieser Nacht war recht durchschnittlich, die Auflösung der Aufnahme liegt jedoch fast im Bereich von einer Bogensekunde. Nur ganz selten ist es vom Garten meines Hauses in Sussex (England) aufgrund des Seeings möglich, noch feinere Details auszumachen.

Abb. 5.3 Eine Videoaufnahme des Mondes, die vom Autor mit seinem 0,46 m Spiegelteleskop gemacht wurde. Datum und Uhrzeit sind eingeblendet. Der große Krater unten rechts ist Plato. Die sich links anschließende Gebirgskette gehört zu den Mondalpen. Weitere Einzelheiten finden Sie im Text.

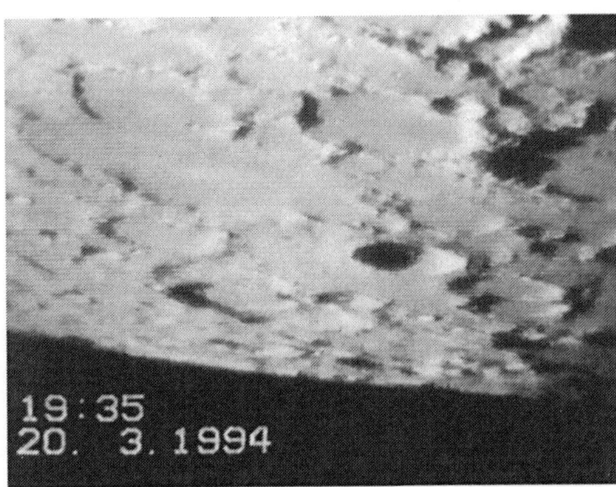

Abb. 5.4 Die Nordpolarregion des Mondes. Aufnahme des Autors. Datum und Uhrzeit sind eingeblendet, weitere Einzelheiten im Text.

Hätte ich konventionelles Filmmaterial benutzt, so wären in dieser Nacht sicherlich mehrere hundert Belichtungen notwendig gewesen, um eine Aufnahme zu erhalten, die ebenso feine Details zeigt. Dennoch entstand das Bild nicht durch Zufall oder Glück. Schauen Sie sich die Abbildungen 5.4, 5.5, und 5.6 an. Diese entstanden alle während der gleichen Videosession in derselben Nacht und zeigen einige andere Regionen des Mondes.

Als Teleskop benutzte ich mein 18 ¼ Zoll (0,46 m) Spiegelteleskop, doch in dieser Nacht war das Seeing und nicht die Öffnung des Teleskops der begrenzende Faktor. Man hätte auch mit einem Teleskop, das nur die Hälfte der Öffnung hat, genau so gute Aufnahmen machen können. Mit einem besseren Seeing könnte man sogar meine Ergebnisse leicht übertreffen. Im Folgenden erkläre ich Ihnen wie.

Abb. 5.5 Ein anderes Video-Standbild des Autors, das die Region um den Krater Regiomontanus (der große Krater mit der vulkanförmigen Struktur unterhalb der Bildmitte) zeigt. Datum und Uhrzeit sind eingeblendet.

Abb. 5.6 Teil des Mare Imbrium. Der größte der Krater heißt Archimedes. Aufnahme des Autors, Datum und Uhrzeit sind eingeblendet. Weitere Aufnahmedaten wie bei den Abbildungen 5.3, 5.4 und 5.5.

Die Videokamera

Wenn Sie bereits stolzer Besitzer einer Videokamera sind, so können Sie diese natürlich auch mit Ihrem Teleskop koppeln. Ich bin mir sicher, Sie werden vom Resultat begeistert sein. Wenn Sie sich aber erst noch eine Videokamera kaufen, diese dann aber gleich mit Ihrem Teleskop zusammen einsetzen wollen (und alle anderen Funktionen für Sie nur Beiwerk sind), dann gebe ich Ihnen hier noch ein paar Tipps für Ihre Entscheidung.

Neben den Kosten sind vor allem Größe und Gewicht der Kamera von entscheidender Bedeutung. Zwar ist es manchmal möglich, die Kamera auf einem eigenen Stativ an das Teleskop zu koppeln, in den meisten Fällen wird man die Kamera aber nur direkt am Teleskop befestigen können. Manchmal ist es mir gelungen, Aufnahmen ohne Stativ aus der Hand zu machen, doch die Chancen, dass diese gerade bei längerer Belichtung nicht verwackeln, sind eher gering.

Auch kleine Handkameras haben ein Gewicht von etwa einem Kilogramm. Um die Kamera fest mit dem Teleskop verbinden zu können, ist daher eine Hilfskonstruktion notwendig. Je schwerer die Kamera, um so stabiler – und damit automatisch schwerer – muss diese Konstruktion sein. Mit all diesem zusätzlichen Gewicht an Bord sollte Ihr Teleskop trotzdem nicht zu schwingen anfangen. Außerdem brauchen Sie vermutlich weitere Gegengewichte, um das Teleskop samt Kamera und Montierung auszutarieren.

Wenn Sie also nicht gerade ein Teleskop besitzen, dass die Ausmaße eines Schlachtschiffes besitzt, empfehle ich Ihnen eine möglichst leichte Videokamera.

Das Nächste, worüber Sie nachdenken sollten, ist die Auflösung der Kamera. Diese sollte natürlich so gut wie möglich sein. Alle modernen Videokameras besitzen CCDs als Bilddetektoren. Die Kameras aus dem mittleren und unteren Preissegment besitzen meist ⅓-Zoll-CCDs, teurere Modelle die ½-Zoll-Version. Angaben zu Auflösung und der Größe des CCDs finden Sie meist in den

Abb. 5.7 Mit dieser Anordnung habe ich meine Videokamera mit meinem Teleskop verbunden. Die Gegengewichte zum Ausgleich des Teleskops sind nicht im Bild.

technischen Daten der beigelegten Bedienungsanleitung. Vor dem Kauf sollten Sie also unbedingt die Verpackung öffnen und das entsprechende Kapitel der Anleitung konsultieren. Die angegebene Punktauflösung ist meist für die horizontale Dimension angegeben. Die vertikale Auflösung ist dabei normalerweise sogar besser. Eine $1/3$-Zoll-CCD-Kamera sollte eine horizontale Auflösung von mehr als 200 Linien über die Breite eines Fernsehbildschirms aufweisen.

Im Gegensatz zu den älteren Videokameras, die noch Vidicon-Röhren als Sensoren verwenden, sind die modernen Typen durch die Bank weg meist sehr lichtstark. So reichen manchen Kameras schon so geringe Belichtungsstärken wie nur ein Lux aus. Mit meiner Kamera und meinem 0,46-m-Teleskop gelang es mir sogar, die Staubhülle um den Kern des Kometen Hale-Bopp aufzunehmen. Beim Mond sollten Sie aufgrund von dessen Lichtstärke auch mit kleineren, lichtschwächeren Teleskopen überhaupt keine Probleme haben. Im Gegenteil: Sie sollten sich sogar Gegenmaßnahmen für zuviel Licht überlegen, wenn Sie mit niedriger Vergrößerung aber großer Öffnung arbeiten.

Auf einen Punkt muss ich Sie aber hinweisen: Kaufen Sie keine Kamera, bei der Sie den Autofokus nicht abstellen können. In der Autofokus-Einstellung sind Aufnahmen des Mondes durch ein Teleskop zum Scheitern verurteilt. Wenn Sie es versuchen wollen, so werden Sie schnell feststellen, dass die Elektronik Ihrer Kamera mit dem Bild, das das Teleskop liefert, nichts anfangen kann. Die Automatik wird ständig um den mittleren Wert der Fokuseinstellungen herum versuchen, den richtigen Brennpunkt zu finden. Wenn Sie sich das Ganze dann in der Wiedergabe ansehen, wird Ihnen vermutlich ganz mulmig im Bauch. Daher: Eine manuelle Fokussiereinrichtung ist also auf jeden Fall Pflicht!

Ich habe meine Kamera Anfang 1994 gekauft. Es ist eine *National Panasonic NV-S20B* und sie kostete mich etwas weniger als 600 britische Pfund (etwa 1000 Euro). Sie ist sehr klein und handlich und wiegt ohne Batterien (mit einem langen Netzkabel kann man die Kamera auch gut ohne diese betreiben) etwas weniger als ein Kilogramm. Der $1/3$-Zoll-CCD-Sensor hat eine horizontale Auflösung von mehr als 230 Linien. Datum und Uhrzeit lassen sich in die Aufnahme einfügen und außerdem ist es möglich, zwischen verschiedenen Belichtungszeiten zu wechseln. Das bedeutet, dass Sie die Bildqualität je nach Beleuchtungssituation verbessern können. Mehr dazu später. Das Objektiv der Kamera hat einen effektiven Brennweitenbereich von fünf Millimetern (entspricht einem Weitwinkelobjektiv) bis zu 40 Millimeter für Teleaufnahmen. Beim Einsatz am Teleskop stelle ich den Zoombereich immer auf das Maximum, was in meinem Fall einer achtfachen Vergrößerung (40 Millimeter Brennweite) entspricht.

Montierung und Aufnahmeprozess

Auf keinen Fall sollten sie die Linse Ihrer Videokamera entfernen. Das bedeutet, dass Sie das Okular des Teleskops im Okularauszug belassen und auf unendlich scharf stellen (wie in Kapitel 4.4 beschrieben). Die Kamera sollte auf einer Montierung befestigt sein und direkt in das Okular schauen. Abbildung 5.7 zeigt, wie ich meine Kamera an mein 0,46-m-Teleskop angebracht habe.

Es gibt wohl genauso viele verschiedene Methoden, die Kamera ans Teleskop anzuschließen und dieses dann auszubalancieren, wie es unterschiedliche Teleskoptypen gibt. Es ist ein rein mechanisches Problem. Doch auch wenn der Verleger mir nur für dieses Problem in diesem Buch einige Extra-Seiten eingeräumt hätte, so wäre vielleicht doch nicht **die** Lösung dabei gewesen, die auf **Ihr** spezifisches Teleskop, Ihre Kamera und Ihre Werkzeuge passen würde. Die jeweilig richtige Lösung zur Befestigung der Kamera an Ihrem Teleskop muss ich daher Ihnen überlassen.

Abbildung 5.7 kann Ihnen zumindest einige Anregungen geben, wie es bei Ihnen funktionieren könnte. Beachten Sie, wie ich es eingerichtet habe, dass die Kamera möglichst direkt ins Okular schaut, was für gute photographischen Ergebnisse unbedingt notwendig ist. Außerdem habe ich einen Schlitten gebaut, mit dem die Kamera nach vorne sowie nach hinten bewegt werden kann, was für den Aufbau, den Wechsel von Okularen oder das Fokussieren sehr bequem ist, wenn man Platz vor der Kameralinse benötigt.

Nun steht also der Mond am Himmel und wir haben gerade die Kamera in die Montierung an unserem Teleskop gesetzt. Die Gegengewichte sind angebracht, das Teleskop austariert und wartet darauf, auf den Mond ausgerichtet zu werden. Die Fokussiereinrichtung steht auf „manuell", der Scharfeinstellring auf der Position unendlich und der Zoom ist an seinem Maximum. Die Kamera ist also fertig für die erste Aufnahme.

Fahren Sie die Kamera soweit wie möglich zurück und setzen Sie zuerst ein gering vergrößerndes Okular in den Okularauszug des Teleskops ein. Stellen Sie den Schneckentrieb so ein, dass sich das Okular in der Nähe der Unendlich-Einstellung befindet. Eine vorher am Okularauszug angebrachte Filzstift-Markierung kann hier weiterhelfen, da Sie wegen der Kamera mit Ihrem Auge nicht mehr ans Okular kommen. Wenn das Okular dann nahe der korrekten Unendlich-Position ist, kann die Kamera etwa ein bis zwei Zentimeter vor das Okular gespannt werden. Lassen Sie bitte etwas Raum zur Feinjustierung.

Nun wird es Zeit, das Teleskop auf den Mond auszurichten. Meine Tipps hierzu habe ich Ihnen schon in Kapitel 5.2 gegeben. In dem Moment, in dem das Mondlicht in den Okularauszug fällt, sehen Sie es wahrscheinlich auch schon aus dem Okular kommen und die Kameralinse beleuchten.

Schalten Sie nun die Kamera an und schauen Sie durch Ihren Sucher. Dort sollten Sie das Bild des Mondes ausmachen können. Richten Sie das Teleskop auf die Region des Mondes, die Sie aufnehmen wollen. Jetzt können Sie noch die notwendigen Feinjustierungen ausführen, achten Sie aber bitte darauf, dass Okular und Kameralinse nicht kollidieren! Wenn gewünscht, können Sie die Kamera anschließend auch näher ans Okular bringen. Ein Abstand von einem Zentimeter bringt keine Verschlechterung, da die Linse der Videokamera auch ohne direkten Kontakt zum Okular groß genug ist, um das austretende Mondlicht komplett einzufangen.

Wenn Sie mit der Fokussierung des Bildes genau am richtigen Punkt angelangt sind, sollte sich Ihnen ein beeindruckendes Panorama von Mondbergen und Kratern darbieten. Probieren Sie ruhig die verschiedenen Belichtungszeiten Ihrer Kamera aus. Auf meiner Kamera sind die kürzesten Belichtungszeiten zwar für Sportaufnahmen gedacht. Sie ergeben aber auch am Teleskop die besten Ergebnisse. Die Bilder sind durch die kurze Belichtungszeit viel schärfer, da Turbulenzen der Erdatmosphäre oder Bewegungen des Teleskops auf einzelnen Bildern quasi eingefroren werden.

Das Lichtsammelvermögen meines 0,46-m-Teleskops ist auch einfach viel zu groß, um längere Belichtungszeiten zu verwenden. Ich fand das am Anfang nur dadurch heraus, dass sich bei allen anderen Einstellungen der sogenannte „black-curtain-effect" (verursacht durch eine starke Überladung des CCDs) genau dann einstellte, wenn der Mond ins Gesichtsfeld kam. Auch wenn Ihr Teleskop sehr viel kleiner ist als meines, so werden Sie bei Mondaufnahmen wahrscheinlich die gleiche Erfahrung machen: die Bilder mit der kürzesten Belichtungszeit werden meistens am besten.

Natürlich spielen noch andere Faktoren, wie die Vergrößerung des Bildes oder die Transparenz der Luft bei der richtigen Belichtung eine Rolle. Der große Vorteil von Videokameras im Gegensatz zur konventionellen Photographie ist, dass Sie bei ersteren nur durch den Sucher schauen müssen, um die Unterschiede der verschiedenen Belichtungseinstellungen festzustellen.

Wenn Sie dann mit dem Bild auf dem Sucher Ihrer Kamera hundertprozentig zufrieden sind, brauchen Sie es nur noch auf Band zu bannen. Sie können natürlich bei dieser Methode auch Okulare mit höherer Vergrößerung einsetzen. Doch dazu später mehr. Jetzt möchte ich erst erklären, warum der Zoom der Kamera immer in der Nähe seines Maximums stehen sollte.

Der Grund hierfür ist, dass bei geringerem Zoom (also bei geringerer Brennweite der Kameralinse) nicht alle Strahlen ungehindert vom Okular durch die Anordnung der Kameralinse hindurch kommen. Probieren Sie es einmal aus: Bei niedrigem Zoom scheint das Bild in der Mitte der Bildfläche konzentriert zu sein. Drumherum herrscht Dunkelheit. Mit steigendem Zoom wird das Bild immer größer und erst bei maximalem Zoom füllt es das gesamte Feld.

Wenn Sie Ihre Videokamera erfolgreich an Ihrem Teleskop angebracht und ausbalanciert haben werden Sie diese Methoden im Vergleich mit anderen recht einfach finden. Eine äquatoriale Montierung ist sehr nützlich, eine Motor-Nachführung sogar schon fast luxuriös. Sie können aber natürlich auch mit einem motorlosen, altazimuth-montierten Teleskop sehr gute Resultate erzielen.

Weitere Vorteile konventioneller Videokameras sind: Die Aufnahmen sind in Farbe und Sie können über das meist eingebaute Mikrofon auch gleich Kommentare zu den Aufnahme hinterlassen. Sie sollten jedoch Ihre Nachbarn warnen: Es könnte sie etwas verwirren, wenn sie Sie nachts mit sich selbst am Teleskop reden hören.

Gesichtsfeld und Abbildungsmaßstab

Die effektive Brennweite und das effektive Öffnungsverhältnis werden genauso wie bei einer konventionellen Kamera mit der „Unendlichkeits"-Methode (siehe Kapitel 4.4) errechnet. Als Beispiel sind die Abbildungen 5.3, 5.4, 5.5 und 5.6 alle mit meinem 0,46-m-Spiegel-Teleskop (Brennweite 2,59 m) aufgenommen. Meine Videokamera erreicht bei vollem Zoom eine Brennweite von 40 Millimetern und schaut direkt in ein orthoskopisches Okular mit 18 Millimetern Brennweite. Der Verstärkungsfaktor ist also 40/18 oder 2,22. Die effektive Brennweite der Kombination ergibt sich daraus zu 5,76 Meter und das Öffnungsverhältnis beträgt f/ 12,4.

Aus der effektiven Brennweite lässt sich auch der Abbildungsmaßstab berechnen. In meinem Fall betrug er 206265/5760 oder 35,8 Bogensekunden pro Millimeter. Allerdings ist mir die exakte Größe des in meiner Kamera verwendeten CCDs nicht bekannt. Der Abbildungsmaßstab kann daher nur eine grobe Vorhersage der abgebildeten Fläche liefern. Auch die Angabe $^1/_3$ Zoll ist nur ein ungenauer Wert, da eher eine Kategorie-Bezeichnung. Sie gibt die ungefähre (und dabei wahrscheinlich übertriebene) Länge der Diagonalen des Bildbereiches beim CCD an. Wenn Ihre Videokamera ein $^1/_3$-Zoll-CCD besitzt, so entspricht dies einem Bildbereich von ungefähr $4 \times 5, 3$ Millimetern. Die in den Abbildungen 5.3, 5.4, 5.5 und 5.6 aufgenommenen Bereiche haben eine Ausdehnung von jeweils 140×190 Bogensekunden. Die Bilder wurden von meinem Fernsehbildschirm abphotographiert.

Erhöhung der Auflösung

Sie wissen vielleicht nicht genau die Größe der Pixel in Ihrer Kamera, Sie können aber dennoch sicherstellen, dass die Vergrößerung des Bildes nicht zu klein ausfällt und so die Auflösung begrenzt. Die Angaben des Herstellers helfen Ihnen dabei, die Auflösung ungefähr zu bestimmen, indem sie Werte für die Größe des gesamten CCD-Bereichs liefern. So besitzt meine Kamera eine horizontale Auflösung von mehr als 230 Linien. Mit dem oben beschriebenen Aufbau aus Teleskop, Kamera und Okular liegt der Wert für eine voll ausgefüllte Aufnahme bei 190 Bogensekunden. Die potenzielle Auflösung eines Bildes ist also 190/230 oder 0,8 Bogensekunden.

In vielen Nächten ist es gerade mal möglich, kleinste Details im Bereich von einer Bogensekunde zu erkennen. Die Erhöhung der Auflösung auf diesen Wert ist daher gerade richtig. Würde man die Vergrößerung noch weiter hochfahren, wären ein kleineres Gesichtsfeld und ein verschwommeneres Bild die Folge. In Nächten mit perfektem Seeing erreiche ich allerdings mit meinem Teleskop eine Grenzauflösung von 0,3 Bogensekunden. Dies machte ich mir zunutze, indem ich das 18-mm-Okular durch ein 6-mm-Okular ersetze. Die potenzielle Auflösung liegt dann bei 0,28 Bogensekunden und das Gesichtsfeld beträgt 48×63 Bogensekunden. Leider gab es Nächte mit einem so guten Seeing seit dem Kauf meiner Videokamera nicht mehr.

Die Wiedergabe

Videoaufnahmen vom Mond sind für Leute wie mich mit geringem Budget und nicht so tollem Beobachtungsplatz der einfachste Weg, um qualitativ hochwertige Photos der Mondoberfläche zu erhalten. Aus den mehr als zwei Dutzend Bildern pro Sekunde können Sie die jeweils besten heraussuchen. Auch Ihre Freunde werden von den eindrucksvollen Aufnahmen der Mondoberfläche begeistert sein, die Sie ganz einfach zu Hause auf Ihrem Fernseher vorführen können. Doch noch viel wichtiger: Diese Photos können als „hard copy" sogar wissenschaftlichen Wert erlangen. Im Bereich der TLP-Forschung (Transient Lunar Phenomena) wären eindeutige Beweise von Anomalien auf der Mondoberfläche wünschenswert. Nicht nur, dass diese Phänomene dadurch glaubwürdiger würden, anhand solcher Aufnahmen könnte man sogar wissenschaftliche Messungen durchführen. Mehr zur TLP-Forschung finden Sie in Kapitel 9.

Die Videobilder, die Sie vom Mond machen können, sollten auf jeden Fall im Bereich der Auflösung, wenn nicht sogar in der Abbildung großer Mondareale weit besser sein, als alles was Sie mit konventioneller Silberhalogenid-Photographie erreichen können. Wenn Sie auch noch die Möglichkeit besitzen, die Bilder auf den Computer zu übertragen, können Sie die Bilder dort noch verarbeiten und optimieren.

Die Verbindung zwischen Video und Computer

Es gibt einen Weg, wie Sie die Ausgangssignale Ihres Videorecorders oder Ihrer Kamera zu Ihrem Computer übertragen können. Hierfür muss in Ihrem Computer eine sogenannte „frame-grabber"-Karte eingebaut sein. Wenn Sie sich mit Computern auskennen, so dürfte es kein größeres Problem sein, die Hardware und die dazugehörige Software selbst zu installieren. Ansonsten sollten Sie sich an einen Computer-Spezialisten wenden. Ich habe zwar einige Elektronik-Erfahrung, dennoch bin ich ein Computer-Anfänger. Alle meine früheren Bücher habe ich auf einem *Amstrad Schreibcomputer* geschrieben. Nach elf Jahren zuverlässiger, manchmal aber auch etwas widerspenstiger Zusammenarbeit beschloss ich, dass es Zeit war, ihm das Gnadenbrot zu geben und mir etwas Neueres anzuschaffen. Neben der Funktion als Schreibmaschine für dieses und zukünftige Bücher sollte mein neues Arbeitsgerät auch noch viele andere schöne Dinge beherrschen.

1996 bestellte ich schließlich einen nach meinen Vorstellungen maßgeschneiderten Computer. (Die verschiedenen Spezifikationen hatte ich mir durch den Rat von fachkundigen Freunden zusammenstellen lassen). Den Händler bat ich, mir auch gleich eine „frame-grabber"-Karte einzubauen. Er baute schließlich eine *Hauppauge-„VideoMagic"-Motion-JPEG-video-capture-Karte* in meinen Pentium 133 ein. Der Computer ist mit einer 1,6-Gigabyte-Festplatte und mit 32 Megabyte RAM Arbeitsspeicher ausgestattet. Wenn Ihnen diese Daten heute lächerlich erscheinen, so denken Sie daran: 1996 war dies noch aktueller Stand der Technik! Zwei Jahre später, während ich dieses Buch schreibe, bekäme ich für das gleiche Geld (2.000 britische Pfund oder 3.200 Euro inklusive Windows 95, Hauppauges „VideoMagic" Software und einem HP Deskjet 690) locker ein System mit doppeltem Speicher und doppelter Prozessorgeschwindigkeit. Diese Zahlen werden sich noch mehr verschoben haben, wenn Sie dieses Buch in Händen halten.

Mit der Performance meines Systems bin ich größtenteils zufrieden, nur die „frame-grabber"-Karte enttäuscht mich. Die Software zur Bildbearbeitung einzelner Bilder ist sehr gut und auch bei der Bearbeitung von Bildern, die andere Astronomen mir schickten, konnte ich beeindruckende Resultate erzielen. Das System hat viele Stärken, so kann man Videosequenzen zusammenschneiden und mit Spezialeffekten bearbeiten. Einzig die Qualität der übertragenen Bilder lässt zu wünschen übrig, wenn ich sie mit der meines Videorecorders vergleiche. Ich habe einige Zeit aufgewendet, um alle Software- und Hardware-Einstellungen zu kontrollieren. Das Paket kann einige tolle Tricks, doch eine Sache, auf die ich besonderen Wert lege, kann es nicht so gut! Zwar kann ich meine eigenen, mit der Videokamera aufgenommenen Bilder verbessern, die Qualität des Endresultats leidet aber immer unter der schlechten Qualität des ursprünglich zum Computer übertragenen Bildes.

Ein anderer, sehr erfolgreicher und populärer „frame-grabber/ Digitalizer" ist *Snappy* von der Firma *Play, Inc.* Man kann ihn an einen externen Port des Computers anschließen, so dass die Installation einer Karte entfällt. Ron Dantowitz, ein Spezialist für Videoaufnahmen und Experte mit sagenhaft guten Resultaten benutzt ein „Snappy" – es muss also sehr gut sein! Nachdem ich mir langsam einiges an Wissen und Erfahrung im Bereich Computer und Bildbearbeitung angeeignet habe, kann ich jetzt also sicher sein, dass mich der nächste Schritt beim Aufrüsten meiner Geräte ein größeres Stück voranbringt als mein Einstieg. Wenn das Rohbild erst einmal in Ihrem Computer ist, können Sie alle möglichen Sachen damit anstellen. Die Einzelheiten der Bildbearbeitung erläutere ich in Kapitel 5.4.

Andere Video-Systeme

Das Problem einer schweren Kamera und deren Montierung am Teleskop können Sie vermeiden indem Sie ein Videosystem kaufen oder sich gegebenenfalls selbst konstruieren, in dem die Aufnahmeeinheit lediglich aus dem CCD-Chip und der notwendigen Elektronik besteht. Dieses wird dann am Okularauszug befestigt und über ein Kabel mit der Speichereinheit verbunden. Wenn Sie direkt mit den Herstellern in Kontakt treten, so werden Sie schnell feststellen, dass es eine sehr große Anzahl verschiedener CCDs gibt. So produziert der Hersteller Philips seit 1988 ein Schwarz-Weiß-CCD-Kamera-Modul mit eindrucksvollen technischen Daten. Bei einer Auflösung von 450 Linien und einer Lichtempfindlichkeit von 0,02 Lux kostet es lediglich 400 britische Pfund (etwa 600 Euro). Geeignete CCD-Kameras können Sie in Geschäften für Sicherheitstechnik, den großen Elektronikfirmen oder (natürlich zu höheren Preisen) auch in Spezialgeschäften für astronomische Ausrüstungen finden. Viele Elektronikfirmen haben zwischenzeitlich auch Selbstbau-Kits für CCD-Kameras im Programm.

Natürlich fühlt man sich erst einmal leicht überfordert und verwirrt, wenn all diese neuen Informationen in Broschüren und Katalogen auf einen niederprasseln. Sie sollten sich daher auf sechs Hauptanforderungen für Ihr System beschränken, um schnell das Richtige zu finden. Hier nun Ihre Prioritätenliste: Kompatibilität mit Standard Video-Ausrüstungen, Kosten, Auflösung, Gewicht und Ausmaße der am Teleskop zu befestigenden Einheit und Einfachheit der Bedienung. Dann wünsche ich Ihnen viel Spaß beim Einkaufen.

David Brewer (USA) und Martin Mobberley (UK) waren die ersten Amateurastronomen, die die Videotechnik bereits in den achtziger Jahren zur Beobachtung einsetzten. Heute gibt es viele andere mehr. Bereits 1985 erhielt ich bemerkenswert gute Aufnahmen mit einer geliehenen, alten Vidicon-Kamera. Seitdem hat sich die Kameratechnik mit Riesenschritten weiterentwickelt und auch die Geräte wurden bedeutend billiger.

Thomas Dobbins aus Ohio in den USA macht hervorragende Bilder mit einer Kamera, die er Mitte der neunziger Jahre für 400 Dollar in Hong Kong gekauft hat. Im Dezember 1996 veröffentlichte er einen Bericht über seine Arbeit („Recording the Moon and planets with a video camera") im *Journal of the British Astronomical Association* (Vol. 106, No. 6), den ich Ihnen ans Herz legen möchte.

Auch Ron Dantowitz aus Boston in den USA habe ich schon erwähnt. Ich kam aus dem Staunen kaum heraus, als ich seine Bilder im Artikel „Sharper images through video" in der Augustausgabe 1998 von *Sky & Telescope* sah. Neben verblüffend guten Aufnahmen des Mondes und der Planeten schaffte es Dantowitz sogar, Erdsatelliten sowie das Space Shuttle Atlantis aufzunehmen. Die Details dieser Aufnahmen sind zu kompliziert, als dass ich sie hier erklären könnte, so empfehle ich Ihnen seinen Artikel einmal selbst zu lesen. Dantowitz arbeitet mit einer herkömmlichen Schwarz-Weiß-CCD-Videokamera. Diese wird seit 1998 – für den astronomischen Einsatz leicht modifiziert – unter dem Namen *Astro-*

vid 2000 von der Firma *Adirondack Video Astronomy*, 35 Stephanie Lane, Queensbury, NY 12804 vertrieben.

5.4 Die Bildbearbeitung

Wenn Sie ein Bild erst einmal in digitaler Form auf Ihrer Festplatte gespeichert haben, so können Sie es in vielerlei Hinsicht bearbeiten. Sie können die Helligkeit, den Farbton und die Farbsättigung beeinflussen, sowie einige Verbesserungen am Bild vornehmen.

Auch können Sie einzelne kleinere Bildausschnitte zu größeren Bildern zusammenfügen oder verschiedenen Filter benutzen, um bestimmte Objekte hervorzuheben. Letztendlich hängt es nur von Ihrer Zeit, Energie und Ihren Ressourcen ab, was Sie alles realisieren. Passende Software-Pakete gibt es genug. Eines davon – Adobe Photoshop – ist im Moment bei Astrophotographen besonders populär.

Auch der Bereich der Bildbearbeitungsprogramme ist riesig und verzeichnet enorme Zuwachsraten. Neben den aktuellen Astronomie-Zeitschriften empfehle ich Ihnen folgende Bücher: *„Choosing and Using a CCD Camera"*, Richard Berry, Willmann-Bell Verlag 1992; *„The Art and Science of CCD Astronomy"*, herausgegeben von David Ratledge, Springer-Verlag 1996; und *„A Practical Guide to CCD Astronomy"*, Patrick Martinez und Alain Klotz, Cambridge University Press 1997.

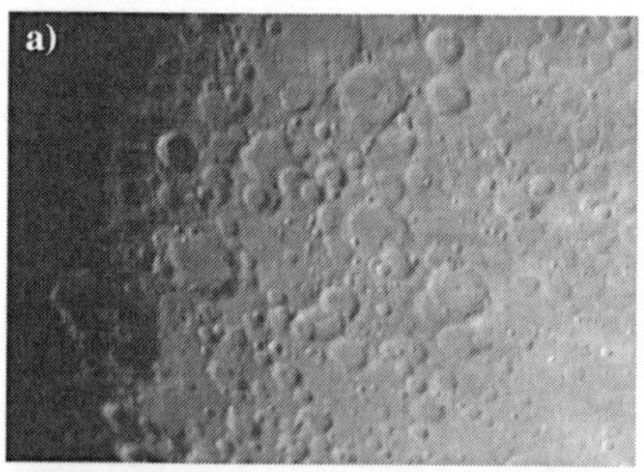

Abb. 5.8 (a)-(c)   Bearbeitungsstufen eines Mondphotos von Terry Platt.
Rohbild im f/5 Newton-Fokus eines 8 Zoll (203 mm) Spiegelteleskops, das auf 3 Zoll (76 mm) abgeblendet wurde. Aufnahme mit einer *Starlight Xpress* SFX Kamera. Zwischenergebnis einer nicht-linearen Kontraststreckung, um die Details der dunklen Terminatorzone besser sichtbar zu machen. Endresultat nach der Bildschärfung durch einen „Hochpass-Filter".

Ich präsentiere Ihnen hier nur einige wenige Beispiele der Bildbearbeitung. Abbildungen 5.8(a), (b) und (c) zeigen eine Mondaufnahme von Terry Platt von der Rohaufnahme bis zur Herausarbeitung feiner Detailstrukturen.

Abbildung 5.9(a)-(e) zeigt eine Sequenz, in der ich mit Hilfe von Bildbearbeitungsmethoden eines seiner schon sehr guten Bilder verändert habe. Die Details habe ich in den Bildunterschriften zusammengefasst. Wie Sie in Abbildung 5.9 sehen werden, besteht der Umgang mit Bildbearbeitungssoftware zum großen Teil aus dem Klicken auf Icons und dem Verschieben von Laufbalken. Die Bedienungsanleitungen sind glücklicherweise immer dabei. Wenn Sie ein Experte der Bildbearbeitung werden wollen, so sollten Sie diese stets gut lesen und sich auch auf einige Stunden des Ausprobierens einstellen.

Terry Platt begann schon in den achtziger Jahren mit seinen ersten Experimenten zur CCD-Photographie und entwickelte seine eigenen Apparaturen. Seitdem produziert er seine *Starlight Xpress*-Reihe von CCD-Kameras, die heute weltweit Käufer finden. Terry hat mir gestattet, einige seiner exzellenten Bilder in diesem Buch zu verwenden. Beispiele finden Sie in Kapitel 8 (Abbildungen

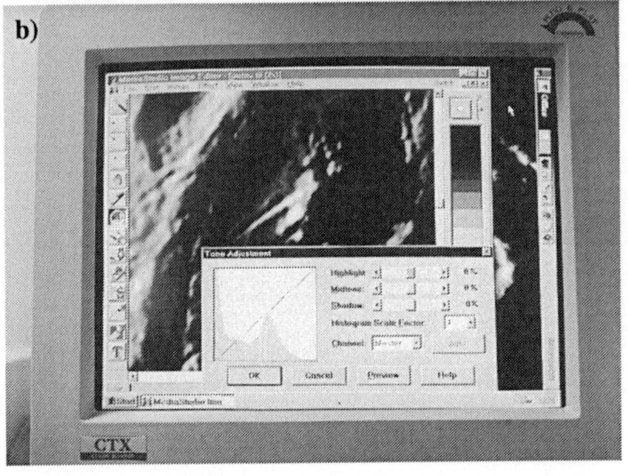

Abb. 5.9 (a)-(e) Hier bearbeite ich gerade eines von Terry Platts exquisiten Bildern an meinem Arbeitsplatz.
(a) Originalbild
(b) Grauwertanpassung. Histogramm des Ursprungsbildes.

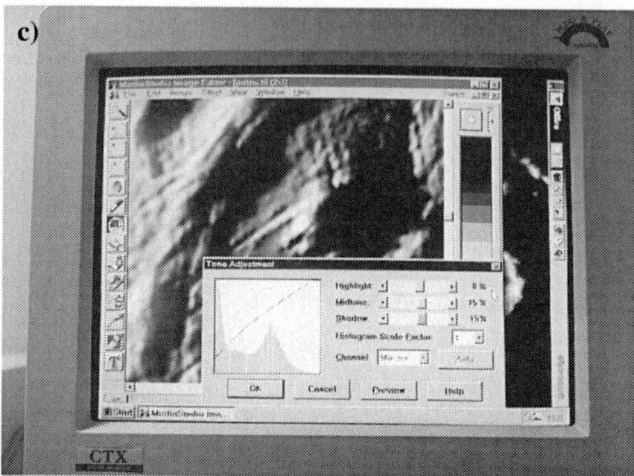

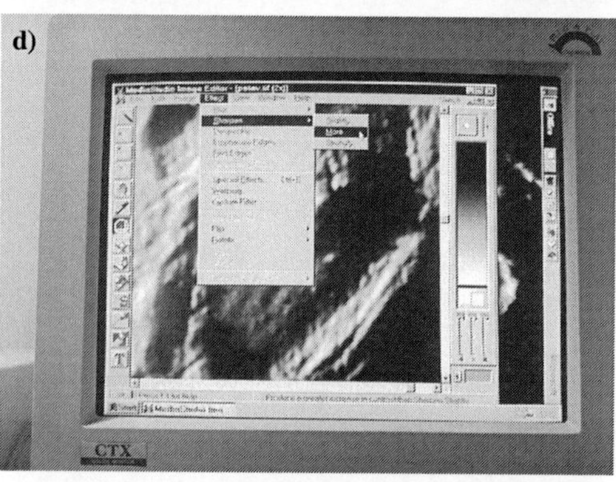

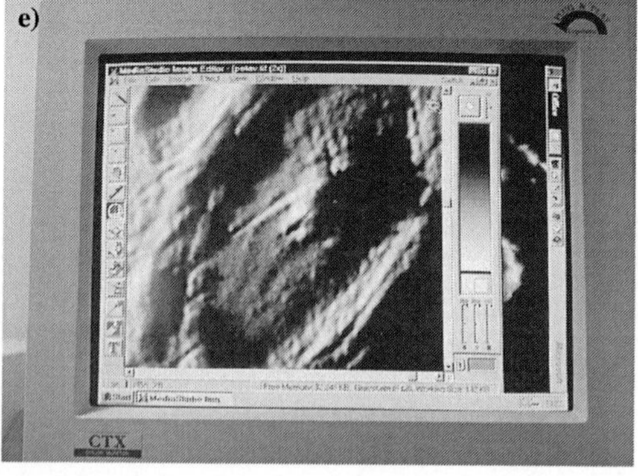

Abb. 5.9
(c) Ändern der Parameter mittels Schieberegler, um Einzelheiten im Schatten des Kraters besser sichtbar zu machen. Beachten Sie, dass die Parameter und die Kurve im vorderen Fenster geändert wurden.
(d) Aufruf der Funktion zur Schärfung des Bildes.
(e) Das Endergebnis.

8.4(b) und (c), 8.13(d), 8.17(f), 8.33(c), 8.44(e), 8.46(c) und 8.47(a). CCD-Aufnahmen eines anderen Enthusiasten, Gordon Rogers, finden Sie in den Abbildungen 8.11(b) und 8.14(e). Details der Aufnahmen werden in den Bildlegenden beschrieben.

Genauso, wie Sie Bilder von Ihrer CCD-Kamera direkt in den Computer einspeisen können, können Sie auch vorhandene Photoaufnahmen, Negative oder Abzüge, digitalisieren. Entsprechende Scanner werden immer preisgünstiger. Alle digitalen Verbesserungen können an beiden Arten von Photos vorgenommen werden. Hier empfehle ich Ihnen einige Artikel aus *Sky & Telescope*: „Digitally enhance your astrophotos" (Juli 1997) und „Digital desktop darkroom"(Juli 1998). Beide Artikel behandeln zwar die Aufnahmen von Deep Sky Objekten, vieles davon lässt sich aber auch ganz einfach auf Mondaufnahmen übertragen.

5.5 Abzüge

Die Drucker werden immer besser. Sogar jene, deren Ausdrucke Photoqualität erreichen, sind mittlerweile auch für Privatpersonen erschwinglich. Doch auch wenn Sie keinen solchen Drucker besitzen und trotzdem Aufnahmen von Ihrem Fernseher oder Computermonitor machen wollen – beispielsweise Standbilder von Ihren Mondvideos – so ist dies prinzipiell möglich. Es ist allerdings nicht alleine damit getan, den Photoapparat auf den Monitor zu richten und den Auslöser zu drücken. Zwar ist es relativ einfach, gute Ergebnisse zu erzielen, doch sollten Sie dabei einiges beachten: Nachdem Sie die Kamera auf einem Stativ aufgestellt und auf den Monitor ausgerichtet und fokussiert haben, sollten Sie den Raum so weit wie möglich verdunkeln, um Spiegelungen auf der Mattscheibe auszuschließen.

Der Film sollte dabei eine Empfindlichkeit zwischen 100 und 125 ASA aufweisen. Mit dem Belichtungsmesser der Kamera (oder einem separaten Belichtungsmesser) bestimmen Sie die Blende für eine Belichtungszeit von $1/4$ Sekunde. Sie werden wahrscheinlich f/4 benutzen müssen, doch das ist nicht der Hauptgrund für die Wahl dieser Belichtungszeit.

Die Notwendigkeit einer langen Belichtung hat etwas damit zu tun, wie ein Fernseher sein Bild aufbaut. Das Bild wird hierbei von einem Elektronenstrahl aufgebaut, der die Mattscheibe abtastet und ein Raster von Bildpunkten erzeugt. Dieser Strahl beginnt oben links am Bildrand und bewegt sich dann nach rechts. Anschließend wechselt er zur nächsten Zeile und wiederholt das Ganze. In einer $1/50$ Sekunde hat der Elektronenstrahl ein komplettes Halbbild aufgebaut, welches aus horizontalen Zeilen mit Zwischenräumen besteht. Diese werden in der darauf folgenden $1/50$ Sekunde dargestellt. Mit diesem Verfahren wird im trägen menschlichen Auge der Eindruck eines fast flimmerfreien Bildes erzeugt. Jede $1/25$ Sekunde entsteht so der Eindruck eines kompletten flimmerfreien Bildes. Das menschliche Gehirn kann man so austricksen, aber nicht die Kamera, falls die Belichtungszeit zu kurz ist. Dann sehen Sie nämlich entweder nur Teile des Bildes oder eines, das mit hellen und dunklen Bändern durchsetzt ist. Das Problem rührt daher, dass der Verschluss der Kamera dann für einen vollständigen Aufbau des Bildes zu schnell ist. Bei meinen ersten Versuchen belichtete ich $1/8$ Sekunde, was gerade lang genug war, um das Erscheinen heller und dunkler Bänder zu vermeiden. Die breiten Bänder werden von unsynchronisierten unvollständigen Bildbereichen hervorgerufen. Abbildung 5.6 ist eine meiner früheren Aufnahmen. Sie sehen die Bänder ansatzweise ganz schwach im oberen und unteren Teil des Bildes. Innerhalb einer Belichtungszeit von einer $1/4$ Sekunde nimmt man jedoch so viele aufeinanderfolgende Einzelbilder auf, dass die Streifen verschwinden. Um Standbilder von Ihrem Videorecorder abphotographieren zu können, muss der Standbildmodus einwandfrei funktionieren und darf kein Flimmern und Ruckeln des Bildes erzeugen . Sollte dies nicht der Fall sein, so versuchen Sie es einmal mit dem „Tracking-Rad". Normalerweise lässt sich das Flackern damit beseitigen.

In seinem Artikel im *Journal of the British Astronomical Society* empfiehlt Thomas Dobbins mehrere Aufnahmen übereinander zu legen, um das „Korn", das viele Standbilder verschlechtert, zu reduzieren. Er lässt das Videoband einfach durchlaufen und macht genau dann Aufnahmen, wenn er glaubt, die Bildqualität sei am besten. Allerdings muss man dazu sagen, dass er von einem Ort beobachtet, an dem die Seeing-Bedingungen im Schnitt deutlich besser sind, als die, die ich meistens vorfinde.

Ich erhalte selten zwei aufeinander folgende Bilder, die beide gut sind, geschweige denn eine ganze Sequenz von einem Dutzend oder mehr guter Bilder. Meine besten Resultate sind das Ergebnis einer akribischen Auswahl derjenigen Bilder, deren Zentralbereich die schärfsten Ergebnisse liefert. Nur diese photographiere ich dann. Das bedingt natürlich einen Videorecorder mit guter Pausenfunktion und Einzelbild-Weiterschaltung. Heute sollten dies alle Videorecorder beherrschen, außer den ganz billigen Zweikopfgeräten

Wenn Sie Ihre vom Bildschirm abphotographierten Bilder an ein Labor einschicken, so ist es ratsam, eine kurze Notiz beizufügen, was der Inhalt der Bilder ist und wann sie eingeschickt wurden. Natürlich haben Sie bei der Entwicklung in der eigenen Dunkelkammer alles selbst unter Kontrolle. Beispielsweise kann es vorkommen, dass die Phosphor-Leuchtschicht des Bildschirms stark übertrieben leuchtet. Dann können Sie diesen Effekt durch eine leichte Defokussierung des Bildes abmildern. Wenn Sie die Defokussierung nicht zu stark einsetzen, so sollten Sie dadurch in der Lage sein, ein ästhetischeres Bild ohne größere Einbußen bei der Detailgenauigkeit der Mondoberfläche zu erreichen.

5.6 Einige wichtige Lieferanten von CCD-Ausstattungen

Mit der folgenden Liste möchte ich Ihnen bei Ihrer Suche nach CCD-Herstellern eine kleine Starthilfe geben. Sie ist natürlich nicht komplett und kann auch sehr schnell veralten. Ich habe hier nur die Hauptlieferanten von CCD-Ausrüstungen aufgezählt. Das bedeutet aber nicht, dass ich oder der Herausgeber die Produkte dieser Firmen gegenüber denen anderer Firmen hervorheben wollen. Diese Liste soll Ihnen nur zum Einholen weiterer Information dienen.

Celestron Deutschland, Baader Planetarium GmbH, D-82291 Mammendorf, Tel.: 08145-8802

Celestron International, 2835 Columbia Street, Torrance, California 90503, USA (in England über David Hinds Ltd., Unit 34, The Silk Mill, Brook Street, Tring, Herts., HP23 5EF).

True Technology Ltd, Woodpecker Cottage, Red Lane, Aldermaston, Berks, RG7 4PA, England.

Meade Deutschland, Meade Instruments Europe GmbH + Co. KG, Siemensstraße 6, D-46325 Borken/Westfalen, Tel.: 02861-93170.

Meade Instruments Corporation, 6001 Oak Canyon, Irvine, California 92620, USA (in England über Broadhurst, Clarkson and Fuller Ltd., Telescope House, 63 Farringdon Road, London, EC1M 3JB).

Micro Luminetics Inc., 3447 Greenfield Avenue, Los Angeles, California 90034, USA.

Santa Barbara Instruments Group, PO Box 50437, 1482 East Valley Road, Suite #33, Santa barbara, California 93150, USA.

SpectraSource Instruments, 31324 Via Colinas, #114, Westlake Village, California 91362, USA.

FDE Ltd., Foxley Green Farm, Ascot Road, Holyport, Berkshire, SL6 3LA, England.

6 Der physische Mond

Dieses Buch ist als Einstieg für den praktischen Astronomen gedacht, der sich der Mondbeobachtung widmen will. Ein kurzer Abriss der Wissenschaft vom Mond und dessen Geschichte, mag als Vergeudung kostbarer Buchseiten erscheinen. Ich bin jedoch der Überzeugung, dass das bloße Anschauen des Mondes mit dem Fernrohr zwar einige Stunden zur Unterhaltung taugt, auf Dauer aber recht langweilig sein kann, wenn man die Hintergründe nicht versteht. Mit einem Grundwissen über den Mond und die noch ungeklärten Rätsel macht die Beobachtung des Mondes erst richtig Sinn. Deshalb präsentiere ich Ihnen hier einen verkürzten Abriss der Weltraummissionen zum Mond und einige der modernen Vorstellungen zur Natur und Entstehungsgeschichte des Mondes, die sich daraus ergaben.

6.1 Die ersten Monderoberer

Im Jahr 1903 starteten Orville und Wilbur Wright in Kitty Hawk zum ersten Motorflug der Geschichte. Nur 66 Jahre später betraten Neil Armstrong und Edwin „Buzz" Aldrin die Oberfläche des Mondes. Die Geschwindigkeit dieses Fortschritts erscheint schier atemberaubend. War doch mit Sputnik 1 im Jahr 1957 nicht einmal knapp zwölf Jahre vorher der erste von Menschenhand gebaute Flugkörper in eine Erdumlaufbahn gestartet und hatte so unwiederbringlich das Raumfahrtalter eingeläutet. Viele Einzelerfolge – von den ersten Raketenstufen über Sonden, Satelliten, der Telekommunikation und vielem mehr – trugen letztendlich zur komplexen Erfolgsstory der Raumfahrt bei. In diesem Buch ist gerade mal Platz, um einen Blick auf die wichtigsten Höhepunkte der Erkundung unseres unmittelbaren Nachbarn im Weltraum zu werfen.
Die ersten Erfolge am Mond verbuchten drei russische Sonden im Jahr 1959. Luna 1 (damals wurden die Luna-Sonden noch Lunik genannt) war die erste Sonde, die einen Vorbeiflug in weniger als 5000 Kilometern Entfernung vom Mond absolvierte und nachwies, dass dieser kein signifikantes Magnetfeld besitzt. Luna 2 führte auf ihrem Flug zum Mond weitere Messungen durch, bevor sie schließlich im Mare Imbrium zerschellte. Sie war damit die erste von Menschenhand gebaute Sonde, die die Mondoberfläche erreichte. Luna 3 hatte noch ehrgeizigere Ziele: Ihre Bahn führte sie 4600 Kilometer hinter den Mond, wo es ihr gelang, die von der Erde aus unsichtbare Rückseite unseres Trabanten zu photographieren. Die Qualität der übertragenen Aufnahmen ist nach heutigen Maßstäben zwar schlecht, dennoch zeigten sie den Forschern erstmals eine Seite des Mondes, die sie zuvor noch nicht gesehen hatten. Aus diesen ersten verschwommenen Bildern haben wir viel gelernt.

Abb. 6.1   Ein Anblick des Mondes, wie er von der Erde aus nie zu sehen ist. Diese
Aufnahme des Mare Orientalis stammt von der Raumsonde *Lunar Orbiter IV* und zeigt
die Multiringstruktur dieses riesigen Einschlagbeckens. Der innere, von basaltischer
Lava überflutete Bereich hat einen Durchmesser von 320 km, der äußere erstreckte sich
über 930 km. Der Südpol des Mondes ist auf dieser Aufnahme oben. Teile der erdzugewandten Seite wie der Oceanus Procellarum sind unten links zu sehen. Der kleine
dunkle Fleck zwischen Mare Orientalis und Oceanus Procellarum (aber näher an letz-
terem) ist der mit basaltischer Lava überflutete Krater Grimaldi (siehe Abschnitt 8.20
in Kapitel 8). (Mit freundlicher Genehmigung der NASA und Prof. E. A. Whitaker.)

Die nächsten Jahre brachten eine Mischung von Erfolgen und Misserfolgen. Die fortlaufenden Luna-Sonden, sowie eine Zond-Sonde (Zond 3 photographierte 1965 auf ihrem Weg zum Mars die Rückseite des Mondes) wurden durch die amerikanische Ranger-Serie ergänzt. Ranger 7 war die erste Sonde, die den Mond aus unmittelbarer Nähe photographierte. Bevor sie im Juli 1964 beim direkten Anflug zum Mond im Mare Nubium aufschlug, sandte sie über 4000 Photos zur Erde. (Dieser Teil des Mare Nubium wird ihr zu Ehren seitdem Mare Cognitum genannt.) Insgesamt schlugen neun Sonden hart auf der Mondoberfläche auf (sieben andere verfehlten den Mond oder sollten nicht auf ihm niedergehen), bevor Luna 9 im Februar 1966 die erste weiche Landung auf dem Erdtrabanten gelang. Sie landete damals nahe dem Krater Grimaldi im Oceanus Procellarum. Luna 10 war die erste Sonde, die den Mond im April 1966 als künstlicher Satellit umkreiste. In den kommenden zehn Jahren flogen nicht weniger als 38 Satelliten und Sonden der Amerikaner und der Russen zu unserem Nachtgestirn. Die bemannten Missionen stelle ich im nächsten Unterkapitel gesondert vor. Die amerikanischen Lunar-Orbiter-Satelliten in den späten sechziger Jahren kartierten den Mond in einer Genauigkeit, wie sie von der Erde vorher nie erreicht worden war. Auch Gebiete, die von der Erde aus nur schlecht zu sehen sind oder sogar auf der Rückseite des Mondes liegen wurden kartographiert (siehe auch Abbildungen 6.1, 6.4 und 6.5, 8.7(c), 8.13(g), 8.17(e), 8.22(h), 8.28(b), 8.33(e), 8.37(e), 8.41(e) und 8.46(d) im Kapitel 8.
Auch die amerikanischen Surveyor-Sonden brachten wertvolle Ergebnisse. Sie waren eigentlich weich landende Laboratorien, die nach ihrem Aufsetzen auf der Mondoberfläche viele Bilder ihrer unmittelbaren Landeregion zur Erde sandten, und die mechanischen und chemischen Eigenschaften des Mondstaubes untersuchten. Die Russen trieben indes ihr Luna-Programm voran. Die im Jahr 1970 gestartete Luna 16 war die erste Robotersonde, die Bodenproben des Mondes zur Erde zurückbrachte. Luna 17 (besser bekannt als Lunokhod 1) erreicht sogar noch mehr. Es war das erste Roboterfahrzeug, das die Oberfläche eines fremden Himmelskörpers erkundete. Über zehn Monate lang fuhr es über die Mondoberfläche und legte in dieser Zeit eine Strecke von mehr als 10,5 Kilometern im Mare Imbrium zurück. Luna 20 (1972) war eine weitere Mission, die Bodenproben zurückbrachte, diesmal aus dem Hochland des Apollonius-Gebiets.
Im darauf folgenden Jahr fuhr das Lunokhod 2 (Luna 21) kreuz und quer durch das Mare Serenitatis. Den meisten Ruhm ernteten jedoch die Amerikaner für ihre bemannten Missionen zwischen 1969 und 1972. In dieser Zeit wurden aus Science Fiction Science Facts, als Menschen zum ersten Mal einen fremden Himmelskörper betraten.

6.2 Menschen auf dem Mond

Während die unbemannten Raumsonden klaglos ihre Arbeit verrichteten, liefen die Vorbereitungen zur Entsendung des ersten Menschen in den Weltraum auf vollen Touren. Am 12. April 1961 flog Major Yuri Gagarin in einer russischen Wostok-Kapsel als erster Mensch in den Weltraum. German Titov folgte ihm, doch die Amerikaner holten auf. Am 20. Februar 1962 startete Colonel John Glenn mit Friendship 7 – einer der bemannten Mercury-Kapseln – in den Weltraum. Ich wünschte, es wäre an dieser Stelle Platz, mehr über die spannende Eroberung des Weltraums, die in den darauf folgenden Jahren stattfand, zu erzählen, denn es ist wirklich eine sehr spannende Geschichte. Stattdessen muss ich mich jedoch darauf beschränken, dass die Amerikaner schließlich die Russen im sogenannten „Wettlauf zum Mond" überflügelten.

Die amerikanischen Gemini-Missionen waren die Vorläufer des *Apollo*-Programms. Die Hardware, die schließlich die ersten Menschen zum Mond brachte, wurde in mehreren Stufen entwickelt, getestet und gebaut. Weihnachten 1968 war ein besonderes Datum, denn die Astronauten Frank Borman, James Lovell und William Anders schwenkten damals mit ihrem *Apollo 8*-Raumschiff zum ersten Mal in eine Umlaufbahn um den Mond ein. Nur zwei weitere *Apollo*-Flüge waren zum Testen und Optimieren des Programmes notwendig, bevor man schließlich mit *Apollo 11* das große Ziel einer bemannten Mondlandung erreichte.

Am 16. Juli 1969 startete eine (gewaltige) Saturn-V-Trägerrakete von Cape Kennedy (früher Cape Canaveral, der Name wurde nach Ablauf der *Apollo*-Missionen wieder in den ursprünglichen Namen geändert) mit den Astronauten Neil Armstrong, Edwin „Buzz" Aldrin und Michael Collins in Richtung Mond. Die ersten beiden Raketenstufen wurden nach ihrem Ausbrennen abgetrennt und verglühten in der Atmosphäre. Die dritte Stufe brachte Astronauten und Nutzlast in eine Umlaufbahn um die Erde. Die Nutzlast bestand aus einem „Service-Modul" mit der Astronautenkapsel (Command Module) an der Spitze und dem Mondlandefahrzeug („Lunar Excursion Module" oder LEM), das im Innern der dritten Stufe untergebracht war.

Drei Stunden nach dem Start trennte sich das Command Service Modul, drehte sich und koppelte mit der Spitze an das LEM an. Dann wurde das LEM aus der dritten Stufe herausgezogen. Anschließend zündeten die Triebwerke des Service Module in Richtung Mond und ließen die dritte Stufe hinter sich zurück.

Am 19. Juli 1969 schwenkte das *Apollo-11*-Raumschiff in die Umlaufbahn des Mondes ein. Armstrong und Aldrin bestiegen das spinnenförmige LEM (mit dem Codenamen „Eagle"), trennten es vom Command Module und stiegen mit ihm zur Mondoberfläche hinab. Michael Collins blieb die einsame, aber wichtige Aufgabe, in einer Mondumlaufbahn auf die Rückkehr der beiden zu warten. Am Sonntag, dem 20. Juli bremsten die Motoren des LEM die Landefähre schließlich soweit ab, dass sie mit dem Abstieg zur Mondoberfläche – das Zielgebiet lag im Mare Tranquillitatis – beginnen konnten. Fernsehzuschauer rund um den Globus hielten gebannt den Atem an, bis Armstrong's Worte: „Houston

– Tranquillity Base here – the Eagle has landed" Erleichterung und Jubel auslösten.

Den Astronauten bot sich aus den Fenstern der Landefähre der Blick auf eine gänzlich unirdische Landschaft. Sie sahen den langen Schatten des LEM auf der staubigen Oberfläche des Mondes. Sieben Stunden später öffnete Neil Armstrong die Luke des LEM und stieg über eine Leiter vorsichtig zur Mondoberfläche hinab. Er betrat als erster Mensch die Mondoberfläche mit den Worten: „That's one small step for a man – one giant leap for mankind" (Dies ist ein kleiner Schritt für einen Menschen – ein großer Schritt für die Menschheit). So ist die offizielle Sprachweise. Ich habe mir die Aufnahme mehrfach angehört und jedes Mal das „a" vermisst, aber vielleicht täusche ich mich auch einfach nur. Kurze Zeit später betrat dann auch Aldrin die Mondoberfläche. Etwa zweieinhalb Stunden waren sie damit beschäftigt, die amerikanische Flagge zu hissen, eine Fernsehkamera auf der Mondoberfläche aufzustellen, Photos zu machen, Gesteinsproben zu sammeln und verschiedene Experimente aufzubauen. Auf der Erde verfolgten Millionen von Menschen ihre Arbeit sowie den Funkverkehr zwischen ihnen und der Missionskontrolle in Houston. Die Astronauten bewegten sich dabei wie in Zeitlupe in einer der geringeren Schwerkraft entsprechenden hopsenden Gangart (auf der Mondoberfläche besitzen alle Objekte nur ein Sechstel ihres irdischen Gewichts). Dann wurde es Zeit, in die Landefähre zurückzuklettern.

Nachdem sie einige Stunden geschlafen hatten, verließen sie den Mond wieder. Der untere Teil der Landefähre blieb auf der Mondoberfläche zurück. In der Mondumlaufbahn koppelten sie mit der Kommandokapsel von Michael Collins und der Rückflug zur Erde konnte beginnen. Am 24. Juli 1969 trat die Kommandokapsel mit den drei Astronauten in die Erdatmosphäre ein. An drei riesigen Fallschirmen hängend ging die Kapsel schließlich im Pazifischen Ozean nieder. Das große Abenteuer Mondlandung war vorüber. Die Voraussage Präsident Kennedys, Astronauten zum Mond zu schicken und sie sicher wieder zurück zur Erde zu bringen, hatte sich erfüllt. Weitere *Apollo*-Missionen folgten, wobei die Aufenthalte auf der Mondoberfläche immer länger wurden und die Menge an eingesammelten Gesteinsproben und wissenschaftlichen Daten mit jedem Mal wuchs.

Es wurden auch umfangreiche Experimente auf der Mondoberfläche installiert, die die dortigen Bedingungen (Temperatur, seismische Aktivität, Sonnenwind etc.) noch über viele Jahre aufzeichneten und zur Erde übertrugen.

Die Astronauten von *Apollo 12*, Charles Conrad und Alan Bean, landeten mit ihrer Landefähre „Intrepid" am 19. November 1969 im Oceanus Procellarum, nur wenige hundert Meter von der Surveyor-3-Sonde entfernt, die zweieinhalb Jahre zuvor dort niedergegangen war, während Richard Gordon den Warteposten in der Mondumlaufbahn bezog. Neben ihrer Arbeit photographierten sie die Sonde (siehe Abbildung 6.2) und brachten einige ihrer Teile als „Beute" mit zurück zur Erde.

Apollo 13 endete dagegen fast in einer Katastrophe, als eine Explosion an Bord des Service-Moduls die Mission unterbrach. Die einzige Chance für die Astro-

Abb. 6.2 Hier ist deutlich zu sehen, dass die Mondsonde *Surveyor 3* nicht gleich auf der Oberfläche des Mondes zum Stillstand kam, sondern mehrmals auf und ab sprang, wie die Aufnahme eines ihrer Landebeine zeigt. Die Aufnahme wurde von einem *Apollo 12-*Astronauten aufgenommen. (Mit freundlicher Genehmigung der NASA.)

nauten James Lovell, John Swigert und Fred Haise war, ihre Reise zum Mond fortzusetzen und sich dort mit Hilfe des Antriebs der Landefähre wieder auf eine Flugbahn zurück zur Erde zu bringen. Tatsächlich schafften sie es zurück zur Erde, ihr Erlebnis zeigte jedoch noch einmal sehr deutlich wie groß die Gefahren einer solchen Mission waren. (Auch früher gab es schon Unfälle in den Raumfahrtprogrammen der Russen und Amerikaner, bei denen Raumfahrer ums Leben kamen.)

Mit *Apollo 14* ging das Programm weiter. Am 31. Januar 1971 transportierte das LEM Alan Shepard und Edgar Michell in die Fra Mauro Region des Mondes (es war die erste bemannte Landung in etwas rauerem Terrain). Diesmal zogen sie einen Handwagen bei zwei Exkursionen über die Mondoberfläche, während Stuart Roosa den Mond in der Kommandokapsel umkreiste.

Die Landefähre von *Apollo 15* landete am 30. Juli 1971 am Fuß der Mond-Apenninen. David Scott und James Irwin machten zum ersten Mal mit einem Mondauto (siehe Abbildung 6.3) drei Ausflüge und legten dabei mehr als 27 Kilometer auf der Mondoberfläche zurück. Sie besuchten dabei auch den Rand der Hadley-Rille. Alfred Worden wartete derweil in der Kommando-Kapsel.

Apollo 16 ging am 21. April 1972 mit den Astronauten John Young und Charles Duke im Landefahrzeug in der Descartes-Region nieder, während Thomas Mattingly in der Kommandokapsel den Mond umkreiste. Auch sie hatten ein Mondauto an Bord, mit dem die Erkundung des Mondes, das Aufstellen der Experimente, sowie das Einsammeln von Bodenproben in der rauen Fels- und Steinwüste des Mondes sehr viel einfacher vonstatten ging. *Apollo 16* führte auch die ersten astronomischen Beobachtungen (UV-Aufnahmen der Erdatmosphäre sowie die Untersuchung von interplanetarem Gas und Sternen) von der Mondoberfläche aus.

Mit *Apollo 17* kam dann das große Finale, als das LEM mit Eugene Cernan und dem Geologen Harrison Schmidt an Bord am 11. Dezember 1972 in der Taurus-Littrow-Region (siehe erste Abbildung in diesem Buch) niederging. Jede Mission übertraf die vorhergehende in der Zeit, die die Astronauten außerhalb des

Abb. 6.3 *Apollo-15*-Astronaut James Irwin neben dem Mondauto (Lunar Roving Vehicle) mit dem beeindruckenden Mount Hadley im Hintergrund. (Mit freundlicher Genehmigung der NASA.)

LEM verbrachten, den mitgebrachten Bodenproben und geologischen Untersuchungen sowie in der Zahl der gemachten Photos und durchgeführten Experimente. Immer kompliziertere, ferngesteuerte Experimente wurden auf der Mondoberfläche zurückgelassen. Als Ergebnis wuchs unser Wissen vom Mond während des *Apollo*-Programms um mehr als das Hundertfache an. Als Cernan und Schmidt dann wieder mit Ronald Evans in der Umlaufbahn zusammenkoppelten und zur Erde zurückflogen, fand ein einzigartiges Abenteuer in der Geschichte der Menschheit seinen Abschluss.

6.3 Die Missionen nach Apollo

Ursprünglich sollten die *Apollo*-Missionen mit *Apollo 17* noch nicht zu Ende sein, doch die Öffentlichkeit wurde der Sache schnell überdrüssig und es gab lautstarke Proteste über die Kosten des ganzen Programms. So beschnitten Politiker, die um ihre Wiederwahl besorgt waren, das NASA-Budget und bescherten dem *Apollo*-Programm ein frühzeitiges Ende. Drei erfolgreiche russische Missionen und ein Fehlschlag – das letzte Projekt 1976 – hatten danach noch den Mond als Ziel im Auge. Bemannte Missionen waren allerdings keine mehr darunter.

Erst zwei Jahrzehnte später startete mit *Clementine* die nächste Sonde zum Mond, die dort im Februar 1994 in eine polare Mondumlaufbahn einschwenkte. Auf der polaren Umlaufbahn war Clementine in der Lage, den gesamten sich unter ihr hinwegdrehenden Mond in zwölf unterschiedlichen Wellenlängenbereichen (vom Ultravioletten bis zum Infrarot) zu photographieren (siehe auch Abbildung 8.41(e) in Kapitel 8). Einige der von ihr gemachten Bilder hatten eine sehr hohe Auflösung (die kleinsten Details besaßen eine Ausdehnung von 100 Metern).

Außerdem hatte Clementine ein ausgefeiltes Laser-Abstandsmeßgerät an Bord, mit dem eine Laser-Echo-Karte des Mondes mit einer horizontalen Auflösung von 200 Kilometern erstellt wurde. Die vertikale Auflösung lag bei nur 40 Metern. Die Vorteile dieser Methode waren, dass das Bild dreidimensional – also auch Höhenangaben des Profils – enthielt. Zum ersten Mal erkannten die Wissenschaftler so die wahre Tiefe des Südpol-Aitken-Beckens, einer tiefen Senke auf der Rückseite des Mondes, die sich vom Südpol bis zum Krater Aitken bei 20° südlicher Breite erstreckt. Sie ist etwa zwölf Kilometer tief, hat eine Ausdehnung von 2500 Kilometern und ist damit das bisher größte bekannte Einschlagsbecken in unserem Planetensystem. Auch andere, ältere Becken wurden von Clementine kartiert.

Die Aufnahmen der Mondoberfläche in unterschiedlichen Wellenlängen gaben den Forschern wertvolle Hinweise über deren chemische Zusammensetzung. Clementine war eine Vielzweck-Sonde, die sowohl militärische als auch wissenschaftliche Ziele hatte. Zwei Monate lang umkreiste sie den Mond, bevor sie zu einem Rendezvous mit dem Asteroiden Geographos startete. Doch ein technisches Problem ließ sie dieses Ziel nicht mehr erreichen, sondern in die Tiefen des interplanetaren Raums verschwinden. Wie in den Worten einer Ballade („lost and gone forever") verschwand Clemetine auf Nimmerwiedersehen in den Tiefen des Sonnensystems. Doch für die Erforschung des Mondes leistete diese kleine Sonde Außergewöhnliches.

Nicht ganz so lange ist es her, dass die Sonde *Lunar Prospector* im Januar 1998 den Mond erreichte. Zwischenzeitlich hatten zwar auch andere Sonden den Mond auf ihrem Weg zu anderen Zielen passiert und Telemetrie-Daten sowie Photos geschossen, doch diese lasse ich aus. Wie schon Clementine, bewegte sich Lunar Prospector auf einer polaren Umlaufbahn um den Mond, wo er die Arbeit von Clementine fortsetzte. Ziele der Mission waren die Kartierung, die Untersuchung der Oberflächen, die Suche nach Eisvorkommen an den Polen, die magnetische Vermessung, Aktivitätsmessungen radioaktiver Partikel sowie die Vermessung des Gravitationsfeldes des Mondes.

Während ich diese Zeilen schreibe, werden die ersten Ergebnisse von Lunar Prospector veröffentlicht. So haben NASA-Wissensschaftler angeblich sechs Milliarden Tonnen Eis an den Polen des Mondes gefunden. Anscheinend stammt diese riesige Menge von eingeschlagenen Kometen und hat sich dann in der oberen Regolithschicht mit Mondmaterial vermischt.

Allerdings hat sich diese Interpretation der Messergebnisse von Lunar Prospector in der Wissenschaftsgemeinde noch nicht allgemein durchgesetzt. Was die Sonde wirklich gemessen hat ist ein Signal von Wasserstoff in chemisch gebundenem Zustand, was auf Wasser hindeuten könnte. Die Mission wurde im Sommer 1999 mit dem gezielten Absturz in der Südpolgegend des Mondes abgeschlossen. Lunar Prospector hat unser Wissen über den Mond jedenfalls um einiges erweitert.

6.4 Der Mond ist nicht aus grünem Käse, aber ...

Die russischen Luna-16-, Luna-20- und Luna-24-Raumsonden brachten zusammen insgesamt 0,3 Kilogramm Mondgestein zurück zur Erde. Wir haben auf der Erde bereits 4,5 Kilogramm Mondmaterial identifiziert, das von Meteoriten aus der Mondberfläche herausgeschlagen wurde und auf der Erde landete. Die größte Menge (381,7 kg) Mondgestein brachten jedoch die sechs bemannten *Apollo*-Missionen zur Erde.

Die chemische Zusammensetzung der Mondoberfläche ist grundsätzlich anders als die der Erde. Sie besteht größtenteils aus verschiedenen Eruptivgesteinen, deren Hauptbestandteile komplexe Silikate sind. Im Gegensatz zur Erde gelang bisher in keiner der untersuchten Proben der Nachweis von Wasser. Soweit wir heute wissen, existiert auf dem Mond kein natürliches Wasserreservoir, es sei denn, es ist durch äußere Einflüsse (Kometeneinschläge) in dessen Oberflächenmaterial gelangt. Der Mond ist also eine komplett trockene Welt, in der Wasser nur von außen eingebracht worden sein kann. Auch Spuren vergangenen oder noch existenten Lebens sind bisher nicht gefunden worden. Allerdings besitzt der Mond Spuren von Kohlenstoff-Molekülen, wie sie für das Entstehen von Leben notwendig sind. Die meisten dieser Spuren wurden jedoch von außen (Sonnenwind, Meteoriten- oder Kometeneinschläge) auf die Mondoberfläche transportiert.

Es gibt allerdings auch einige Gemeinsamkeiten zwischen Mondgesteinen und dem Mantelgestein der Erde, das beispielsweise bei Vulkaneruptionen freigesetzt wird. Noch signifikanter ist die Übereinstimmung der Verhältnisse dreier Sauerstoff-Isotope, die wir sowohl in Mondproben als auch in irdischem Felsgestein finden.

Die Zusammensetzung der Gesteine in den Mond-Hochländern und in den Mond Maren unterscheiden sich recht stark. Im helleren Hochland-Material gibt es mindestens drei verschiedene Hauptkategorien von Subtypen der Silikat-Gesteine. Die Eisen-Anorthosite haben einen hohen Gehalt an Calcium und Aluminium und bestehen hauptsächlich aus dem Mineral Plagioklas Feldspat. Die magnesiumreichen Gesteine bestehen zwar ebenfalls hauptsächlich aus Plagioklas Feldspat, besitzen daneben aber noch Beimischungen magnesiumreicher Mineralien wie Olivin und Pyroxen. Die Mineralien Norit, Dunit und Trocolit kommen ebenfalls in den Hochländern des Mondes vor, sind aber Subtypen der magnesiumreichen Gesteine mit Anteilen von Pyroxen, Plagioklas und Olivin. Eine andere Hauptform von Hochlandgesteinen ist der sogenannte Kreep-Basalt. Es ist dies die Abkürzung für Kalium (chemisches Symbol: **K**), die seltenen Erden (engl.: rare-earth elements/ **ree**) und Phosphor (chemisches Symbol: **P**). Felsgesteine mit einer erhöhten Konzentration an diesen Elementen nennt man Kreep-Basalte, wie beispielsweise der Kreep-Norit.

Die Mondmare bestehen dagegen aus eisen- und titanreichem Vulkangestein, das auch als Basalt bezeichnet wird. Auch hier gibt es verschiedene Zusammensetzungen der Haupttypen – Pyroxene, Plagioklas und Ilmenite (Eisen-Titan-Oxid), Olivin und viele andere. Die Mondbasalte besitzen ein wichtiges physikalisches Charakteristikum: Erhitzt man sie bis zum Schmelzpunkt, so ist ihre Viskosität äußerst gering, viel niedriger als bei vergleichbarer irdischer Lava. Die „Mondlava" ist also so viskos, wie Öl in der Ölwanne eines kalten Motors. Diese Eigenschaft hat einen wichtigen Einfluss darauf, wie unser Mond heute aussieht.

6.5 Die Entwicklung des Mondes

Über die Jahre bildeten sich vier verschiedene Haupt-Theorien über die Entstehung des Mondes heraus. Die erste geht davon aus, dass der Mond einst Bestandteil der Erde war, sich irgendwann aus ihr herausbrach und so das Pazifische Becken bildete. Unter dynamischen Gesichtspunkten ist diese Theorie inzwischen jedoch unhaltbar geworden. Auch spricht die höchst unterschiedliche chemische Zusammensetzung des Mondes gegen diese Vorstellung. Dieses Modell ist heute also nur noch von historischem Interesse.

Die zweite Entstehungstheorie besagt, dass sich Mond und Erde in etwa zur gleichen Zeit – vor etwa 4,6 Milliarden Jahren – allerdings an vollkommen verschiedenen Punkten unseres Planetensystems bildeten. Erst später sei der Mond – so die Theorie – der Erde einmal so nahe gekommen, dass diese ihn mit ihrem Gravitationsfeld eingefangen habe. Die Gezeitenwirkung sorgte dann dafür, dass der Mond auf einer stabilen Erdumlaufbahn zur Ruhe kam. Zwar ist diese Theorie nicht unrealistisch, dennoch sind auch hier die dynamischen Probleme sehr groß und die meisten Theoretiker verwerfen sie daher. Auch das Verhältnis der verschiedenen Sauerstoff-Isotope im Mondgestein spricht gegen diese Theorie, denn diese sind an unterschiedlichen Stellen des Planetensystems verschieden. Das Verhältnis im Mondgestein ist dem in irdischen Gesteinen jedoch recht ähnlich.

Die mathematischen Probleme mit der zweiten Mondentstehungstheorie verschwinden, wenn man annimmt, dass Mond und Erde sich ungefähr zur gleichen Zeit am gleichen Ort im Planetensystem bildeten – das ist die dritte Theorie. Die Isotopenverhältnisse ließen sich damit ganz einfach erklären. Doch auch wenn wir die chemische Differenzierung (schwerere Elemente sinken in den Kern, leichtere Elemente bleiben an der Oberfläche) in einer protoplanetaren Wolke in Betracht ziehen, so ist es nach wie vor sehr schwierig, die großen Unterschiede in der Chemie beider Himmelskörper zu erklären.

Die vierte und im Moment populärste Theorie besagt, dass die Erde am Anfang ihrer Entwicklung noch bevor eine feste Kruste entstand, einen streifenden Zusammenstoß mit einem etwa marsgroßen Planeten oder Protoplaneten überstand. Bei diesem Zusammenprall könnte Material aus beiden Körpern herausgeschleudert worden sein und den Mond gebildet haben. Auch wenn ein großer Teil der herausgeschleuderten Materie und der andere Körper in den Tiefen des Raumes verschwunden ist, so könnte doch ein Teil der beim Zusammenstoß entstandenen Bruchstücke sich in einer Erdumlaufbahn gefunden und den Mond gebildet haben. Sollte der Mond also aus dem Material des zweiten Partners und aus Mantelmaterial der Erdkruste entstanden sein, so wäre dies eine logische Erklärung für die unterschiedliche Chemie von Mond- und Erdoberfläche.

6.6 Der Aufbau des Mondes

Die Seismometer, die von den *Apollo*-Astronauten auf dem Mond zurückgelassen wurden, sendeten noch Daten, als die Mondfahrer schon längst wieder zurück auf der Erde waren. Genau so, wie Seismologen die innere Struktur der Erde aus Erdbeben rekonstruieren, machten sich die Planetenforscher aus den sehr sanften Beben, die den Mond von Zeit zu Zeit erschüttern, ein Bild von seinem inneren Aufbau. Solange die Detektoren in Betrieb waren registrierten sie im Mittel etwa 3000 Mondbeben pro Jahr. Damit Sie aber nicht einen falschen Eindruck bekommen, füge ich hinzu, dass die auf dem Mond freigesetzte, totale seismische Energie weniger als ein Zehnmilliardstel der im gleichen Zeitraum auf der Erde freigesetzten Energie beträgt. Die Mondbeben scheinen dabei in einer Region von 600 bis 800 Kilometern unter der Mondoberfläche ihren Ursprung zu haben.

Einige Mondsatelliten hat man mit voller Absicht auf die Mondoberfläche stürzen lassen, um gewaltigere Mondbeben zu simulieren und damit bessere Informationen über den Aufbau des Mondes zu gewinnen, andere hingegen sind durch natürliche Meteoriteneinschläge verursacht worden. Außerdem nahmen die *Apollo*-Astronauten auch Sprengungen zur seismischen Untersuchung des Mondinnern vor. Die Experimente zur Wärmeleitung, die die Astronauten auf dem Mond zurück ließen, lassen auf einen im Vergleich zur Erde um zwei Drittel verringerten Wärmefluss schließen. Dabei scheint der größte Wärme-Anteil aus dem Zerfall radioaktiver Elemente tief im Mondinnern zu stammen. Das heißt also, dass der Mond den größten Teil seiner bei seiner Entstehung vorhandenen inneren Wärme bereits verloren hat. Diese Ergebnisse halfen, die theoretischen Modelle zu verfeinern.

Die Mondkruste erstreckt sich bis in eine Tiefe von 60 Kilometern und besteht aus drei Schichten. Die oberste der drei ist die obere Regolithschicht und besteht aus fragmentiertem, durch Einschläge zusammengeschweißten Gesteinsmaterial, das die Geologen Breccien nennen. Von der Oberfläche bis in 20 Meter Tiefe erstreckt sich der obere Regolith, der im Grunde das Ergebnis Milliarden Jahre langen Bombardements von Meteoriten jeglicher Größe und der täglichen Temperaturschwankungen ist. Die obere Regolithschicht konnte also nur auf einem Himmelskörper entstehen, der so wie der Mond über keine schützende Atmosphäre verfügt. Der Boden ist dabei sehr stark aufgewühlt und mit Materialien der darunter liegenden Schichten vermischt. Diesen Prozess bezeichnet man auch als *gardening* („gärtnern" oder „umgraben").

Bis zu einer Tiefe von 20 Kilometern schließt sich dann der untere Regolith an, der zum größten Teil aus Basaltgestein besteht. Die unterste Schicht der Mondkruste besteht schließlich aus einem Gesteinstyp, dem die Geologen den Namen Gabbro-Anorthosit gaben.

Unter der Mondkruste beginnt der Mondmantel, der reich an Mineralien wie Olivin und Pyroxen ist. Mit zunehmender Tiefe verliert der Mondmantel seine Steifheit. Gravitationsmessungen von Lunar Prospector weisen auf die Existenz eines kleinen, eisenreichen Mondkerns hin. Dieser könnte als reiner Eisenkern einen Durchmesser von 600 Kilometern, als Eisensulfidkern sogar einen Durchmesser von bis zu 1000 Kilometer besitzen. Ein noch größerer Kern lässt sich jedoch mit der mittleren Dichte des Mondes (das 3,34-fache von Wasser) nicht mehr in Einklang bringen. Insgesamt ist der Eisengehalt unseres Trabanten im Vergleich zur Erde allerdings relativ niedrig. Wenn man in Betracht zieht, dass dem Mond ein nennenswertes globales Magnetfeld fehlt (nur schwache, von Mondgesteinen an der Oberfläche „eingefrorene" Felder lassen sich nachweisen), so ist es wahrscheinlich, dass der Kern sich verfestigt hat.

Die Existenz eines eisenreichen Kerns ist insofern erstaunlich, als dass die populärste Theorie der Mondentstehung einen nahezu eisenfreien Mond vorhersagt, falls der Zusammenstoß der beiden Planeten **nach** ihrer chemischen Differenzierung stattfand. Sollte die Theorie also stimmen, könnten beim Zusammenstoß zwei noch undifferenzierte, quasi „neugeborene" Planeten vorgelegen haben.

Ich habe bereits erwähnt, dass die Dicke der Mondkruste ungefähr 60 Kilometer beträgt. Dies ist jedoch nur ein ungefährer Wert. Auf der erdzugewandten Seite ist sie mit 20 Kilometern bedeutend dünner, auf der erdabgewandten dafür über 100 Kilometer dick.

Die Sonde Luna 3 zeigte 1959 erstmals, dass auf der der Erde abgewandten Seite kein einziges Mondmeer zu finden ist. Dagegen ist die der Erde zugewandte Seite zu gut der Hälfte von Maria überzogen. Für die Forscher war das seinerzeit eine sehr große Überraschung. Die Rückseite des Mondes ist vollständig mit dem rauen, verkraterten Terrain bedeckt, das wir in den Hochländern der erdzugewandten Seite finden. Die Erklärung hierfür hat etwas mit der Evolution des Mondes nach seiner Entstehung zu tun, über die ich jetzt sprechen möchte.

6.7 Die Evolution des Mondes – Ein kurzer Überblick

Als der Mond vor etwa 4,6 Milliarden Jahren noch ein flüssiges Inneres hatte, sorgte die Gravitation für eine Trennung der verschiedenen Elemente. Die schwereren sanken in den Kern, die leichteren stiegen nach oben – die schon angesprochene Differenzierung hatte begonnen. Die leichten Materialien des Mondes bildeten folglich die Basis für die Hochländer des Mondes. In dieser Anfangszeit war das Planetensystem angefüllt mit allerlei Restmüll aus der Entstehungsphase der verschiedenen Planeten und Monde.

Daher stürzten zu jener Zeit auch die größten Brocken auf die ungeschützte Mondoberfläche sowie auf andere Planeten und Monde hinab. Die großen Becken und auch die kleineren Krater auf der jetzt verfestigten Mondoberfläche stammen von diesen massiven, explosiven Einschlägen. Die Gravitationsfelder der Planeten und Monde fungierten in dieser Zeit also als „Staubsauger" und befreiten den interplanetaren Raum über Jahrmillionen hinweg von den Rückständen der Planetenentstehung. Zuerst kamen die dicksten Brocken, später dann die kleineren Partikel an die Reihe.

Die Wildheit dieses „Blitzkrieges" auf dem Mond flaute erst vor etwa 3,8 Milliarden Jahren etwas ab. Seine Oberfläche war da schon heftig mit Narben des massiven Bombardements und Kratern sämtlicher Größenordnungen – die größte Anzahl bildeten jedoch die kleinsten – überzogen.

Ich sollte hier allerdings anmerken, dass die Astronomen lange über den wahren Ursprung der Mondkrater heftig gestritten haben. Auch wenn ich hier die verrücktesten Ideen, von denen es viele gab, einmal beiseite lasse, so gab es doch zwei unterschiedliche Lager. Die eine Seite war der Meinung, dass die Krater endogenen Ursprungs seien, sich also durch interne Prozesse gebildet hatten. Die endogenen Theorien reichten von massivem Vulkanismus bis hin zu weniger heftigen Schlammblasen als Ursachen für die Kraterbildung.

Ihre Beweisführung stützt sich dabei auf eine angenommene, nicht zufällige Verteilung der Krater auf dem Mond (Nord-Süd-Richtung der Kraterketten) sowie die Tatsache, dass größere Krater immer von kleineren überlappt werden, aber niemals umgekehrt.

Tatsächlich sind die Primärkrater auf dem Mond aber rein zufällig verteilt. Die scheinbare Nord-Süd-Ausrichtung wird durch das Sonnenlicht vorgetäuscht, das Objekte entlang der Mondmeridiane auffälliger erscheinen lässt. Das wird besonders in der Nähe des Terminators deutlich. Meiner Meinung nach ist die Tatsache, dass große Krater nur ganz selten kleinere überlappen, ein gewichtigeres Argument, dass sich aber auch mit der exogenen oder Impakt-Theorie erklären lässt. Die Krater entstanden nach dieser Theorie durch den Einschlag von Meteoriten auf der Mondoberfläche.

Wahrscheinlich denken viele von Ihnen jetzt, dass ich mit der kurzerhand vorgenommenen Abwertung der endogenen Theorie eine unzulässige Voreingenommenheit an den Tag lege. Dazu würde ich gerne Stellung beziehen, muss aber aus Platzgründen hier die Theorie vorstellen, die von den meisten Forschern als richtig angesehen wird. Um das Gleichgewicht doch wieder ein wenig herzustellen, würde ich den interessierten Leser gerne auf das Buch „The Craters of the Moon" von Patrick Moore und Peter Cattermole verweisen (Lutterworth Press, 1967). Es ist die letzte Darstellung der endogenen Theorie in Buchform, die ich kenne, obwohl Patrick Moore ihr auch in seinem Buch „Guide to the Moon" (Lutterworth Press, 1976) einigen Platz eingeräumt hat. Zwar sind beide Bücher schon lange nicht mehr erhältlich, doch vielleicht gelingt es Ihnen ja, die entsprechenden Titel im Second-Hand-Buchhandel oder über den Austauschdienst der Bibliotheken zu bekommen.

Ich kann leider nicht widerstehen, Ihnen den Krater in der Bildmitte von Abbildung 6.4 zu zeigen. Dieser wurde durch den Aufprall der Raumsonde *Ranger 8* – also von Menschenhand – verursacht.

In einer sehr frühen Phase der Mondentstehung wurde unser Trabant durch die Gezeitenkräfte in eine synchrone, gebundene Umlaufbahn um die Erde gezwungen. Das bedeutet, dass er uns immer die gleiche Seite zuwendet. Die ge-

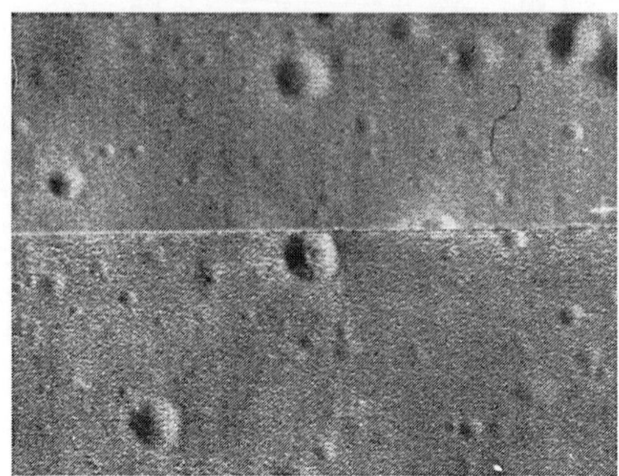

Abb. 6.4 Dieser Mondkrater wurde von Menschenhand verursacht! Im Zentrum dieser *Orbiter-IV*-Aufnahme ist der Krater zu sehen, den die Raumsonde *Ranger 8* beim Absturz auf die Mondoberfläche hinterließ. (Mit freundlicher Genehmigung der NASA und Prof. E. A. Whitaker.)

genseitige Anziehungskraft von Mond und Erde führte auch zu einer Asymmetrie des Mondkörpers. So ist der Mond in Richtung Erde ein wenig ausgebeult und auch die Kruste auf der erdzugewandten Seite ist bedeutend dünner als auf der erdabgewandten Seite. Die Entstehung der größten Becken auf dem Mond waren wahrlich Extrem-Ereignisse, die eine zerstörte Kruste hinterließen. Einige der Risse reichten sogar bis in den aufgeschmolzenen Mantelbereich hinab. Dünnflüssige Lava drang aus ihnen hervor, überflutete die Becken und erzeugte so die heute sichtbaren Mondmare.

An den dicksten Stellen der Kruste reichten die Risse einfach nicht tief genug und so konnte die Basaltlava dort keine Mare ausbilden. Das ist auch der Grund, warum die Mondmeere ausschließlich auf der erdzugewandten Seite zu finden sind. Die Kruste auf der Mondrückseite war hierfür einfach zu dick.

Als das Innere des Mondes langsam abkühlte ging auch die Lava-Aktivität zurück und kam vor etwa 3,2 Milliarden Jahren schließlich ganz zum Erliegen. Kleinere vulkanische Aktivitäten mögen noch etwas länger existiert haben und es gab auch weiterhin noch Meteoriteneinschläge, doch die Hauptaktivität war vorbei und aus dem Mond wurde ein friedlicherer Ort.

6.8 Chronologie des Mondes

Die 4,6 Milliarden Jahre Mondgeschichte wurden in eine Anzahl von Perioden oder Zeitalter unterteilt, die jeweils von spezifischen Ereignissen geprägt waren. Deren Alter wurde durch Labormessungen an Boden- und Gesteinsproben bestimmt. Vielfältige Methoden wurden eingesetzt, um auch andere Mondformationen anhand dieser Schlüsselereignisse einzuordnen.

Das erste dieser Schlüsselereignisse war die Bildung des Nectaris-Beckens, das durch die spätere Lava-Überflutung zum Mare Nectaris wurde (siehe auch Abschnitt 8.30 in Kapitel 8). Nach neuesten Altersbestimmungen geschah dies vor etwa 3,92 Milliarden Jahren. Die erste Mondperiode ist folglich die Prä-Nectarische. Das massive Bombardement der Mondoberfläche in jener Zeit hat allerdings die meisten der früheren Oberflächenstrukturen ausgelöscht, nur eine geringe Anzahl von Prä-Nectarischen Strukturen dürften diesen Zeitraum unbeschadet überstanden haben.

Das zweite markante Ereignis in der Geschichte des Mondes ist die Entstehung des Imbrium-Beckens vor etwa 3,85 Milliarden Jahren. Auch dieses Becken wurde später durch Lavaüberflutung zum Mare Imbrium (Abschnitt 8.24 in Kapitel 8).

Die Zeit zwischen der Entstehung des Nectaris- und des Imbrium-Beckens wird als Nectarische Periode bezeichnet. Hier wird auch die Methode der Altersbestimmung der verschiedenen Mondformationen klarer. Zwar fanden auch in jener Epoche noch jede Menge Einschläge auf der Mondoberfläche statt, doch in weit geringerem Maße, sodass die meisten Becken, Krater und anderen Formationen aus dieser Zeit nicht komplett durch nachfolgende Einschläge überdeckt wurden. Heute kennen wir etwa ein Dutzend Becken und Tausende von Kratern, die durch Einschläge gigantischen Ausmaßes in dieser Zeit entstanden. Der Mondboden wurde zu jener Zeit sehr aufgewühlt und durch das ständige Hämmern von Einschlägen auf seiner Oberfläche stark durchmischt.

Das Dauer-Bombardement dauerte bis weit in die Nectarische Periode hinein und flaute erst dann etwas ab. Nach dem Imbrium-Einschlag gab es nur noch einen größeren Einschlag einige hundert Millionen Jahre später, der das Orientalis-Becken formte (siehe Abbildungen 6.1 und 6.5). Kleinere Einschläge ereigneten sich natürlich auch noch zu späterer Zeit.

Das nächste sehr genau datierbare Ereignis ist die Entstehung des Kraters Eratosthenes vor etwa 3,2 Milliarden Jahren. Diesen Krater beschreibe ich in Abschnitt 8.5. Die Epoche zwischen der Entstehung des Imbrium-Beckens und von Eratosthenes wird als die Imbrium-Periode bezeichnet. Durch die enorme Explosionswirkung des Imbrium-Einschlags wurde Material über einen großen Teil der Mondoberfläche geschleudert. Die Schockwellen, die seinerzeit den Mond erschüttert haben, müssen eine gigantische Umwälzung der Mondoberfläche verursacht haben. Einige der hierzu passenden Beweise stelle ich in Kapitel 8 genauer vor. Während der Imbrium-Periode fand auch der größte Teil der Lavaüberflutungen statt.

Abb. 6.5   Der nordöstliche Sektor des Mare Orientalis. Dies ist eine Ausschnittsvergrößerung der Abbildung 6.1. Die äußersten Ringe des Mare Orientalis sind bei optimalen Librations- und Beleuchtungsbedingungen gerade noch am Rande von der Erde aus zu erahnen (das heißt, wir schauen auf die das Mare begrenzenden Gebirgszüge, das Becken selbst ist gerade nicht mehr zu sehen). In den vierziger Jahren dachten H. P. Wilkins und Patrick Moore, dass sich dort auf der erdabgewandten Seite ein Mondmeer befinden müsse. Da das Gebiet von der Erde aus gesehen auf der östlichen Mondseite liegt, erhielt es den Namen Mare Orientalis (Östliches Meer). Nach der IAU-Konvention ist dies heute allerdings Westen! Der Felsbrocken, der diesen Einschlag verursachte, muss einige Dutzend Kilometer groß gewesen sein. Die das Mare umgebenden konzentrischen Ringe sind in der Mondkruste „gefrorene" Schockwellen des Einschlags. Auch radial nach außen laufende Strukturen sowie sekundäre Einschlagsnarben sind besonders in den äußeren Bereichen sichtbar. (Mit freundlicher Genehmigung der NASA und Prof. E. A. Whitaker.)

Die Entstehung des Kraters Copernicus (siehe Kapitel 8, Abschnitt 8.13) vor etwa 0,8 Milliarden Jahren ist das vorerst letzte markante Ereignis. Während der Eratosthenischen Periode (vor 3,2 bis 0,8 Milliarden Jahren) – zwischen der Entstehung der Krater Eratosthenes und Copernicus – kam es auch zu den letzten Lavaüberflutungen der Mondmeere und einem weiteren Rückgang der Meteoriteneinschläge.

Das bringt uns zur heutigen Copernicanischen Periode, die von der Zeit vor 0,81 Milliarden Jahren bis zur heutigen Zeit andauert. Nur sehr wenige der großen Mondkrater sind jünger als Copernicus und so wurde die Ruhe des Mondes in den letzten Milliarden Jahren höchstens durch einige wenige, kleinere vulkanische Aktivitäten gestört.

6.9 Die restlichen Details

Aus Platzmangel habe ich die modernen Ergebnisse der Mondforschung hier nur sehr grob dargestellt. Es könnte also der Eindruck entstehen, die Mondforschung sei lapidar oder noch schlimmer, es sei schon alles erforscht. Doch das ist ganz und gar nicht der Fall.

So haben wir erst aus dem Verhalten von Raumsonden in einer Mondumlaufbahn Hinweise auf ungewöhnliche Dichte-Konzentrationen unterhalb der Mondoberfläche erhalten. Diese werden als *Mascons* – eine Kurzform für Massekonzentrationen – bezeichnet. Erste Ergebnisse zeigen, dass Mascons räumlich mit Mondmeeren zusammenfallen. Zuerst wurde angenommen, dass die Mondmare aus dichterem Mantelmaterial bestehen, welches aus dem Mondinnern an die Oberfläche transportiert wurde und dass sich die Anomalien so erklären lassen. Die Mondsonde *Lunar Prospector* fand dann aber mehrere neue Vorkommen, davon vier auf der erdabgewandten Mondseite, auf der keine Mare existieren. Heute ist man der Überzeugung, dass die Ursache der Mascons dichteres Material ist, das in einer Art Masse-Konvektion aus dem Mondinnern in den oberen Mantel aufgestiegen ist. Sollte dem so sein, so frage ich mich, ob die Einschläge, die die Becken erzeugten, auch die Massekonzentrationen ausgelöst haben, die sich hauptsächlich unter den stark zerrütteten Beckenböden der Mondmeere gebildet haben.

Abgesehen davon haben Geologen erst vor kurzer Zeit die Wichtigkeit von aufsteigenden Magmakonzentrationen für die tektonischen Abläufe und vulkanischen Aktivitäten auf der Erde erkannt. Auf diesem Gebiet stehen wir in der Forschung praktisch noch am Anfang und haben noch viel zu lernen.

Ergebnisse aus allen Teilgebieten der Mondforschung, der Beobachtung am Fernohr und durch Raumsonden sowie der Untersuchung von Mondmaterial ergeben langsam ein kohärentes Bild. Der Gesamteindruck mag recht simpel erscheinen, die Details sind jedoch äußerst komplex. Da sich dieses Buch zuallererst an Beobachter wendet, habe ich versucht, auf einige der modernen Mondtheorien in den entsprechenden Abschnitten des Kapitels 8 einzugehen.

Was ist der Grund für die stark ausgeprägten Strahlensysteme, die wir um manche Krater sehen? Warum haben manche Krater ein helleres Inneres als andere? Wodurch werden die Lavarücken auf den Maren verursacht? Woher kommen die Mondrillen? Antworten auf all diese Fragen gebe ich in Kapitel 8. Für einen vollständigen Abriss der modernen Forschung des Nach-*Apollo*-Zeitalters über die Evolution und physische Struktur des Mondes möchte ich Ihnen aber zwei Bücher ans Herz legen, die beide im Verlag Cambridge University Press erschienen sind. „The Moon – Our Sister Planet" von Peter Cadogan stammt aus dem Jahr 1981. Ausführlicher und aktueller (Erscheinungsdatum 1991) ist das „Lunar Sourcebook – a User's Guide to the Moon". Diese beiden Werke geben zusammen einen recht guten Überblick über die Mondforschung am Ende der achtziger Jahre.

Im nächsten Kapitel nenne ich Ihnen Quellen für weitere Informationen wie die aktuellen Forschungsergebnisse der Missionen *Clementine* und Lunar Prospector. An dessen Ende befindet sich auch eine Karte, in der Sie die in Kapitel 8 besprochenen Mondformationen wiederfinden.

7 Mondforschung vom Schreibtisch aus

Dieses sehr kurze Kapitel beschäftigt sich mit den Interessen des Amateurs, der zuhause am Schreibtisch mit dem Computer arbeitet. In den meisten Fällen ergänzt diese Arbeit die Beobachtungs-Aktivitäten am Teleskop. Es gibt aber auch einige wenige Personen, die ihre gesamte Forschungstätigkeit vom Schreibtisch und vom Computer aus erledigen. Ich hoffe, dass meine Anmerkungen auch für diesen Personenkreis von Nutzen sein können.

Dennoch ist dies ein Buch für Mondbeobachter und so kommen bei dem vom Verleger vorgegebenen Platz logischerweise einige Gebiete zu kurz.

Bisher habe ich in den zurückliegenden Kapiteln jeweils verschiedene Bücher und Artikel zitiert, die bei der Auseinandersetzung mit der Materie hilfreich sein könnten. Dieses Kapitel ist zum Teil ein reines Quellenkapitel, in dem ich einige Belege und Materialien zitiere, die bisher noch nirgendwo vorkamen. Außerdem beschreibe ich die Methode, wie man Höhenangaben auf der Mondoberfläche bestimmt. Nach einer Liste verschiedener Mondkarten und -atlanten folgt eine Übersichtskarte mit den wichtigsten Details der Mondoberfläche, die dann in Kapitel 8 erklärt werden.

7.1 Das Lunar Sourcebook

Richtig, dieses Buch habe ich schon früher vorgestellt, doch es ist auch meine erste Empfehlung für Mondbeobachter. Wenn Sie alles über die Erforschung des Mondes in einem Buch zusammengefasst finden wollen, so kommen Sie an dem 700-Seiten-Wälzer „*The Lunar Sourcebook – a User's Guide to the Moon*" von G. Heiken, D. Vaniman und B. French (Cambridge University Press, 1991) nicht vorbei. Es ist voll von Daten, Informationen und Erklärungen über die Physik, Chemie und Geologie des Mondes und erklärt auch, wie diese gesammelt wurden. Außerdem enthält es eine Liste mit Hinweisen zu wissenschaftlichen Artikeln sowie Kontaktadressen wichtiger Mond-Datenbanken und Bildarchive. Es ist ein hervorragender Ausgangspunkt für weitere Studien sowie eine schier unerschöpfliche Informationsquelle.

7.2 Bilder von Raumsonden

Amateurastronomen sind nicht nur auf die Mondbilder angewiesen, die sie selbst mit ihrem Teleskop und ihrer Kamera schießen. Bilder von Raumsonden werden mittlerweile über viele verschiedene Kanäle angeboten.

Mitglieder der Mondgruppe der British Astronomical Association (BAA) benutzen schon lange Zeit Aufnahmen von Raumsonden für ihre topographischen Studien ausgewählter Mondregionen. Die lange Liste mit Veröffentlichungen zu diesem Thema im *Journal of the British Astronomical Association* beweist dies. Autoren wie Keith Abineri und Ivor Clarke haben hierzu wichtige Beiträge geliefert. Die Arbeit von Keith Abineri ist schon legendär. Sie können sich ja ganz einfach selbst mit einer Literaturrecherche ein Bild machen. Eine exzellente Arbeit von Ivor Clarke *(„A comparison of images from Orbiter IV and Clementine"/ JBAA, August 1997)* möchte ich Ihnen hier als Startlektüre empfehlen.

Die Aufnahmen der Raumsonden sind als Abzüge erhältlich. Sie können die Bilder von Clementine aber auch als Set auf 88 CD-ROMs ordern. Mehr und mehr spielen elektronische Medien und das Internet bei der Verbreitung von Bildmaterial eine bedeutende Rolle. Für Aufnahmen der amerikanischen Raumfahrtbehörde NASA schreiben Sie bitte an: The National Space Science Data Center, Co-ordinated Request and User Support Office, World Data Center-A for Rockets and Satellites, Code 633.4, Goddard Space Flight Center, Greenbelt, Maryland, 20771, USA. Oder kontaktieren Sie die NASA einfach über das Internet (siehe auch nächstes Unterkapitel).

Kapitel 8 dieses Buches behandelt die topographischen Oberflächenformationen des Mondes in Verbindung mit ihrer Geschichte und der Mondforschung. Einige Beispiele von Mondaufnahmen durch Raumsonden finden Sie in Kapitel 8, andere in Kapitel 6. Das Hinzuziehen der Aufnahmen von Raumsonden wird Ihnen beim Studium des Mondes sehr nützlich sein, da es Ihren Horizont über die Möglichkeiten Ihres eigenen Teleskops hinaus erweitert.

7.3 Das Internet

Es ist schwer, sich etwas vorzustellen, das man im Internet nicht findet. Informationen und Bilder über den Mond sind dort wirklich im Überfluss vorhanden. Die meisten amateurastronomischenen Vereinigungen haben mittlerweile ihre eigenen Webseiten und es ist auch nicht schwer, den Zugang zu den professionellen Seiten der Weltraummissionen und den erdgebundenen Observatorien zu finden. Doch Webadressen sind vergänglich. Am besten probieren Sie es für den Anfang mit einem Blick in die letzten Ausgaben des *Journal of the British Astronomical Association*, dem *Handbook of the British Astronomical Society* oder einschlägigen Astronomie-Magazinen wie *Sky & Telescope*, *Sterne und Weltraum*, *Astronomie Heute* oder *Spektrum der Wissenschaft*. Natürlich können Sie auch eine der vielen Suchmaschinen bemühen. Da viele Webseiten miteinander verlinkt sind, sollte es kein Problem sein, dort aktuelle Informationen und Bilder zu finden.

Eine Adresse, die sich vor dem Druck dieses Buches nicht ändern wird, ist die der NASA-Homepage: http://nssdc.gsfc.gov/

Es ist die Webseite des National Space Science Data Centers (NSSDC) am NASA Goddard Space Flight Center in Greenbelt, Maryland 20771, USA.

Viel Spaß beim Mond-Surfen!

7.4 Die Mondephemeriden

Publikationen wie zum Beispiel die *Astronomical Ephemeris* oder das *Handbook of the British Astronomical Association* liefern hilfreiche Ephemeriden-Tabellen für den Mondbeobachter. Viele Gesellschaften und Mondgruppen geben Ephemeriden als Drucksachen heraus und im Internet gibt es unzählige Seiten, wo man Informationen erhalten kann. Sie sollten allerdings die Genauigkeit dieser Daten vor der Benutzung überprüfen.

Darüber hinaus gibt es eine Reihe von Programmen zur Ephemeridenberechnung (kommerziell vertrieben aber auch zum kostenlosen Download aus dem Netz).

Einige davon, wie der „Lunar Calculator" (besprochen in der Januarausgabe 1999 von *Sky & Telescope*) sind sehr weit entwickelt, besitzen eine große Datenbasis und können beispielsweise den Anblick des Mondes von einem Raumfahrzeug aus berechnen. Andere beschränken sich auf die Ansicht vom Erdboden aus und berücksichtigen dabei auch solche Effekte wie die Libration oder den Beleuchtungswinkel. Neue, verbesserte Programme kommen fast täglich auf den Markt. Aus diesem Angebot sollten Sie sich das für Ihre Zwecke am besten geeignete Programm heraussuchen.

7.5 Höhenmessungen auf der Mondoberfläche

Wenn Sie den Mond durch Ihr Teleskop beobachten, so fragen Sie sich sicherlich oft, wie hoch diese oder jene Erhebung auf unserem Trabanten in Wirklichkeit ist. So erscheinen Krater nahe dem Terminator aufgrund ihrer tiefen Schatten oft bodenlos. Bescheint die Sonne den gleichen Krater direkt von oben, so erscheinen sie dagegen eher flach. Was ist also ihre wahre Tiefe? Welche Teile liegen oberhalb, welche unterhalb der umgebenden Mondoberfläche? Wie hoch sind die Gipfel der Mondberge? Mit ein wenig Aufwand und einer gewissen Sorgfalt können Sie diese Fragen selbst beantworten. Die Methode besteht darin, die Länge der Schatten der einzelnen Oberflächendetails, die diese in die Umgebung werfen, zu bestimmen.

Natürlich haben Wissenschaftler mit Raumsonden dies alles schon vor Ihnen ausgemessen. Sie betreten hier also kein wissenschaftliches Neuland. Aber dennoch ist es interessant, diese Werte einmal selbst herauszubekommen.

Früher benutzten Amateurastronomen Mikrometer-Okulare um Höhenmessungen mit 8-Zöllern (203 mm) oder gar noch größeren Teleskopen vorzunehmen. Heute ist man gut beraten, sich an Photographien oder CCD-Bilder zu halten. In der Novemberausgabe (1998) von *Sky & Telescope* gibt es einen Artikel „The Mountains of Moon", in dem der Enthusiast Bill Davies genau beschreibt, wie er die Höhe von Mondbergen mit Hilfe eines Mikrometer-Okulars und seinem 8-Zoll-Schmidt-Cassegrain-Teleskop bestimmt. Wenn Sie sich also dafür interessieren, so sei Ihnen dieser Artikel ans Herz gelegt. In meinem Buch *Advanced Amateur Astronomy* (Cambridge University Press, 1997) beschreibe auch ich, wie man ein Mikrometer-Okular zur Schattenmessung einsetzt.

Aus Platzgründen setze ich voraus, dass Sie mit dem Umgang von Mikrometer-Okularen vertraut sind oder aber die entsprechenden Literaturhinweise gelesen haben. Ich beschränke mich hier auf die Methode, wie Sie die entsprechenden Höhenangaben aus ihren Messergebnissen erhalten. Wenn ich über Distanzmessungen mit dem Mikrometer-Okular spreche, so können das prinzipiell auch Messungen sein, die mit einem Lineal auf einer Photographie vorgenommen werden. Ich stelle hier das Mikrometer-Verfahren vor, weil dieses recht einfach auf die Messung an einer Photographie übertragen werden kann. Der umgekehrte Prozess erschließt sich dagegen weit weniger einfach.

Die Prozedur der Reduktion, wie ich sie hier beschreibe, ist grundsätzlich nur auf Beobachtungen, Photographien und CCD-Bilder von der Erdoberfläche anwendbar.

Wie bei allen Messungen durchs Okular sollten Sie die stärkste Vergrößerung verwenden, die das Seeing erlaubt. Der feste Draht im Mikrometer-Okular wird entlang des Schattens angelegt. Die beweglichen Fäden schneiden das Ende des zu untersuchenden Schattens bis zum Objekt (z.B. ein Berggipfel). Die abgelesenen Werte und der bekannte Wert der Mikrometer-Konstante werden dann benutzt, um die Länge des Schattens in Bogensekunden zu bestimmen. Diese Messung kann zur Steigerung der Genauigkeit und die Bestimmung der Fehlerbalken einige Male wiederholt werden. Allerdings verändern sich die Schattenlängen auf dem Mond relativ schnell. Dies gilt im Besonderen in der Nähe des Terminators. Sie sollten daher alle Messungen innerhalb von nur wenigen Minuten abschließen.

Außerdem müssen Sie den Maßstab des Bildes (Bogensekunden pro Millimeter) kennen, wenn Sie direkt von der Photographie Werte bestimmen wollen. Auch sollten Tag und Uhrzeit der Aufnahme bekannt sein, damit Sie die Ephemeriden nachschlagen können, ohne die eine Berechnung nicht möglich ist.

Die Länge des Schattenwurfs wird dann als Bruchteil des Mond-Halbdurchmessers (in Bogensekunden) angegeben. Diese neue Größe nennen wir s. Wenn beispielsweise der Halbdurchmesser des Mondes (den Wert findet man in Ephemeridentafeln wie *„The Astronomical Ephemeris"*) zur Beobachtungszeit 1000 Bogensekunden und die Länge des Schattens 3 Bogensekunden beträgt, so ist $s = 0{,}003$.

Nach der Messung können Sie nun mit Hilfe von vier Gleichungen die Höhe des Objektes relativ zum Boden, auf dem der Schattenwurf stattfand, berechnen. Dazu benötigen Sie noch einige Werte aus einer Ephemeridentafel und einem Mondatlas. Hier nun alle Werte, die Sie zur Berechnung brauchen:

s = Schattenlänge/Halbdurchmesser des Mondes

L_p = Längengrad des Gipfels, der den Schatten wirft

b_p = Breitengrad des Gipfels, der den Schatten wirft

colong = Colongitude der Sonne

b_s = Breitengrad der Sonne

L_E = Länge der Erde
b_E = Breite der Erde

X ist die Distanz zwischen dem Zentrum der Mondscheibe und dem sub-solaren Punkt. Sie wird nach folgender Formel berechnet:

$$\cos X = \sin b_s \cdot \sin b_E + \cos b_s \cdot \cos b_E \cdot \sin(\text{colong} - L_E) \qquad (7.1)$$

Die Länge des Schattens muss dann noch um den Winkel, den die Sonne von der Ost-West-Richtung abweicht, korrigiert werden:

$$S = s/\sin X \qquad (7.2)$$

S ist hierbei die korrigierte Schattenlänge in Bruchteilen des Mond-Halbdurchmessers. Die Breite A der Sonne (in Grad), gesehen vom Gipfel, der den Schatten wirft, wird folgendermaßen berechnet:

$$\sin A = \sin b_s \cdot \sin b_p - \cos b_s \cdot \cos b_p \cdot \sin (\text{colong} - L_p) \qquad (7.3)$$

Nun nähern wir uns endlich der Höhe H des Gipfels (ausgedrückt in Dezimalen des Mond-Halbdurchmessers):

$$H = S \sin A - \tfrac{1}{2}S^2 \cos^2 A - \tfrac{1}{8}S^4 \cos^4 A \qquad (7.4)$$

Multiplizieren Sie jetzt H mit 1738, so erhalten Sie die Höhe des Schatten werfenden Gipfels in Kilometer.

In Wahrheit müsste eigentlich noch eine Korrektur für die Parallaxe angebracht werden, da alle Ephemeriden-Daten geozentrischer Natur (also vom Erdmittelpunkt aus betrachtet) sind, Ihr Beobachtungsort sich aber auf der Erdoberfläche befindet. Die Fehler der Instrumente oder der Messung sind jedoch meist größer, sodass diese Korrektur ohne weiteres ignoriert werden kann.

Fehlerquellen durch falsches Ablesen schlagen natürlich vor allem bei der Vermessung kurzer Schatten zu Buche. Doch auch die Vermessung langer Schatten nahe am Terminator ist fehlerträchtig, da das Terrain, auf dem der Schatten verläuft, nicht unbedingt eben ist. Am besten führen Sie daher eine Reihe von Messungen an einem Objekt bei verschiedenen Beleuchtungswinkeln durch. So erhalten Sie ein Profil der gesamten Gegend.

Andere Methoden zur Höhenbestimmung auf dem Mond und Erklärungen der verschiedenen Reduktionen finden Sie in dem Band *The Observers Guide to Astronomy*, der von Patrick Martinez herausgegeben wurde und 1994 in der Cambridge University Press erschienen ist.

7.6 Karten, Globen, Poster und Tabellen

In den Kapiteln 3 und 4 habe ich die Karten und Tabellen der Vor-*Apollo*-Zeit angesprochen. Diese sind jedoch ausgesprochen schwierig zu besorgen. Zwar ist es grundsätzlich möglich, dass Sie die eine oder andere Karte in einem Antiquariat finden, vielleicht werden Sie auch in öffentlichen Bibliotheken oder Universitätsbibliotheken fündig.

Von den momentan verfügbaren Produkten sind einige wenige über die Firma Sky Publishing erhältlich (Sky Publishing Corp., 49 Bay State Road, Cambridge, MA 02138, USA).

Die folgenden Angaben stammen aus dem Katalog von 1999. (Die Produkte sind natürlich auch bei anderen Lieferanten erhältlich, es ist nur angenehmer, alles unter einem Dach zu finden):

Atlas of the Moon, von Antonin Rükl. Dieser Atlas enthält 76 beschriftete Airbrushzeichnungen der erdzugewandten Mondseite sowie 50 Nahaufnahmen.

Exploring the Moon through Binoculars and Small Telescopes, von E. H. Cherrington. Ein Buch mit 229 Seiten, welches jede größere Formation auf dem Mond in 28 Nacht-für-Nacht-Kapiteln erklärt. Mit vielen Schwarz-Weiß-Photographien.

Moon Map. Karte von Sky Publishing. 10,5 Zoll im Durchmesser, enthält 300 mit Namen benannte Krater und anderen Formationen. Nur eine kleine Karte, die jedoch den Vorteil besitzt, dass Süden oben ist, was dem Anblick des Mondes durch ein Teleskop von der Nordhalbkugel aus entspricht.

Mirror-Image Moon Map. Wie schon bei der vorherigen Karte, jedoch gleichzeitig noch seitenverkehrt, was dem Blick durch ein Teleskop mit einer ungeraden Zahl von Spiegeln entspricht.

Moon Poster. Zwei große (50 cm im Durchmesser) Mondkarten (erdzugewandte und erdabgewandte Seite), hergestellt von der National Geographic Society. Mehrere hundert benannte Formationen.

Lunar Quadrant Maps. Hergestellt vom Lunar and Planetary Laboratory der Universität von Arizona. Benennt mehrere tausend Formationen (u.a. alle Krater mit einem Durchmesser von mehr als 3,3 Kilometer). Vier Karten mit einer Größe von jeweils 23 cm mal 27 cm.

NASA Moon Globe. Detaillierter 12-Zoll-Globus mit Kunststoff-Fuß und Begleitbuch.

Ich selbst habe zwar keine persönlichen Erfahrungen mit den aufgeführten Produkten. Die Firma Sky Publishing hat indes eine hohe Reputation in der Branche, sodass ich diese Produkte alle empfehlen kann. (Und ich bin nicht finanziell an der Firma beteiligt!)

Auch den Hatfield Photographic Lunar Atlas konnte ich mir nicht anschauen, da das Manuskript für dieses Buch schon vor seinem Erscheinen im Springer-Verlag beim Herausgeber sein musste. Für Details lesen Sie bitte Kapitel 4. Allerdings kenne ich die Ausgabe aus dem Jahr 1968 sehr gut. Diese ist mir sehr nützlich gewesen und daher bin ich schon auf die neue Auflage gespannt.

Oft sind Mondkarten auch in allgemeinen Werken der Astronomie zu finden. Meist sind die dort abgedruckten Karten aber einfach zu klein oder geben zu wenig Einzelheiten wider. Eine rühmliche Ausnahme ist der *The NASA Atlas of the Solar System*, von Ronald Greeley und Raymond Batson, herausgegeben 1997 von der Cambridge University Press. Der *Norton's Sky Atlas* von Ian Ridpath (19. Auflage, Longman 1998) enthält eine gute Mondkarte auf Photo-Mosaik-Basis.

Natürlich sind die elektronischen Medien besonders dafür geeignet, die aktuellsten und detailreichsten Mondkarten zu beherbergen. So gibt es bei der NSSDC eine *Lunar Digital Image Map*. Sie besteht aus 15 CDs mit Bildern, die von der Raumsonde Clementine aufgenommen wurden. Die ersten 14 CDs enthalten eine Mosaikkarte der gesamten Mondoberfläche mit einer Auflösung von 100 Metern pro Pixel. CD Nummer 15 bietet globale Ansichten der Mondoberfläche mit einer Auflösung von 0,5, 2,5 und 12,5 Kilometern pro Pixel. Ich habe einige andere elektronische Medien schon erwähnt. Die Entwicklung schreitet hier jedoch rasant voran. Vor dem Kauf sollten Sie sich daher umfassend informieren.

7.7 Karte für Kapitel 8

In Kapitel 8 – das etwa die Hälfte des Buches ausmacht – habe ich 48 ausgesuchte Formationen der erdzugewandten Seite und gleichzeitig noch viele andere mehr beschrieben. Diese Erklärungen sind immer ein wenig aus der Sicht eines Teleskop-Besitzers geschrieben. In Abbildung 7.1 finden Sie die in Kapitel 8 beschriebenen Formationen mit Nummern versehen zum einfachen Auffinden.

Abb. 7.1 Übersichtskarte des Mondes, zum Auffinden der in Kapitel 8 beschriebenen Mondformationen.

Übersicht

1. Agarum, Promontorium
2. Albategnius
3. Alpes, Vallis
4. Alphonsus
5. Apenninus, Montes
6. Ariadaeus, Rima
7. Aristarchus
8. Aristoteles
9. Bailly
10. Bullialdus
11. Cassini
12. Clavius
13. Copernicus
14. Crisium, Mare
15. Endymion
16. Fra Mauro
17. Furnerius
18. Gruithuisens ‚Mondstadt'
19. Harbinger, Montes
20. Hevelius
21. Hortensius
22. Humorum, Mare
23. Hyginus, Rima
24. Imbrium, Mare
25. Janssen
26. Langrenus
27. Maestlin R
28. Messier
29. Moretus
30. Nectaris, Mare
31. Neper
32. Pitatus
33. Plato
34. Plinius
35. Posidonius
36. Pythagoras
37. Ramsden
38. Regiomontanus
39. Russell
40. Schickard
41. Schiller
42. Sirsalis, Rimae
43. Die ‚gerade Wand' (Rupes Recta)
44. Theophilus
45. Torricelli
46. Tycho
47. Wargentin
48. Wichmann

Die Zahlen auf der Karte und in der Legende sind die gleichen wie die Unterkapitel in Kapitel 8. So entspricht die Nummer 4 in der Karte der Nummer 4 in der Legende und gleichzeitig dem Abschnitt 8.4 (Alphonsus).

Natürlich werden Sie das System anders herum benutzen, d.h. Sie lesen das Unterkapitel 8.15 über Endymion. Um zu sehen, wo Endymion auf dem Mond liegt suchen Sie die Nummer 15 auf der Karte und finden den Namen in der Legende unter Punkt 15.

Es ist aber nur eine grobe Übersichtskarte. Wenn Sie genauere Mondkarten zu Hause besitzen, so benutzen Sie am besten diese. Leider gibt es nicht genügend Platz in diesem Buch, um weiter in die Tiefe zu gehen. Andererseits sollte wenigstens eine einfache Hilfe zum Auffinden der in Kapitel 8 beschriebenen Formationen auf keinen Fall fehlen.

8 Ausgewählte Mondlandschaften von A–Z

In den vorangehenden Kapiteln habe ich versucht, einerseits Beobachtungsgeräte und -techniken zu beschreiben und andererseits auch ein Bild vom Mond und der wissenschaftlichen Mondforschung zu vermitteln. Natürlich konnte ich dabei nur einen groben Überblick geben. Um den Mond wirklich kennenzulernen, muss man bereit sein, ihn im Detail zu untersuchen. Dazu wird in diesem Kapitel eine Auswahl von 48 ausgesuchten Mondgebieten vorgestellt. Zusammengenommen ergibt dies eine repräsentative Auswahl der verschiedenen Typen von Mondlandschaften, denen man am Okular eines Teleskops begegnet. Weshalb ich die spezielle Auswahl getroffen habe, kann ich eigentlich nur damit begründen, dass dies meine persönliche Wahl ist. Ich habe versucht, das größtmögliche Feld von Mondformationen abzudecken. Sie werden Beschreibungen von größeren und kleineren Kratern mit gewöhnlichem und ungewöhnlichem Profil finden. Berge, Täler, Dome, Rillen (sinusförmige wie gerade), lavaüberflutete Ebenen und andere Arten von Terrain werden beschrieben. In einigen Abschnitten werden große Regionen besprochen. Und manche Abschnitte konzentrieren sich auf bestimmte Formationen und Strukturen von besonderem Interesse. Insgesamt werden über zweihundert benannte Formationen untersucht. Viele davon sind „alte Favoriten", die bei Einsteigern und erfahrenen Beobachtern gleichermaßen beliebt sind. Andere Strukturen liegen fernab von „ausgetretenen Pfaden". Manche habe ich ausführlich bis in die Einzelheiten beschrieben. Bei anderen habe ich die Strukturen nur skizziert und überlasse es Ihnen als Lesern – und, wie ich hoffe auch als Beobachter – die Dinge selbst herauszufinden.

In einigen Fällen sind die beschriebenen Strukturen eine gute Lektion in bestimmten Beobachtungstechniken, und manchmal zeigen sie auch Fallen für den Unerfahrenen auf. Andere sind exzellente Beispiele für bestimmte Punkte der Mondforschung und Geologie. Alle sind auch für sich genommen sehr interessant. Und alle habe ich aus dem Blickwinkel eines Amateurbeobachters mit seinem Hinterhof-Teleskop beschrieben. Ich habe versucht, einen weiten Bereich von Zielobjekten für die ganze Vielfalt der Beobachter zu geben, vom Anfänger bis zum Fortgeschrittenen. Mein Anliegen ist, dass Sie alle die Dinge, die Sie im Teleskop sehen, schließlich photographieren oder zeichnen können und mit den Methoden der Mondforschung **interpretieren** (insbesondere im Hinblick auf die Evolution des Mondes).

In Abbildung 7.1 finden Sie eine einfache Übersichtskarte des Mondes, die Ihnen helfen soll, die in diesem Kapitel beschriebenen Gebiete und Mondformationen aufzufinden. Wie bereits erklärt, nehmen Sie einfach die Nummer des Abschnittes, um das betreffende Objekt auf der Karte zu finden. Zum Beispiel ist das in Abschnitt 8.26 (Langrenus) beschriebene Gebiet auch unter Punkt 26 auf der Karte zu finden (und ebenso unter Punkt 26 in der darunter liegenden

Beschreibung). In der Titelzeile jedes Abschnittes habe ich die selenographische Länge und Breite der genannten Hauptformation angegeben. Das gibt Ihnen sofort an, in welchem Quadranten der Übersichtskarte Sie die Formation finden werden. Darüber hinaus wird Ihnen auch eine grobe Abschätzung der Position anhand der Länge und Breite erlauben, die betreffende Formation auf der Karte schnell und einfach zu finden.

Natürlich werden Ihnen die Längen- und Breitenangaben auch helfen, das Gebiet in anderen Mondkarten oder Atlanten zu finden. Die Übersichtskarte ist nur als Hilfe zum Auffinden der hier besprochenen Formationen gedacht; zusätzlich werden Sie bestimmt eine viel detailreichere Karte oder einen Atlas benutzen (siehe vorangegangenes Kapitel).

Lassen Sie sich von mir auf eine Forschungsreise entführen. Nachdem Sie die ersten Schritte von mir gelenkt worden sind hoffe ich, dass Sie alleine weitergehen möchten. Der Mond, den Sie dabei entdecken, ist ein Ort spektakulärer Anblicke und Wunder, der Sie fesseln und vielleicht sogar in Staunen und Ehrfurcht versetzen wird.

8.1 Promontorium Agarum [14°N, 66°O]

Promontorium Agarum ist ein beeindruckendes, ins Mare Crisium vorspringendes Kap, dessen höchste Gipfel das Mare einige tausend Meter überragen. Von Zeit zu Zeit gibt es Berichte über scheinbaren Nebel um das Kap, besonders im Süden, und am häufigsten kurz nach dem lokalen Sonnenaufgang. Die Sichtbarkeit einiger winziger Krater in der Umgebung scheint ebenfalls variabel zu sein. Ich glaube, dass es sich bei diesen Erscheinungen wahrscheinlich nicht um TLPs (die Abkürzung kommt von dem englischen *transient lunar phenomena*, was soviel wie „vorübergehende Erscheinungen auf dem Mond" bedeutet, mehr darüber in Kapitel 9) sind, sondern örtliche Variationen der Albedo mit dem Einfallswinkel der Sonne. Man sollte einmal eine Langzeitstudie dieses Gebiets machen, um festzustellen, was tatsächlich passiert, wenn die Sonne über dieser Region aufgeht. Wie ich noch genauer in Kapitel 9 erklären werde, sind die Untersuchungen von TLPs besonders nützlich um die wahre Erscheinung von Oberflächeneinzelheiten im Laufe der Lunation unter wechselnden Beleuchtungsbedingungen zu ergründen.

In Abbildung 8.1 liegt das Kap in der Mitte des Bildes. Die Aufnahme wurde am 6. April 1966, 7:18 UT mit dem 1,5 m Reflektor des Catalina Observatory (des Lunar and Planetary Laboratory der University of Arizona) gemacht. Zu diesem Zeitpunkt betrug die selenographische Colongitude 96,9°.

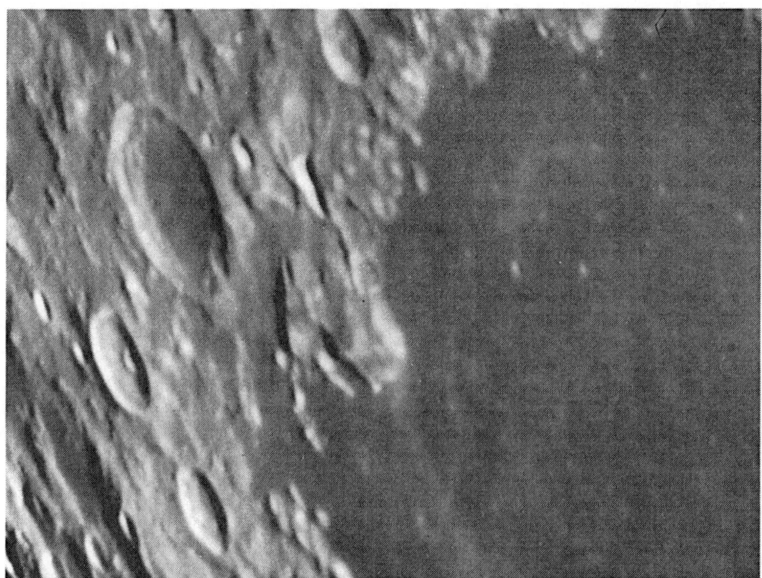

Abb. 8.1 Promontorium Agarum. (Aufnahme: Catalina Observatory. Mit freundlicher Genehmigung des Lunar and Planetary Laboratory.)

8.2 Albategnius [11°S, 4°O], Klein und Hipparchus

Der Krater Albategnius misst im Durchmesser 136 km und ist sehr alt, wovon seine stark degradierten Kraterwälle und die Überlagerung mit anderen Kratern zeugen. Besonders auffällig beim Krater Klein (44 km) auf dem westlichen Kraterwall (rechts in Abbildung 8.2). Beide Kraterböden sind mit mareähnlicher Lava überflutet. Man beachte, wie der hohe (und für einen Krater dieser Größe ungewöhnlich massive) Zentralberg aus der Lava heraussticht, ebenso der Zentralberg von Klein. Man beachte auch, dass Klein den Kraterrand von Albategnius unterbricht, und nicht anders herum. Daraus können wir schließen, dass Klein jünger ist als Albategnius. Was ist Ihre Meinung zum Alter des winzigen Kraters, der dem nordöstlichen Kraterrand von Klein aufsitzt? Ja, ich weiß, dass die Antwort ziemlich offensichtlich ist, aber ich habe dieses einfache Beispiel zum Einstieg für Ihre eigene Entschlüsselung der bewegten Geschichte der Mondoberfläche gewählt.

Nördlich von Albategnius (im unteren Teil der Abbildung 8.2) liegt der noch größere, komplexere und ältere Krater Hipparchus (im Deutschen oft auch als Hipparch bezeichnet). Sein stark degradierter (und auf seiner westlichen Seite fast vollständig zerstörter) Kraterrand hat einen Durchmesser von 151 km. Man

Abb. 8.2 Albategnius (mitte) und Hipparchus (unten). (Aufnahme: Catalina Observatory. Mit freundlicher Genehmigung des Lunar and Planetary Laboratory.)

beachte die Ansammlung fast paralleler großer Furchen, die diese Mondgegend durchziehen. Jede Furche ist ungefähr von Südsüdost nach Nordnordwest orientiert. Weitere Beispiele gibt es in dem Gebiet weiter westlich, das sich nicht mehr auf der Abbildung 8.2 befindet. Wenn Sie die Herausforderung mögen, versuchen Sie doch einmal, die bewegte Geschichte dieser Mondgegend anhand von Aufnahmen der Raumsonden (*Lunar Orbiter, Clementine*) und vielleicht von Beobachtungen mit Ihrem eigenen Teleskop herzuleiten. Ich garantiere Ihnen, dass Sie das für viele Stunden beschäftigen wird. Um anzufangen versuchen Sie einmal die Furchen nach Norden zurückzuverfolgen, und Sie werden feststellen, dass sie radial von einer bestimmten größeren Mondformation ausgehen. Habe ich schon zuviel verraten?

Die Aufnahme wurde mit dem 1,5 m Reflektor des Catalina Observatory am 6. September 1966 um 11:07 UT bei einer selenographischen Colongitude von 167,5° gemacht.

8.3 Vallis Alpes [49°N, 3°O]

Auch durch ein kleines Teleskop bietet das Alpental, das Vallis Alpes, einen spektakulären Anblick, besonders zum Zeitpunkt des ersten oder letzten Viertels. Diese gewaltige, fast 180 km lange Schlucht scheint sich durch die Mondalpen zu schneiden und verbindet das Mare Imbrium mit dem Mare Frigoris. Sicherlich handelt es sich nicht einfach um einen Kanal, der von einem Lavafluss durch das Gebirge gegraben wurde. Ich glaube, dass ein Zusammenhang besteht zwischen dieser Formation und den großen geradlinigen Furchen, die das Hochland in der Umgebung von Albategnius und Alphonsus durchqueren (siehe auch Kapitel 8.2 und 8.4). Vielleicht sind all diese großen Täler durch das Aufbrechen der Mondkruste entlang von Bruchzonen entstanden, als Ergebnis einer geringfügigen horizontalen Expansion des Mondmantels (oder zumindest der tieferen Schichten der Mondkruste) nachdem sich der Regolith abgekühlt und verfestigt hat? Die wahrscheinlichste Erklärung ist aber, dass sich die Mondkruste nach ihrer anfänglichen Verfestigung etwas zusammengezogen hat und als Ergebnis dessen die Spannungsbrüche entstanden sind, die sich danach mit Bodenmaterial gefüllt haben.

Solche Formationen bezeichnet man mit dem (auch im Englischen benutzten) Fachbegriff *Graben*. Vielleicht war das gewaltige Einschlagsereignis, das das Becken des Mare Imbriums erzeugte, auch verantwortlich für die Störungen, die letztendlich diesen Graben hervorbrachten. Betrachtet man die Mondalpen genauer, wird man andere lineare Strukturen finden, die ungefähr radial vom Mare Imbrium ausgehen und diese These unterstützen. Jedoch ist keine dieser anderen linearen Strukturen so auffällig wie das Vallis Alpes.

Der Boden des Alpentals wurde zweifellos von Lava überflutet. Es windet sich auch eine sinusförmige Rille durch die ganze Länge dieses großen Mondtals. Vielleicht gab es eine kleinere, spätere Episode des Lavaflusses, nachdem die ursprünglichen Entstehungs- und Überflutungsprozesse beendet waren. Bei

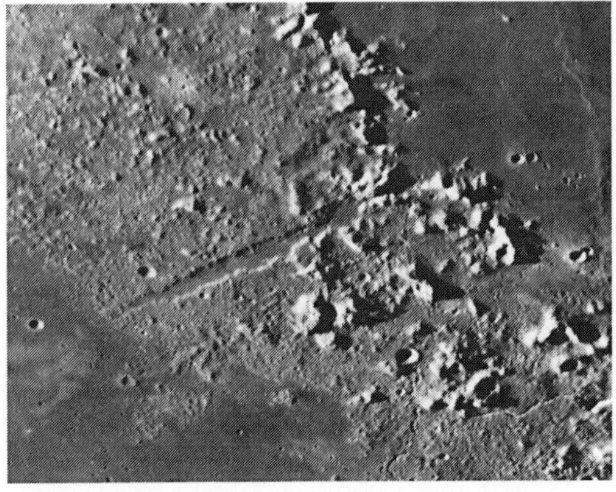

Abb. 8.3 Das Alpental (Vallis Alpes, Bildmitte) durchschneidet die Mond-Alpen (Montes Alpes). (Aufnahme: Catalina Observatory. Mit freundlicher Genehmigung des Lunar and Planetary Laboratory.)

idealem Seeing und günstiger Beleuchtung kann man die Rille schon in einem
13 cm Refraktor mit erstklassiger Optik sehen. Sie ist jedoch nur sehr schwer zu
erkennen und man braucht nicht an seinen Fähigkeiten zu zweifeln, wenn man
sie auch mit einem stärkeren Teleskop nicht sieht.

Die in Abbildung 8.3 gezeigte Aufnahme des Vallis Alpes wurde mit dem 1,5 m
Reflektor des Catalina Observatory am 20. Januar 1967 um 1:45 UT gemacht,
die selenographische Colongitude der Sonne betrug 18,4°.

8.4 Alphonsus [13°S, 357°O], Arzachel, Ptolemaeus, Alpetragius und Herschel

Die drei zusammenhängenden Krater Arzachel (der südlichste), Alphonsus und
Ptolemaeus (der nördlichste) sind zur Zeit des ersten und letzten Viertels am besten zu sehen. Abbildung 8.4(a) zeigt diese Region des Mondes, die Aufnahmedaten sind dieselben wie bei Abbildung 8.2. Arzachel hat einen Durchmesser
von 97 km und ist offensichtlich der jüngste des Trios. Schon in einem kleinen
Teleskop kann man seine komplexe Struktur erkennen. Die Kraterwände sind
stark terrassiert und erheben sich auf der Ostseite 4,5 km über die Umgebung,
auf der Westseite nur 3,4 km. (Die Umgebung ist so hügelig, dass es sich bei
diesen Werten um Näherungen handelt).

Der Kraterboden selbst liegt etwa 1 km unter dem Umgebungsniveau und ist
teilweise mit Lava überflutet. Er ist aber nicht glatt, sondern enthält einige Krater und Hügel und eine Rille, die man auch in Amateurteleskopen sehen kann.
Das Zentralmassiv ist etwas aus der Mitte des Kraters versetzt. In Abbildung
8.4(b) ist dies schön zu sehen. Diese Aufnahme gelang Terry Platt mit seinem
318 mm Dreifach-Schiefspiegler und einer *Starlight Xpress* CCD-Kamera. (Genauere Aufnahmedaten sind mir nicht bekannt). Mit meinem Computer und der
Software *Hauppauge „Image Editor"* könnte ich Terrys bereits außerordentlich
gute Aufnahme noch schärfer machen.

Alphonsus ist zweifellos eine der interessantesten Mondformationen. Die Kraterwälle dieser 119 km großen Ringebene sind sehr komplex und auf seinem
überfluteten Boden kann man mit großen Teleskopen viele interessante Einzelheiten erkennen.

Wenn Sie sich Abbildung 8.4(a) genauer anschauen, werden Sie einige kleine
dunkle Flecken auf dem Boden von Alphonsus erkennen, in deren Mitte sich
kleine Krater befinden. Diese Strukturen nennt man *„dunkle Halo-Krater"*. Früher dachte man, es wären vulkanische Aschekegel oder Fumarolen, und sie wurden von den Anhängern der endogenen Theorie zum Beweis des Aufschmelzens
der Mondoberfläche herangezogen. Scheinbare Veränderungen in ihrem Aussehen erweckten sogar bei einer kleinen Minderheit von Forschern den Verdacht,
dass es dort heute noch vulkanische Restaktivität gibt. Die *Apollo 17*-Astro-
nauten besuchten jedoch einen kleinen dunklen Halo-Krater namens „Shorty"
am südöstlichen Rand des Mare Serenitatis und haben festgestellt, dass es sich
nur um einen gewöhnlichen Einschlagskrater handelt, bei dem die Explosion

Abb. 8.4(a) Die Dreierkette von Arzachel (oben), Alphonsus (mitte) und Ptolemaeus (unten). (Aufnahme: Catalina Observatory. Mit freundlicher Genehmigung des Lunar and Planetary Laboratory.)

des Einschlags dunkles Marematerial an die Oberfläche gebracht hat, das unter der dünnen Schicht des helleren Regoliths lag. Wahrscheinlich trifft dies auch für die anderen dunklen Halo-Krater auf dem Mond zu.

Der Boden von Alphonsus ist mit einigen Furchen und Rillen überzogen. Dies ist besonders gut in Abbildung 8.4(c) zu sehen, einer großartigen Aufnahme von Terry Platt. Die scheinbaren Veränderungen der dunklen Halos sind nichts anderes als Änderungen der relativen Albedo in Abhängigkeit vom Beleuchtungswinkel.

Was das kontroverse Thema TLPs angeht, erbrachte Alphonsus den Beweis, dass es sich zumindest bei einem kleinen Teil der berichteten TLP-Ereignisse tatsächlich um Vorgänge auf der Mondoberfläche handelt und nicht um Einbildungen der Beobachter. In Kapitel 9 finden Sie nähere Informationen zu diesem Thema.

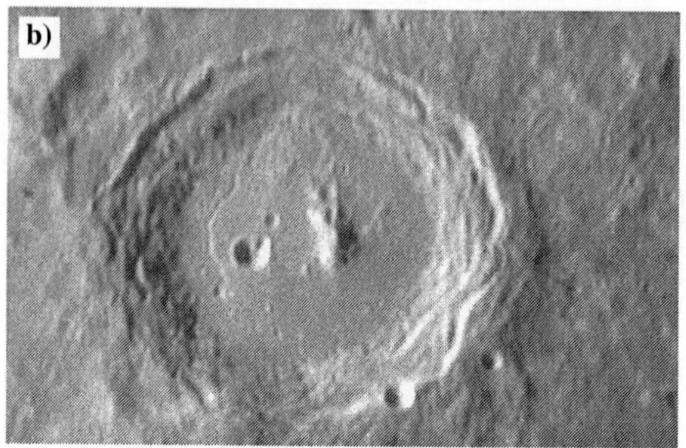

Abb. 8.4(b) Arzachel. CCD-Aufnahme von Terry Platt.

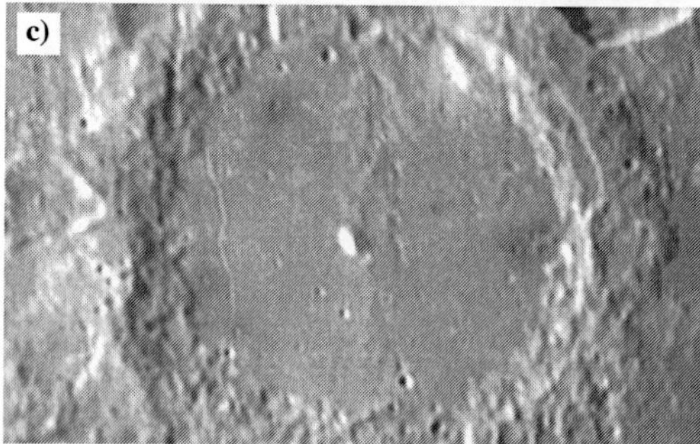

Abb. 8.4(c) Alphonsus. CCD-Aufnahme von Terry Platt.

Der nördliche Teil des Kraterwalles von Alphonsus überlagert den Rand der 153 km große Wallebene Ptolemaeus, die bereits vor der Bildung von Alphonsus existierte. Der uralte überflutete Kraterboden von Ptolemaeus enthält winzige Krater und einige Kraterketten. Für Beobachter mit mittelgroßen Teleskopen und unter typischen Hinterhofbedingungen sind diese Objekte aber ziemlich schwer zu erkennen. Die scheinbare Helligkeit des Bodens von Ptolemaeus und das Aussehen der lokalen Flecken ändern sich im Verlauf einer Lunation. Wenn der Mond beinahe voll ist und die Sonne sehr hoch steht, erscheint der Krater- boden deutlich heller, zur Zeit des ersten und letzten Viertels ist er jedoch ziem- lich dunkel.

Die in den Abbildungen 8.2 und 8.4 gezeigten Gebiete überlappen sich. Können Sie die gleichen geraden Furchen im Terrain sehen, die einige hundert Kilome- ter lang sind? Welche Geschichte erzählen sie uns? (Es gibt hier kein Geheim- nis, aber vielleicht möchten Sie die Antwort selbst herausfinden. In Abschnitt 8.2 habe ich dazu Hinweise gegeben.)

Der 40 km große auffällige Krater nordöstlich von Alphonsus und südöstlich von Ptolemaeus trägt den Namen Alpetragius. Das Aussehen seines Zentral- bergs ähnelt einem aufgeschütteten Sandhaufen und seine Kraterwälle zeigen feine Terrassenstruktur.

Nördlich von Ptolemaeus befindet sich der Krater Herschel. Vergleichen Sie einmal Herschel und Alpetragius miteinander! Beide Krater sind etwa gleich groß und sind sich in vielerlei Hinsicht ähnlich, aber warum unterscheiden sie sich dann in anderen Dingen so sehr?

8.5 Montes Apenninus [Mitte bei 20°N, 357°O], Conon, Eratosthenes, Palus Putredinis, Sinus Aestuum und Wallace

Die Apenninen sind eine der auffälligsten Gebirgszüge auf dem Mond. Zweimal im Monat sind die Bedingungen zu ihrer Beobachtung günstig: zur Zeit des ersten und des letzten Viertels.

Diese zerklüftete Gebirgskette, die sich 600 km entlang des südöstlichen Ufers des Mare Imbriums erstreckt, bietet bei niedrigem Sonnenstand einen atemberaubenden Anblick. Unter guten Beobachtungsbedingungen, mit einem stark vergrößernden Teleskop betrachtet, sind die feinen Einzelheiten ziemlich verwirrend. Hier benutze ich gerne eine stärkere Vergrößerung als sonst, nur um den beeindruckenden Anblick zu genießen. Die sanfte Weichzeichnung aufgrund der Übervergrößerung stört dabei kaum. Man hat den Eindruck über einer komplexen Anordnung von Gipfeln und Tälern zu schweben. Ihr Ursprung geht auf die Entstehung des Imbrium-Beckens vor 3850 Millionen Jahren zurück. Das einschlagende Projektil hat die Hochlandkruste an seiner südöstlichen Grenze gewaltsam aufgeworfen und so diese Bergkette gebildet. Die Abbildungen 8.5(a) und (b) sind Ausschnitte einer Photographie des Catalina Observatory. Sie wurde am 20. Januar 1967 um 1:46 UT mit dem 1,5 m Reflektor gemacht, die selenographische Colongitude der Sonne betrug 18,5°.

Abbildung 8.5(a) zeigt den nördlichen Teil der Gebirgskette. Der auffällige Krater inmitten der Berggipfel (etwas rechts von der Bildmitte) ist Conon. Er hat einen Durchmesser von 22 km. Das Maregebiet, das sich von der Bucht nördlich von Conon ausdehnt, nennt man Palus Putredinis („Sumpf der Verwesung"). Beachten Sie das ausgedehnte Netzwerk feiner sinusförmiger Rillen in diesem Gebiet. Die Astronauten von *Apollo 15* sind am nordöstlichen Rand des Sumpfes am Fuß der Apenninen gelandet und haben eine dieser Rillen, die Hadley-Rille, genauer untersucht.

Abbildung 8.5(b) zeigt den südlichen Teil der Mond-Apenninen, die mit dem auffälligen 58 km großen Krater Eratosthenes abschließen. Bei flachen Beleuchtungswinkeln tritt er deutlich hervor, und mit Schatten gefüllt wirkt er besonders tief. Der Kraterrand erhebt sich 2,4 km über die umliegende Ebene, während der Kraterboden etwa um den gleichen Betrag unter dem Umgebungsniveau liegt. Ein Astronaut auf dem Kraterrand, der in Richtung der Zentralberge schaut, würde sehen, wie die terrassierten Wände mit einer Neigung von 30 Prozent zum 5 km tieferen Kraterboden abfallen und das riesige Amphitheater

Abb. 8.5(a) Der nördliche Teil der Mond-Apenninen (Montes Apenninus). (Aufnahme: Catalina Observatory. Mit freundlicher Genehmigung des Lunar and Planetary Laboratory.)

in grelles Sonnenlicht getaucht ist, während der Himmel über ihm pechschwarz ist. Stellen Sie sich diesen spektakulären Anblick vor!

Eratosthenes ändert sein Aussehen wie ein lunares Chamäleon. Ganz im Gegensatz zu seiner prächtigen Erscheinung bei niedrigem Sonnenstand (siehe dazu auch Abbildung 8.13(a)) wirkt er bei hohem Sonnenstand ziemlich unauffällig und verwaschen. Dann hat man leicht die Illusion, dass er mit hellem weißen Nebel angefüllt ist. Einige andere Krater zeigen das gleiche optische Phänomen, was sicherlich für viele Fehlmeldungen von TLPs verantwortlich ist.

Einige Beobachter früherer Jahrhunderte waren der Überzeugung, dass diese Veränderungen im Inneren von Eratosthenes auftreten und regelmäßig sind. (Sogar das Wachsen und Vergehen von Vegetation und die Wanderung von Tieren oder Insekten hielt man für möglich.) Aber damit lagen sie falsch. Bei Vollmond ist Eratosthenes nur schwer auszumachen, denn der helle Krater ver-

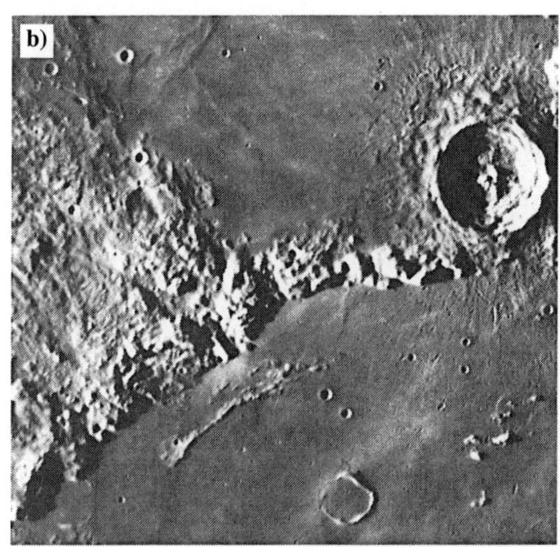

Abb. 8.5(b) Das südliche Ende der Mond-Apenninen (Montes Apenninus) mit dem Krater Eratosthenes (oben rechts). Den verfallenen Krater Wallace erkennt man unten.
(Aufnahme: Catalina Observatory. Mit freundlicher Genehmigung des Lunar and Planetary Laboratory.)

schwindet im gleich hellen Strahlensystem des nahegelegenen großen Kraters Copernicus.

In Abbildung 8.5(b) ist ein anderes bemerkenswertes Objekt zu sehen, der verfallene Krater Wallace. Im unteren Teil des Bildes ragen die Überreste seines zerbrochenen Kraterrands aus der Ebene des Mare Imbrium. Der 26 km große Krater wurde fast vollständig von den Lavaströmen überflutet, die vor 3,3 Milliarden Jahren das Imbrium-Becken gefüllt haben und nun das Mare Imbrium bilden.

Abbildung 8.5(c) zeigt eine andere Ansicht von Eratosthenes, der fast vollständig mit Schatten gefüllt ist. Südöstlich von Eratosthenes kann man auch deutlich eine der dunklen lavaüberfluteten Ebenen erkennen. Dabei handelt es sich um Sinus Aestuum, die „Bucht der Hitze", die sich über eine Länge von 230 km erstreckt. Man kann sehr gut den Umriss des ursprünglichen Beckens erkennen, das später mit Lava gefüllt wurde. Tony Pacey machte diese hervorragende Aufnahme am 3. Februar 1990 um 19:35 UT mit seinem 10 Zoll (254mm) Newton-Reflektor und benutzte die Okularprojektion zur Vergrößerung des Bildes. Er belichtete eine halbe Sekunde auf FP4 Film. Die selenographischen Colongitude der Sonne betrug 0,4°.

Bei höherem Sonnenstand ist die Bucht nur sehr schwer zu erkennen, da die Region dann vom Strahlensystem des nahegelegenen Kraters Copernicus beherrscht wird.

Der Einschlag, der das Becken des Sinus Aestuum erzeugte, hat die südlichen Ausläufer der Apenninen durchschnitten. Er kam also eindeutig nach dem Imbrium-Einschlag. Demnach müsste das Aestuum-Becken eines der jüngsten Becken auf dem Mond sein, da das Imbrium-Becken selbst auch noch recht jung ist. Wer ist älter, Eratosthenes oder die lavaüberfluteten Ebenen von Mare Im-

Abb. 8.5(c) Eratosthenes und Sinus Aestuum, aufgenommen von Tony Pacey.

brium und Sinus Aestuum? Diese Frage überlasse ich Ihnen als Übungsaufgabe.

8.6 Rima Ariadeus [Mitte bei 7°N, 13°O], Ariadeus, Silberschlag, Julius Caesar und Agrippa

Wenn sich der Terminator in der Nähe von Rima Ariadeus befindet, ist diese Rille auch mit kleinen Teleskopen sehr gut zu sehen. Sie ist etwa 220 km lang und durchzieht das unebene Gelände zwischen dem Mare Tranquillitatis (im Osten) und dem Verbindungsgebiet von Mare Vaporum (im Nordwesten) und Sinus Medii (im Südwesten).

Abbildung 8.6(a) zeigt eine großartige Aufnahme, die mit dem 1,5 m Reflektor des Catalina Observatory am 27. Mai um 3:56 UT gewonnen wurde, bei einer selenographischen Colongitude der Sonne von 356,8°. Die ganze Umgebung ist voller Rillen, besonders im Westen und die rechte Seite von Abbildung 8.6(a) zeigt den östlichen Teil der berühmten „Hyginusrille", Rima Hyginus. Rillen sind ein faszinierendes Studienobjekt. Abbildung 8.6(b) zeigt eine Zeichnung

Abb. 8.6(a)   Rima Ariadaeus. (Aufnahme: Catalina Observatory. Mit freundlicher Genehmigung des Lunar and Planetary Laboratory.)

von Andrew Johnson. Wenn Sie diese Zeichnung mit Abbildung 8.6(a) vergleichen, beachten Sie die Orientierung. In Abbildung 8.6(a) befindet sich die Südseite oben, wie auch in den meisten anderen Abbildungen in diesem Buch. Rima Ariadeus ähnelt auf den ersten Blick einer sinusförmigen Rille, obwohl sie etwas breiter und gerade ist. Tatsächlich handelt es sich bei Rima Ariadeus aber um einen Graben – ein Spannungsbruch im Mondboden, der von nachrutschendem Material gefüllt wurde. Wenn Sie sich Abbildung 8.6(a) genauer ansehen, werden Sie Erdwälle erkennen können, die von der Rille durchquert werden. Andrew Johnson hat einige dieser feinen Details in seiner Zeichnung festgehalten, die die Rille in der Umgebung des 13 km großen Kraters Silberschlag zeigt, der auch in der Mitte von Abbildung 8.6(a) zu sehen ist.

Am östlichen Ende von Rima Ariadeus (in Abbildung 8.6(a) ganz links) befindet sich der kleine helle Krater Ariadeus (Durchmesser 11 km), den Sie an dem direkt anliegenden kleineren Krater erkennen können.

Wenn Sie Schwierigkeiten haben, Rima Ariadeus zu finden, dann suchen Sie doch zuerst nach dem imposanten 44 km großen Krater Agrippa (in Abbildung 8.6(a) oben rechts) und der uralten verfallenen Formation Julius Caesar (in Abbildung 8.6(a) links unten), die einen Durchmesser von 91 km hat. Wenn nicht gerade Vollmond ist, sollte man diese Rille zwischen den beiden Kratern sehr leicht finden, ebenso den benachbarten Krater Silberschlag, der auf halbem Weg zwischen den beiden Kratern liegt.

b)

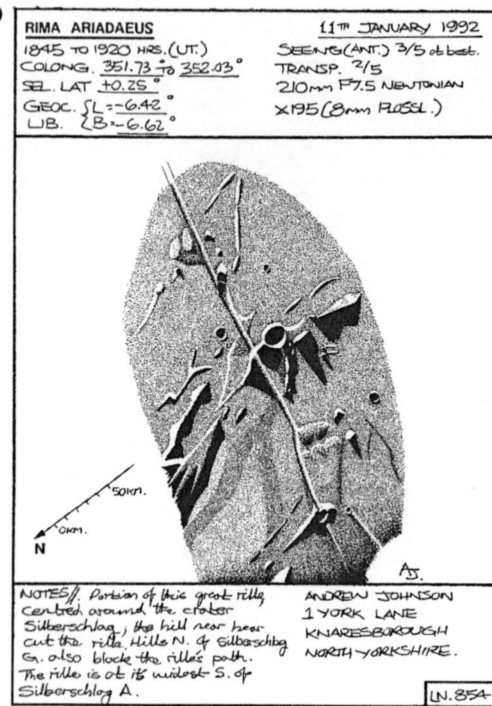

Abb. 8.6(b) Rima Ariadeus, gezeichnet von Andrew Johnson. Die Notiz lautet: „Teil dieser großartigen Rille um den Krater Silberschlag; der Hügel nahebei schneidet die Rille. Die Hügel nördlich von Silberschlag G blockieren ebenso den Verlauf der Rille. Die Rille ist südlich von Silberschlag A am breitesten."

8.7 Aristarchus [24°N, 313°O], Herodotus und Vallis Schröteri

Der Krater Aristarchus (im Deutschen oft auch als Aristarch bezeichnet) fällt sogar im kleinsten Feldstecher auf wie ein funkelnder Diamant in der grauen Weite des Oceanus Procellarum. Aristarchus ist der hellste der größeren Krater auf der Mondoberfläche. Auch wenn der Mond nur vom schwachen Erdlicht beleuchtet ist, kann man ihn sehr leicht finden. Tatsächlich hielt ihn William Herschel, einer der größten Astronomen des 18. Jahrhunderts fälschlicherweise für einen ausbrechenden Vulkan! Man nimmt an, dass der Krater rund 300–500 Millionen Jahre alt ist. Das ist ziemlich jung für einen Mondkrater dieser Größe. Seine Jugend ist auch der Grund für seine hohe Albedo. Das Bombardement des Sonnenwindes hatte noch nicht genügend Zeit, das Material, das beim Einschlag aus den tieferen Schichten des Mondes heraufgebracht wurde, zu schwärzen. Aristarchus hat einen Durchmesser von etwa 40 km und bei genauerem Hinsehen kann man erkennen, dass er einen vieleckigen Umriss hat. Er sitzt auf einem ausgedehnten Plateau und sein Kraterrand erhebt sich etwa 600 Meter über die Umgebung. Der innere Kraterwall fällt in Terrassen bis zum 2,1 km tieferen Kraterboden ab. Bei hohem Sonnenstand ist der Anblick von Aristarchus ziemlich verwirrend, wie man in Abbildung 8.7(b) sieht. Wenn der Terminator sich etwas näher am Krater befindet treten die topographischen Einzelheiten deutlicher hervor. Vergleichen Sie Abbildung 8.7(a) mit Abbildung 8.7(b). Beide Aufnahmen wurden mit dem 1,5 m Reflektor des Catalina Observatory gemacht: Abbildung (a) wurde am 6. Dezember 1965 um 5:14 UT aufgenommen und Abbildung (b) am 28. Oktober 1966 um 6:28 UT.

Aristarchus Jugend habe ich schon im Zusammenhang mit seiner Albedo erwähnt. Diese große Albedo führt auch zu einer thermalen Verzögerung im Verlauf des Mondtages. Am Morgen eines Mondtages zeichnen sich helle Gebilde wie Aristarchus auf Temperaturkarten deutlich als kühle Flecken ab, weil sie mehr Sonnenstrahlung zurückwerfen. Nach Sonnenuntergang tritt jedoch der entgegengesetzte Fall ein. Gute Reflektoren sind schlechte Emitter, d.h. sie geben nur schlecht Strahlung ab. Dadurch bleiben sie wärmer als ihre Umgebung. Während der Mondnacht kann die Temperatur von Aristarchus bis zu 30 Grad Celsius über seiner Umgebungstemperatur liegen. Ein weiteres Anzeichen für das noch relativ junge Alter von Aristarchus ist das scharfe Aussehen seiner Kraterränder und die Komplexität seiner Terrassen. Weitere Hinweise sind der ziemlich komplexe Kraterboden und der Zentralberg (Objekte auf dem Mond verlieren im Laufe der Zeit ihre Rauhigkeit).

In Abbildung 8.7(a) ist eine interessante Einzelheit von Aristarchus zu sehen: ein System dunkler Bänder, das sich radial über die inneren Terrassen des Kraters erstreckt. Sie wurden erstmals 1863 von Lord Rosse gezeichnet, frühere Mondbeobachter haben sie aber weder erwähnt noch gezeichnet. Warum haben

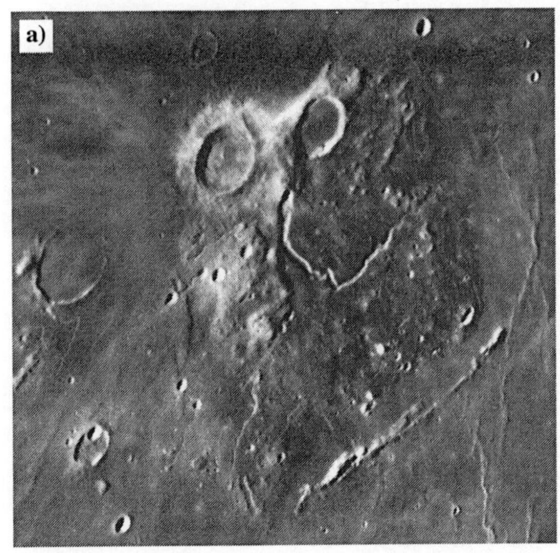

Abb. 8.7(a) Aristarchus (der größte Krater im Bild), Herodotus (links von Aristarchus) und das Schrötertal (Vallis Schröteri, unterhalb Herodotus) bei Colongitude 63,7° (Aufnahme: Catalina Observatory. Mit freundlicher Genehmigung des Lunar and Planetary Laboratory.)

großartige Selenographen wie Mädler, Schmidt oder Neison diese Bänder nicht entdeckt, obwohl sie doch dem Krater Aristarchus beträchtliche Aufmerksamkeit widmeten? Wie konnten sie ein so auffälliges Detail übersehen, das sogar mir als Neuling Anfang der siebziger Jahre mit meinem 76mm Reflektor auffiel? Konnten in den dazwischenliegenden Jahrhunderten diese Bänder eine Veränderung von „schwer zu sehen" zu „ziemlich offensichtlich" durchgemacht haben? Ich zumindest finde das schwer zu glauben. Hier scheint es ein Rätsel zu geben!

Werfen Sie selbst einen Blick darauf. Sie sollten ohne Mühe in der Lage sein, die beiden auffälligsten Bänder mit einem kleinen Teleskop zu erkennen, mit einem großen Teleskop, ruhiger Atmosphäre und den richtigen Beleuchtungsbedingungen sogar bis zu neun. Die Bänder verändern ihre Intensität im Verlauf der Lunation und sind in der Nähe des Terminators am schwersten zu erkennen. Vielleicht möchten Sie selbst diese veränderliche Erscheinung genauer untersuchen.

Das eindrucksvolle Strahlensystem, das von Aristarchus ausgeht, gibt Hinweise auf den Impaktor, der den Krater erzeugte. Wie bei anderen Strahlensystemen auf der Mondoberfläche sind auch die Strahlen von Aristarchus bei hohem Sonnenstand am auffälligsten. Abbildung 8.7(b) zeigt ebenfalls das Strahlensystem. Die Strahlen gehen in allen Richtungen von Aristarchus weg, man beachte aber, dass die Hauptmasse des Auswurfmaterials nach Südwesten wegführt. Das Projektil ist eindeutig aus Nordosten gekommen und hat den Mond unter einem flachen Winkel getroffen. Schauen Sie sich die Form und Verschiebung des inneren „Zentralberges" in Abbildung 8.7(a) an und Sie werden die Bestätigung dieser Hypothese finden.

Das bereits erwähnte Plateau, auf dem Aristarchus sitzt, ist ein ungefähr quadratisches, 200 mal 200 km großes raues und unwegsames Gelände. Daten des Altimeters der *Clementine*-Sonde ergaben, dass das südliche Ende des Plateaus etwa 2 km höher ist als das mittlere Niveau des Oceanus Procellarum und sanft nach Norden und Nordwesten abfällt (das durchschnittliche Gefälle beträgt etwa ein Grad).

Meinen Augen erscheint das Plateau mit einem kräftigen kaffeebraunen Farbton, der stark mit dem weißen Aristarchus und dem graugrünen Mare kontrastiert. Aber wie ich bereits in Kapitel 2 erwähnte, sind die wahrgenommenen Farben nicht immer richtig (und nicht jedermanns Augen sind farbempfindlich genug sie wahrzunehmen), aber diese Farbunterschiede sind immerhin sehr aufschlussreich. Genaue colorimetrische Untersuchungen ergaben tatsächlich, dass das Plateau viel rötlicher ist als der übliche Farbton des Mondes. Von *Clementine* in mehreren Wellenlängen aufgenommene Bilder zeigen, dass die Farbe von einer Lage rötlicher pyroklastischer Gläser herrührt.

Andere interessante Einzelheiten, die *Clementine* entdeckt hat, sind die Anwesenheit des Minerals Olivin am südlichen Kraterrand und von Anorthosit in Aristarchus (nicht ganz zentralem) Zentralberg.

Neben Aristarchus auf dem gleichen Plateau sitzt der etwas kleinere und viel flachere Krater Herodotus. Beide Krater bilden die südliche Grenze des Aristar-

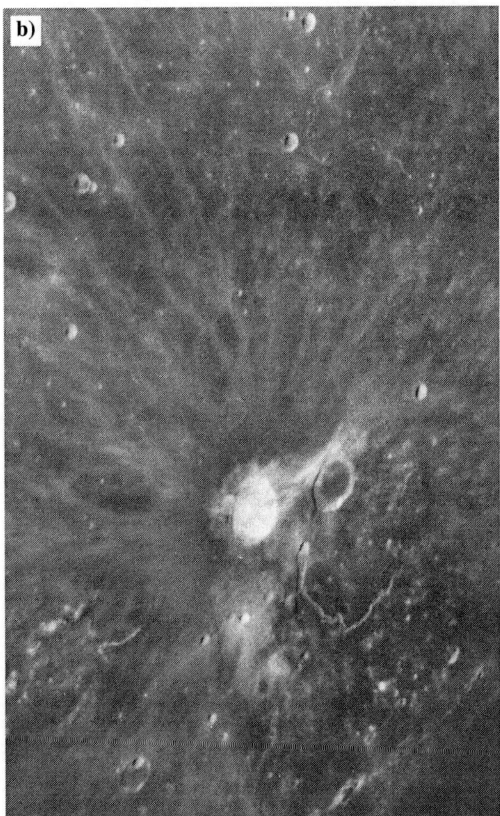

Abb. 8.7(b) Aristarchus und Umgebung bei Colongitude 79,3°. (Aufnahme: Catalina Observatory. Mit freundlicher Genehmigung des Lunar and Planetary Laboratory.)

chus-Plateaus. Die Unterschiede zwischen beiden Kratern könnten kaum größer sein. Herodotus ist offensichtlich ein alter Krater, dessen Inneres von Lava überflutet worden ist. Auf den ersten Blick erscheint der Boden glatt, aber im großen Fernrohr lassen sich unter guten Beobachtungsbedingungen einige kleine Krater erkennen. Aufnahmen von Raumsonden zeigen den Boden von Herodotus mit winzigen Kratern und Rissen überzogen.

Das vielleicht bemerkenswerteste Objekt in dieser schon sehr bemerktenswerten Mondregion ist das Schrötertal, korrekt als Vallis Schröteri bezeichnet. Dabei handelt es sich um die größte sinusförmige Rille des Mondes. An ihrem südlichen Ende entspringt sie einem auch unter dem Namen „Kobrakopf" bekannten Krater und schlängelt sich über eine Länge von 160 km zur westlichen Ecke des Aristarchus-Plateaus. Man hat den Eindruck, dass diese Rille von einem Lavastrom erzeugt wurde, der aus dem Kobrakopf hervorquoll und sich seinen Weg entlang eines gewundenen Pfades in tiefere Gebiete gegraben hat. Die

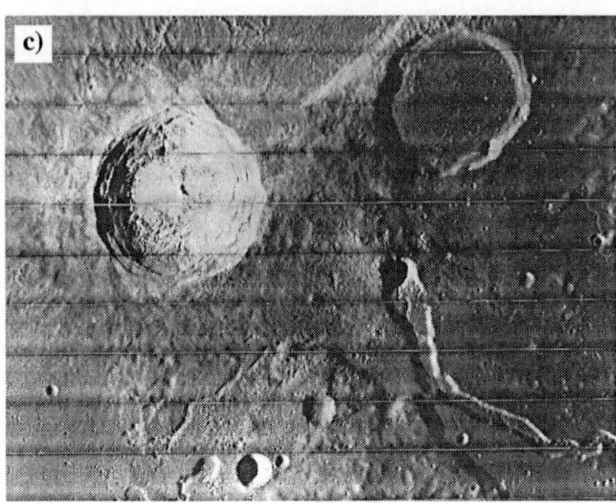

Abb. 8.7(c) *Lunar Orbiter IV*-Aufnahme von Aristarchus, Herodotus und Vallis Schröteri. (Mit freundlicher Genehmigung der NASA und Von Professor E. A. Whitaker.)

meisten Mondexperten glauben, dass es sich tatsächlich so zugetragen hat. Entlang des Talbodens verläuft eine noch feinere sinusförmige Rille, ein Hinweis auf zumindest noch einen späteren Lavastrom. In Abbildung 8.7(c), einer Aufnahme von *Lunar Orbiter IV,* ist das am besten zu erkennen.

Das ganze Gebiet ist reich an sinusförmigen Rillen. Die geologische Geschichte dieser Region ist ziemlich kompliziert. (Ich würde ja eigentlich den Begriff „selenologisch" vorziehen, aber dieser Ausdruck klingt heutzutage ziemlich altmodisch.)

Diese Gegend ist besonders interessant für diejenigen, die sich mit dem kontroversen Thema transienter Mondphänomene beschäftigen. Etwa ein Drittel aller berichteten TLPs stammen aus Aristarchus und seiner Umgebung. Wenn man all den Berichten Glauben schenkt, ist dies die Region mit den meisten Ereignissen. Man sollte jedoch beachten, dass die außergewöhnliche Helligkeit von Aristarchus wohl für viele irrtümliche Berichte verantwortlich ist. Gerade das Farbflimmern – ein durch die Erdatmosphäre verursachtes prismatisches Aufspalten von Farben an der Grenzlinie von Licht und Schatten – ist in diesem Krater besonders augenscheinlich. Der südliche Teil des Kraterrandes bis hin zur südlichen Grenze der Auswurfsdecke zeigt häufig ein gelbes bis orangerotes Leuchten, die Gegenfarbe zeigt sich dann hauptsächlich am nördlichen Kraterrand. Bei der Beobachtung tritt zudem auch ein Auswahleffekt auf. Weil diese Gegend scheinbar so ereignisreich ist, neigen Beobachter dazu, ihre Beobachtungsanstrengungen auf dieses Gebiet zu konzentrieren, wodurch die Statistik verzerrt wird. Dennoch gibt es wirklich einige Hinweise auf tatsächliche TLPs in dieser Region und es ist sicher von Bedeutung, dass das Teilchenspektrometer von *Apollo 15* beim Überflug über Aristarchus eine überdurchschnittliche Ausgasung von Radon angezeigt hat.

Neben vielfältigen Berichten, die Aristarchus selbst betreffen, wurden auch verschiedene Berichte von Nebeln und Verfärbungen verzeichnet, die vom Kobrakopf ausgingen. Das TLP-Ereignis, das mir von einigen wenigen, die ich selbst beobachtet habe, am glaubhaftesten erscheint, fand beim Krater Aristarchus statt. Mehr darüber und den ganzen Themenkomplex transienter lunarer Phänomene erfahren Sie im nächsten Kapitel.

8.8 Aristoteles [50°N, 17°O], Eudoxus und Egede

Am „Südufer" des Mare Frigoris, etwas östlich der Montes Alpes befindet sich der prächtige Krater Aristoteles. Der fein terrassierte Kraterwall hat einen Durchmesser von 87 km und erhebt sich 3,3 km über den hügeligen Kraterboden. Etwas weiter südlich, am Nordende der Montes Caucasus, liegt der 67 km große Krater Eudoxus. Seine Kraterwälle sind genau so hoch wie die des Aristoteles.

Aristoteles und Eudoxus sind ein großartiges Kraterpaar, das bei fast allen Mondphasen leicht zu finden ist. Abbildung 8.8(a) zeigt diese Formation im Morgenlicht, Abbildung 8.8(b) dagegen am Nachmittag. Beide Aufnahmen wurden mit dem 1,5 m Reflektor des Catalina Observatory gemacht: (A) wurde am 20. Januar 1967 um 1:45 UT aufgenommen und (b) am 4. September 1966 um 10:03 UT. Bei keiner der Aufnahmen befand sich der Terminator in der Nähe. Ich überlasse Ihnen die Untersuchung der topographischen Einzelheiten dieses Gebietes und das Herausarbeiten des zeitlichen Ablaufs. (Dabei empfehle ich Ihnen besonders den Bogen von Berggipfeln, der sich nördlich von Aristoteles zu Eudoxus erstreckt).

Es gibt jedoch etwas, auf das ich Ihre Aufmerksamkeit lenken möchte: die deutlich polygonalen (vieleckigen) Umrisse der Krater. Beachten Sie, dass auch der

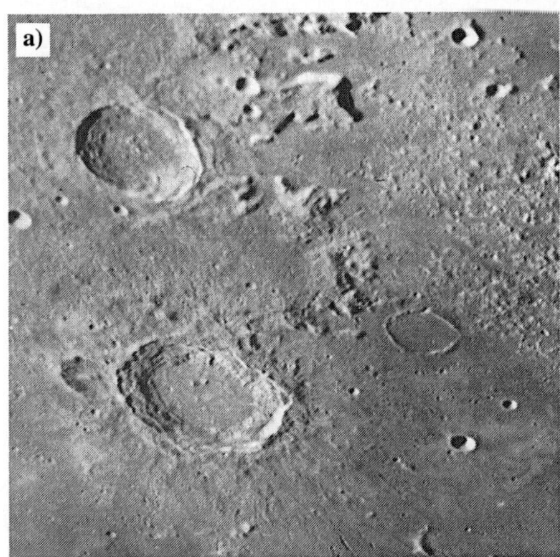

Abb. 8.8(a) Aristoteles (unten) und Eudoxus sind die größten Krater in dieser Aufnahme des Catalina Observatory, photographiert bei einer selenographischen Colongitude von 18,4°. Der kleine lavaüberflutete Krater rechts ist Egede. (Mit freundlicher Genehmigung des Lunar and Planetary Laboratory.)

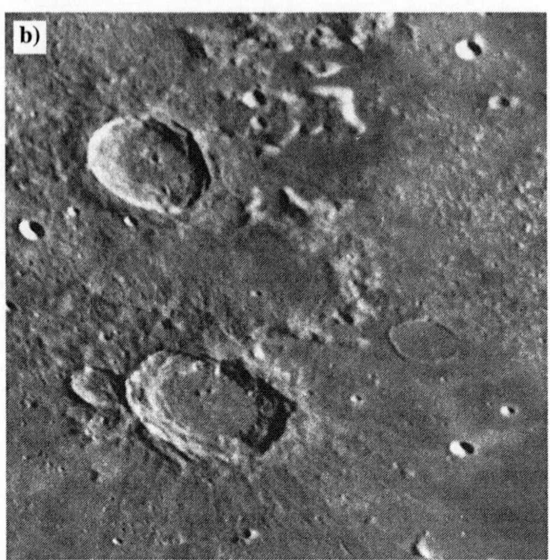

Abb. 8.8(b) Aristoteles und Umgebung bei einer selenographischen Colongitude von 142,6°. (Aufnahme: Catalina Observatory. Mit freundlicher Genehmigung des Lunar and Planetary Laboratory.)

kleine (37 km Durchmesser) zerfallene und überflutete Krater Egede, der westlich des eben erwähnten Bogens von Berggipfeln liegt, den selben polygonalen Umriss zeigt.

Wenn Sie jemanden, der nur gelegentlich den Mond beobachtet, nach der Form der Mondkrater fragen, so wird er wahrscheinlich antworten, dass sie rund wären. Tatsächlich sind viele von ihnen aber deutlich polygonal. Es gibt auch Anzeichen dafür, dass viele der Verwerfungen auf der Mondoberfläche ungefähr dieselben Ausrichtungen haben, wie die Verzerrungen der Kraterumrisse.

Dies bezeichnet man als das lunare Gitternetzsystem, obwohl nicht jeder an dessen Gültigkeit glaubt. Gab es vielleicht in jüngerer Zeit eine Verzerrung der Mondoberfläche, die Ursache für diese Ausrichtungen ist (denn sogar einige der jüngsten Krater besitzen vieleckige Umrisse)? Das erscheint ziemlich unwahrscheinlich. Aber es bleibt ein Rätsel.

8.9 Bailly [67°S, 291°O]

Im alten Sprachgebrauch wurden die größten Krater als „Wallebenen" oder „Ringebenen" bezeichnet. Bailly ist mit einem Durchmesser von 303 km die größte dieser „Wallebenen" auf der erdzugewandten Mondhemisphäre. Heutzutage betrachtet man Bailly als eines der kleinsten Mondbecken. Becken sind in ungefähr gleicher Häufigkeit über beide Mondhalbkugeln verteilt, aber die auf der erdzugewandten Seite sind fast alle mit Mare-Basalten angefüllt. Im Gegensatz dazu gab es fast keine mare-artigen Lavaüberflutungen auf der Mondrückseite und so sind die Becken immer noch im Urzustand, wie zum Beispiel

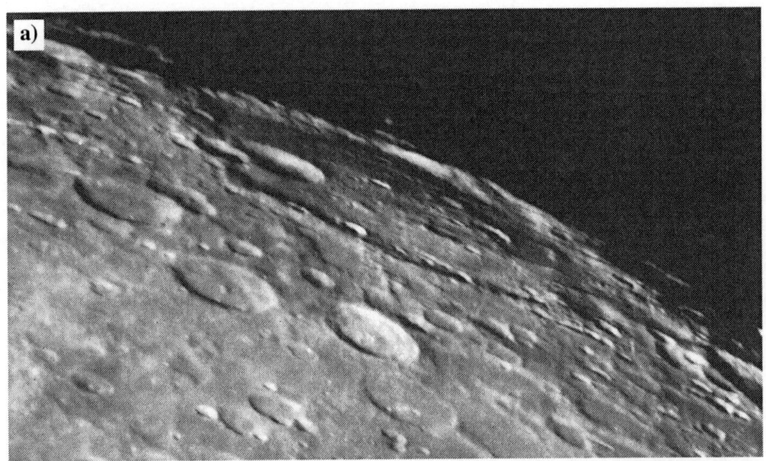

Abb. 8.9(a) Bailly, bei einer selenographischen Colongitude von 80,9°. (Aufnahme: Catalina Observatory. Mit freundlicher Genehmigung des Lunar and Planetary Laboratory.)

auch Bailly. Die großen Projektile, die diese Becken erzeugten, gehörten zur Frühgeschichte des Mondes. Aller Wahrscheinlichkeit nach ist Bailly mehr als 3 Milliarden Jahre alt.

Es gibt wahrscheinlich zwei Gründe, die miteinander zusammenhängen, warum Bailly von einer Überflutung mit Lava verschont blieb. Zum einen war der Einschlag nicht groß genug, um die dünne Mondkruste zu durchbrechen und die oberen Schichten des Mondmantels zu erreichen. Alle lavaüberfluteten Becken auf der Mondvorderseite haben einen größeren Durchmesser als Bailly. Zum anderen befindet sich Bailly an einer Stelle, an der die Mondkruste dicker ist als die durchschnittliche Krustendicke der erdzugewandten Seite. Das ist auch bei den großen Becken auf der Mondrückseite der Fall.

Weil Bailly sich so nahe am Südwestrand des Mondes befindet, lässt er sich am besten kurz vor Vollmond beobachten, wenn die Morgensonne über dem Krater aufgeht. Es kann aber auch vorkommen, dass die Beobachtung durch die Libration erschwert wird. Am Mondabend ist er nicht so gut zu sehen, weil der Mond dann nur eine dünne Sichel zeigt und zu nahe an der Sonne steht, um gute Beobachtungsbedingungen zu bieten. Wahrscheinlich entging Bailly aus diesem Grund den ersten Selenographen. Cassini war der erste, der ihn in seine Mondkarte von 1680 eingezeichnet hat.

Abbildung 8.9(a) zeigt eine schöne Aufnahme dieser riesigen Formation. Sie wurde am 6. Januar 1966 um 5:45 UT mit dem 1,5 m Reflektor des Catalina Observatory gemacht. Das hohe Alter dieser Formation wird durch die Zerfallserscheinungen offensichtlich. Man kann sehen, wie die Kraterwälle durch Äonen

Abb. 8.9(b)   Bailly ist auf dieser Aufnahme größtenteils im Dunkeln, aber man kann einen Teil des Kraterrandes von Bailly A erkennen, der im Morgensonnenlicht herausragt. Selenographische Colongitude 61,0°. (Aufnahme: Catalina Observatory. Mit freundlicher Genehmigung des Lunar and Planetary Laboratory.)

voller Einschläge erodiert und abgeschliffen wurden. Und dennoch erheben sie sich an einigen Stellen mehr als 4 km über den Kraterboden.

Wenn Bailly sichtbar und die Beobachtungsbedingungen gut sind, sollten Sie ihn einmal selbst untersuchen. Sie werden bemerken, dass der Boden dieser Formation mit Myriaden von Kratern übersät ist. Die perspektivische Verzerrung stellt jedoch immer eine Herausforderung an ein erfolgreiches Beobachten dar. Am Südostrand wird Bailly von zwei großen Kratern überlagert. Der kleinere der beiden trägt die Bezeichnung Bailly A. Er hat einen Durchmesser von 38 km und durchbricht den Wall von Bailly. Der größere trug eine Zeit lang den Namen Hare, hat aber jetzt wieder seine ursprüngliche Bezeichnung Bailly B wieder. Er ist 65 km groß und 4 km tief.

Das Beobachten, Zeichnen und Photographieren von Mondformationen, die gerade vom Terminator überquert werden, ist sehr lehrreich. Dies bietet die einzige Möglichkeit für den Amateur, wissenschaftlich sinnvolle eigene topographische Studien zu machen. Betrachten wir einmal Abbildung 8.9(b). Dies ist eine weitere Aufnahme des Catalina Observatory. Sie wurde am 27. Februar 1967 um 3:43 UT gemacht, bei einer etwas früheren Mondphase als Abbildung 8.9(a). Zu diesem Zeitpunkt lag der Kraterboden von Bailly fast vollständig im Schatten. Beachten Sie aber, wie der Rand von Baily B die ersten Sonnenstrahlen des Mondmorgens empfängt.

Bailly ist eine uralte, sehr faszinierende Mondformation, aber es ist nicht leicht, sie mit dem Teleskop zu untersuchen.

8.10 Bullialdus [21°S, 338°O], König, Lubiniezky und Wolf

Bullialdus ist mit einem Durchmesser von 61 km nicht gerade einer der größten, dafür aber einer der am schönsten geformten Krater des Mondes. Trotz seiner geringen Größe ist er sehr leicht zu finden, sitzt er doch auffällig inmitten des Mare Nubium. Abbildung 8.10(a) ist eine Aufnahme des Catalina Observatory, die am 23. Dezember 1966 um 4:54 UT mit dem 1,5 m Reflektor gemacht wurde. Auffällig an diesem Photo sind seine terrassierten Wände (etwa 2,4 km hoch), sein polygoner Umriss und sein konvexer, leicht nach oben gewölbter Kraterboden.

Bullialdus enthält eine Unmenge interessanter Details, genug um einen Beobachter mit einem mittelgroßen Teleskop längere Zeit zu beschäftigen. Das Zentralgebirge ist sehr komplex und ändert seine Erscheinungsform im Verlaufe einer Lunation beträchtlich, wenn die Schatten beim Wandern der Sonne ihre Lage und Größe verändern. Der Kraterboden zeigt noch einen anderen Schatteneffekt: Bei Morgenbeleuchtung und niedrigem Sonnenstand scheint er sehr dunkel und gleichmäßig gefärbt zu sein (was durch die Konvexität bewirkt wird), aber er nimmt mit zunehmendem Sonnenstand an Helligkeit zu und es erscheinen dunkle Muster, deren Sichtbarkeit und Form sich ändert, bis sie bei Sonnenuntergang wieder verblassen. Dieser Effekt wird von der Unebenheit des Kraterbodens verursacht. Die winzigen Schatten, die von dem Oberflächenrelief erzeugt werden, sind zu klein um sie einzeln wahrzunehmen, zusammen aber ergeben sie den genannten Effekt, der durch das Fernrohr sichtbar wird.

Um den Vollmond herum werden das Zentralgebirge und der Kraterrand immer heller und im Inneren kann man viele helle Flecken erkennen.

Außerhalb der Vollmondzeit kann der aufmerksame Beobachter einige kleine Krater und Erdrutsche in den inneren Terrassen von Bullialdus erkennen. Beachten Sie die dünnen Linien schwarzen Schattens, die die Terrassen im südwestlichen Inneren deutlich abgrenzen. Eindeutig sind hier die einzelnen Terrassenstufen um einige Grad nach hinten gekippt. Der schwarze Fleck am Südende kann auch sehr auffällig werden, woran man erkennt, dass es sich hier um eine konkave Mulde handelt. Bei hohem Sonnenstand wird an dieser Stelle ein Hügelkamm sichtbar, der radial die Terrassen herunter verläuft. Schauen Sie sich Abbildung 8.10(a) genauer an und Sie werden den verdächtigen Bergrücken ausmachen können, der südöstlich vom Zentralgebirge zum Fuß der terrassierten Wälle verläuft.

Von besonderem Interesse sind auch die Außenwälle von Bullialdus. Die komplexe Anordnung von Bergrücken, von denen die meisten radial zum Krater verlaufen, die Ketten von Sekundärkratern und die Decke von Auswurfsmaterial sind alle in Abbildung 8.10(a) sichtbar. Abbildung 8.10(b) (eine weitere Aufnahme des Catalina Observatory vom 29. Mai 1966 um 4:41 UT) zeigt diese Einzelheiten noch besser, hier ist das Innere von Bullialdus mit schwarzem Schatten gefüllt.

Abb. 8.10(a) Bullialdus ist der größte Krater auf dieser Aufnahme. Selenographische Colongitude 39,9°. Bullialdus A verschmilzt fast mit Bullialdus und Bullialdus B befindet sich etwas darüber. Oben rechts ist der Krater König, ganz unten der Krater Lubiniezky. (Aufnahme: Catalina Observatory. Mit freundlicher Genehmigung des Lunar and Planetary Laboratory.)

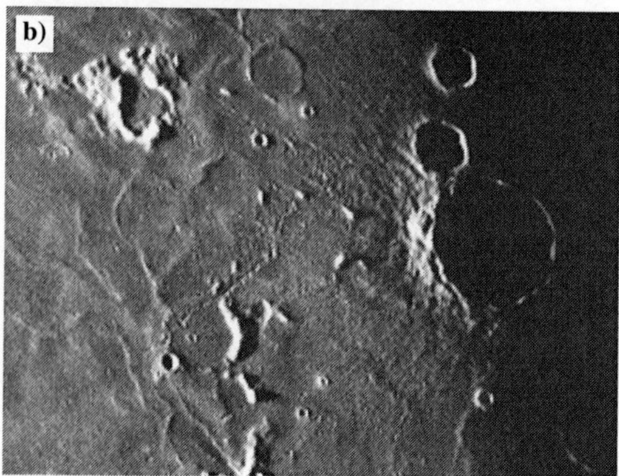

Abb. 8.10(b) Bullialdus ist etwas weiter rechts und voller Schatten. Die auffällige Formation oben links ist der Krater Wolf. Selenographische Colongitude 22,6°. (Aufnahme: Catalina Observatory. Mit freundlicher Genehmigung des Lunar and Planetary Laboratory.)

Der 26 km große Krater Bullialdus A grenzt an den Südrand von Bullialdus. Das unebene Gelände ihrer gemeinsamen äußeren Flanke ist interessant. Welcher Krater ist Ihrer Meinung nach zuerst entstanden? Die Antwort darauf sollte ziemlich offensichtlich sein, doch ich möchte sie dem Leser als Übungsaufgabe überlassen.

Ein wenig weiter südsüdwestlich, in 20 km Entfernung vom Kraterrand von Bullialdus A liegt Bullialdus B, der einen Durchmesser von 20 km hat. Der Vergleich der Umrisse dieser kleinen Krater mit dem von Bullialdus selbst ist sehr aufschlussreich.

Ungefähr 80 km westsüdwestlich von Bullialdus B finden wir den etwa gleich großen (23 km) und noch vieleckigeren Krater König. Er ist stärker zerfallen als Bullialdus A oder B. Alle haben recht flache Zentralberge und ihr Inneres ist von Hügeln übersät.

Nordnordwestlich von Bulliladus befindet sich der verfallene und mit Lava überflutete Krater Lubiniezky. Sein 44 km großer Ringwall ist zu Bulliladus hin durchbrochen, wie man in Abbildung 8.10(a) sieht. Auffällig ist auch ein heller Streifen, der das Innere von Lubiniezky durchzieht und genau so ausgerichtet ist wie ein ähnlicher, tangential von Bullialdus ausgehender Streifen. Genauere Untersuchungen ergeben, dass dies nur der hellste Vertreter eines ganzen Musters heller paralleler Streifen gleichen Abstandes ist, das sich in der gesamten näheren Umgebung wiederfindet, aber im Innern von Lubiniezky am auffälligsten ist.

Die uralte basaltische Lavadecke ist mit Kratern übersät, aber die meisten davon sind selbst in größeren Teleskopen bei exzellenten Bedingungen nur schwer zu sehen.

Abbildung 8.10(b) zeigt im oberen linken Bildteil eine sehr eigenartige Formation, die unter dem Namen Wolf bekannt ist. Die genauere Untersuchung möchte ich Ihnen als Herausforderung überlassen, ebenso den Geisterkrater rechts daneben. Dies ist eine durch und durch faszinierende Mondregion.

8.11 Cassini [40°N, 5°O], Theatetus

Cassini ist ein ziemlich auffälliger Krater, der im Palus Nebularum am Südende der Mond-Alpen liegt. Westlich von ihm befinden sich die nördlichen Ausläufer der Montes Caucasus. Der Krater tritt bei jedem Sonnenstand außer Vollmond deutlich hervor und so ist es ziemlich überraschend, dass er von den ganz frühen Selenographen nicht registriert wurde. Cassini ist der Erste gewesen, der ihn in seine Mondkarte aus dem Jahre 1692 eingezeichnet hat. Nur damit keinerlei Zweifel aufkommt möchte ich hinzufügen, dass natürlich niemand glaubt, dass der Krater erst drei Jahrhunderte alt ist. Den genauen Zeitpunkt des Einschlags zu bestimmen ist ziemlich schwierig, aber wir rechnen hier in Größenordnungen von Milliarden von Jahren, nicht Jahrhunderten.

Abbildung 8.11(a) wurde mit dem 1,5 m Reflektor des Catalina Observatory am 6. September um 10:44 UT gemacht, die selenographische Colongitude der Sonne betrug 167,3°. Cassini selbst hat einen Ringdurchmesser von 57 km und besitzt einen ziemlich breiten und komplexen Außenwall. Auf dem Photo kann man erkennen, dass der Krater teilweise mit mareähnlicher Lava überflutet wurde, wahrscheinlich während der größeren Überflutungsperiode vor 3,3 Milliarden Jahren, in der sich das Imbrium-Becken füllte. Der Einschlag, der den Krater geformt hat, ereignete sich vielleicht aber auch kurze Zeit später und hat die immer noch dünne Kruste unter dem Krater aufgerissen, was ein anschließendes Hervorquellen der Lava ermöglichte.

Natürlich ist der Kraterboden alt und deshalb mit kleinen Kratern übersättigt, es gibt in Seinem Inneren aber auch ein paar größere Krater. Der größte davon, Cassini A, hat 15 km Durchmesser und liegt etwas nördlich der Mitte. In der Nähe des südwestlichen Kraterrands befindet sich der 9 km große Krater Cassini B. Der Kraterboden von Cassini enthält noch einige Hügel und Bergkämme sowie eine Anzahl kleinerer Krater, die ein gutes Testobjekt für Beobachter mit großem Teleskop bei günstigen Sichtbedingungen sind. Abbildung 8.11(b) zeigt

Abb. 8.11(a) Cassini (mitte) und Theaetetus (links oberhalb von Cassini). (Aufnahme: Catalina Observatory. Mit freundlicher Genehmigung des Lunar and Planetary Laboratory.)

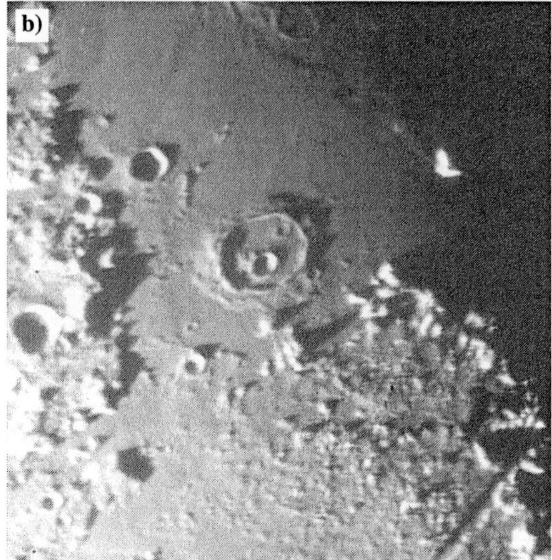

Abb. 8.11(b) Cassini. CCD-Aufnahme von Gordon Rogers.

eine gute CCD-Aufnahme von Cassini, die von Gordon Rogers am 15. Februar um 0:49 UT mit seinem 406 mm *Meade* LX200 Teleskop und einer *Starlight Xpress* CCD-Kamera gemacht wurde.

Der nächste größere Krater ist Theaetetus, der etwa hundert Kilometer weiter im Südosten in den westlichen Ausläufern der Montes Caucasus eingebettet ist. Er hat einen Durchmesser von 25 km und sein Umriss ist auf den ersten Blick ziemlich verzerrt. Der Rand von Theaetetus erhebt sich 600 Meter über das Umgebungsniveau und sein Boden ist etwa 2 km tiefer als der Kraterrand. Er besitzt einen kleinen ziemlich niedrigen Zentralhügel. Das Terrain im Norden und Osten des Kraters ist ziemlich komplex.

Von W. H. Pickering und anderen Beobachtern wurde gelegentlich über seltsame Erscheinungen in der Nähe von Theaetetus berichtet. Im Jahre 1902 hat der französische Astronom Charbonneaux mit dem 830 mm Refraktor des Observatoriums von Meudon die Bildung einer kurzlebigen „weißen Wolke" in der Nähe des Kraters beobachtet und 1952 sah Patrick Moore mit seinem 12½ Zoll (318 mm) Newton-Reflektor, wie eine verschwommene Linie aus Licht das ansonsten im Schatten liegende Innere des Kraters durchquerte.

8.12 Clavius [58°S, 345°O], Porter, Rutherfurd, Clavius C, D, J, K und N

Im südlichen Hochland des Mondes gelegen, gehört Clavius sicherlich zu den bekanntesten und am leichtesten zu findenden Mondformationen. Es ist ein riesiger Krater (225 km Durchmesser) des Typs, den man früher als Wallebene bezeichnet hat.

Bei einem Mondalter von etwa 8 bis 9 Tagen (was einer selenographischen Colongitude von etwa 17° entspricht) ist er vollständig mit Schatten gefüllt. Bei guter Sehschärfe kann man ihn zu diesem Zeitpunkt ohne optische Hilfsmittel als deutliche Einbuchtung am Terminator erkennen. Der Sonnenaufgang über dieser Formation ist sehr spektakulär, da die Zentralregion als erstes beleuchtet wird. In Abbildung 8.12(a) gelang es Andrew Johnson diesen grandiosen Anblick zeichnerisch festzuhalten. Man sieht, dass der Kraterboden der allgemeinen Krümmung der Mondoberfläche folgt. Tatsächlich wäre es für einen hypothetischen Beobachter innerhalb von Clavius nicht ersichtlich, dass er sich im Inneren eines Krater befindet.

Vom Zentrum aus könnte er die Kraterwälle nicht sehen, und wenn er sich in Sichtweite eines Kraterwalles befände, könnte er nicht sehen, wie dieser sich auf der anderen Seite des Kraters fortsetzt. Abbildung 8.12(b) ist eine Aufnahme des Catalina Observatory, die diese Formation bei einem etwas höheren Sonnenstand zeigt. Sie wurde mit dem 1,5 m Reflektor am 20. Januar 1967 um 1:52 UT gemacht, die selenographischen Colongitude betrug 18,5°.

Clavius ist etwa 4 Milliarden Jahre alt und stammt aus der Nectaris-Periode. Daher ist er etwas älter als das Mare Imbrium und die globale Lavaüberflutung der großen Becken, bei denen die Mare gebildet wurden. Ich würde jedoch wetten, dass er etwas jünger ist als Bailly. Einen detaillierten Vergleich von Bailly und Clavius überlasse ich Ihnen.

Auch wenn die offizielle Klassifikation eines Beckens Formationen mit mehr als 300 km Durchmesser vorbehalten ist, gibt es keinen Zweifel daran, dass es sich bei Clavius nur um ein kleineres Exemplar eines Beckens handelt. Die Kraterwälle von Clavius erheben sich nur wenig über die äußere Umgebung. Im Süden sind sie sehr stark zerfallen und hier ist der Kraterrand kaum ausgeprägt. Clavius ist eigentlich eine große Senke, die 3,5 km unterhalb des umgebenden Geländes liegt. Die Beschaffenheit des Kraterwalls ändert sich rund um den Krater. Im Norden und Westen sind die Terrassen breit und uneben und werden

a)

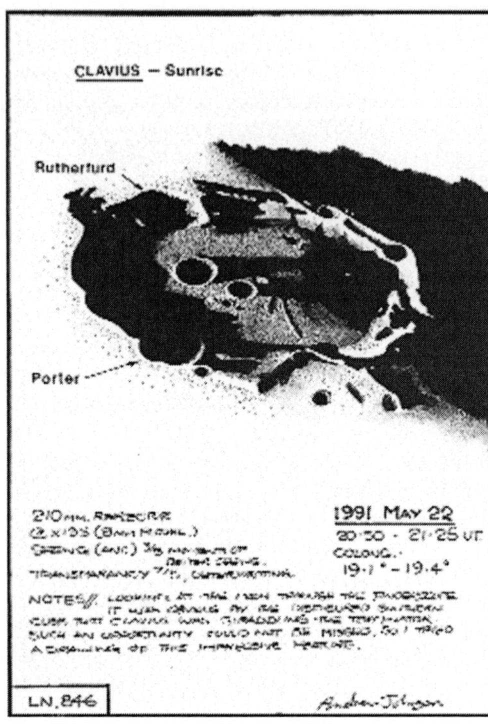

Abb. 8.12(a) Clavius, gezeichnet von Andrew Johnson. Die Notiz lautet: „Als ich durch den Sucher schaute war mir beim Anblick der verbogenen Südspitze klar, das Clavius auf dem Terminator sitzt. Solch eine Gelegenheit sollte man nicht verpassen, also versuchte ich, diese eindrucksvolle Formation zu zeichnen.“

im Süden zu schmalen und steilen Klippen. Die sehr komplexe und hügelige Struktur des restlichen Kraterwalls ist in Abbildung 8.12(b) zu sehen. Abgesehen von seiner Größe ist das auffälligste an Clavius die Krater in seinem Inneren. Anfangend bei dem 48 km großen Rutherfurd (in älteren Karten als Clavius A bezeichnet) spannt sich ein Bogen immer kleiner werdender Krater über den Boden von Clavius. Clavius D (28 km) ist der nächste, dann kommen C (21 km), N (13 km), und J (12 km). Dies sind die Hauptkrater, die mit einer Vielzahl kleinerer Krater einen geschlossenen Bogen bilden, der sich wieder zu Rutherfurd zurück wendet bevor er den südwestlichen Kraterrand erreicht. Der Bogen ist zwar nur annähernd kreisförmig und in dem Gebiet der kleineren Krater nicht besonders scharf definiert, aber dennoch recht auffällig. Vertreter der endogenen Ursache der Kraterentstehung benutzten diesen Kraterbogen zur Unterstützung ihrer Theorie. Es ist auch nicht schwer zu erkennen warum.

Ich finde es nicht leicht zu akzeptieren, dass die Entstehung des Inneren von Clavius das Ergebnis von zufälligen Einschlägen ist. Ich bin deswegen aber nicht dafür, die Einschlagstheorie der Kraterentstehung aufzugeben! Ich denke nur, dass die Situation bei Clavius etwas komplizierter ist. Kann es sein, das die einschlagenden Objekte zusammen in einer Art Formation eingetroffen sind?

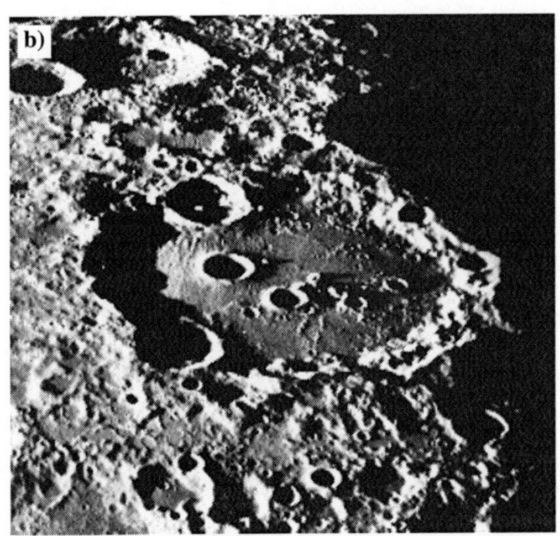

Abb. 8.12(b) Clavius. (Aufnahme: Catalina Observatory. Mit freundlicher Genehmigung des Lunar and Planetary Laboratory.)

Das ist vielleicht nicht so fantastisch wie es klingt. Man stelle sich einen auseinandergebrochenen Asteroiden oder Kometenkern vor, der in den bereits existierenden Krater eingeschlagen ist. Dabei gibt es aber ein Problem: Betrachtet man die Verteilung ihres Auswurfmaterials, so ergeben sich Hinweise, dass die Krater nicht das gleiche Alter haben. Clavius D scheint der jüngste zu sein. Die Morphologie dieses Gebietes ist jedoch sehr kompliziert und diese Altersunterschiede sind möglicherweise mit Fehlern behaftet. Ich sollte betonen, dass nach der offiziellen Lehrmeinung die Anordnung der Krater innerhalb von Clavius rein zufällig ist. Was auch immer richtig sein mag, Clavius gehört sicher nicht zu den Mondformationen, die einfach zu verstehen sind!

Auch wenn die vorangegangene Theorie richtig wäre, dass die Kraterkette innerhalb Clavius von einem einzigen auseinandergebrochenen Objekt erzeugt wurde, ist der Krater Rutherfurd sicher nicht bei diesem Ereignis entstanden. Rutherfurd zeigt nämlich – anders als die zuvor erwähnten Krater – deutliche Anzeichen dafür, dass er durch einen Einschlag mit sehr niedrigen Einschlagswinkel entstanden ist. Er besitzt einen verschobenen Zentralberg und ein Auswurfsmuster (zugegebenermaßen sehr schwach und nur schwer zu erkennen), das auf einen Einschlag unter niedrigem Winkel aus Südosten hinweist. Zusätzlich zu den bereits erwähnten Einzelheiten ist das Innere von Rutherfurd sehr komplex und ziemlich untypisch für einen Krater seiner Größe. Eine Reihe von Hügelketten erstreckt sich radial vom Rande Rutherfurds aus über den Kraterboden von Clavius.

Während Rutherfurd im Südwesten auf dem Kraterwall von Clavius sitzt, macht Porter das gleiche im Nordosten. Mit 52 km Durchmesser ist er etwas größer als Rutherfurd und nicht kreisförmig. Auch er hat ein ziemlich komplexes unebenes Innere und hügelige Außenwälle. Auf älteren Karten wird Porter als Clavius B bezeichnet. Andere große Krater, die in den Kraterrand von Clavius einschlugen, sind der 24 km große Clavius L im Westen und der 20 km große Clavius K südwestlich von Clavius L.

Es ist auch recht eigenartig, dass es im Kraterinneren von Clavius (hauptsächlich im Osten) Gebiete gibt, die ziemlich glatt sind. Vielleicht sind die Einschläge, bei denen die Krater Rutherfurd und Porter entstanden sind, dafür mitverantwortlich. Könnte Vulkanismus in der Frühgeschichte von Clavius eine Rolle gespielt haben? Der Anblick von Clavius ist auch schon in einem kleinen Teleskop sehr spektakulär, und es gibt noch vieles an Clavius, was wir nicht verstehen.

8.13 Copernicus [10°N, 340°O]

Als frühes Beispiel von Satire (und sicher nicht das einzige, das mit Himmelskörpern zu tun hat) muss man Ricciolis Benennung des Mondkraters Copernicus im 17. Jahrhundert verstehen. Er verabscheute die Vorstellung, dass die Erde die Sonne umkreist, die von Nicolaus Copernicus ein Jahrhundert zuvor vertreten wurde. Zur Strafe dafür hat er „Copernicus in den Ozean der Stürme geworfen", wie er selbst sagte.

Dar er Copernicus auffällig inmitten des Oceanus Procellarum platziert hat, kann man Riccioli wohl kaum vorwerfen „die Opposition totzuschweigen". Heute wissen wir, dass die Sonne im Mittelpunkt unseres Planetensystems steht, und da passt es nur zu gut, dass eine der auffälligsten Mondformationen den Namen Copernicus trägt. Ich frage mich, was wohl Ricciolis Reaktion gewesen wäre, wenn er gewusst hätte, dass sein Gespött so sehr nach hinten losging!

In ihrem Buch „The Moon" aus dem Jahre 1874 schrieben Nasmyth und Carpenter über den Krater Copernicus:

Man muss ihn zu recht als einen der großartigsten und lehrreichsten Mondkrater betrachten. Obwohl sein großer Durchmesser (46 Meilen) von anderen übertroffen wird, bildet er doch insgesamt das eindrucksvollste und interessantest Objekt seiner Klasse. Seine Lage nahe der Mitte der Mondscheibe macht all seine prächtigen Einzelheiten und die umliegenden Objekte so auffällig, dass er zum Lieblingsobjekt wird.

Dem kann man kaum widersprechen. T. G. Elger, ein bekannter Mondbeobachter, Autor eines Mondbuches und erster Direktor der Mondabteilung der British Astronomical Association nannte Copernicus „den Monarch des Mondes".

Nach heutigen Messungen hat Copernicus einen Durchmesser von 93 km. Kurz vor dem ersten und dem letzten Viertel ist der Krater vollständig mit Schatten gefüllt. Abbildung 8.13(a), photographiert von Tony Pacey, zeigt den Sonnenaufgang über dieser Formation. Wenn die Sonne höher steigt und sich die Schatten zu seinen östlichen Flanken zurückziehen enthüllt er immer mehr seines spektakulären Inneren, wie in Abbildung 8.13(b) zu sehen ist.

Abb. 8.13(a) Sonnenaufgang über Copernicus (rechts), aufgenommen von Tony Pacey am 12. Februar 1992 um 21:35 UT mit seinem 10 Zoll (254 mm) f/5,5 Newton-Reflektor. Das Bild wurde mittels Okularprojektion auf f/50 vergrößert und mit 0,5 s Belichtungszeit auf T-Max Film aufgenommen. Der Film wurde mit HC110 entwickelt. Die selenographische Colongitude der Sonne betrug 22,3° zum Zeitpunkt der Aufnahme. Der Krater links auf dem Bild ist Eratosthenes, Beschreibung siehe Abschnitt 8.5.

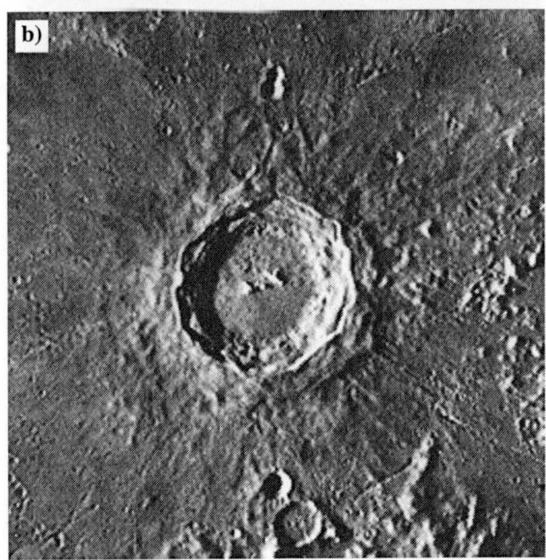

Abb. 8.13(b) Copernicus, photographiert mit dem 1,5 m Reflektor des Catalina Observatory am 21. Januar 1967 um 2:44 UT, als die selenographische Colongitude der Sonne 31,4° betrug.

c) 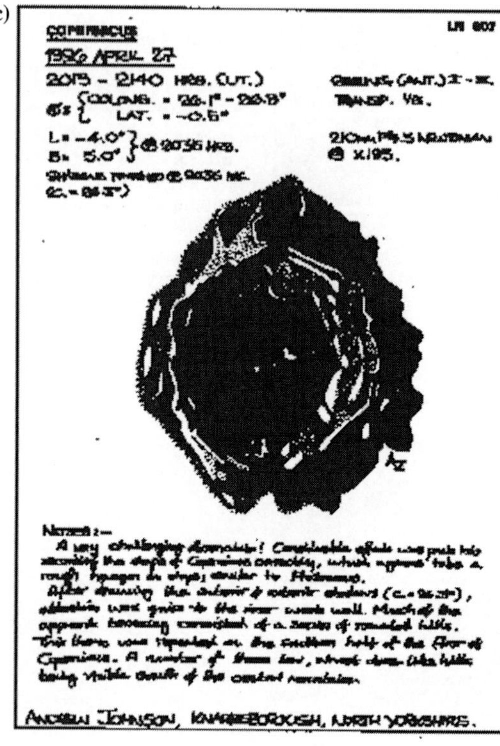

Abb. 8.13(c) Copernicus, gezeichnet von Andrew Johnson. Die Notiz lautet: „Die Beobachtung war eine ziemliche Herausforderung! Habe mich bemüht, die Form von Copernicus richtig darzustellen. Er erscheint etwas sechseckig, ähnlich wie Ptolemaeus. Nachdem ich die inneren und äußeren Schatten gezeichnet habe, wand ich meine Aufmerksamkeit dem inneren westlichen Kraterrand zu. Viele der scheinbaren Terrassen bestehen aus einer Reihe von rundlichen Hügeln. Dies setzt sich in der südlichen Hälfte des Kraterbodens fort. Eine Anzahl dieser niedrigen, fast domartigen Hügel ist südlich der Zentralberge sichtbar.“

Das erste was man bemerkt ist die Tatsache, dass der Umriss des Kraters kein perfekter Kreis ist. Er besteht aus annähernd linearen Abschnitten verschiedener Länge, die in kleinerem Maßstab selbst wieder unregelmäßig sind. Dieser polygonale Umriss setzt sich durch das komplexe System der Terrassen ins Kraterinnere fort. Diese Terrassen entstanden durch die Überlagerung von Schockwellen direkt nach der gewaltigen Explosion, die diesen Krater erzeugte. (Man hat berechnet, dass deren Explosionskraft einem Äquivalent von 20 Billionen Kilotonnen TNT entsprach.) Die Terrassen sind aber nicht scharf abgeschnittene Stufen, wie sie in kleinen Teleskopen erscheinen, sondern sind eher glatte und abgerundete Hügel und Bergkämme. Andrew Johnson gibt diesen Eindruck in einer Zeichnung wieder, die er mit seinem 210 mm Reflektor gemacht hat (siehe Abbildung 8.13(c)).

Die Terrassen von Copernicus zeigen an einigen Stellen sogar Anzeichen von „Erdrutschen“. Das lässt sich am besten in Abbildung 8.13(d) erkennen, einer von Terry Platts unglaublichen CCD-Aufnahmen. Der Sonnenstand war bei dieser Aufnahme höher und zeigt deshalb mehr Details im östlichen Teil des Kraterinneren.

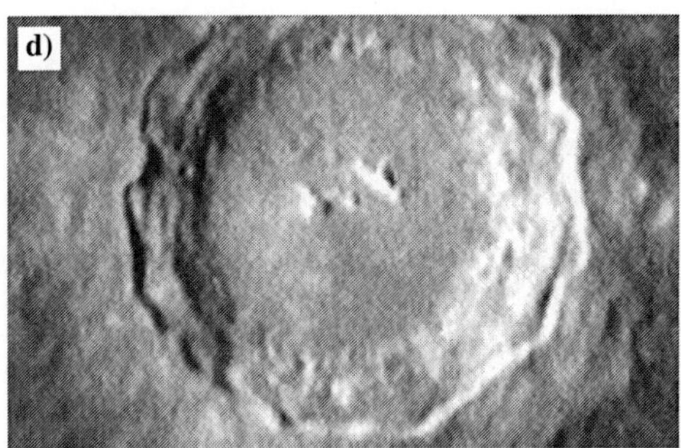

Abb. 8.13(d) Copernicus, aufgenommen von Terry Platt mit seinem 318 mm Dreifach-Schiefspiegler und einer *Starlight Xpress* CCD-Kamera. (Aufnahmedatum nicht bekannt).

Der Boden des Kraters ist eine fast kreisrunde Ebene von 62 km Durchmesser, die 3,8 km tiefer als der Kraterrand und 2,9 km unter dem Umgebungsniveau liegt. Der Zentralbergkomplex besteht aus mehreren Gipfeln, die ungefähr in Ost-West-Richtung ausgerichtet sind. Der höchste dieser Gipfel erhebt sich 1,2 km über den Kraterboden. Der südliche Teil des Kraterbodens ist deutlich hügeliger als der nördliche Teil.

Der äußere Kraterwall von Copernicus ist ein sehr komplexes Terrain von Hügeln, radial verlaufenden Bergkämmen und ausgeworfenem Kratermaterial. Tatsächlich war Copernicus der erste Krater in dessen Umgebung Sekundärkrater erkannt wurden (Cassini zeichnete sie in seine Mondkarte aus dem Jahre 1680). Schauen sie sich Abbildung 8.13(b) genau an und Sie werden sehen, dass

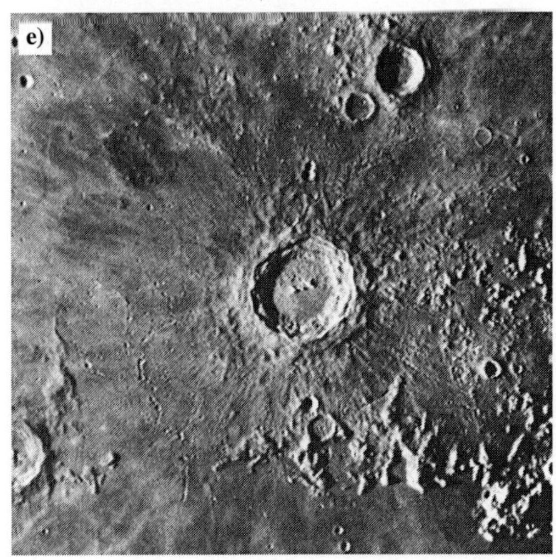

Abb. 8.13(e) Dieser größere Ausschnitt von (b) zeigt ein ausgeprägtes Muster von Sekundärkratern, das Copernicus umgibt.

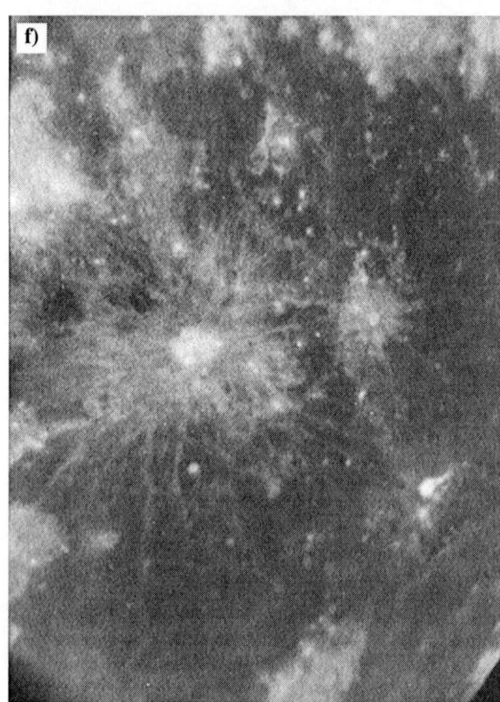

Abb. 8.13(f) Auf dieser Vollmond-Aufnahme sind die Strahlensysteme von Copernicus und Kepler sehr deutlich zu sehen. Aufnahme von Tony Pacey vom 23. November1991 mit einem 10 Zoll (254 mm) Newton-Reflektor und Okularprojektion auf *Illford* FP4 Film. Das helle Gebilde mit dem kometenähnlichen Schweif rechts unterhalb von Kepler ist Aristarchus.

Copernicus von vielen kleinen Kratern und Kraterketten umgeben ist. Sie wurden von Trümmermaterial erzeugt, das beim Einschlag aus dem Krater herausgeworfen wurde. Abbildung 8.13(e) zeigt eine großflächige Aufnahme von Copernicus. Stellen Sie sich vor, wie es unmittelbar nach dieser gewaltigen Explosion in der Umgebung ausgesehen haben muss – Steinblöcke und andere Trümmer regneten hernieder während seismische Schockwellen noch immer den Boden erschütterten!

Man hat berechnet, dass Copernicus vor etwa 800 Millionen Jahren entstanden ist, und das Zeitalter seit seiner Entstehung bis heute wird in der Chronologie des Mondes als die *Copernicanische Periode* bezeichnet. Unter den von *Apollo 17* zur Erde zurückgebrachten Gesteinsproben befindet sich auch Auswurfsmaterial von Copernicus. Wenn dieses richtig identifiziert worden ist, können wir Copernicus noch genauer datieren. Laboranalysen dieser Steine ergaben ein Alter von 810 Millionen Jahren.

Große Krater, die etwa gleich alt oder jünger als Copernicus sind, besitzen oft ein helles Kraterinneres und ein Strahlensystem. Das zu Copernicus gehörende Strahlensystem steht an zweiter Stelle aller Strahlensysteme auf dem Mond hinsichtlich der Auffälligkeit und Ausdehnung.

Abb. 8.13(g) Diese *Lunar Orbiter IV*-Aufnahme von Copernicus und seiner nordöstlichen Umgebung zeigt den inneren Teil seines Strahlensystems und das Auswurfsmuster der Sekundärkrater. (Mit freundlicher Genehmigung der NASA und von Professor E. A. Whitaker.)

Obwohl man fast immer (außer bei sehr tiefstehender Sonne) Spuren der Strahlen ausmachen kann, werden sie nur bei Vollmond richtig auffällig. Abbildung 8.13(f) zeigt eine großflächige Aufnahme des Strahlensystems von Copernicus bei hohem Sonnenstand. Diese Aufnahme, die von Tony Pacey mit seinem 254 mm Reflektor gemacht wurde, zeigt, dass das Kraterinnere heller ist als die Strahlen. Copernicus Strahlen sind zerzaust wie eine Feder, im Gegensatz zu den langen und geraden Strahlen von Tycho (der Nr. 1 der Strahlenkrater, zu dem wir noch in Abschnitt 8.46 kommen werden).

Das ganze Strahlensystem ist etwas verworren, viele der Strahlen gehen nicht radial vom Krater aus, und einige der Strahlen verlaufen sogar tangential zum Kraterrand. Strahlen des weiter westlich gelegenen Kraters Kepler vermischen sich mit dem Strahlensystem von Copernicus und machen das Ganze noch verworrener.

Abbildung 8.13(g) zeigt eine *Lunar Orbiter IV*-Aufnahme von Copernicus, dem inneren Strahlensystems und den Sekundärkratern nordöstlich des Hauptkraters.

8.14 Mare Crisium [Zentrum bei 17°N, 59°O], Cleomedes, Lick, Peirce, Peirce B, Picard, Proclus und Yerkes

Das schon mit dem bloßen Auge als dunkler Fleck am Nordostrand des Mondes erkennbare Mare Crisium reizt zur Beobachtung mit dem Teleskop, besonders einige Tage nach Vollmond, wenn der Terminator das Mare überquert (siehe Abbildung 8.14(a)).

Das liegt wohl auch daran, dass das Mare Crisium vollkommen abgetrennt vom Hauptsystem der Mondmare liegt. Man vermutet, dass das Crisium-Becken vor etwa 3,9 Milliarden Jahren entstanden ist. Die Hauptperiode der Lavaflüsse fand einige hundert Millionen Jahre später statt. Am tiefsten Punkt des Mares reicht die Basaltdecke wahrscheinlich bis in eine Tiefe von 1 km, dort befand sich der tiefste Punkt des Crisium-Beckens. Obwohl das Mare Crisium wie eine Ellipse aussieht, deren lange Achse in Nord-Süd-Richtung verläuft, ist dieser Anblick eine Täuschung aufgrund der perspektivischen Verzerrung in der Nähe des Mondrandes. In Wirklichkeit gleicht sein Umriss eher einem Sechseck als einer Ellipse – und es ist in Ost-West-Richtung mit 570 km länger als in Nord-Süd-

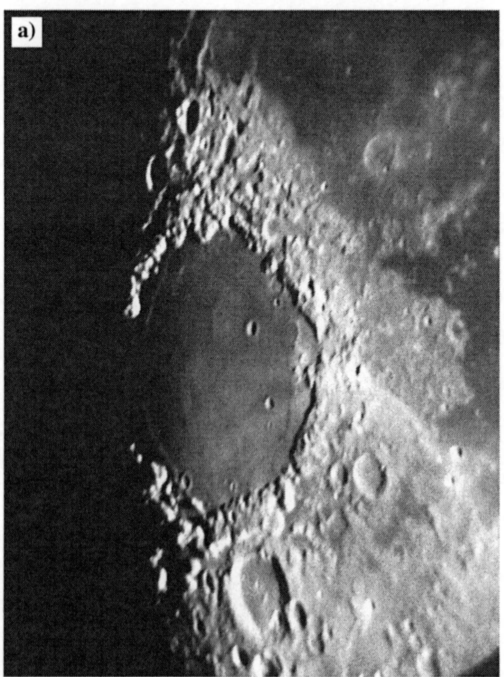

Abb. 8.14(a)   Mare Crisium bei Abendbeleuchtung. Unterhalb des Mares sticht der Krater Cleomedes hervor. Direkt rechts am Mare befindet sich der helle Krater Proclus mit seinem asymmetrischen Strahlensystem. Photographiert von Tony Pacey mit seinem 10 Zoll (254 mm) Newton-Reflektor am 22. Januar 1992 um 0:05 UT. Die selenographische Colongitude der Sonne betrug 115,7°. Das Bild wurde mit einem Okular auf f/50 vergrößert und auf *Illford* FP4 Film mit einer Belichtungszeit von 0,5 s aufgenommen.

Abb. 8.14(b) Der westliche Abschnitt des Mare Crisium. Dieselben Aufnahmedaten wie bei Abb. 8.1. Der größte Krater des Mares ist Picard (im Bild links). Rechts oberhalb von Picard ist der unvollständige Ring des überfluteten Kraters Lick zu sehen (mit einem kleinen, deutlich ausgeprägten Krater unmittelbar darunter). Der noch weniger vollständige Krater Yerkes liegt rechts von Picard, zum Rand des Mares hin. Links unterhalb von Picard findet man die Krater Peirce (der größere) und Peirce B. Westlich vom Mare (etwas rechts von der Aufnahmemitte) befindet sich der helle Krater Proclus mit seinem auffälligen und äußerst asymmetrischen Strahlensystem. (Aufnahme: Catalina Observatory. Mit freundlicher Genehmigung des Lunar and Planetary Laboratory.)

Richtung (450 km). Das Projektil, das das Crisium-Becken erzeugte, ist eindeutig unter einem flachen Winkel zur Oberfläche eingeschlagen. Im südöstlichen Sektor des Mare Crisium liegt das bekannte Promontorium Agarum, das bereits in Abschnitt 8.1 beschrieben wurde. Abbildung 8.14(b) zeigt die westliche Hälfte des Mares.

Die Aufnahmedaten sind die gleichen wie bei Abbildung 8.1 (siehe dort). Die nördliche Hälfte des Mare Crisium ist sehr gut in Abbildung 8.14(c) zu sehen, einer Aufnahme, die mit dem 1,9 m Reflektor des Helwan Observatory in Kottamia (Ägypten) gemacht wurde.

Von verschiedenen Stellen des Mares wird über eine Vielzahl seltsamer Erscheinungen berichtet, besonders in der Nähe des Promontorium Agarum (siehe Kapitel 8.1). Üblicherweise sind dies Berichte von scheinbarem Nebel, der Details verschleiert. Wahrscheinlich sind jedoch örtliche Änderungen der Albedo mit dem Einfallswinkel der Sonne die wahre Ursache. Es wird auch gesagt,

Abb. 8.14(c) Die nördlichen und westlichen Regionen des Mare Crisium, aufgenommen am 1. August 1965 um 20:35 UT mit dem 1,9 m Reflektor des Helwan Observatory in Kottamia. (Selenographische Colongitude der Sonne 311,1°.) Unten rechts vom Mare befindet sich der auffällige Krater Cleomedes. Der Krater Yerkes und eine benachbarte Hügelkette haben auf diesem Bild das Aussehen eines „fliegenden Adlers". (Abbildung mit freundlicher Genehmigung von Dr. T. W. Rackham.)

dass das Mare Crisium einen starken grünlichen Farbton zeigt, stärker als andere Mare. Ich habe jedoch hier noch nie einen grünlichen Farbton wahrnehmen können, der stärker als an anderen Stellen gewesen wäre. Den stärksten Farbton zeigt meiner Meinung nach das Mare Tranquillitatis, das meinen Augen häufig bläulich wie Tinte erscheint. Aber lassen Sie mich noch einmal sagen, dass die wahren Farben des Mondes in Wirklichkeit verschiedene Schattierungen von Braun sind. Das Auge des Beobachters neigt dazu, den Durchnittsfarbton als Weiß zu empfinden, und erzeugt so das ganze Spektrum der verschiedenen wahrgenommenen Farbnuancen.

Bei sehr flachem Sonnenstand erscheinen verschiedene Flecken, helle Punkte und Streifen und auch Lavarücken auf der Mareoberfläche. Der größte Krater im Mare ist der 23 km große Picard. Er besitzt einen scharfen Kraterrand und einen kleinen Zentralberg. Die tiefsten Stellen des Kraterbodens liegen 2,4 km unter dem Kraterrand. Südwestlich von Picard, an der Küstenlinie des Mares, befinden sich die Überreste eines alten überfluteten Kraters namens Lick. Entlang der Küste im Westen von Picard liegt ein weiterer zerbrochener Ring, der Krater Yerkes. Zusammen mit einem erhöhten Bergrücken, der den übriggebliebenen Kraterwall von Yerkes mit einem kleineren Krater verbindet, wird die ganze Figur auch oft „der fliegende Adler" genannt. Abbildung 8.14(c) zeigt dies besonders deutlich.

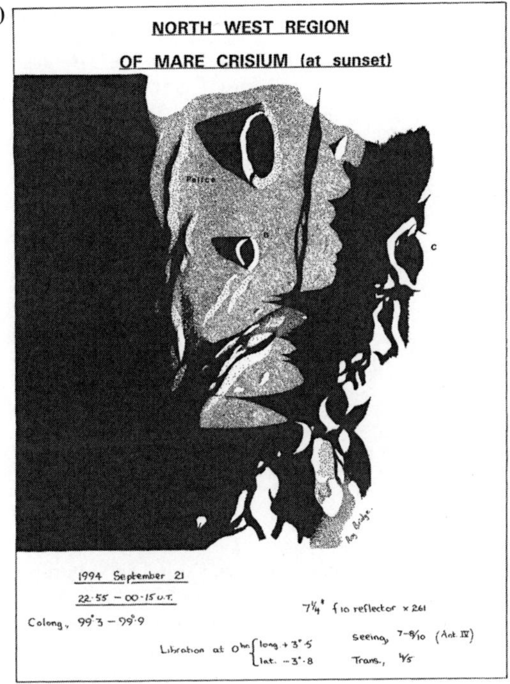

Abb. 8.14(d) Peirce und Peirce B, gezeichnet von Roy Bridge. Zu dieser Beobachtung notiert Roy Bridge: „Ein spektakulärer Anblick bei dieser Beleuchtung (Sonnenuntergang): lange Schattenspitzen im Westen, zahllose Lavarücken umgeben die Krater Peirce und Peirce B.“

Ungefähr nördlich von Picard trifft man auf Peirce, den zweitgrößten deutlich ausgeprägten Krater im Mare Crisium. Trotz seines kleineren Durchmessers (19 km) ist er fast genauso tief wie Picard. Peirce B, etwas nördlich von Peirce, ist etwas kleiner und genauso tief. In älteren Karten wird Peirce B als Graham oder häufig auch als Peirce A bezeichnet. Die von der IAU (Internationale Astronomische Union) beschlossene korrekte Bezeichnung ist Peirce B. Peirce und Peirce B können im flachen Morgenlicht extrem dunkel erscheinen, wie in Abbildung 8.14(c) zu sehen ist. Vergleichen Sie ihr Erscheinungsbild mit denen in den Abbildungen 8.14(a) und (b). Eine beeindruckende Zeichnung ihres Anblicks bei später Abendbeleuchtung ist in Abbildung 8.14(d) wiedergegeben.

Etwa 70 km westlich des Westufers des Mare Crisium sitzt der ziemlich polygonale, 28 km große Krater Proclus. Das Licht der frühen Morgensonne in Abbildung 8.14(c) zeigt deutlich seine Form. Bei einem hohen Sonnenstand jedoch wird der Krater zu einem der hellsten auf dem Mond und seine Struktur ist dann schwieriger auszumachen: betrachten Sie zum Vergleich Abbildung 8.14(b). Zu diesen Zeiten ist auch sehr deutlich zu erkennen, dass er ein helles Strahlensys-

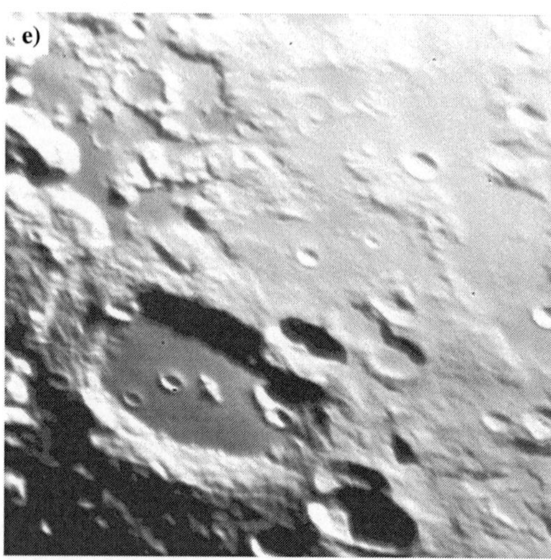

Abb. 8.14(e) Cleomedes ist der große Krater unten auf dieser CCD-Aufnahme. Gordon Rogers machte diese Aufnahme am 27. November 1996 um 23:46 UT mit seinem 16 Zoll (406 mm) *Meade* LX200 Teleskop und einer *Starlight Xpress* CCD-Kamera. Die selenographische Colongitude der Sonne betrug 107,2°.

tem besitzt, wie man in Abbildungen 8.14(a) und (b) sehen kann. Die Verteilung der Strahlen ist sehr asymmetrisch. Einige seiner schwachen Strahlen durchqueren das Mare Crisium, doch der Hauptteil von ihnen erstreckt sich nach Nordwesten.

Proclus und besonders seine Strahlen zeigen oft einen ausgeprägt gelblichen Farbton, aber dies ist wohl hauptsächlich durch Farbflimmern verursacht (einem prismatischen Effekt der Erdatmosphäre, der bei der Betrachtung im Teleskop oft Farbsäume an kontrastreichen Helligkeitsgrenzen erscheinen lässt).

Im Koordinatensystem des Mondes nördlich vom Mare Crisium (nordwestlich wenn man den Anblick im Teleskop betrachtet) liegt der prächtige Krater Cleomedes. Etwa 100 km hügeligen Geländes trennen die an dieser Stelle seltsam geradlinige Grenze des Mare vom Kraterwall von Cleomedes. Cleomedes ist sehr tief. Die grob terrassierten Wälle dringen an einigen Stellen mehr als 2,7 km in den konvex aufgewölbten Kraterboden vor. Er enthält einige innere Krater und hat andere interessante Einzelheiten für den Beobachter am Teleskop parat. In Abbildung 8.14(c) ist der Krater sehr schön zu erkennen, Abbildung 8.14(e) zeigt ihn unter entgegengesetzten Beleuchtungsbedingungen.

8.15 Endymion [54°N, 57°O], Atlas, Atlas A, Belkovich, Chevallier, Hercules und Mare Humboldtianum

Die Randregion des Mondes stellt eine Herausforderung an den Beobachter dar, da alle Einzelheiten perspektivisch verzerrt erscheinen. Nur die Abmessungen von Bögen, die konzentrisch zum Mondrand sind, stimmen überein. Die stärkste Verkürzung tritt bei Strecken auf, die radial vom Mittelpunkt der Mondscheibe ausgehen und der Effekt nimmt mit der Nähe zum Mondrand zu.

Um die Dinge noch zu komplizieren, neigt die Libration dazu, die Mondformationen, die man sich zum Studium ausgewählt hat, näher an den Rand zu rücken, besonders dann, wenn der Himmel klar und die Beleuchtung günstig ist. Andererseits kann die Libration manchmal auch helfen, einige Einzelheiten am Mondrand mehr auf die erdzugewandte Mondseite zu drehen. Man muss nur das Beste aus den sich bietenden Gelegenheiten machen.

Der Krater Endymion kann als ziemlich auffälliger Wegweiser zu einigen Formationen von besonderem Interesse dienen, die sich am Mondrand befinden. Es ist ein alter 125 km großer Ring mit ziemlich glatten und dunklem von mareähnlichen Basalten überflutetem Boden. Endymion ist in der Mitte von Abbildung 8.15(a) zu sehen.

Vor seiner Überflutung muss der Krater ziemlich tief gewesen sein, denn die Kraterwälle erheben sich mehr als 4,5 km über seine überflutete Ebene. Einige Flecken und Streifen sind auf dem Kraterboden zu sehen, aber jegliches Bodenrelief wie Krater oder Hügel sind mit Amateurteleskopen nur schwer auszumachen. Abbildung 8.15(b) zeigt eine hervorragende CCD-Aufnahme Endymions von Gordon Rogers, in der man sehen kann, wie sich die Schatten der zackigen Gipfel der Kraterränder auf dem Kraterboden abzeichnen.

Südwestlich von Endymion befindet sich ein spektakuläres Kraterpaar: Atlas und Hercules. Sie sind im oberen Teil von Abbildung 8.15(a) und (b) gut zu erkennen. Der größere von beiden ist Atlas, mit einem Durchmesser von 87 km. Sein Kraterrand erhebt sich ungefähr 3 km über die tiefste Stelle seines Kraterbodens, die in der Nähe des Zentrums liegt. Wie man in Abbildung 8.15(b) sehr schön sehen kann, ist sein Boden sehr uneben und voller Hügel, und statt eines Zentralberges hat der Krater einen Ring kleinerer Berge in seinem Zentrum. Unter sehr guten Bedingungen lassen sich mit einem großen Teleskop zahlreiche Risse und kleine Krater erkennen.

Hercules hat einen Durchmesser von 69 km und ist offensichtlich älter als Atlas, denn seine Kraterwälle sind in stärkeren Maße zerfallen. Bei richtiger Beleuchtung werden in den Terrassen einige Erdrutsche sichtbar und ich frage mich, wie viel der heute sichtbaren Zerstörung durch den Einschlag des nahegelegenen Atlas verursacht worden ist. Der Boden von Hercules ist auch mehr mit größeren Kratern bedeckt als der Boden von Atlas, ein weiterer Hinweis auf sein höheres Alter.

Abb. 8.15(a) Endymion liegt in der Mitte dieser Aufnahme. Sie wurde mit dem 1,5 m' Reflektor gemacht, aber Daten wie der Zeitpunkt oder die genaue Colongitude sind nicht verfügbar (ich schätze sie ungefähr auf 38°.) Die Krater Atlas und Hercules sind oben rechts (mit Atlas A und Chevallier links von ihnen). Ein Teil des Mare Humboldtianum ist unten links zu sehen und man kann (mit einigen Schwierigkeiten) den Krater Belkovich in der unteren Mitte des Bildes ausmachen. (Mit freundlicher Genehmigung des Lunar and Planetary Laboratory.)

Wenn man in Abbildung 8.15(a) eine Linie vom oberen Teil des Kraterrandes von Hercules über den oberen Kraterrand von Atlas hinaus zieht, so trifft man in der Entfernung von etwa einem Durchmesser von Atlas auf einen kleinen, aber auffallenden, gut ausgeprägten Krater. Das ist Atlas A, dessen Durchmesser 22 km beträgt. Unmittelbar links von Atlas A befindet sich ein „Geisterkrater", d.h. ein Krater, der fast bis zum Kraterrand mit Lava überflutet wurde. Dabei handelt es sich um den 52 km großen Krater Chevallier. Beachten Sie auch den kleinen Krater innerhalb von Chevallier, der offensichtlich aus einer Zeit nach der Überflutungsperiode stammt.

Wahrscheinlich ist Ihnen schon aufgefallen, dass diese Mondregion deutliche Anzeichen einer mare-ähnlichen Überflutung zeigt, wie in Abbildung 8.15(b) zu sehen ist. Dennoch ist diese Gegend kein richtiges Mondmare, obwohl sich Mare Frigoris und Lacus Mortis ganz in der Nähe befinden und die Grenze zwischen Mare und Hochländern weniger deutlich ist als in anderen Gegenden.

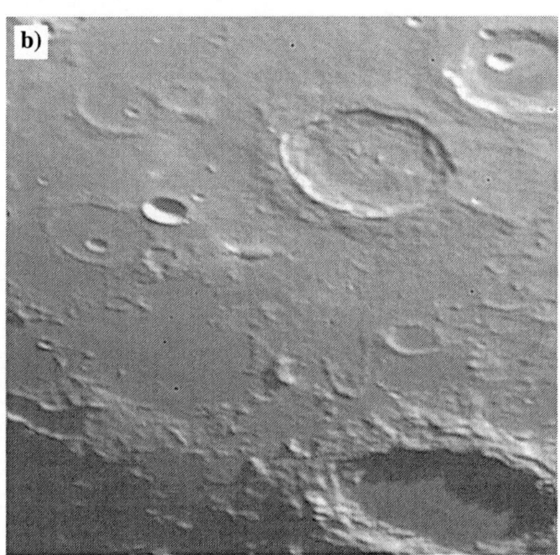

Abb. 8.15(b) Endymion (in der unteren linken Ecke), Chevallier, Atlas A, Atlas und Hercules (ausgehend von der Mitte links nach oben rechts) sind auf dieser Aufnahme zu sehen, die Gordon Rogers mit seinem 16 Zoll (406 mm) *Meade* LX200 Teleskop und seiner *Starlight Xpress* CCD-Kamera gemacht hat. Aufnahme vom 28. November 1996 um 0:50 UT bei einer selenographischen Colongitude der Sonne von 107,7°.

Die Formationen am äußeren Mondrand, zu denen der Krater Endymion als Wegweiser dienen kann, sind das Mare Humboldtianum und der Krater Belkovich. Das Mare Humboldtianum wurde von Mädler nach dem deutschen Naturforscher Alexander von Humboldt benannt. Humboldts Entdeckungen verbanden die östliche und westliche Hemisphäre der Erde, so wie das Mare Humboldtianum die vordere und hintere Mondhalbkugel verbindet.

Mit einem mittleren Durchmesser von 260 km ist das Mare Humboldtianum eines der kleineren Mondmeere, doch es besitzt einen ausgesprochen unregelmäßigen Grundriss. Der Krater Belkovich sitzt an der nordwestlichen Seite des Mare. Er ist ein 198 km großer alter Krater (was man früher als Wallebene bezeichnete), mit zwei großen Kratern, die seinen Kraterwall im Westen durchdringen und einem weiteren überfluteten Ring an seiner Ostflanke, der ihn mit dem Mare verbindet.

In Abbildung 8.15(a) befindet sich der nördliche Teil des Mares unten links und Belkovich ist der Krater, der das Mare fast berührt. Beide sind nicht besonders gut zu erkennen, obwohl diese Aufnahme des Catalina Observatory während einer sehr günstigen Librationsphase aufgenommen wurde. Roy Bridge hat diese Einzelheiten zeichnerisch in Abbildung 8.15(c) festgehalten. Wenn Sie eine Herausforderung suchen, probieren Sie doch selbst einmal diese sehr komplizierte Region zu zeichnen.

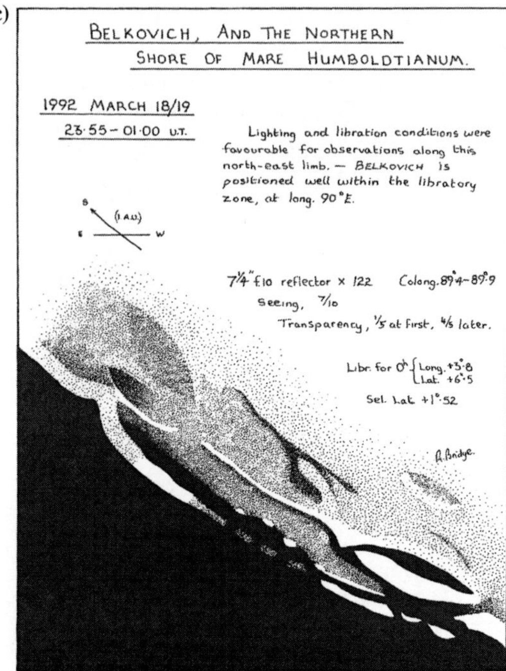

Abb. 8.15(c) Belkovich und das nördliche Mare Humboldtianum, gezeichnet von Roy Bridge, der vermerkt: „Beleuchtungs- und Librationsbedingungen waren hervorragend für Beobachtungen an diesem Nordostrand. Belkovich liegt schön in der Librationszone, bei einer Länge von 90° Ost."

8.16 Fra Mauro [6°S, 343°O], Bonpland, Guericke und Parry

Die Region liegt etwas unterhalb der Nordwestgrenze des Oceanus Procellarum. Auf früheren Mondkarten war sie als Teil des Mare Nubium eingezeichnet. Nach dem erfolgreichen Flug von *Ranger 7* im Jahre 1964 wurde diese Region jedoch in Mare Cognitum (das bekannte Meer) umbenannt. Die Mondsonde *Ranger 7* übermittelte die ersten Nahaufnahmen eines Mondmares, bevor sie wie geplant in diesem Teil des Mares zerschellte. Offiziell erstreckt sich das Mare Cognitum mit einem Radius von etwa 170 km um die Position 10°S, 337°O. In dieser Region sind einige Raumfahrzeuge hart oder weich gelandet, insbesondere die *Apollo 14*-Astronauten Alan Shepard und Ed Mitchell landeten 30 km vom Kraterrand von Fra Mauro entfernt in den nördlichen Ausläufern des Kraterwalls (mehr dazu in Kapitel 6).

Immer wenn ich mir die Region nördlich von Fra Mauro im Fernrohr anschaue, muss ich daran denken, wie sie vor all den Jahren mit ihrem „*modularen Gerä-*

Abb. 8.16(a) Fra Mauro ist der größte Krater im unteren rechten Bereich dieser Aufnahme. Die beiden Krater, die an den oberen Teil angrenzen, sind Parry (links) und Bonpland. Der größte Krater im oberen linken Teil der Aufnahme ist Guericke.
Aufnahme mit dem 1,5 m Reflektors des Catalina Observatory am 29. Mai 1966 um 3:51 UT. (Mit freundlicher Genehmigung des Lunar and Planetary Laboratory.)

te-Transporter" (oder einfacher ausgedrückt: Handkarren) „dort unten" herumliefen.

Es ist offensichtlich, dass diese Region mit Auswurfsmaterial des Imbrium-Einschlagsbeckens bedeckt ist und schon im kleinen Fernrohr lässt sich das Muster von Furchen und Bergrücken erkennen, das radial vom Imbrium-Becken ausgeht. Die Ergebnisse der Raumsonden zeigen, dass diese Region sehr reich an *KREEP*-Material ist. Auf Karten, die die Aktivität von Gamma-Strahlern auf der Mondoberfläche zeigen, ist sie als heller Fleck sichtbar.

Fra Mauro hat einen Durchmesser von 95 km. Wie man in Abbildung 8.16(a) sehen kann handelt es sich um eine alte zerfallene und überflutete „Wallebene". Ein Teil des Ringwalles im Osten ist vollständig verschwunden. Der Boden ist sehr verkratert und von Bergkämmen durchzogen, die meist in Nord-Süd-Richtung verlaufen, wie die radialen Auswurfsmuster des Imbrium-Beckens. Zwei weitere Wallebenen hängen direkt an Fra Mauro: Bonpland und Parry.

Bonpland ist mit 60 km der größere von beiden und teilt mit Fra Mauro ein Stück des Kraterrands. Obwohl Bonpland auf den ersten Blick älter und zerfallener als Fra Mauro wirkt, ergibt eine genauere Untersuchung des gemeinsamen Kraterrandes das Gegenteil. Frau Mauro und Bonpland wurden jedoch beide von dem jüngeren Parry überlagert. Parry hat einen Durchmesser von 48 km. Diese Kra-

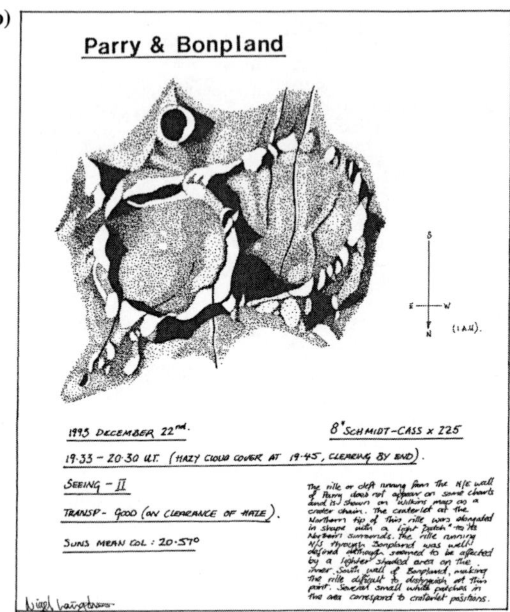

Abb. 8.16(b)   Parry und Bonpland, gezeichnet von Nigel Longshaw. Die Notiz unten rechts lautet: „Die Rille oder Klippe, die die Nordostwand von Parry durchzieht, taucht auf einigen Karten gar nicht auf und ist als Kraterkette in Wilkins Karte gezeichnet. Das Kraterchen an der Nordspitze der Rille hat eine längliche Form und einen hellen „Fleck" in seiner nördlichen Umgebung. Die Rille, die Bonpland in Nord-Süd-Richtung durchzieht, ist sehr gut definiert, aber scheint von einem helleren Bereich an der inneren südlichen Wand von Bonpland beeinträchtigt zu sein, wodurch die Rille an diesem Punkt schwer auszumachen ist. Einige weiße Flecken in dieser Gegend stimmen mit der Position von kleinen Kratern überein."

tergruppe ist sehr schön in Abbildung 8.16(a) und den Zeichnungen 8.16(b) und 8.16(c) von Nigel Longshaw zu sehen.

Südsüdwestlich des „Fra Mauro-Kratertrios" (mit etwa 100 km sehr interessantem Terrain dazwischen) befinden sich die Überreste eines sehr alten Kraters: Guericke. Er hat einen Durchmesser von 64 km und ist auch in Abbildung 8.16(a) deutlich zu erkennen, ebenso in Abbildung 8.16(d) einer weiteren hervorragenden Zeichnung von Nigel Longshaw.

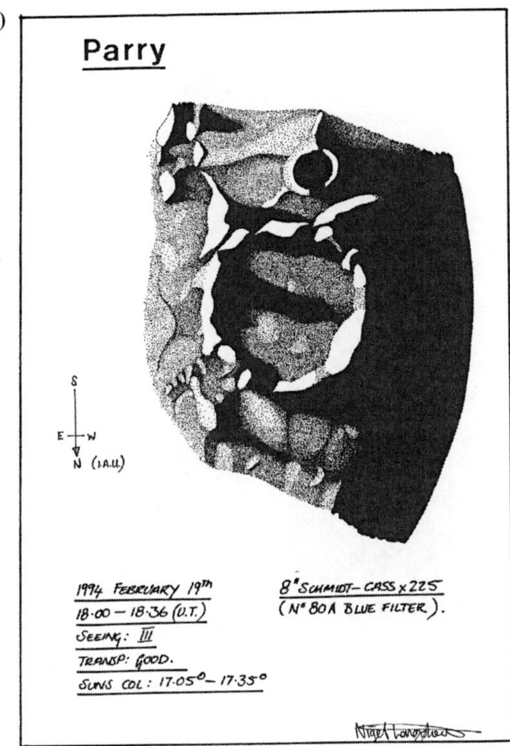

Abb. 8.16(c)   Parry, gezeichnet von Nigel Longshaw.

Anstatt Sie mit all den komplizierten Einzelheiten dieser interessanten Mondgegend zu versorgen möchte ich Ihnen dies als Aufgabe überlassen. Mit dem
Einschlag des Imbrium-Beckens vor 3,85 Milliarden Jahren als Zeitmarke versuchen Sie doch einmal selbst die zeitliche Abfolge der Einzelheiten herauszufinden, wie wir sie heute sehen.
Auf den ersten Blick erscheint Fra Mauro im Fernrohr vielleicht nicht als die interessanteste Region des Mondes, je mehr man sich aber mit ihr beschäftigt und
die winzigen Einzelheiten studiert, desto interessanter wird sie.

d)

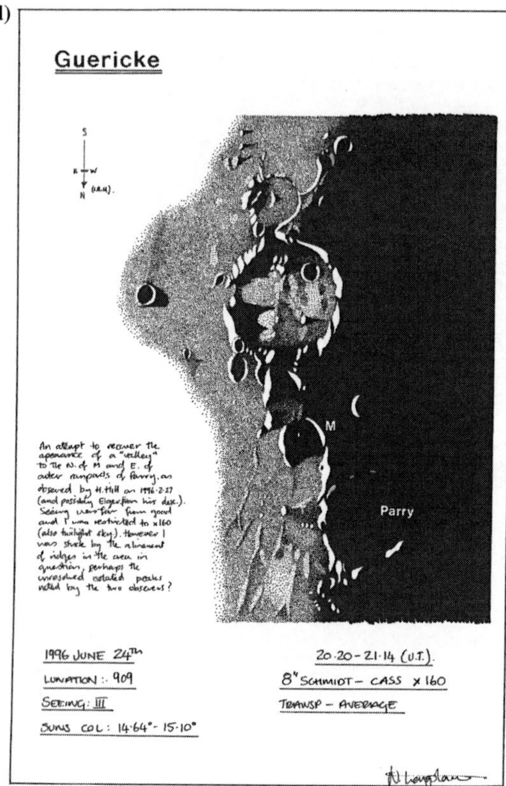

Abb. 8.16(d) Guericke, gezeichnet von Nigel Longshaw.
Die handschriftlichen Bemerkungen lauten: „Ich machte den Versuch, ein ‚Tal' im Norden von Parry M und dem östlichen Kraterwall von Parry wiederzuentdecken, das von H. Hill am 27.2.1996 beobachtet (und möglicherweise auch von Elger beschrieben) wurde. Das Seeing war schlecht und ich musste mich auf 160fache Vergrößerung beschränken (es war auch aufgehellter Dämmerungshimmel). Ich war überwältigt von der Anordnung der Bergrücken in der betreffenden Region, vielleicht haben beide Beobachter einzelne unaufgelöste Bergspitzen gesehen.“

8.17 Furnerius [36°S, 60°O], Fraunhofer, Furnerius B, Furnerius J und Petavius

Furnerius ist der südlichste Krater der sogenannten „großen westlichen Kraterkette". Das war bevor die IAU Osten und Westen auf dem Mond vertauscht hat, und so müssten wir heute eigentlich „große östliche Kraterkette" dazu sagen. Die Kette besteht aus den Kratern Furnerius, Petavius, Vendelinus und Langrenus, die alle auf dem gleichen Längengrad (60°Ost) liegen. Man kann in sie auch das Mare Crisium und den nördlich davon gelegene Krater Endymion mit einschließen. (Nur der Krater Cleomedes weicht etwas vom gemeinsamen Längengrad nach Osten ab.) Diese Kraterkette wurde oft als Beweis dafür herangezogen, dass die Krater auf dem Mond nicht rein zufällig, sondern nach einem bestimmten Schema verteilt sind, also eine endogene (aus dem Mondinnern

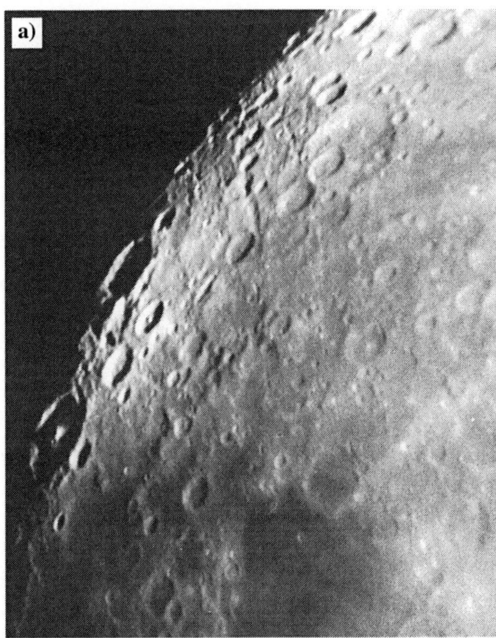

Abb. 8.17(a) Bei den beiden auffälligen, größtenteils mit Schatten gefüllten Kratern am Terminator handelt es sich um Furnerius (oben) und Petavius (unten, mit einem Zentralberg, der ins Sonnenlicht ragt). Aufnahme von Tony Pacey vom 23. November 1991. Er benutzte seinen 10 Zoll (254 mm) Newton-Reflektor mit Okularprojektion um diesen Anblick festzuhalten.

kommende) Ursache haben und nicht durch Einschläge erzeugt wurden. Die Beweise für das Einschlagsszenario sind heutzutage so überwältigend, das es sicher richtig ist, obwohl es immer noch einige Leute gibt, die eine Theorie endogener Ursachen vertreten. Die „große östliche Kraterkette' (wie ich sie hier einmal nennen will) fällt einem bei der richtigen Beleuchtungsphase etwa 3 Tage nach Neumond jedoch sehr deutlich ins Auge, was einem zu denken gibt (siehe Abbildung 8.17(a) und (b)).

Dennoch handelt es sich dabei wohl um einen Zufall, denn die einzelnen Mitglieder der Kette haben alle ein unterschiedliches Alter.

Auf die andern Mitglieder Vendelinus und Langrenus werde ich in Abschnitt 8.26 später noch genauer eingehen, während ich das Mare Crisium und Endymion schon in dem Abschnitten 8.14 und 8.15 besprochen habe. Der 125 km große Furnerius ist offensichtlich sehr alt, wie sein etwas zerfallenes Aussehen und zahlreiche große Krater in seinem Inneren bezeugen. Die Kraterwälle erheben sich bis zu einer Höhe von 3,5 km über den Kraterboden.

Abbildung 8.17(c) zeigt eine großartige Zeichnung dieser Formation von Nigel Longshaw. Der größte Krater im Innern von Furnerius befindet sich nahe des westlichen Kraterrandes und trägt die Bezeichnung Furnerius B. Er hat einen Durchmesser von 22 km. Der etwas größere (24 km) Krater auf dem Nordostwall heißt Furnerius J. Der Boden von Furnerius ist voller interessanter Details,

Abb. 8.17(b) Furnerius (oben), Petavius (Mitte), und Vendelinus (unten), aufgenommen von Tony Pacey am 16. Oktober 1998. Aufnahmedaten wie bei Abbildung 8.17(a).

darunter auch eine auffällige Rille, die sich vom nordwestlichen Kraterwall in die Mitte des Kraters schlängelt.

Einen Monat zuvor hat Nigel Longshaw Furnerius bei einer etwas späteren Colongitude beobachtet. Seine Zeichnung ist in Abbildung 8.17(d) dargestellt. Bei dem Krater im Süden von Furnerius, der ihn fast berührt, handelt es sich um den 57 km großen Krater Fraunhofer. Zeichnungen, die die Abfolge des Sonnenauf- oder untergangs festhalten, sind sehr lehrreich, da sie die einzelnen Höhenbeziehungen verraten. Sehen Sie in Nigels Zeichnung welche Teile von Furnerius zuletzt in der Dunkelheit der Mondnacht verschwinden. Abbildung 8.17(e) zeigt eine *Lunar Orbiter IV*-Aufnahme von Furnerius.

Nördlich von Furnerius befindet sich Petavius, einer der am schönsten geformten Krater des Mondes. Er liegt in der Mitte der Kraterkette, die in Abbildung 8.17(b) zu sehen ist. Der äußere Wall dieses großen tellerförmigen Kraters hat einen Durchmesser von 177 km, bemerkenswert sind aber auch seine breiten inneren Terrassen, die am westlichen Rand eine Doppelringstruktur ausbilden. Die Höhe der inneren Wälle wechselt entlang des Kraterrandes zwischen 2,1 km und 3,3 km. Der mächtige Zentralbergkomplex erhebt sich 1,7 km über den Kra-

c)

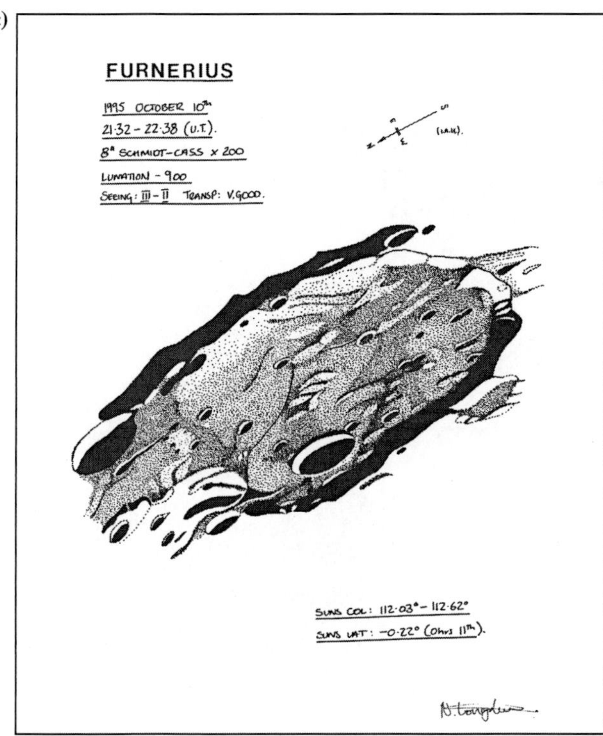

Abb. 8.17(c) Furnerius. Gezeichnet von Nigel Longshaw, der seine Beobachtungen wie folgt beschreibt: „Ausgezeichnete Gelegenheit zu weiteren Arbeiten an dieser Formation: Das Seeing war anfangs schlecht, also benutzte ich geringe Vergrößerung um die wichtigsten Einzelheiten einzuzeichnen. Die Sichtbedingungen verbesserten sich rapide und eine Unmenge von Details wurden sogar bei 200facher Vergrößerung sichtbar. Es wurde offensichtlich, dass dies viel zu viel ist, um es in nur einer Sitzung zu zeichnen, aber so viele Details wie möglich wurden aufgenommen. Der östliche Kraterrand war sehr komplex und deshalb hier nicht in allzu großem Detail wiedergegeben, doch ich fand die „Klippen", die vom Kraterrand herunterlaufen, sehr interessant. Der vom östlichen Kraterwall geworfene Schatten wurde durch die Formationen im Osten verformt. Der hellste Teil des Walles war im Süden, wo sich ein „Tal" durch den Kraterboden zieht. Der gesamte südliche Boden war ziemlich komplex und in den Momenten besseren Seeings tauchten Details auf. Die Kratergruppe im Zentrum westlich des südlichen Kraterbodens war sehr detailreich mit einem hellen Punkt im unmittelbaren Südwesten. Rima Furnerius und einige andere über die Oberfläche verstreute Rillen waren gut zu beobachten!"

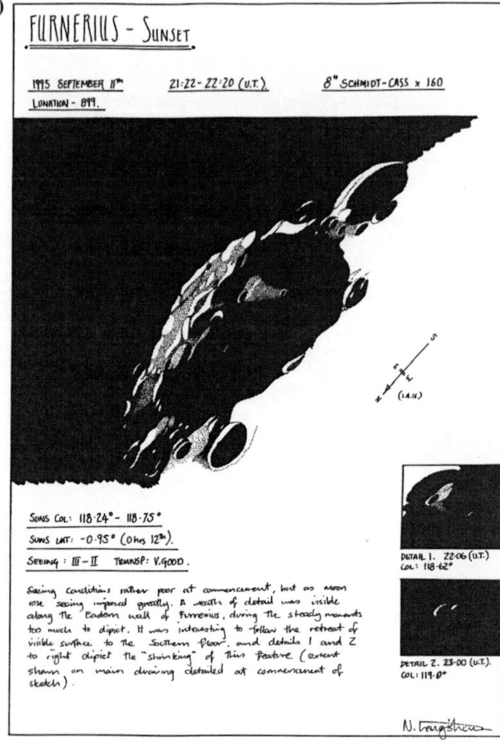

Abb. 8.17(d) Furnerius im Sonnenuntergang, gezeichnet von Nigel Longshaw.

Die handschriftlichen Bemerkungen lauten: „Seeing zu Anfang recht dürftig, aber nachdem der Mond höher stieg wurde das Seeing viel besser. Am Ostrand von Furnerius ist eine Fülle von Einzelheiten sichtbar, während der ruhigen Momente zuviel um alles aufzuzeichnen. Es war interessant zuzuschauen, wie sich die sichtbare Fläche nach Süden zurückzog und die Detailbilder 1 und 2 auf der rechten Seite zeigen das Zusammenschrumpfen dieser Einzelheiten. (Die Ausdehnung des Schattens im großen Bild gibt den Stand zu Beginn der Zeichnung wieder.)“

terboden und noch weitere 0,5 km über den inneren Kraterrand, da der Kraterboden nach oben gewölbt ist.

Wenn sich Petavius in der Nähe des Terminators befindet, bieten voranschreitenden Schatten ein faszinierendes Schauspiel. Bei Sonnenuntergang verschwindet das Gebiet um den Zentralberg und schließlich der Zentralberg selbst. Bei Sonnenaufgang sind sie die ersten, die wieder aus dem Dunkel auftauchen, während das restliche Innere des Kraters zu diesen Zeiten noch in tiefes Schwarz gehüllt ist. Etwas von diesem Effekt ist auch in Abbildung 8.17(a) zu sehen.

Abbildung 8.17(f) zeigt eine von Terry Platts unglaublich guten CCD-Aufnahmen. Die Feinheit der sichtbaren Details wird deutlich, wenn man bedenkt, dass nur ein Teil der gesamten Formation in den Bildausschnitt passt!

Der aufgewölbte Boden von Petavius gibt einen Hinweis auf den Ursprung einer der auffälligsten Details von Petavius: den bemerkenswerten Riss, der den Kraterboden von den Zentralbergen bis zum westlichen Kraterrand durchzieht. Sie wurde auch „die große Furche von Petavius“ genannt, aber der Begriff Furche klingt etwas altertümlich. Man sollte heute vielleicht „die große Rille von

Abb. 8.17(e) *Lunar Orbiter* V-Aufnahme von Furnerius. (Mit freundlicher Genehmigung der NASA und von Professor E. A. Whitaker.)

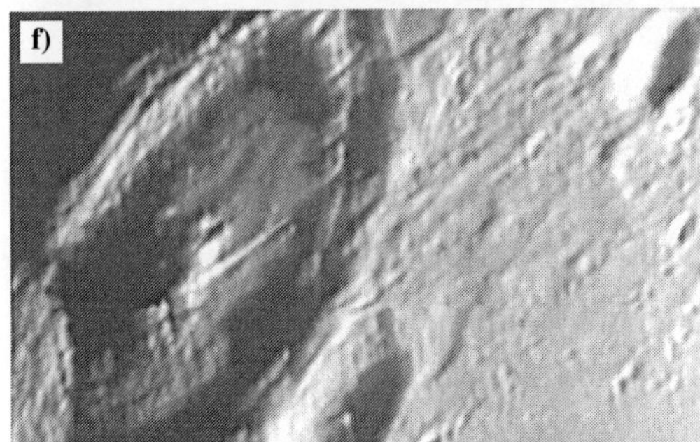

Abb. 8.17(f) Petavius. CCD-Aufnahme von Terry Platt mit seinem 318 mm Dreifach-Schiefspiegler und einer *Starlight Xpress* CCD-Kamera. Der Autor hat mit einem digitalen Bildverarbeitungsprogramm die Aufnahme etwas schärfer gemacht und die Helligkeit und den Kontrast neu skaliert.

Petavius" dazu sagen. Es handelt sich dabei um einen sogenannten *Graben*, einen tiefliegenden Spannungsbruch, der dadurch entstanden ist, dass der Boden an beiden Seiten auseinanderbrach und Regolith in den Riss rutschte. Es sind noch weitere Rillen sichtbar, die ungefähr radial vom Zentralberg ausgehen. Diese sind jedoch alle schwerer zu sehen als „die große Rille". Bei niedrigem Sonnenstand ist „die große Rille" schon in einem 60 mm Refraktor zu erkennen. Wenn die Sonne jedoch höher steht, wird sie auch für große Teleskope schwer zu beobachten.

Wie bereits erwähnt, gibt die Aufwölbung des Kraterbodens Hinweise auf ihre Entstehungsgeschichte. Offensichtlich haben sich enorme Kräfte unter dem Kraterboden aufgebaut und den Boden angehoben und die Spannungsbrüche verursacht. Und die Ursache dieser Kräfte …?

8.18 Gruithuisens Mondstadt [5°N, 352°O]

Baron Franz von Gruithuisen wurde 1774 in Bayern geboren. Nach einem abgeschlossenen Medizinstudium wählte er jedoch die Astronomie als Beruf und wurde 1826 Professor in München. Er war ein eifriger Selenograph und eigentlich ein recht guter Beobachter. Er machte sich jedoch durch einige Behauptungen lächerlich – Ausgeburten seiner sehr lebhaften Phantasie.

Am berühmtesten ist seine Ankündigung aus dem Jahre 1824, er habe einige „deutliche Anzeichen von Mondbewohnern" entdeckt, insbesondere eines ihrer „gewaltigen Gebäude". Des weiteren beschrieb er eine ‚Mondstadt mit gigantischen dunklen Schutzwällen. Sein „Bauwerk" befindet sich fast in der Mitte der Mondscheibe, keine 100 km nördlich des verfallenen Kraters Schröter. Tatsächlich ist der Krater Schröter W der südlichste Punkt der Mondstadt.

Natürlich ist dort nichts weiter zu finden als eine grobe Anordnung von Hügeln. Abbildung 8.18(a) und 8.18(b) zeigen zwei ausgiebige Studien von Gruithuisens berühmter Mondstadt von Andrew Johnson.

Nicht jede Beobachtung am Teleskop muss ein ernsthaftes wissenschaftliches Ziel haben. Werfen Sie nur einmal zum Spaß selbst einen Blick auf diese Mond-

a)

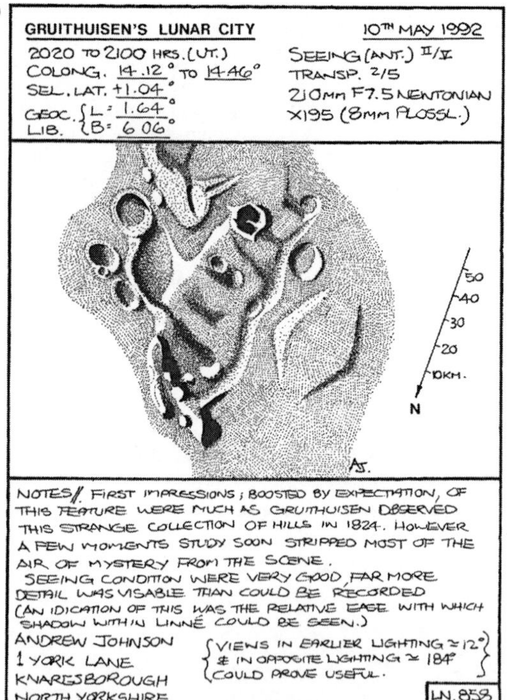

Abb. 8.18(a) Schade, dass es keine Seleniten in dieser ‚Mondstadt' gibt, wie Gruithuisen diese Struktur interpretierte. Zeichnung von Andrew Johnson. Die Notiz lautet: „Der erste Eindruck dieser Region war angefüllt von Erwartungen, so wie Gruithuisen diese seltsame Ansammlung von Hügeln 1824 beobachtet hat. Aber schon nach wenigen Momenten der Beobachtung verflog die Aura des Mysteriösen sehr schnell. Die Sichtbarkeitsbedingungen waren sehr gut, und es waren viel mehr Einzelheiten sichtbar, als man zeichnen konnte. (Anzeichen dafür war die Tatsache, dass der Schatten innerhalb des Kraters Linné leicht zu sehen war.) {Zusätzliche Ansichten bei früherer Beleuchtung ~12° und entgegengesetztem Lichteinfall ~184° wären hilfreich}."

b)

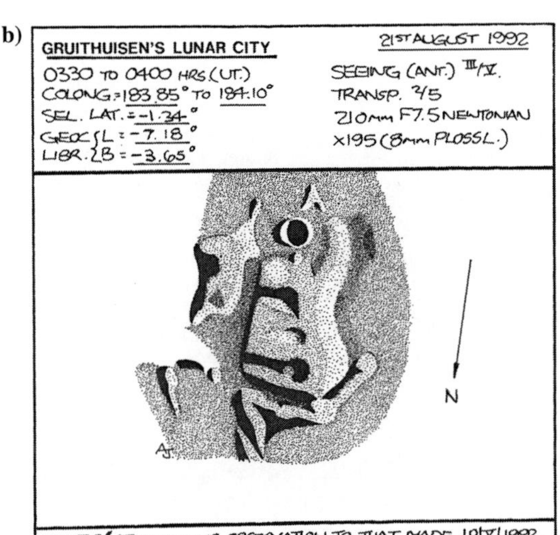

Abb. 8.18(b) Gruithuisens Mondstadt im Licht der späten Abendsonne, gezeichnet von Andrew Johnson. Die Notiz lautet: „Nachfolgebeobachtung zu der vom 10. Mai 1992. Bei entgegengesetztem Lichteinfall sind die 'Schutzwälle' der Mondstadt im Abendlicht schlechter zu erkennen als im Morgenlicht. Die Szenerie war auch unter diesen geänderten Bedingungen nicht weniger bemerkenswert. Der nächste Schritt wäre, diese Hügel wie Gruithuisen mit einem kleineren Fernrohr zu betrachten, um zu sehen, ob sie dann künstlich wirken."

region (gerade zum ersten oder letzten Viertel) und schauen Sie, ob ihre Vorstellungskraft ausreicht, in den zusammengewürfelten topographischen Einzelheiten eine Mondstadt zu erkennen. Bevor wir Gruithuisen auslachen, sollten wir uns daran erinnern, dass er seinerzeit viele gute Beiträge zur Erforschung des Mondes leistete und zu seinen Ehren ein 15 km großer Krater benannt wurde, der sich bei 33°N und 320°O befindet, dort wo das Mare Imbrium und der Oceanus Procellarum aufeinandertreffen. Man kann auch sagen, dass er der Urheber der Einschlagshypothese ist, die nach vielen Jahren des Streits unter Experten heute allgemein akzeptiert ist.

8.19 Montes Harbinger [27°N, 319°O], Prinz

Die Harbinger Berge, korrekt eigentlich als Montes Harbinger bezeichnet, sind eine kleine Ansammlung von Hügeln in einem ansonst ziemlich langweiligen Teil des Oceanus Procellarum, etwas nordöstlich des auffälligen Kraters Aristarchus (siehe dazu Kapitel 8.7). Die Nähe zu Aristarchus wird in Abbildung 8.19(a) sichtbar, einer Aufnahme mit dem 1,5 m Reflektor des Catalina Obser-

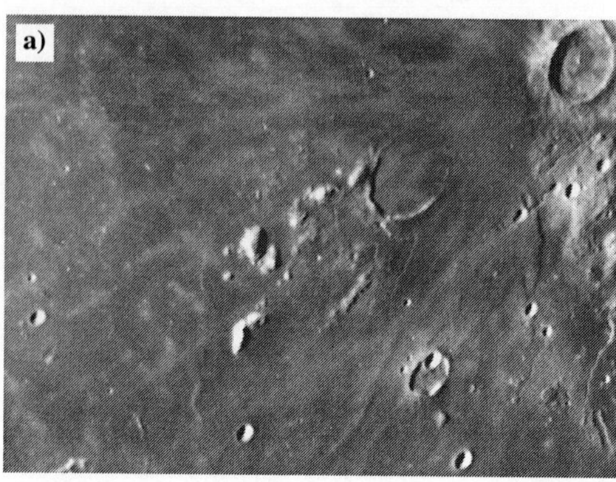

Abb. 8.19(a) Die Harbinger Berge oder Montes Harbinger befinden sich in der Mitte dieser Aufnahme. Der unvollständige Krater Prinz grenzt oben rechts an die Berggruppe. Der Krater in der rechten oberen Ecke ist Aristarchus. (Aufnahme: Catalina Observatory. Mit freundlicher Genehmigung des Lunar and Planetary Laboratory.)

vatory vom 6. Dezember 1965 um 5:14 UT, als die selenographische Colongitude der Sonne 63,7° betrug. Diese Aufnahme kann auch beim Auffinden der Berggruppe am Teleskop dienen.

Die einzelnen Gipfel erheben sich wie Inseln aus dem Meer der Stürme. Die Kraterruine von Prinz schmiegt sich im Südwesten an die Bergkette an. Prinz

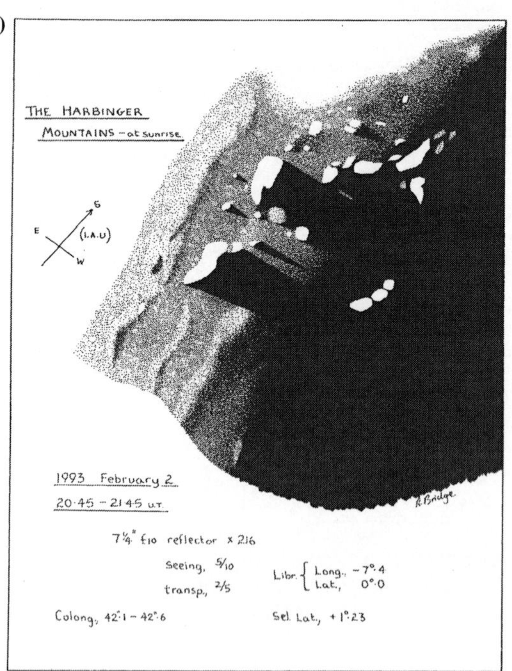

Abb. 8.19(b) Sonnenaufgang über den Harbinger Bergen (Montes Harbinger). Zeichnung von Roy Bridge.

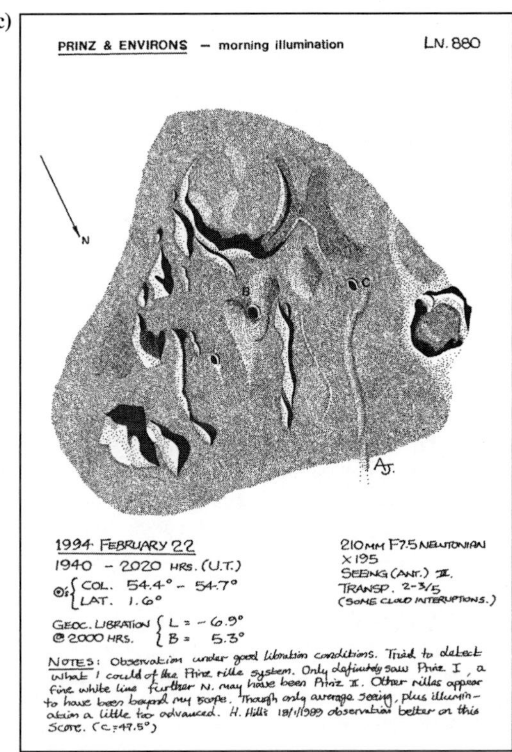

Abb. 8.19(c) Prinz und die Harbinger Berge (Montes Harbinger). Zeichnung von Andrew Johnson. Die Notiz lautet: „Beobachtung unter guten Librationsbedingungen. Habe probiert, was ich alles vom Rillensystem von Prinz erkennen kann. Definitiv konnte ich nur Prinz I erkennen, eine dünne weiße Linie weiter nördlich war vielleicht Prinz II. Die anderen Rillen waren wohl jenseits der Leistungsgrenze meines Teleskops. H. Hills Beobachtung vom 18.1.1989 war besser, obwohl er nur durchschnittliches Seeing hatte und die Beleuchtung ein wenig zu fortgeschritten war."

besteht aus einem 47 km großen unvollständigen Ring, der nach Südwesten hin völlig offen ist. Die Lavaströme des Oceanus Procellarum haben ihn teilweise überflutet, wie auch die tieferliegenden Teile der Harbinger Berge und zweifellos auch andere tiefer gelegene Mondformationen.

In der Region befinden sich auch viele Rillen und sogar einige Dome (vulkanische Erhebungen des Mondbodens), die unter bestimmten Beleuchtungsbedingungen sehr auffällig werden können. Abbildung 8.19(b) ist eine Zeichnung von Roy Bridge, die die Gruppe im Licht der ersten Sonnenstrahlen des Mondmorgens zeigt. Abbildung 8.19(c) zeigt das gleiche Gebiet bei viel höherem Sonnenstand, und Abbildung 8.19(a) wurde bei noch höherem Sonnenstand aufgenommen.

Ich würde ohne zu Zögern einem angehenden Mondzeichner raten, den Harbinger-Prinz- Komplex unter so vielen verschiedenen Beleuchtungssituationen wie möglich zu zeichnen. Die Details sind kompliziert genug um eine Herausforderung zu bieten, aber nicht so furchtbar kompliziert, dass sie abschrecken würden. Aber selbst der geübteste Zeichner würde bei dem Vorhaben verzweifeln, auch nur einen Ausschnitt einer ausgedehnten Gebirgskette wie den Montes Apenninus zu zeichnen!

8.20 Hevelius [2°N, 293°O], Cavalerius, Grimaldi und Lohrmann

Der Eindruck, dass einige der Mondkrater scheinbar nicht rein zufällig angeordnet sind, wird oft auch durch die Anwesenheit des Terminators suggeriert. Wie viel auffällige Ketten großer Krater können Sie entdecken, die ungefähr in Ost-West-Richtung liegen? Aber von Zeit zu Zeit springen einem Kraterketten entlang des Nord-Süd-Meridians ins Auge, wenn sie in Nähe des Terminators sind. Die Krater Grimaldi, Lohrmann, Hevelius und Cavalerius sind so ein Beispiel. Kurz vor Vollmond wird diese Kette großer Krater bereits im Fernglas sehr auffällig.

Mit Abbildung 8.20(a) gelang mir ein Schnappschuss dieser Kette. Abbildung 8.20(b) zeigt ein weiteres Beispiel, doch hier ist der Terminator noch nicht so weit fortgeschritten und der größte Krater Grimaldi liegt noch vollkommen im Schatten. Er formt eine deutliche Ausbuchtung im Mond, die sogar in kleinen Feldstechern zu erkennen ist.

Abb. 8.20(a) Die Kraterreihe von Grimaldi bis Cavalerius ist in dieser Abbildung deutlich sichtbar. Aufnahme des Autors vom 19. Oktober 1983 mit seinem 0,46 m Newton-Reflektor. Die Kamera mit einem 58 mm Objektiv wurde von Hand hinter ein 44 mm Plössl Okular gehalten (effektives Öffnungsverhältnis f/7,4) und eine $^1/_{500}$ Sekunde auf *Kodak* Ektachrome 200 belichtet.

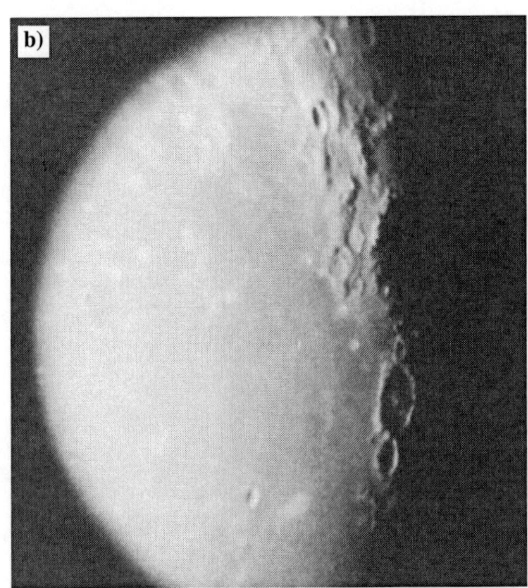

Abb. 8.20(b) Grimaldi liegt vollkommen im Schatten, was eine „Einbuchtung" im Mondrand erzeugt, während Lohrmann, Hevelius und Cavalerius deutlich sichtbar sind. Diese Aufnahme wurde vom Autor mit seinem 0,46 m Newton-Reflektor am 5. Januar 1983 um 20:23 UT gemacht, die selenographische Colongitude der Sonne betrug 67,8°. Die Kamera mit einem 58 mm Objektiv wurde von Hand hinter ein 9 mm orthoskopisches Okular gehalten (effektives Öffnungsverhältnis f/36) und eine $^1\!/_{125}$ Sekunde auf *Fuji* HR1600 Film belichtet.

Abbildung 8.20(c) von Andrew Johnson zeigt eine genaue Zeichnung der Krater Hevelius, Lohrmann und Cavalerius. Hevelius ist ein 120 km großer Krater, der in seinen etwas unregelmäßig geformten Kraterwällen einige Terrassen und sehr feine Details zeigt. Er ist das Beispiel einer Mondformation, die vom Typ her zwischen den schüsselförmigen Kratern und den großen Wallebenen liegt, auch wenn er den Wallebenen etwas näher steht.

Sein Boden ist nach oben gewölbt, wie in Abbildung 8.20(b) zu sehen ist. Die Höhe der Kraterwälle variiert, sie erheben sich im Mittel 1,8 km über den Kraterboden. Der Krater besitzt einen Zentralberg und andere Einzelheiten wie Rillen und kleinere Krater in seinem Innern. Der Krater Hevelius wurde nach dem Danziger Astronom und Selenograph Johann Hewelcke aus dem 17. Jahrhundert benannt, auf älteren Mondkarten wird er als „Hevel" bezeichnet. Lohrmann ist ein 34 km großer Krater, der zwischen Hevelius und Grimaldi liegt. Er hat einen mit Hügeln übersäten Kraterboden und eine zentrale Erhebung.

Nördlich von Hevelius befindet sich der 64 km große Cavalerius. Dass Cavalerius jünger als Hevelius ist kann man an dem schärferen Aussehen seines Kraterrandes und an der Tatsache erkennen, dass er den Kraterwall von Hevelius überlagert und nicht umgekehrt.

Man kann auch das Abrutschen der Kraterränder an ihrer gemeinsamen Verbindungslinie erkennen. Bei Cavalerius ist das nur ein wenig, bei Hevelius jedoch beträchtlich. Auch lag der Boden außerhalb von Hevelius, in dem sich Cavalerius formte, tiefer als sein Rand. Wenn sich der Terminator in der Nähe befindet erweckt dies den Eindruck einer tiefen Furche, die Hevelius scheinbar mit Ca-

c)

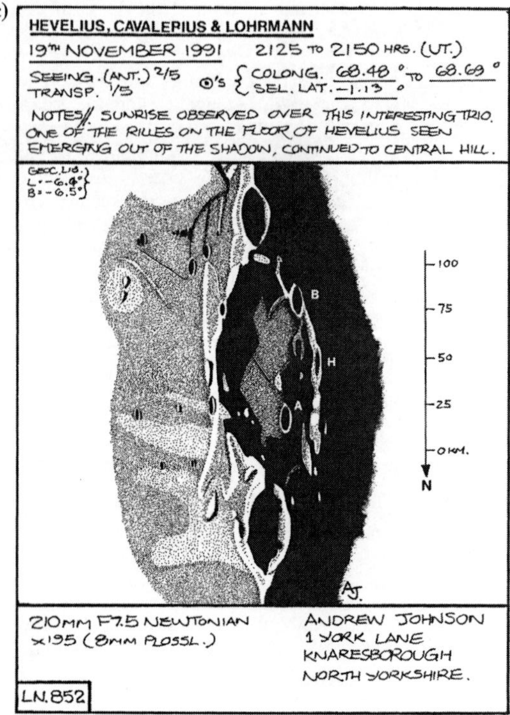

Abb. 8.20(c) Hevelius (größter Krater), Lohrmann (über Hevelius) und Cavalerius, gezeichnet von Andrew Johnson. Die Notiz lautet: „Beobachtete den Sonnenaufgang über diesem interessanten Trio. Einer der Rillen auf dem Kraterboden von Hevelius kam aus dem Schatten und lief weiter zu dem Zentralberg."

valerius verbindet. Dieser Effekt ist auch trotz der geringen Auflösung in Abbildung 8.20(b) deutlich zu sehen. Dieser übertriebene Effekt bleibt auch bei einem etwas höheren Sonnenstand, denn der Kraterrand von Hevelius östlich der Verbindungslinie wirft einen langen Schatten in den Krater von Cavalerius.

Ein ähnlicher Fall ist das sogenannte „Miyamori-Tal". Dabei handelt es sich um eine scheinbare Schlucht, die sich von Lohrmann nach Südwesten zum großen Krater Riccioli erstreckt. Auch hier entsteht durch den Schatten, der von einem ziemlich geraden nordnordöstlichen Abschnitt des äußeren Kraterwalles von Grimaldi geworfen wird, ein übertriebener Effekt. Falls es hier tatsächlich ein Tal gibt, ist dieses viel flacher und weniger scharf definiert, bestenfalls eine leichte Vertiefung, die zwischen einigen Kratern und Hügeln hindurch verläuft. Abbildung 8.20(e) zeigt eine genauere Untersuchung von Roy Bridge. Man beachte wie der Schatten am Ostende des „Tals" verschwindet, wenn sich der Terminator nach Westen bewegt. Solche Zeichnungen einer zeitlichen Abfolge sind sehr informativ.

Abbildung 8.20(f) zeigt diese Gegend bei hohem Sonnenstand. Von dem „Tal" ist nichts mehr zu sehen. Es sind jedoch einige gebogene Rillen zu erkennen, die

d)

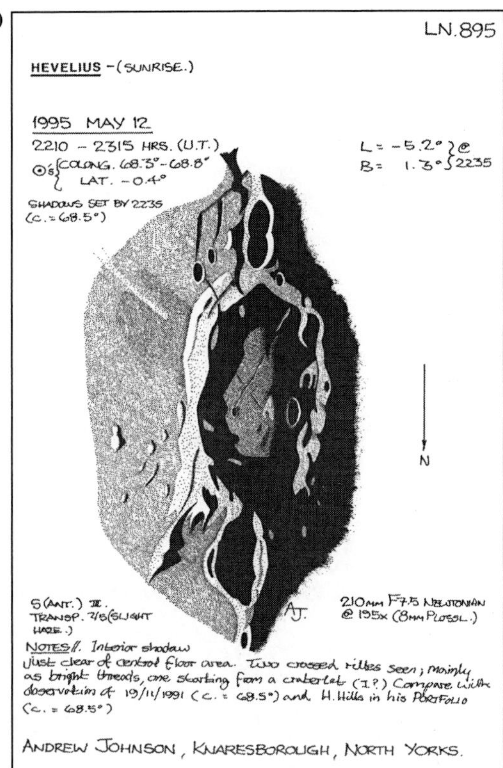

Abb. 8.20(d) Hevelius, mit Lohrmann und Cavalerius, gezeichnet von Andrew Johnson. Man beachte die Unterschiede zu Zeichnung (c), die hauptsächlich von dem anderen Librationswinkel kommen. Die Notiz lautet: „Die inneren Schatten haben gerade den zentralen Kraterboden freigegeben. Zwei sich überkreuzende Rillen sind sichtbar, zumeist nur als helle Fäden, einer beginnt bei einem kleinen Krater (I?). Vergleiche mit der Beobachtung vom 19.11.1991 (C.=68,5°) und H. Hills Beobachtungsmappe (C.=68,5°)."

sich von Hevelius nach Westen erstrecken. So nah am Rand der des Mondes kann sich das Erscheinungsbild einer Mondformation durch die Libration in die Länge stark verändern. Vergleichen Sie dazu Abbildung 8.29(c) mit Abbildung 8.20(d), einer weiteren Zeichnung von Andrew Johnson. In beiden Fällen ist die selenographische Colongitude sehr ähnlich, und doch gibt es signifikante Unterschiede in Andrew Johnsons Zeichnungen – hauptsächlich durch die unterschiedliche Libration.

Südlich von Lohrmann, nur durch einen Streifen hügeliges und kraterreiches Terrain getrennt, liegt die große „Wallebene" Grimaldi. In Abbildung 8.20(b) ist sie vollständig im Schatten, in Abbildung 8.20(a) treffen gerade die ersten Sonnenstrahlen auf den Kraterboden. Abbildung 8.20(g) zeigt diese Mondformation zusammen mit Lohrmann und dem südlichen Teil von Hevelius in vollem Sonnenlicht.

Dass Grimaldi viel größer als Hevelius ist, kann man auf den ersten Blick erkennen. Die genaue Größe von Grimaldi zu bestimmen, ist jedoch etwas problematisch. Der sehr dunkle lavaüberflutete Kraterboden hat einen Durchmes-

e)

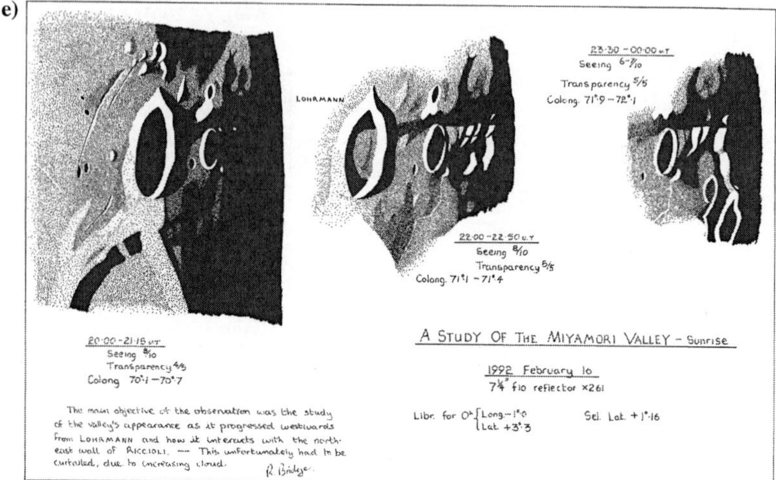

Abb. 8.20(e)   Das ‚Miyamori-Tal', gezeichnet von Roy Bridge. Die Notiz lautet: „Der Hauptgrund dieser Beobachtung war die Untersuchung des Erscheinungsbildes des Tals wie es von Lohrmann nach Westen geht und wie es mit dem Nordostwall von Riccioli wechselwirkt. Sie musste wegen aufkommender Bewölkung vorzeitig beendet werden."

f)

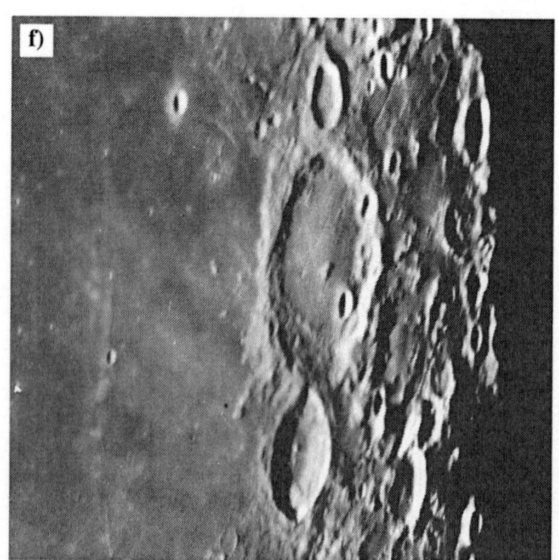

Abb. 8.20(f)   Porträt von Hevelius, Cavalerius und Lohrmann. Die Aufnahme wurde mit dem 1,5 m Reflektor des Catalina Observatory am 4. Februar 1966 um 6:53 UT gemacht, bei einer selenographischen Colongitude der Sonne von 74,2°. (Mit freundlicher Genehmigung des Lunar and Planetary Laboratory.)

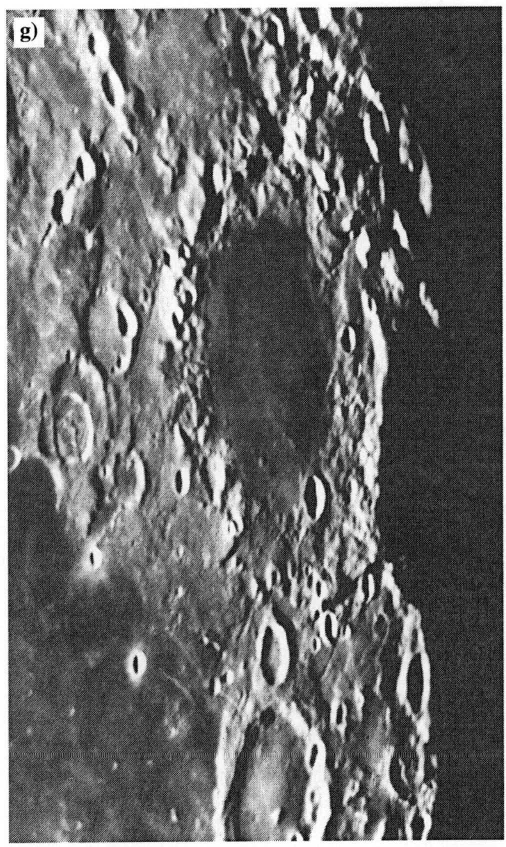

Abb. 8.20(g) Der Krater Grimaldi dominiert diese Aufnahme des Catalina Observatory, die gerade 10 Minuten nach der Abbildung (f) gemacht wurde. (Mit freundlicher Genehmigung des Lunar and Planetary Laboratory.)

ser von ungefähr 140 km. Der Umriss des Kraters ist aber auf Photos sehr unregelmäßig. Wenn man genau hinschaut, kann man erkennen, dass die Umgebung der überfluteten Ebene nach außen ansteigt und einen undeutlichen Kraterrand bildet, dessen Durchmesser mehr als 220 km beträgt. (Der Kraterrand ist am besten im Norden und Westen zu erkennen.) An einigen Stellen des Mondes sind sogar Spuren eines zweiten konzentrischen Ringes zu erkennen, dessen Abstand etwa das doppelte des ersten Kraterrandes beträgt. Offensichtlich war der Einschlag, der zur Entstehung Grimaldis führte, gewaltig.

Ab und zu wird von hellen Blitzen, farbigen Flecken und scheinbaren Nebelschleiern innerhalb Grimaldis berichtet. Sein lavaüberflutetes Inneres und die vielen kleinen Krater, Hügel, Flecken, Streifen und Lavarücken bleiben eine unerschöpfliche Quelle interessanter Studienmöglichkeiten für den Beobachter am Teleskop.

8.21 Hortensius [6°N, 332°O] und Lunardome in der Umgebung

Hortensius ist ein kleiner, ziemlich unscheinbarer Krater, der sich im Oceanus Procellarum etwas westlich von Copernicus befindet. Er hat einen Durchmesser von 15 km, eine scharfen Kraterrand und ist für seine Größe ziemlich tief. Der Unterschied zwischen dem höchsten Punkt des Kraterrandes und dem tiefsten Punkt des schüsselförmigen Kraters beträgt etwa 2,9 km. Das wirklich interessante Gebiet liegt in dem Mare etwas nördlich des Kraters: einige aufgewölbte Hügel, die auch als Lunardome bekannt sind.

Beobachter, die sich nur gelegentlich den Mond anschauen, werden Lunardome kaum wahrnehmen. Sie sind sehr klein und schwer zu erkennen und zeigen sich nur bei niedrigem Sonnenstand. Die Lage dieser faszinierenden Mondformationen ist auf Karten mit geringer Auflösung nicht zu sehen. Die Dome in der Umgebung von Hortensius sind bemerkenswert und leicht zu finden. Sie sind am auffälligsten zur Zeit des ersten Viertels, einer beliebten Zeit zur Mondbeobachtung. (Sie sind natürlich genauso auffällig zur Zeit des letzten Viertels, aber nur wenige Menschen stehen in den frühen Morgenstunden auf, um sich den Mond anzuschauen.)

Zum Aufsuchen der Dome empfehle ich Ihnen, einen Blick in Abbildung 8.21 zu werfen. Am linken Rand ist ein Teil des Kraters Copernicus zu erkennen, an dem Sie den Maßstab abschätzen können. Oben rechts sieht man Hortensius und unterhalb von ihm kann man eine Ansammlung pockenförmiger Hügel erkennen.

Die Verfechter des endogenen Ursprungs der Mondkrater haben die Lunardome früher zur Unterstützung ihrer Theorie benutzt. In der „Schlammblasen-Theorie" waren die Dome einfach Blasen, die nicht aufgeplatzt sind, also Beispiele der Kraterentwicklung im Entstehungsstadium. Nach unseren heutigen Erkenntnissen können wir diese Theorie *ad acta* legen, aber es bleibt dennoch die Frage: Was sind diese Dome und wie sind sie entstanden? Hierzu gibt es verschiedene Meinungen.

Bei vielen Prozessen und Formationen auf dem Mond wird von manchen Experten oft der Eindruck vermittelt, alles sei bereits seit langer Zeit erforscht und geklärt. Wenn man jedoch liest, was ein anderer Experte mit derselben Bestimmtheit zu dem gleichen Thema behauptet, stellt sich oftmals heraus, dass sich die Erklärungen genau widersprechen!

Manche Experten behaupten, dass Lunardome einfach bloß Berge seien. Andere (vermutlich die Mehrzahl) sagen jedoch, dass die Dome Aufwölbungen der Mondkruste sind, die durch das Aufsteigen darunterliegender Magmablasen entstanden sind. Wieder andere vergleichen sie mit irdischen Aschekegeln und behaupten, dass sie richtige Vulkane sind.

Ich neige auch zu der Meinung, dass sie richtige Vulkane sind, glaube aber nicht an die Interpretation mit den Aschekegeln. Viele von ihnen haben in der Mitte etwas, das einer Caldera ähnelt. Tatsächlich besitzen die meisten Dome in der

Abb. 8.21 Das Zielobjekt dieser Aufnahme, Hortensius und die benachbarten Lunardome wurde in die rechte obere Ecke platziert, um ihre Position relativ zu dem benachbarten großen Krater Copernicus zu zeigen (teilweise am rechten Rand zu sehen).
Die Aufnahme wurde mit dem 1,5 m Reflektor des Catalina Observatory am 21. Januar 1967 um 2:44 UT gemacht, bei einer selenographischen Colongitude der Sonne von
32,4°. (Mit freundlicher Genehmigung des Lunar and Planetary Laboratory.)

Nachbarschaft von Hortensius Gipfelkrater. Es sind meiner Meinung nach zu
viele, um sie durch zufällige Einschläge erklären zu können. Ich frage mich, woher die Lavaströme kamen, die die großen Mondbecken überfluteten. Es gibt
deutliche Hinweise darauf, dass sie ihren Ursprung in langen Spalten am Rande der Becken hatten. Gab es vielleicht aber noch weitere Öffnungen innerhalb
der Becken? Man weiß, dass die Lavaströme nicht abrupt aufgehört haben. Anzeichen aufeinanderfolgender Lavaflüsse findet man überall auf den Mondmaren. Die Lavaöffnungen, deren Ströme schon früh versiegten, wurden von anderen Lavaflüssen überdeckt und sind nicht mehr zu sehen. Was ist aber mit denen, die bis zuletzt aktiv waren? Vielleicht haben die letzten Reste vulkanischer
Aktivität auf dem Mond sehr zähflüssige Lava an die Oberfläche gebracht? Zäh-
flüssig genug, um sich nach oben aufzutürmen und so Strukturen um die Vul-
kanöffnungen zu bilden. Die Impaktschmelzen, die sich in den Großen Becken
angesammelt haben, waren vielleicht die Quelle für sehr zähflüssige Lava.
Vielleicht haben die Lunardome etwas damit zu tun, dass die neugeformten Mare einen Gleichgewichtszustand anstrebten. Der Theorie nach müssen sich die
Schichten der Marebasalte absenken nachdem sie sich verfestigt haben, da sie
eine größere Dichte haben als das darunterliegende Grundgestein. Wir haben
Anzeichen dafür, dass es diesen isostatischen Ausgleich auf dem Mond tatsächlich gegeben hat, denn wir können an den Rändern der Mare Verwerfungen und

Gezeitensenkungen erkennen. Als sich die verfestigten Mareoberflächen senkten, übten sie auf die Lava unter ihnen erheblichen Druck aus. Vielleicht sind die Dome das Ergebnis von zähflüssiger Lava, die durch Spalten den Maren entkam?

Ich muss Sie allerdings darauf hinweisen, dass diese Ideen keineswegs die „offizielle" Lehrmeinung darstellen. Sie sind nur das Resultat meiner eigenen Überlegungen und können weit von der Realität entfernt sein – genauso weit, wie viele der zur Zeit als „offiziell" geltenden Lehrmeinungen zu diesem Thema. Wenn es etwas gibt, das als sicher gelten kann, so ist es die Tatsache, dass sich jeder einmal irren kann!

Es gibt also eine Menge Fragen und keine allgemein akzeptierten Antworten. Sind die Lunardome tatsächlich Magma-Aufwölbungen mit inneren Rissen, die in vielen Fällen an der Oberseite Lavaöffnungen erzeugten? Oder sind sie stattdessen die letzten Überbleibsel eines vor Urzeiten erloschenen Mondvulkanismus? Ich vermute, wir müssen auf die richtige Antwort noch einige Jahrzehnte warten, bis die ersten Mondgeologen an den Domen seismische Experimente durchführen, bei denen sie kleine Sprengladungen zünden und die resultierenden seismischen Schockwellen untersuchen.

Die Lunardome sind ebenso interessant wie schwer zu beobachten. Es gibt noch mehr Beispiele davon an anderen Stellen des Mondes, viele davon in der weiteren Umgebung von Hortensius. Sie sind auch ein guter Test für gute Optik und gute Beobachtungsbedingungen. Der Bildkontrast spielt hierbei die Hauptrolle. Wenn Sie die Dome bei der Beobachtung mit einem großen Reflektor (vielleicht einem der populären „Dobsonians") nicht erkennen können, obwohl sie eigentlich sichtbar sein sollten, versuchen Sie einmal, dessen Öffnung mit einer Lochblende (wie in Abbildung 3.3) abzublenden. Trotz der Reduktion des Lichtsammelvermögens ist die Verbesserung des Kontrasts oft so gut, dass Sie nun Dome erkennen, die Sie früher nicht sehen konnten. Diese Methode ist besonders nützlich, wenn die Optik des Teleskops oder die Beobachtungsbedingungen nicht so gut sind. Viel Spaß beim Domsuchen!

8.22 Mare Humorum [Mitte bei 24°S, 321°O], Doppelmayer, Gassendi, Gassendi A und Vitello

Der Name „Mare Humorum" kann sowohl als „Meer der Feuchtigkeit" (ein ziemlich komischer Name für ein Meer), wie auch als „Meer der Heiterkeit" übersetzt werden. Es ist mit etwa 400 km Durchmesser zwar eines der kleineren Mondmare, aber sicher eines der interessantesten. Abbildung 8.22(a) zeigt eine Photographie des 1,5 m Reflektors des Catalina Observatory vom 22. Februar 1967 um 3:35 UT bei einer selenographischen Colongitude der Sonne von 61°.

Das sehr alte Becken ist von Marebasalten überflutet. Wahrscheinlich ist das Humorum-Becken mit einem Alter von 4,2 Millionen Jahren eines der ältesten Becken auf dem Mond. Dies sieht man an der vollkommenen Abwesenheit er-

Abb. 8.22(a) Mare Humorum. Der größte Krater am unteren Ende dieser Aufnahme ist Gassendi. (Mit freundlicher Genehmigung des Lunar and Planetary Laboratory.)

kennbaren Auswurfsmaterials, die von den darauffolgenden Einschlägen und anderen Prozessen, die die Mondoberfläche umgegraben haben, ausgelöscht worden sind.

Im Gegensatz dazu scheint die Oberfläche des Mare Humorum eine der jüngsten der großen Mondmare zu sein. Dies lässt sich an der Häufigkeit der Krater abschätzen, was auch konsistent mit den Ergebnissen der Apollo-Missionen bezüglich des Alters der westlichen Mareebenen ist. Wahrscheinlich haben die letzten größeren Ausbrüche von basaltischer Lava, die das Humorum-Becken überdeckten, vor nicht mehr als 3 Milliarden Jahren stattgefunden. So gesehen ist das Mare Humorum sowohl eines der jüngsten wie auch der ältesten Mare, je nachdem, ob man von dem Becken oder der lavaüberfluteten Ebene spricht! Sie fragen sich vielleicht, wie man das Alter eines Mares aus der Anzahl der Krater bestimmen kann. Um das zu verstehen, müssen wir uns vergegenwärtigen, dass das meteoritische Bombardement zu Anfang ziemlich heftig war, mit der Zeit aber abnahm, was sowohl die Größe der einschlagenden Körper wie auch die Einschlagshäufigkeit betraf. Aus vielfältigen Untersuchungen über die Anzahl und Größen der Krater auf dem Mond und sehr genauen Altersbestimmungen von zurückgebrachten Mondproben, können Planetologen das Alter eines Gebietes auf dem Mond bestimmen. Grob gesagt, wenn ein bestimmtes Gebiet viele große Krater enthält, ist es sehr alt. Wenn es überwiegend kleinere Krater enthält, dann ist es jung. Durch sorgfältige Kraterzählungen und Messung ihrer

Größe können die Wissenschaftler sehr zuverlässig das Alter verschiedener Gebiete der Mondoberfläche, zum Beispiel der Mondmare, bestimmen.

Ich finde es schwer zu glauben, dass das Humorum-Becken zusammen mit den anderen Becken der westlichen Mondhemisphäre vollkommen „trocken" blieben, während die Becken der östlichen Hemisphäre sich mit basaltischer Lava füllten, und der Brennpunkt des Geschehens sich dann nach Westen verlagerte, nachdem es im Osten ruhig wurde. Ich halte es für wahrscheinlicher, dass der Lavafluss im Osten und Westen etwa zur selben Zeit begann, jedoch im Westen länger andauerte.

Wenn dieses Szenario korrekt ist, ergeben sich daraus folgende Konsequenzen. Zum einen muss die basaltische Lava der westlichen Mare eine größere Tendenz gehabt haben, die Ränder der Becken zu überfluten und sich über ein größeres Gebiet der Mondoberfläche auszubreiten. Dies kann man deutlich auf jedem Photo des Vollmondes erkennen. Nicht nur, dass eine größere Fläche im Westen von dunklem Marematerial bedeckt ist, auch die Ränder der Mondmare sind weniger scharf definiert.

Die westliche Hälfte des Mare Imbrium geht über in den Oceanus Procellarum, der wiederum mit dem Mare Cognitum und dem Mare Nubium verbunden ist. Auch der Rand des Humorum-Beckens ist im Nordosten durchbrochen und dort ergießt sich das Mare Humorum in das Mare Nubium.

Auch das Mare Humorum ist mit den anderen Mareflächen verbunden, im Norden mit dem Oceanus Procellarum, im Osten mit dem Mare Nubium und im Südwesten mit dem Palus Epidemiarum („Sumpf der Seuchen"), einer nicht klar abgegrenzten Marefläche südöstlich vom Mare Nubium.

Ich vermute, dass zukünftige Mondgeologen feststellen werden, dass die westlichen Mondmare aus einer Vielzahl dünner Schichten bestehen. Im Osten des Mondes werden sie dagegen finden, dass die Becken von weniger Schichten bedeckt sind, die im Allgemeinen auch dünner sind.

Wenn es um die Frage geht, warum die Mondkruste im Westen der erdzugewandten Seite dünner sein soll, dann hat das vielleicht mit der Theorie eines gigantischen Einschlages zu tun, die von Dr. Peter Cadogan vorgeschlagen wurde. In dieser Theorie ist der Oceanus Procellarum die Lavaauffüllung eines 2400 km großen Beckens, das durch einen gewaltigen Einschlag in der prä-Nektarischen Mondperiode entstand. Hier bewegen wir uns jedoch auf dünnem Eis …

Wie schon gesagt gibt es im Mare Humorum kaum größere Krater, aber es gibt am Rande des Mares einige schöne Beispiele von Kratern, die nach der Entstehung des Mares, aber noch vor der Lavaüberflutung entstanden sind.

Das beweist, dass diese beiden Ereignisse eine beträchtliche Zeitspanne auseinander liegen. Falls Sie das bezweifeln, so fragen Sie sich einmal, wie diese Krater das Ereignis überleben konnten, bei dem das Becken entstanden ist. Sie konnten es nicht. Die Krater müssen also nach dem Becken entstanden sein. Schauen Sie sich diese Krater einmal genauer an und Sie werden feststellen, dass in vielen Fällen basaltische Lava die zum Mare hin zeigende Kraterwand durchbrochen und einen Teil ihres Inneres überflutet hat. Offensichtlich ereignete sich die Überflutung nachdem die Krater entstanden sind – also muss es ei-

Abb. 8.22(b) Der flache Beleuchtungswinkel der tiefstehenden Sonne über dem Mare Humorum lässt Einzelheiten mit geringem Relief hervortreten, wie die Lavarücken auf dem Mare und die Gräben an der Verbindung zwischen ihm und dem Palus Epidemiarum (oben links). (Mit freundlicher Genehmigung des Lunar and Planetary Laboratory.)

nen Zeitspanne zwischen der Erzeugung des Beckens und der Lavaüberflutung gegeben haben.

Feine Details mit geringen Höhenunterschieden kann man am besten bei niedrigem Sonnenstand erkennen. Abbildung 8.22(b) zeigt eine andere Aufnahme, die mit dem 1,5 m Reflektor des Catalina Observatory am 23. Dezember 1966 um 4:54 UT gewonnen wurde, als die selenographische Colongitude der Sonne 39,9° betrug und der Terminator das Mare Humorum halbierte. Bei dieser zeigen sich einige ungefähr konzentrische Lavarücken. Man nimmt an, dass es sich dabei um das Ergebnis enormer Kompressionskräfte handelt.

Etwas weiter draußen, wo Mare Humorum, Palus Epidemiarum und Mare Nubium aufeinanderstoßen gibt es einige ebenfalls konzentrische Gräben..

Sie sind sehr breit und einige hundert Kilometer lang. Man nimmt an, dass diese Gräben das Ergebnis der Ausdehnung der Mondkruste sind. Sogar Gebirgsregionen und ältere Krater werden von ihnen durchzogen, aber nicht die jüngeren Krater.

Die Ansammlung der Krater in der Südregion des Mare Humorum ist besonders schön. Abbildung 8.22(c), ein vergrößerter Ausschnitt aus Abbildung 8.22(a), zeigt diese Gruppe. Der östliche und am wenigsten verfallene Krater ist Vitello, der 45 km groß und 1,7 km tief ist und dessen Inneres ziemlich komplex ist. Er besitzt einen Zentralberg und wenn die Sonne tief steht, sind die Schatten in seinem Inneren unregelmäßig, wie auf den Zeichnungen von Andrew Johnson zu sehen ist (siehe Abbildung 8.22(d)).

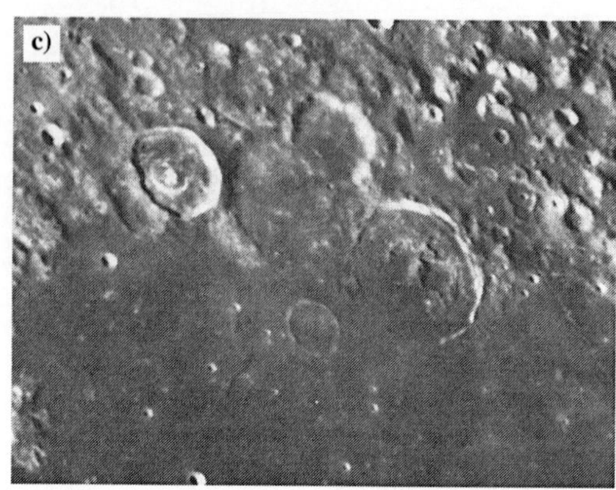

Abb. 8.22(c) Südlicher Teil der „Küstenlinie" des Mare Humorum. Der deutlich ausgeprägte Krater links von der Gruppe ist Vitello. Rechts unterhalb von Vitello befindet sich Doppelmayer, der größte Krater der Gruppe. (Mit freundlicher Genehmigung des Lunar and Planetary Laboratory.)

Abb. 8.22(d)   Vitello, gezeichnet von Andrew Johnson.

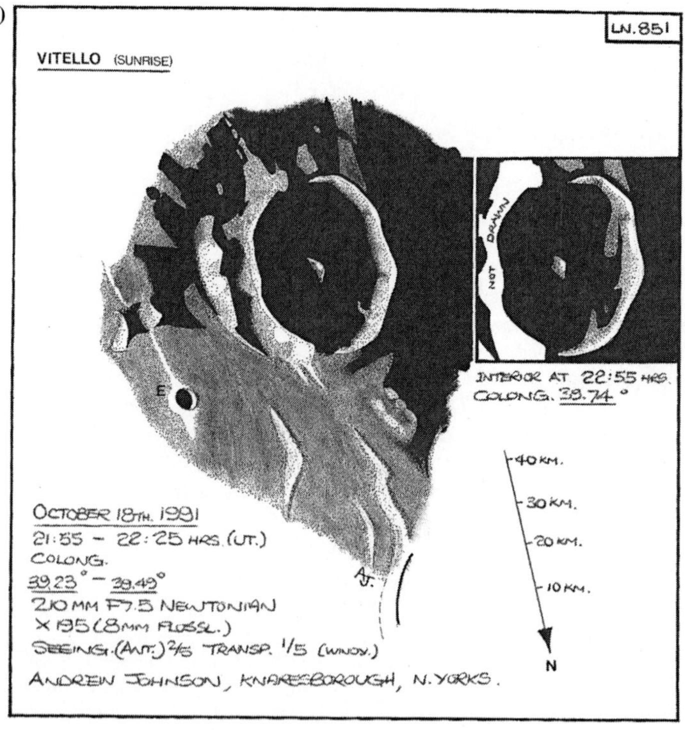

Westlich von Vitello befindet sich der Überrest eines großen lavaüberfluteten Kraters, an dem im Südwesten ein weiterer lavaüberfluteter Krater mit durchbrochenem Kraterwall grenzt. Beide bilden Buchten im „Meer der Feuchtigkeit". Der größte Krater in Abbildung 8.22(c) ist aber der Krater Doppelmayer mit 64 km Durchmesser, der sich nordwestlich von der zuvor genannten Gruppe befindet. Er ist überflutet und stark erodiert und dennoch erhebt sich sein stattlicher Zentralberg 760 Meter über den lavagekräuselten Kraterboden.

Das wahre Juwel des Mare Humorum jedoch ist Gassendi. Die 110 km große Wallebene erstreckt sich vom Ufer tief in den nördlichen Teil des Mare Humorum. Wenn sich der Morgen- oder Abendterminator gerade in der Nähe befindet, erscheint sie wie ein schwarzer See, was in Abbildung 8.22(e) zu sehen ist. Bei höherem Sonnenstand erkennt man, dass das Innere ziemlich komplex ist. Abbildung 8.22(f) ist eine Aufnahme, die am 2. April 1966 um 8:12 UT mit dem 1,5 m Reflektor des Catalina Observatory gemacht wurde, die selenographische Colongitude der Sonne betrug 48,7°. Abbildung 8.22(g) zeigt den Krater bei noch höherem Sonnenstand (selenographische Colongitude 61°).

e)

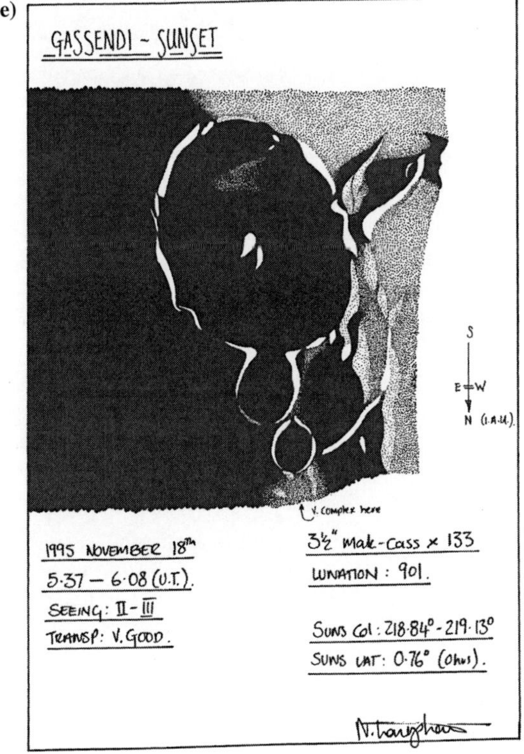

Abb. 8.22(e) Sonnenuntergang über Gassendi, gezeichnet von Nigel Longshaw.

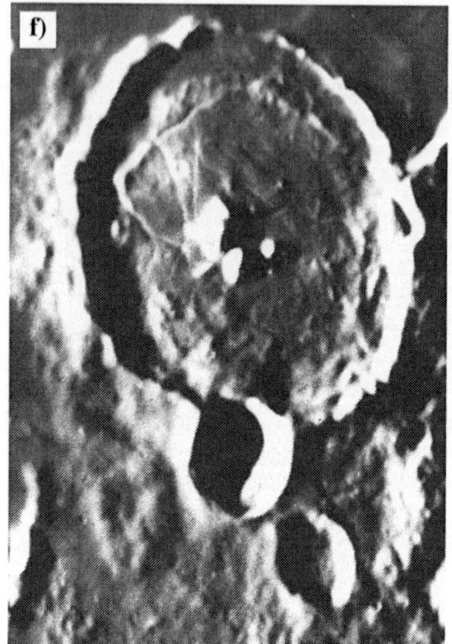

Abb. 8.22(f)   Gassendi bei Colongitude 48,7°. (Mit freundlicher Genehmigung des Lunar and Planetary Laboratory.)

Abb. 8.22(g)   Gassendi bei Colongitude 61,0°. (Mit freundlicher Genehmigung des Lunar and Planetary Laboratory.)

Bei Abbildung 8.22(g) handelt es sich um einen vergrößerten Ausschnitt von Abbildung 8.22(a). Sie werden feststellen, dass sich die Auffälligkeit der inneren Einzelheiten bei dieser relativ kleinen Änderung des Beleuchtungswinkels sehr verändert hat. Deswegen und wegen der Komplexität der ganzen Formation zeichneten die alten Selenographen unterschiedliche Darstellungen von Gassendi, was unvermeidlich zu einer Debatte über mögliche physische Änderungen des Kraters während der Lebenszeit der Beobachter führte. Eine Vorstellung, die schon vor langer Zeit zu den Akten gelegt wurde, wie ich hinzufügen möchte.

Die Kraterwälle verändern ihre Höhe entlang des Kraterrandes und sind im Westen am höchsten. Die durchschnittliche Höhe relativ zum Kraterboden beträgt etwa 1,8 km.

Gassendi A (33 km Durchmesser, 3,6 km tief) dringt vom Norden in Gassendi ein. Er hat einen ziemlich sechseckigen Umriss und ein kompliziertes Inneres. Der südliche Abschnitt des Kraterwalles von Gassendi ist stark erodiert und erweckt den Eindruck, dass er von der Lava des Mare Humorum geschmolzen wurde. Eindeutig ist hier Marematerial in den Krater eingedrungen. Der Kraterboden von Gassendi ist etwas heller als das Mare Humorum, außer einem glatten sichelförmigen Abschnitt, der von dem Durchbruch des Kraterwalles ausgeht und die gleiche Farbe hat.

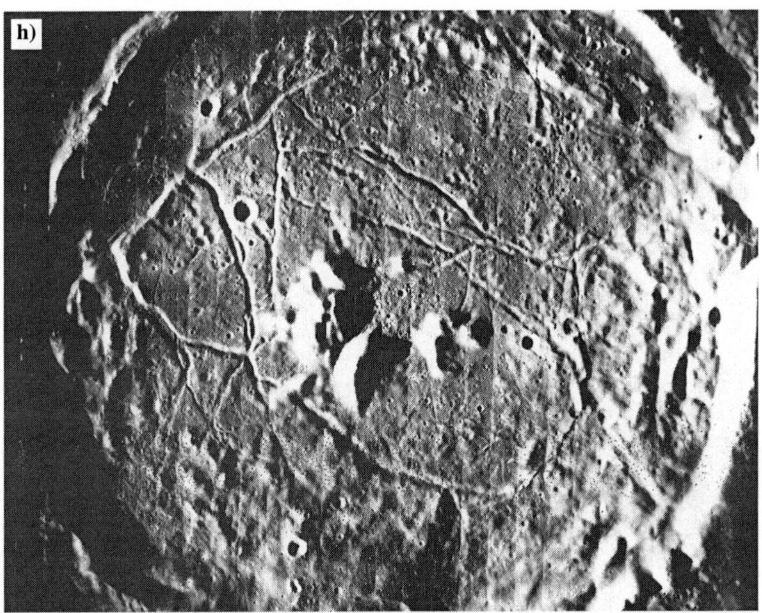

Abb. 8.22(h) *Lunar Orbiter* V-Aufnahme von Gassendi. (Mit freundlicher Genehmigung der NASA und von Professor E. A. Whitaker.)

Der Kraterboden ist etwa 600 Meter höher als die äußere Umgebung und von einem auffallendem Netzwerk von Rillen durchzogen. Viele davon sind bei den entsprechenden Beleuchtungsbedingungen schon in kleinen Teleskopen (80–100 mm Öffnung) sichtbar. Einen sehr detailreichen Anblick von Gassendi zeigt Abbildung 8.22(h), eine Aufnahme der *Lunar Orbiter* V-Mondsonde.

Der Kraterboden ist nicht nur von einem Netzwerk von Rillen durchzogen, sondern ist auch sonst sehr hügelig und besitzt einen zentralen Bergkomplex. Dieser ist in Wirklichkeit der Überrest eines Ringes, wie sich in Abbildung 8.22(h) erkennen lässt. Der höchste der zentralen Berge erhebt sich über 1 km hoch.

Mit vielen glaubwürdigen Berichten von hellen Leuchterscheinungen und rötlichem Glühen ist Gassendi ist einer der Brennpunkte von TLPs (transienten lunaren Phänomenen). Bezeichnenderweise ist er auch eine Stelle erhöhter Emission von Radongas.

Welche Geschichte liegt hinter dem schroffen Aussehen von Gassendi? Wurde das Innere von darunterliegenden Kräften angehoben? In welcher Reihenfolge und innerhalb welcher Zeiträume haben die Ereignisse zu dem Aussehen von Gassendi geführt, das sich uns jetzt zeigt?

8.23 Rima Hyginus [Mitte bei 8°N, 6°O], Hyginus, Rima Triesnecker und Triesnecker

Heute nimmt man an, dass es zwei verschiedene Arten von Rillen gibt, die beide verschiedene Entstehungsmechanismen haben. Die gewundenen oder *sinusförmigen* Rillen glaubt man wurden von fließender Lava geformt. Sie sind typisch für Mare. Möglicherweise hat sich die Lava durch die Oberfläche der Mare geschnitten oder einen Tunnel knapp unterhalb der Mareoberfläche gegraben, dessen Decke dann später eingestürzt ist. Sie sind typischerweise etwa ein bis zwei Kilometer breit (obwohl es auch breitere Exemplare gibt wie zum Beispiel das Schrötertal) und sie schlängeln sich auf die gleiche Weise wie Flüsse bei uns auf der Erde.

Die andere Art sind die geraden oder *linearen* Rillen. Diese sind, wie der Name schon sagt, eher gerade und Richtungswechsel treten bei ihnen in Form von scharfen Knicken auf, im Gegensatz zu den Windungen der sinusförmigen Rillen. Sind auch meistens breiter, typischerweise 5–60 km und können auch die Grenzen zwischen Maregebieten und Hochländer durchqueren. Offensichtlich sind sie entstanden, indem der Boden auf beiden Seiten auseinandergezogen wurde und so eingebrochen ist. Eine solche Struktur wird auch in der englischen Fachliteratur als „Graben" bezeichnet.

Bei Rima Ariadaeus (in Kapitel 8.6 näher beschrieben) scheint es sich um einen solchen Graben zu handeln, und bei den gebogenen Rillen im Grenzgebiet von Mare Humorum und Palus Epidemiarum (siehe Kapitel 8.22) ebenfalls.

In Abbildung 8.23 findet man Beispiele beider Arten von Rillen. Diese Aufnahme des Catalina Observatory zeigt das Gebiet des Mondes zwischen Sinus Medii (oben rechts) und Mare Vaporum (unten links). Oben rechts befindet sich der 26 km große Krater Triesnecker. Mit seiner Tiefe von 2,7 km und seinem zentralen Bergkomplex ist er an sich schon ein interessantes Objekt. Noch interessanter und auffälliger ist jedoch das ausgedehnte Rillensystem östlich des Kraters. Diese Rillen nennt man Rimae (lateinische Pluralform von Rima) Triesnecker und sie scheinen vom Typus der sinusförmigen Rillen zu sein.

Der untere Teil des Bildes wird von der sehr auffälligen Hyginusrille (Rima Hyginus) durchzogen. Ganz links im Bild kann man gerade noch das Ende einer weiteren Rille sehen, die parallel zum östlichen Teil der Hyginusrille verläuft. Dabei handelt es sich um Rima Ariadaeus, die schon in Kapitel 8.6 beschrieben wurde. Beachten Sie den kleinen Krater (etwa 10 km Durchmesser), der sich genau im Knick der Rille befindet. Das ist der Krater Hyginus. Er hat eine Tiefe von 770 Metern und ist somit tiefer als die Rille selbst. Schaut man sich den östlichen (im Bild links) Abschnitt der Rille genauer an, findet man weitere, etwas kleinere Krater, die wie die Perlen einer Kette auf der Rille aufgefädelt sind. Hochauflösende Aufnahmen von Raumsonden zeigen die Kraterketten-Struktur der Hyginusrille noch deutlicher. Andere Rillen zeigen ähnliche Strukturen.

Es ist nicht einfach zu verstehen, welche Rolle die Krater dabei spielen. Sind sie durch den Einbruch entstanden? Sind zumindest einige der linearen Rillen auf

Abb. 8.23 Triesnecker mit seinem Rillensystem (oben rechts) und die Hyginusrille (Rima Hyginus), die sich von der Mitte links nach unten rechts erstreckt. Aufnahme mit dem 1,5 m Reflektor des Catalina Observatory. Zum Zeitpunkt der Aufnahme, dem 27. Mai 1996 um 3:56 UT betrug die selenographische Colongitude der Sonne 356,8°. (Mit freundlicher Genehmigung des Lunar and Planetary Laboratory.)

dieselbe Art und Weise entstanden wie die sinusförmigen Rillen, nur dass die unterirdischen Kanäle viel breiter waren? Vielleicht gab es ausgedehnte Lavaflüsse in dünnen Schichten unter der gerade erstarrten Mareoberfläche? Vielleicht ist die Decke dann an einigen weit voneinander entfernten Stellen eingebrochen und hat so die Kraterketten entstehen lassen? (Hierbei beziehe ich mich nur auf die kleinen Krater, die mit den Rillen assoziiert sind. Ich möchte hier nicht versuchen die alten Diskussionen über den Ursprung der großen Mondkrater wiederzubeleben!) Wenn die Deckeneinbrüche näher beieinander lagen, entstanden dann Rillen von der Art der Hyginusrille? Und was ist dann mit dem Krater Hyginus selbst? Er ist viel tiefer als die Rille, deren wichtigster Bestandteil er ist.

Wenn Sie glauben, dass wir die definitiven Antworten auf diese Fragen kennen, so lassen Sie mich Ihnen sagen, dass viele Experten in ihren Erklärungen der Rillen voneinander abweichende Meinungen haben, und einige wenige geben offen zu, dass sie sich über den Entstehungsmechanismus dieser rätselhaften Gebilde nicht im Klaren sind.

Die Rillensysteme von Ariadaeus, Hyginus und Triesnecker kann man auch mit kleinen Teleskopen zur Zeit des ersten und letzten Viertels sehen. Ich schlage Ihnen daher vor, sie selbst zu beobachten und ihre Bedeutung selbst zu beurteilen.

8.24 Mare Imbrium [Mitte bei 35°N, 345°O], Archimedes, Aristillus, Autolycus, Bianchini, Helicon, Montes Jura, Promontorium Heraclides, Promontorium Laplace, Sinus Iridum und Timocharis

Die Sonne geht über der östlichsten Ecke des Mare Imbriums (Meer des Regens) bereits einen Tag vor dem ersten Viertel auf. Zum ersten Viertel wird das Gebiet jedoch erst zum richtigen Spektakel, wie Abbildung 8.24(a), eine Aufnahme von Tony Pacey, zeigt.

Die wahre Natur dieser bedeutenden Mondformation ist aber am besten bei einem Mondalter von 10 bis 11 Tagen zu erkennen. Abbildung 8.24(b) ist eine Aufnahme von mir, die unter diesen Beleuchtungsbedingungen entstanden ist. Ich benutzte meinen 18 ¼ Zoll (0,46 m) Reflektor und habe die Kamera (ohne Okular) im Newton-Fokus angebracht um den Mond direkt auf die Filmebene zu projizieren. Deshalb ist das effektive Öffnungsverhältnis auch das Öff-

Abb.   8.24(a) Sonnenaufgang über dem Mare Imbrium, photographiert von Tony Pacey am 6. April 1987 gegen 20:00 UT. Er machte diese Aufnahme mit seinem 10 Zoll (254 mm) Reflektor mit Okularprojektion und belichtete für 0,25 s auf *Illford* FP4 Film.

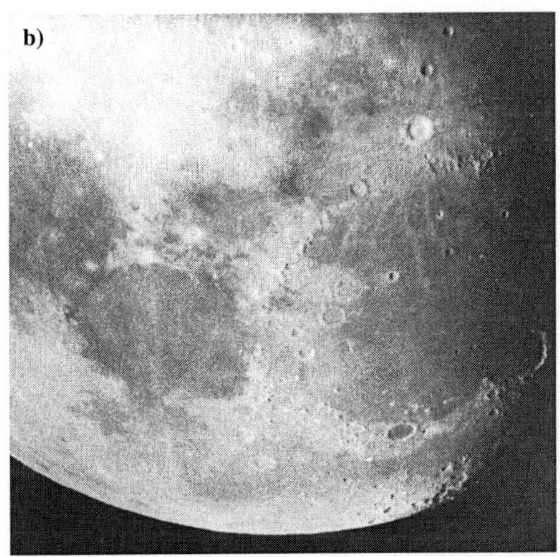

Abb. 8.24(b) Die kreisförmige Umrisslinie des Mare Imbrium ist auf dieser Aufnahme des Autors deutlich sichtbar.

nungsverhältnis des Teleskops (F/5,6). Die Aufnahme wurde auf HP5 Film gemacht und mit „Celer Stellar" Entwickler entwickelt.

Die Wahl dieses Films mag Ihnen vielleicht etwas seltsam vorkommen. Ich wollte eigentlich eine Okularprojektion mit sehr großem effektivem Öffnungsverhältnis benutzen, weswegen ich meine Kamera mit einem hochempfindlichen Film geladen habe. Aber wie es so kam, war die Nacht mit schlechter Durchsicht und starken atmosphärischen Turbulenzen zu diesem Zweck völlig ungeeignet, und so musste ich mich mit einigen Mondaufnahmen geringerer Auflösung begnügen. Die Belichtungszeit dieser Aufnahme betrug $^1/_{500}$ Sekunde und sie wurde am 15. Juli 1978 um 21:23 UT gemacht, bei einer selenographischen Colongitude von 25,3°.

In Abbildung 8.24(b) ist der kreisförmige Umriss des Mare Imbrium sehr gut zu erkennen, nur der westliche Teil davon liegt jenseits des Terminators im Dunkeln. Dieses von basaltischer Lava überflutete Becken hat den enormen Durchmesser von 1250 km. Nur der Oceanus Procellarum hat eine größere Lavafläche, doch das Imbrium-Becken ist heutzutage das größte eindeutig als Becken identifizierbare Objekt auf dem Mond. Der Einschlag, der dieses Becken erschaffen hat, erzeugte auch Auswurfsstrukturen und ein radiales Muster von Hügelketten und linearen Verwerfungen, die einen großen Teil der Mondoberfläche überziehen und gut zu erkennen sind, solange man weiß, wonach man zu suchen hat. Einige dieser Strukturen wurden bereits in anderen Kapitel besprochen.

Einige der *Apollo*-Missionen haben Mondproben zurückgebracht unter denen man auch Auswurfsmaterial des Imbrium-Einschlags identifizieren konnte; *Apollo 15* ist sogar am Rande des Mare Imbrium gelandet. Aus Laboranalysen

Abb. 8.24(c)   Der Südosten des Mare Imbrium, links durch die Mond-Apenninen (Montes Apenninus) begrenzt. Der größte Krater (auf der Aufnahme unten) ist Archimedes, der Krater links von ihm ist Autolycus und rechts von ihm ist Timocharis. (Mit freundlicher Genehmigung des Lunar and Planetary Laboratory.)

genau dieser Proben konnte man ziemlich genau den Zeitpunkt des Einschlages bestimmen, der dieses Becken erzeugte. Das Ergebnis ist, dass dies vor 3,85 Milliarden Jahren geschehen ist, mit einer Unsicherheit von 50 Millionen Jahren. Dies ist eine der wichtigsten Eckdaten anhand derer man unser heutiges Bild der Abfolge der Ereignisse abgeleitet hat, die die Mondoberfläche formten. Tatsächlich ist das Imbrium-Becken das jüngste der wirklich großen Becken auf der erdzugewandten Seite. Das Orientalis-Becken ist das einzige große Becken das jünger ist, aber auf der erdzugewandten Seite ist von ihm nicht viel zu sehen.

Das Alter der Mareoberflächen wurde hauptsächlich durch Kraterzählungen bestimmt, die mit den Altern der Gesteinsproben von *Apollo 15* abgeglichen worden sind. Das zusammen mit spektrophotometrischen Untersuchungen (bei denen das Reflexionsvermögen bei bestimmten Wellenlängen untersucht wird) haben gezeigt, dass sich die Lavaflüsse in einem Zeitabschnitt von 3,7 bis 3,2 Milliarden Jahren vor unserer Zeit ereigneten. Die Lava, die den größten Teil der sichtbaren Oberfläche des Mare Imbrium bildet, ist etwa 3,3 Milliarden Jahre alt.

Einige der Lavaflüsse sind als Gebiete mit leicht unterschiedlichen Farbtönen auch im Teleskop zu erkennen. Versuchen Sie es doch selbst einmal.

Wie bei allen Mondmaren zeigen sich auch hier bei niedrigem Sonnenstand viele Lavarücken und das ganze Mare Imbrium ist von einer Unmenge kleinerer Krater bedeckt, die meisten sind jedoch außerhalb der Reichweite von Amateurteleskopen. Sehen Sie selbst, wie viele Sie erkennen können. Abbildung 8.24(c) zeigt den südöstlichen Teil des Mare, Abbildung 8.24(d) dagegen den nordöstlichen Bereich. Beide Aufnahmen wurden mit dem 1,5 m Reflektor des Catalina Observatory in Arizona gemacht.

Abbildung 8.24(c) wurde am 20. Januar 1967 um 1:46 UT bei einer selenographischen Colongitude von 18,5° (Morgenbeleuchtung) aufgenommen. Abbildung 8.24(d) stammt vom 6. September 1966 10:44 UT, die selenographische Colongitude betrug hier 167,3° (später Nachmittag).

Die prächtigen Montes Apenninus bilden die südöstliche Grenze des Mares (siehe Abbildung 8.24(c)). Dies ist ein Bereich der Mondkruste, der von dem Imbrium-Einschlag aufgeworfen wurde. Diese Gebirgskette wurde bereits in Abschnitt 8.5 besprochen, zusammen mit dem Krater Eratosthenes, der das nördliche Ende der Apenninen bildet. Im Westen von Eratosthenes liegt eine weitere kleinere Gebirgskette, die Mond-Karpaten (Montes Carpatus) mit dem großen Krater Copernicus im Süden (siehe Kapitel 8.13).

Der größte Teil der östliche Grenze diese alten Beckens wird von den Montes Caucasus gebildet, einer weiteren durch den Impakt aufgeworfenen Gebirgskette. Zwischen den Montes Apenninus und den Montes Caucasus befindet sich ein Durchbruch in der Bergkette, durch die Lavaströme geflossen sind, und das Mare Imbrium mit dem benachbarten Mare Serenitatis verbunden haben. Abbildung 8.24(a) zeigt dieses Gebiet sehr deutlich.

Im Norden des Mare Imbriums liegt eine weitere Gebirgskette, die Mond-Alpen (Montes Alpes), die in Abschnitt 8.3 bereits zusammen mit dem Alpental (Vallis Alpes) besprochen wurden. Man kann sehen, dass die innere Grenze die-

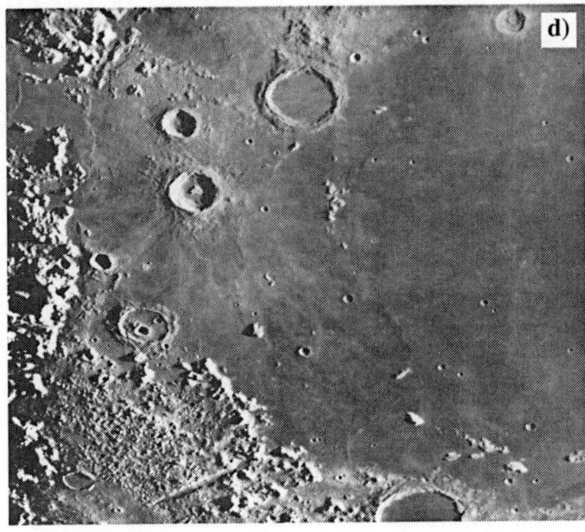

Abb. 8.24(d) Der Nordosten des Mare Imbrium, auf der linken Seite durch den Mond-Kaukasus (Montes Caucasus) und unten links durch die Mond-Alpen (Montes Alpes) begrenzt. (Mit freundlicher Genehmigung des Lunar and Planetary Laboratory.)

ser Gebirgskette ebenfalls konzentrisch zum Mare verläuft, aber einen kleineren Radius hat als die Montes Carpatus, Apenninus und Caucasus. Tatsächlich handelt es sich bei dem Imbrium-Becken um ein „Multi-Ring-Becken". Der äußere Ring wird dabei von den eben genannten Bergketten gebildet während die Montes Alpes der Überrest des mittleren der ursprünglich drei Ringe ist. Alles, was vom innersten Ring übrig geblieben ist sind ein paar vereinzelte Bergspitzen, die aus der lavaüberfluteten Ebene herausschauen. Ich überlasse es Ihnen, eine Karte des Mares anzufertigen und die Spuren des ursprünglichen Verlaufs der Ringe zu identifizieren und einzuzeichnen.

An der Westgrenze des Mare Imbrium gibt es fast keine Anzeichen von Überresten der Ringe. Hier fließt es einfach mit dem riesigen Oceanus Procellarum zusammen. Wenn man sich dieses Gebiet bei Vollmond genauer anschaut, kann man deutliche Anzeichen dafür erkennen, dass die dunkleren Lavaströme des Mare Imbrium über die etwas hellere Lava des Oceanus Procellarum geflossen sind, und nicht anders herum.

In der Bucht, die vom südlichen Ende der Montes Alpes und dem nördlichen Ende der Montes Caucasus gebildet wird, befindet sich der sehr interessante Krater Cassini. Dieser Krater und seine Umgebung wurden bereits in Abschnitt 8.11 im Detail beschrieben.

Der auffälligste der großen Krater im Mare Imbrium ist aber der Krater Archimedes. Er ist praktisch einer der Brennpunkte des Mares, obwohl er weit vom Mittelpunkt des Mares entfernt liegt. Abbildung 8.24(e) (ein vergrößerter Ausschnitt von Abbildung 8.24(d)) zeigt ihn sehr gut.

Der Einschlag, der den Krater erzeugt hat, geschah eindeutig nachdem das Imbrium-Becken entstanden ist, denn das Ereignis, bei dem das Becken geformt wurde, hätte er nicht überstehen können. Aber der Einschlag muss sich auch vor der Zeitspanne der Lavaflüsse ereignet haben, denn die Lavadecke blieb unberührt bis zu der Stelle, an der sich der Krater aus dem Mare erhebt. Das zeigt auch, dass die Lavaschicht des Mares nicht besonders tief sein kann. Es gibt viele derartige Krater auf dem ganzen Mond, die diese Behauptung unterstützen. Der Kraterrand erhebt sich an einigen Stellen 1,9 km über die Mareebene. Die Wechselwirkung der Marelava mit dem Streifen hügeligen Geländes, der sich vom Krater nach Süden in Richtung der Mond-Apenninen erstreckt, ist ein weiteres Anzeichen dafür, wie flach diese „Mondmeere" sind. Sogar in der Mitte des Imbrium-Beckens sind die Marebasalte wahrscheinlich nicht tiefer als 1,5 km.

Es ist eine interessante Tatsache, dass Archimedes fast bis zum gleichen Level wie das ihn umgebenden Mare Imbrium mit Lava gefüllt ist (genaugenommen liegt sein Boden etwa 200 m tiefer). Ich schätze, dass die Lavafüllung innerhalb des Kraters bis zu einer Tiefe von 2 km reicht, tiefer als die größten Tiefen fast aller anderen „Mondmeere"!

Obwohl das Kraterinnere von Archimedes auf den ersten Blick einen ziemlich glatten Eindruck macht, lassen sich doch einige feine Details erkennen. Am einfachsten sind die spitzen Schatten zu sehen, die bei niedrigem Sonnenstand von dem Kraterrand geworfen werden. Diese sind sehr interessant, denn sie geben

Abb. 8.24(e) Archimedes (der größte Krater), Autolycus (links oben) und Aristillus (links unten). Vergrößerter Ausschnitt aus Abbildung 8.24(d). (Mit freundlicher Genehmigung des Lunar and Planetary Laboratory.)

das vergrößerte (und etwas verzerrte) Profil des Kraterrandes wieder. Nicht ganz so leicht kann man ein schwaches Muster von Bändern erkennen, die in west-östlicher Richtung über den Kraterboden laufen. Am auffälligsten sind sie, wenn die Sonne hoch steht. Wodurch glauben Sie wurde dieses Muster verursacht? Am schwersten sind einige sehr kleine Krater innerhalb von Archimedes zu erkennen. Man kann sie am besten bei niedrigem Sonnenstand sehen, aber man braucht dazu ein gutes Teleskop und sehr gute Beobachtungsbedingungen. Am häufigsten konnte ich ein Paar von Kratern nahe des Nordwestrandes sehen. Manchmal kann ich auch noch weitere Krater ausmachen. Wie viele können Sie erkennen?

Der nächste größere Krater westlich von Archimedes ist der 35 km große Krater Timocharis. (In Abbildung 8.24(c) liegt er rechts von Archimedes, beide Krater befinden sich im Bild unten.) Er ist 3,1 km tief und seine terrassierten Wälle bilden einen scharfen Kraterrand. Er ist von einem blassen Muster von Auswurfsmaterial umgeben, das bei Vollmond am auffälligsten ist. Zu diesem Zeitpunkt scheint der Krater leicht neblig auszusehen, dieselbe Illusion, die man auch bei Eratosthenes hat.

Der erste große Krater östlich von Archimedes ist Autolycus. Er hat eine Durchmesser von 39 km und ist 3,9 km tief. Er hat ein Strahlensystem, das schwächer ausgeprägt ist als das von Timocharis, der Anstieg seiner inneren Kraterwälle ist weniger steil und seine Terrassen sind breiter. Im Norden von Autolycus befindet sich der größere Krater Aristillus. Er ist 3,6 km tief und hat auch deutlich sichtbare innere Terrassen. Sein Strahlensystem ist von allen dreien das auffälligste. Sein dreifacher Zentralberg erhebt sich fast 1000 Meter über den Boden des Kraters. Alle drei Krater haben erhöhte Kraterwälle und sind von Auswurfsmaterial umgeben, das über die Mareoberfläche verteilt wurde, deshalb sind sie offensichtlich nach den Lavaflüssen entstanden.

Am westlichen Ende der Mond-Alpen befindet sich eine Bucht, die Sinus Iridum (Regenbogenbucht) genannt wird. Die umgebende Bergkette heißt Montes

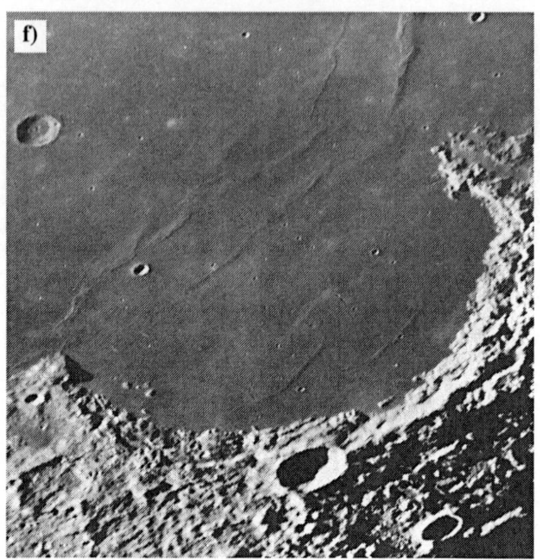

Abb. 8.24(f) Sinus Iridum, begrenzt vom den Montes Jura. (Mit freundlicher Genehmigung des Lunar and Planetary Laboratory.)

Jura (Juragebirge). Diese Bucht vereinigt sich mit dem Mare Imbrium an der Verbindungsstelle zum Oceanus Procellarum. Offensichtlich sind die Montes Jura die verbliebenen Überreste der Umrandung eines anderen Einschlagsbeckens von etwa 250 km Durchmesser, das sich mit dem Mare Imbrium überlappt. Welcher Einschlag kam zuerst? Die Antwort darauf ist nicht so einfach. Planetenforscher glauben, dass das breite Gebiet hellen und hügeligen Geländes, das sich am nördlichen Ufer des Mare Imbriums entlang bis zum Juragebirge und noch etwas darüber hinaus ausdehnt zeitgleich mit dem Imbrium-Impakt gebildet wurde. Wenn das richtig ist, folgt daraus, dass das Iridum-Becken erst nach dem Imbrium-Becken entstanden ist. (Verstehen Sie, weshalb?)
Abbildung 8.24(f) zeigt Sinus Iridum im morgendlichen Sonnenlicht. Es handelt sich um eine Aufnahme des Catalina Observatory vom 22. Januar 1967 um 3:31 UT, die selenographische Colongitude der Sonne betrug 43,9°. Das Kap am Ostende des Juragebirges nennt man Promontorium Laplace (Kap oder Vorgebirge Laplace). Am Westende befindet sich das Kap Heraclides. Der 39 km große Krater, der sich auf halbem Wege zwischen beiden Kaps im Hinterland des Juragebirges befindet, heißt Bianchini.
Der Krater in Abbildung 8.24(f) oben links ist Helicon. Er hat einen Durchmesser von 25 km und eine etwas ungewöhnliche Struktur mit einer Terrasse innerhalb seiner 1,9 km hohen Kraterwälle, die sich über seinen lavaüberfluteten Kraterboden erheben. Helicon liegt schon außerhalb der Grenzen des Sinus Iridum im Mare Imbrium. Die Fläche des Sinus Iridum wird von mehreren Lavarücken überzogen. Einige davon sind ungefähr konzentrisch zum Iridum-Becken, andere zum Imbrium-Becken. Die meisten Lavarücken befinden sich im Verbindungsgebiet zwischen beiden.

g)

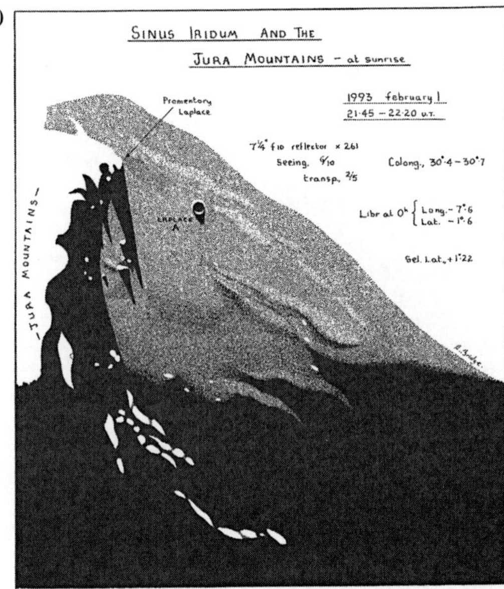

Abb. 8.24(g) Die ‚goldene Sichel' oder der ‚goldene Henkel'. Auf dieser Zeichnung von Roy Bridges ist Süden rechts. Die Notiz lautet: „Ein spektakulärer Anblick bei dieser Beleuchtung! Promontorium Laplace wirft einen Schatten, der sich über eine Länge von etwa 60 km in die Bucht erstreckt und die Gipfel des Juragebirges breiten sich weit jenseits des Morgenterminators in die Dunkelheit aus. Die Bucht selbst ist durchzogen von vielen feinen Lavarücken, aber wegen der zunehmenden Bewölkung konnte ich nur die grobe Position der wichtigsten Einzelheiten im Norden der Bucht einzeichnen."

Wenn der Terminator Sinus Iridum durchschneidet, befindet sich ein Teil der Montes Jura in vollem Sonnenschein, während der restliche Teil der Gebirgskette sich ins Sonnenlicht erhebt – eine Erscheinung, die man auch „die goldene Sichel" nennt. Ich habe diese Erscheinung photographiert (Abbildung 8.24(b)). Abbildung 8.24(g) zeigt eine Zeichnung von Roy Bridge mit vielen Details.

Abbildung 8.24(h) zeigt eine noch detailreichere Zeichnung des Promontorium Laplace bei Sonnenaufgang von Andrew Johnson.

Am Ende sollte ich noch den Krater Plato erwähnen, der sich am nördlichen Ufer des Mare Imbrium befindet, und wie ein großer dunkler See aussieht. Dieser Krater ist so wichtig, dass er einen eigenen Abschnitt verdient hat. Nähere Einzelheiten zum Krater Plato und einigen der benachbarten Formationen Mons Pico und Piton findet man in Abschnitt 8.33.

h)

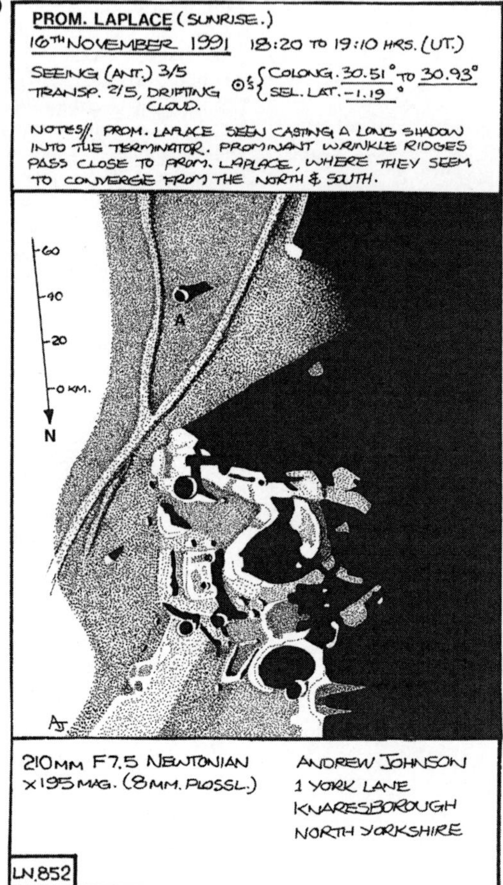

Abb. 8.24(h) Promontorium Laplace, gezeichnet von Andrew Johnson. Die Notiz lautet: „Prom. Laplace wirft einen langen Schatten auf den Terminator. Auffällige Lavarücken ziehen nahe an Prom. Laplace vorbei, wo sie von Norden und Süden zusammenzufließen scheinen."

8.25 Janssen [45°S, 42°O], Fabricius, Metius, Rheita und Vallis Rheita

Das kraterübersäte südöstliche Hochland des Mondes ist ziemlich verwirrend. Abbildung 8.25(a) zeigt eine Übersichtsaufnahme dieser Mondregion. Sie wurde am 24. Juni 1966 um 3:39 UT mit dem 1,5 m Reflektor des Catalina Observatory gemacht, die selenographische Colongitude der Sonne betrug zu diesem Zeitpunkt 339,8°.

Abb. 8.25(a) Die südlichen Hochländer des Mondes. Man beachte die sechseckige Form des Kraters Janssen, etwas links vom Zentrum der Aufnahme, und das canyonartige Rheita-Tal (Vallis Rheita) am linken Bildrand. (Mit freundlicher Genehmigung des Lunar and Planetary Laboratory.)

In der Mitte von Abbildung 8.25(a) können Sie eine der wichtigsten Formationen dieser Mondregion sehen, den Krater Janssen. (Nicht zu verwechseln mit dem Krater Jansen, einem kleinen Krater im Mare Tranquillitatis!) Abbildung 8.25(b) ist ein vergrößerter Ausschnitt der gleichen Aufnahme und zeigt den Krater Janssen formatfüllend.

Janssen hat einen hexagonalen Umriss und einen Durchmesser von 190 km. Janssen ist eine sehr alte Struktur, die häufigen Veränderungen unterlag und von kleinen und großen Kratern überdeckt ist. Der größte davon ist Fabricius, der einen Durchmesser von 78 km hat und sich im Nordosten von Janssen befindet. Besonders bemerkenswert ist ein unterbrochener innerer Ring, der konzentrisch zu den Terrassen des Kraterwalles verläuft. Bemerkenswert ist auch eine Rille (dem Aussehen nach ein Graben), der vom südsüdwestlichen Rand von Fabricius über den Kraterboden von Janssen verläuft. Janssen zeigt ein vernarbtes Inneres, was für eine sehr alte Mondformation typisch ist. Mit der Untersuchung allein dieses Kraters kann man einige interessante Stunden verbringen.

Im Nordosten grenzt Fabricius an den etwas größeren Krater Metius (88 km). In Abbildung 8.25(b) ist nur ein Teil von ihm zu erkennen, Abbildung 8.24(c) (ebenfalls ein vergrößerter Ausschnitt der Aufnahme des Catalina Observatory) zeigt ihn vollständig.

Abb. 8.25(b) Großaufnahme von Janssen. Dies ist ein vergrößerter Ausschnitt aus Abbildung 8.25(a). der Krater Fabricius befindet sich im unteren linken Teil von Janssen. (Mit freundlicher Genehmigung des Lunar and Planetary Laboratory.)

Metius zeigt ein viel glatteres Erscheinungsbild als Fabricius. Das hat zweifellos etwas mit den Schockwellen zu tun, die Metius von den Einschlägen der benachbarten Krater abbekommen hat, besonders von Fabricius, der eindeutig nach ihm entstanden ist. Viele der alten Einschlagskrater in dieser Mondregion zeigen die gleichen Verfallsmerkmale, wie in Abbildung 8.25(a) zu sehen ist. Noch weiter nordöstlich befindet sich Rheita, ein weiterer alter Krater. Er hat einen Durchmesser von 70 km und seine Form liegt zwischen der von Fabricius und Metius (ähnelt aber mehr der Form von Metius).

Interessanter als der Krater Rheita selbst ist aber das enorme Tal westlich von ihm. Abbildung 8.25(c) zeigt eine Großaufnahme dieser Formation, die am besten zwei bis drei Tage nach Vollmond zu beobachten ist. Das Rheita-Tal ist etwa 180 km lang (die genaue Länge hängt davon ab, wo man seine Anfangs- und Endpunkte definiert) und rund 25 km breit und ähnelt einer geraden Linie von Kratern, die sich gegenseitig überlagern und deren Zwischenwände zusammengebrochen sind.

Beide Lager der Entstehungstheorien der Mondkrater beanspruchten diese Formation als Beweis für ihre Vorstellungen. Für die Anhänger der Vulkanhypothese stellte das Rheita-Tal eine Kette vulkanischer Calderas dar, die sich über einer Spalte gebildet haben. Die Anhänger der Einschlagstheorie nahmen an, dass das Rheita-Tal sowie einige weitere Beispiele ähnlicher Formationen durch riesige Trümmerblöcke entstanden sind, die bei der Entstehung der großen Becken ausgeworfen wurden.

Heute weiß man ziemlich sicher, dass die Anhänger der Einschlagstheorie richtig lagen. Das nächstgelegene Mare ist das Mare Nectaris und es gibt eine Reihe weniger auffälliger Täler in der Umgebung, die radial dazu sind. Schauen Sie sich Abbildung 8.25(a) einmal genauer an. Oder noch besser, beobachten Sie diese Region mit ihrem eigenen Teleskop. Wie viele Täler entdecken Sie?

Alle Berichte über die Entstehungsgeschichte des Vallis Rheita, die ich gelesen habe, behaupten, dass Auswurfmaterial vom Einschlag des Nectaris-Beckens die Ursache ist. Das Vallis Rheita liegt jedoch in einem etwas anderen Winkel

Abb. 8.25(c) Großaufnahme des Rheita-Tals. Der Krater Rheita überlagert das untere Ende des Tals. Rechts oberhalb von Rheita, auf der anderen Seite des Tals ist der Krater Metius. Oben rechts an Metius grenzt der Krater Fabricius an. Ein Teil von Janssen ist ebenfalls noch sichtbar in diesem vergrößerten Ausschnitt von (a), der auch mit der Abbildung (b) überlappt. (Mit freundlicher Genehmigung des Lunar and Planetary Laboratory.)

als die Täler, die radial zum Mare Nectaris verlaufen. Ich glaube, dass der Einschlag, der das Mare Imbrium erzeugt, auch diese Narbe auf der Mondoberfläche verursacht hat. Das Tal ist eher auf die Mitte des Mare Imbriums als auf die Mitte des Mare Nectaris ausgerichtet.

Ich glaube, dass der Imbrium-Einschlag, der den Mond vor 3,85 Milliarden Jahren erschütterte, einige riesige Materieblöcke auf ballistische Bahnen schleuderte. Wenn ich recht habe, flogen diese wie ein gigantischer, vom Pinsel abgeklopfter Farbspritzer, über den Mond und erzeugten das Rheita-Tal. Dann handelt es sich bei dem Rheita-Tal um eine Mondformation, die durch einen sekundären Einschlag entstanden ist.

8.26 Langrenus [9°S, 61°O], Ansgarius, Holden, Kapteyn, Kästner, Lamé, Lohse, Langrenus A, La Pérouse und Vendelinus

Der großartige Krater Langrenus befindet sich am östlichen Ufer des Mare Fecunditatis. Er ist sehr groß und sieht ziemlich beeindruckend aus, wenn sich der Terminator in der Nähe befindet. Er hat ein sehr helles Inneres und fällt auch bei hohem Sonnenstand auf. Langrenus springt eigentlich bei jeder Beleuchtung ins Auge (siehe Abbildung 8.26(a)).

Er ist eines der auffälligsten Glieder der „großen östlichen Kraterkette", deren südlichstes Glied der Krater Furnerius ist. Nördlich von Furnerius kommt zuerst Petavius, dann Vendelinus und dann Langrenus. (Furnerius und Petavius werden in Abschnitt 8.17 genauer beschrieben, Abbildung 8.26(b) zeigt Vendelinus zusammen mit Petavius, Abbildung 8.26(c) Vendelinus und Langrenus). Weiter im Norden der Kette befinden sich noch das Mare Crisium (Abschnitt 8.14) und der Krater Endymion (Abschnitt 8.15).

Die genauen photographischen Einzelheiten der Abbildungen 8.26(a) und (b) findet man in den Bildbeschreibungen. Abbildung 8.26(c) zeigt eine Aufnahme des Catalina Observatory, die mit dem 1,5 m Reflektor am 6. Mai 1966 um 8:12 gemacht wurde. Zur Zeit der Aufnahme betrug die selenographische Colongitude 103,4°.

Langrenus terrassierte Kraterwälle erheben sich 2,7 km über den hügeligen Kraterboden und haben einen Durchmesser von 132 km von Kraterrand zu Kraterrand. Im Verhältnis zum Kraterdurchmesser scheint der Kraterwall höher als 2,7 km zu sein, aber das ist eine Täuschung, die durch die Kombination unserer verzerrten Perspektive und dem sehr flachen Anstieg der inneren Kraterwälle entsteht. Wegen dieser breiten inneren Wälle beträgt der Durchmesser des Kraterbodens nur 87 km, was viel kleiner ist als der Durchmesser des Kraterrandes.

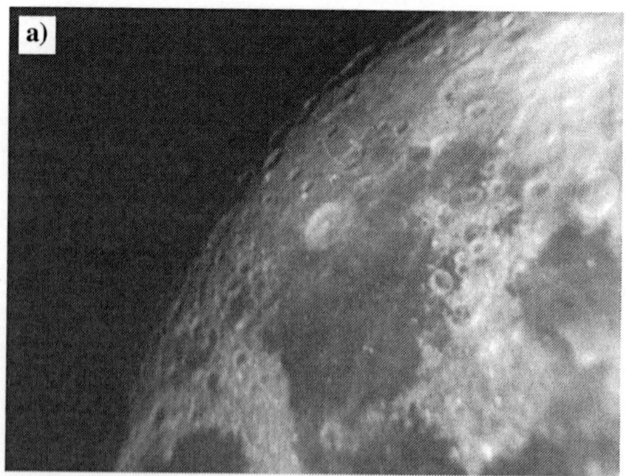

Abb. 8.26(a) Langrenus und Umgebung (Süden ist schräg oben rechts). Aufnahme vom Autor mit seinem 0,46 m Reflektor vom 29. August 1977 um 22:33 UT bei einer selenographischen Colongitude von 85,3°. Mit Okularprojektion (effektives Öffnungsverhältnis f/17) ¹⁄₃₀ Sekunde auf FP4 Film belichtet und in *Microphen* entwickelt.

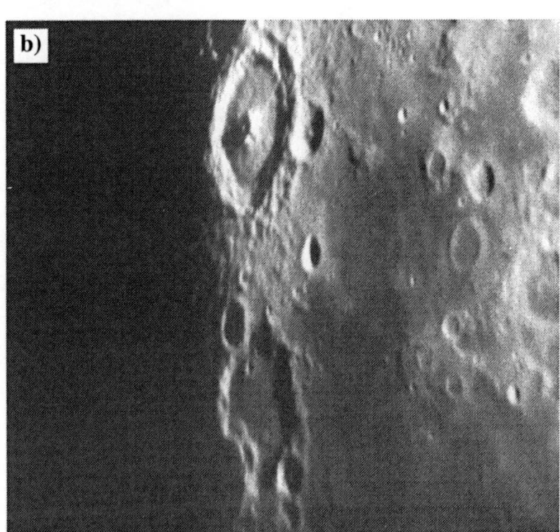

Abb. 8.26(b) Vendelinus (untere Formation) und Petavius, photographiert von Tony Pacey am 21. Januar 1992 um 23:55 UT bei einer selenographischen Colongitude von 103,6°. Tony benutzte seinen 10 Zoll (254 mm) Newton-Reflektor mit Okularprojektion und einem effektiven Öffnungsverhältnis von f/50. ½ Sekunde auf FP4 Film belichtet.

Der auffällige und etwas seltsam geformte Zentralberg ist etwa einen Kilometer hoch.

Auch für einen Beobachter mit einem kleinen Teleskop finden sich im Inneren von Langrenus und seinem komplexen Kraterwall viele interessante Details, insbesondere deshalb, weil sich das Aussehen des Kraters mit wechselndem Sonnenstand stark ändert. Zwischen Abbildung 8.26(d) und Abbildung 8.26(c) hat sich die Colongitude nur um 6,1° geändert, und dennoch erkennt man deutliche Unterschiede.

Bei hohem Sonnenstand habe ich den Eindruck, dass das Innere von Langrenus, verglichen mit seiner Umgebung, einen gelblich-braunen Farbton annimmt. Um die Farben besser zu sehen, benutzte ich meinen 18 ¼ Zoll (0,46 m) Reflektor mit 144facher Vergrößerung. Können Sie mit Ihrem Teleskop irgendwelche Farben im Innern von Langrenus erkennen?

Wie Abbildung 8.26(c) deutlich zeigt, handelt es sich bei Vendelinus und Langrenus um zwei ganz verschiedene Arten von Formationen. Wahrscheinlich werden Sie Vendelinus in dem Wirrwarr von Hügeln, Senken und kleinen Kratern kaum ausmachen können. Vendelinus ist nur bei niedrigem Sonnenstand besonders auffällig.

Betrachten Sie sich erst die Übersichtsaufnahme in Abbildung 8.26(a), dann können Sie seinen Umriss in der detailreicheren Abbildung 8.26(c) besser erkennen. Diese 147 km große Wallebene ist offensichtlich sehr alt. Man könnte sogar sagen, dass Vendelinus langsam seine Eigenständigkeit als Krater verliert. Auch wenn Sie das für etwas übertrieben halten, müssen Sie zugeben, dass sich der Krater Vendelinus in einem fortgeschrittenen Stadium des Zerfalls befindet. Im Nordosten wir er von dem 84 km großen Krater Lamé überlappt, der auch für die Ausbuchtung verantwortlich ist, die in Abbildung 8.26(b) so auffällig ist. Lamé liegt hier im Schatten. Zwei weitere beachtliche Krater überlappen den

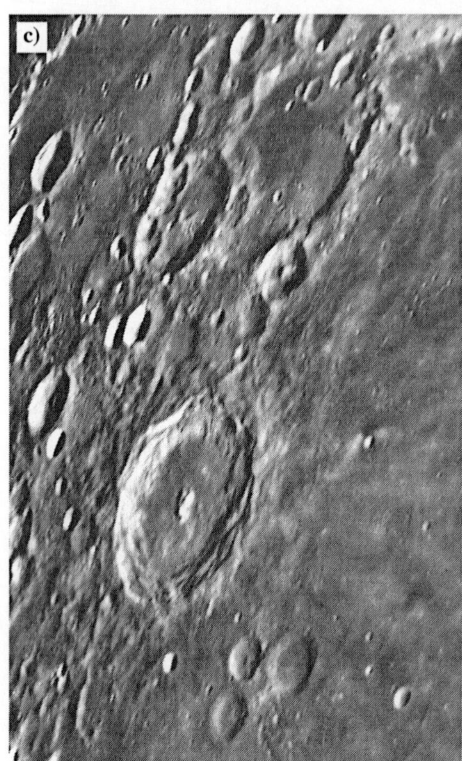

Abb. 8.26(c) Langrenus (unten) und Vendelinus (die große, weniger deutlich ausgeprägte Formation im oberen Bildteil). (Mit freundlicher Genehmigung des Lunar and Planetary Laboratory.)

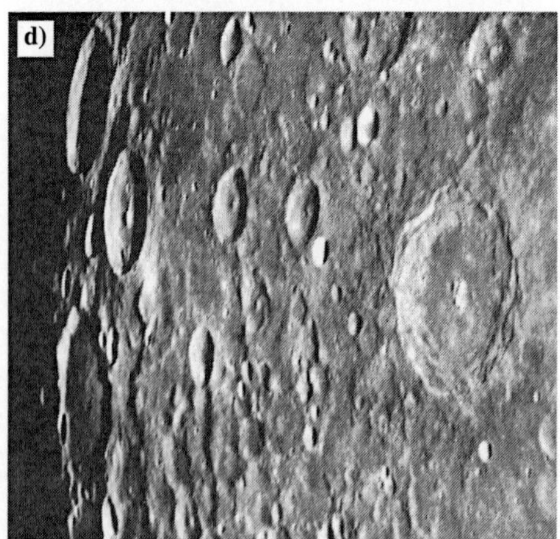

Abb. 8.26(d) Das Gebiet östlich von Langrenus. Vom oberen Teil von Langrenus nach links wandernd findet man folgende größeren Krater: Langrenus A, Kapteyn und La Pérouse. Oben links von La Pérouse befindet sich der größere Krater Ansgarius. Unten links von La Pérouse liegt die alte Wallebene Kästner. (Mit freundlicher Genehmigung des Lunar and Planetary Laboratory.)

Kraterrand von Vendelinus, es sind Holden im Südosten und Lohse im Nordwesten. Ihre Durchmesser betragen 47 und 42 km. Wie auch bei Langrenus finden sich bei Vendelinus für den enthusiastischen Beobachter viele interessante Einzelheiten.

Abbildung 8.26(d) zeigt einen etwas anderen Anblick von Langrenus. Diese Aufnahme des Catalina Observatory wurde am 6. April 1966 um 8:00 UT gemacht. Die selenographische Colongitude betrug 97,3°. Sie zeigt das Gebiet östlich von Langrenus. Auf einer waagrechten Linie von der oberen Spitze von Langrenus nach links findet man drei größere Krater. Der erste ist Langrenus A mit einem Durchmesser von 42 km, dann folgt Kapteyn mit 49 km Durchmesser und schließlich La Pérouse mit 78 km Durchmesser. Beachten Sie die Entwicklung der Formen dieser Krater vom kleinsten zum größten. Im Südosten (im Bild oben links) findet man den noch größeren Krater Ansgarius mit einem Durchmesser von 94 km. Nordöstlich von La Pérouse befindet sich Kästner, eine weitere alte Wallebene mit 119 km Durchmesser. Abbildung 8.26(e) zeigt eine schöne Zeichnung von Kästner und La Pérouse, die von Roy Bridge stammt. Das war eine kurze Führung durch die komplexe Umgebung des Kraters Langrenus. Man könnte sein ganzes Leben damit verbringen, auch nur einen Teilbereich dieses Gebietes genauer zu studieren!

e)

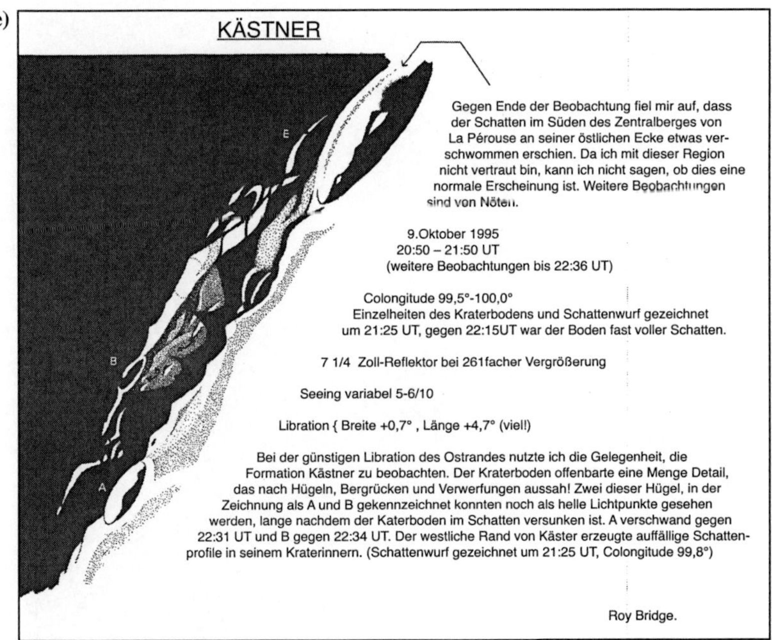

Abb. 8.26(e)   Kästner, gezeichnet von Roy Bridge.

8.27 Maestlin R [4°S, 319°O], Maestlin

120 km südsüdwestlich von Kepler befindet sich der Krater Maestlin R, der normalerweise von Keplers Strahlen verdeckt wird. Bei niedrigem Sonnenstand verschwinden jedoch Keplers Strahlen und Oberflächeneinzelheiten kleiner Höhen werden auffällig. Bei Maestlin R handelt es sich um einen Bogen vereinzelter Bergspitzen, die einzigen Überreste eines uralten Kraters, der ausgelöscht wurde, als die Lavaströme des Oceanus Procellarum die Mondoberfläche überfluteten.

Die Überreste des Kraterrandes haben einen Durchmesser von 60 km. Abbildung 8.27(a) zeigt eine sehr gute Zeichnung von Roy Bridge. Der kleine Krater auf der Zeichnung ist Maestlin. Er ist schüsselförmig, hat einen Durchmesser von 7,1 km und ist 1,6 km tief.

Der Hauptgrund für mich, Maestlin R als Formation auszuwählen, war die hervorragende Sequenz von Zeichnungen, die Roy Bridge vom Sonnenaufgang

Abb. 8.27(a)   Maestlin und Maestlin R, gezeichnet von Roy Bridge. Beachten Sie bitte die Nord-Süd-Orientierung der Zeichnung.

a)

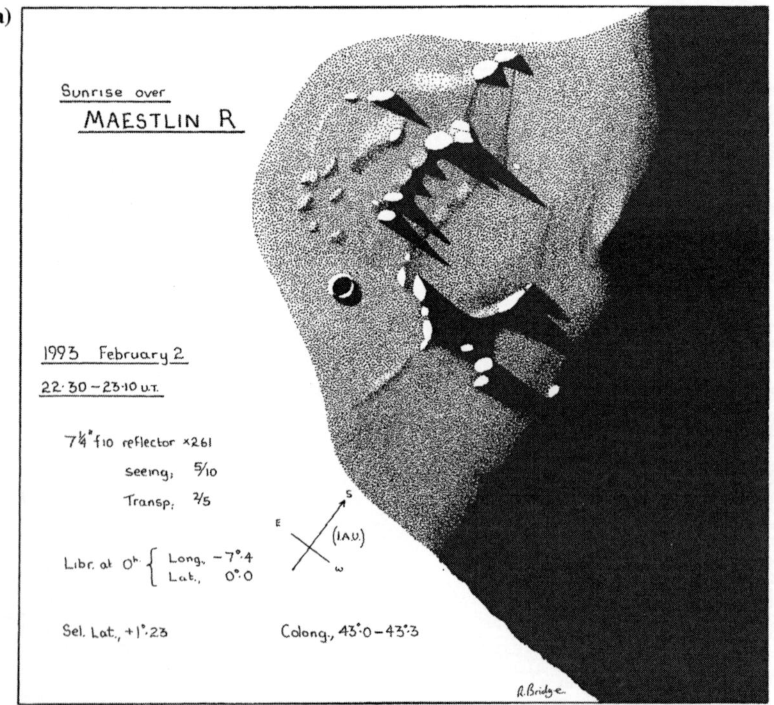

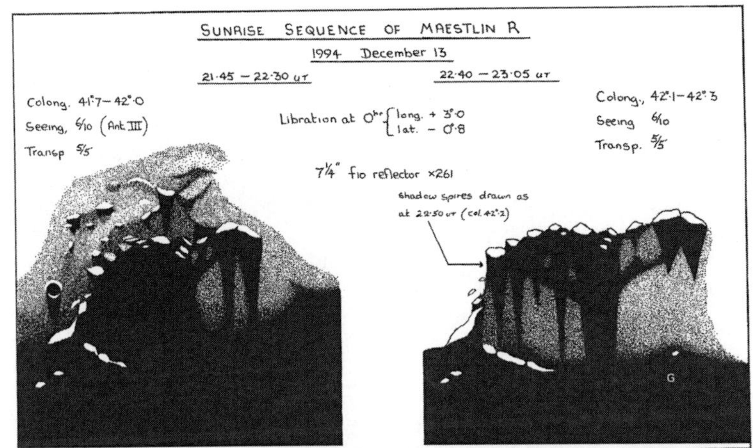

Abb. 8.27(b) Sonnenaufgangssequenz von Maestlin R, gezeichnet von Roy Bridge. Die Orientierung dieser Zeichnung kann man durch Vergleich mit der Zeichnung (a) ermitteln. Die Beschriftung lautet: „Diese Sonnenaufgangsbeobachtungen zeigen die dramatische Änderung im Erscheinungsbild von Maestlin R innerhalb von einer Stunde. Die zweite Beobachtung zeigt einige interessante Schattenformationen, die vielleicht mit dem Rillensystem im Südosten und den ‚domähnlichen' Gebilden von Maestlin R in Zusammenhang stehen."

über Maestlin R angefertigt hat, und die in Abbildung 8.27(b) wiedergegeben sind. Eine Sequenz von Zeichnungen wie diese ist sehr lehrreich. Wenn man nicht gerade eine Raumsonde mit einem hochauflösenden Radar in der Mondumlaufbahn zur Verfügung hat, ist dies die beste Methode zur Untersuchung des feinen Oberflächenreliefs. Das Aussehen in der Nähe des Äquators ändert sich sehr schnell, wie Abbildung 8.27(b) sehr deutlich macht.
Zusammen mit Zeichnungen zu anderen Zeiten lassen sich mit solchen Sonnenauf- und untergangssequenzen sehr genaue Profile der Oberflächentopographie des Mondes gewinnen. Die Abbildungen 8.27(a) und (b) können beispielsweise dazu herangezogen werden. Ich will nicht behaupten, dass Sie sich mit ihren Ergebnissen dann an vorderster Front der Forschung befinden und die professionellen Planetologen mit angehaltenem Atem Ihre Veröffentlichung erwarten, aber immerhin werden Sie selbst durch solche topographische Studien zum intimen Kenner der Mondoberfläche.

8.28 Messier [2°S, 48°O], Messier A

Unweit von Langrenus, etwas weiter nördlich nahe des Westufers des Mare Fecunditatis befindet sich eines der seltsamsten Gebilde der Mondoberfläche: Das Kraterpaar Messier und Messier A. Man kann sie in Abbildung 8.26(a) (in Abschnitt 8.26, der sich mit Langrenus beschäftigt) gerade so erkennen. Abbildung 8.28(a) zeigt sie deutlicher. Diese Aufnahme wurde am 6. April 1966 um 8:00 UT mit dem 1,5 m Reflektor des Catalina Observatory gemacht, die selenographische Colongitude betrug 97,3°.

Der östliche Krater des Paares ist Messier (im Bild links). Er ist etwas oval in Ost-West-Richtung ausgedehnt und 9 km mal 11 km groß.

Messier A wurde früher Pickering genannt. (Ich finde es schade, dass man den Namen geändert hat). Er hat eine sehr seltsame Form. Die östliche Seite (die zu Messier zeigt) ist abgeplattet, während die östliche Seite eine etwas spitzere Form hat. Der Krater hat in etwa den Umriss eines Hühnereis. Er ist etwa 13 km breit und in Ost-West-Richtung ungefähr genau so breit wie Messier. Beide Krater haben ein sehr helles Inneres mit dunklen Bereichen, die sich von der Mitte zum Westrand des Kraters erstrecken. Es scheint auch einen schmalen erhöhten Streifen Materials zu geben, der vom Westrand von Messier zum Ostrand von Messier A verläuft. Abbildung 8.28(b), eine Aufnahme der Sonde *Lunar Orbiter V*, zeigt die Krater mit mehr Einzelheiten.

Noch viel seltsamer sind die zwei kometenähnlichen Strahlen, die sich von Messier A nach Westen erstrecken. Bei hohem Sonnenstand sind die Strahlen sehr auffällig und schon in einem 60 mm Refraktor leicht zu erkennen. Anders als die meisten anderen Strahlensysteme auf dem Mond bleiben diese Strahlen jedoch auch bei niedrigen Sonnenstand immer noch auffällig.

Viele Beobachter früherer Zeiten glaubten an kurz- und längerfristige Veränderungen an Messier und seinem Begleiter. Sicherlich verändert sich die relative Helligkeit und somit die Auffälligkeit der Krater im Laufe einer Lunation, aber das ist nur ein optischer Effekt. Es gibt aber noch ein ungelöstes Rätsel um die

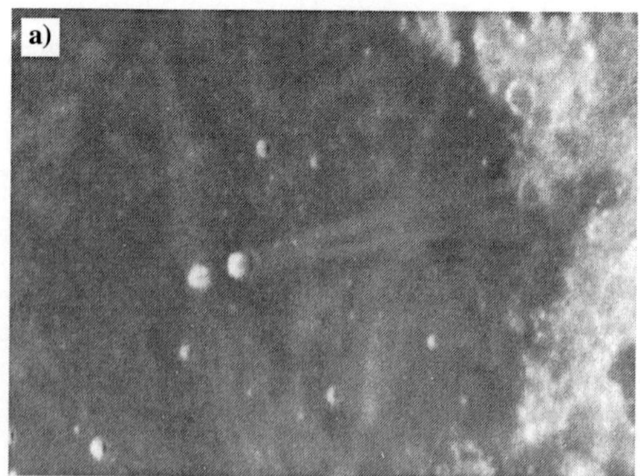

Abb. 8.28(a) Messier und Messier A. Der Westrand des Mare Fecunditatis ist rechts im Bild sichtbar. (Mit freundlicher Genehmigung des Lunar and Planetary Laboratory.)

Abb. 8.28(b) Aufnahme des *Lunar Orbiter V* von Messier und Messier A. (Mit freundlicher Genehmigung der NASA und von Prof. E. A.Whitaker.)

beiden Krater, und das ist die Frage, wie sie entstanden sind. Über diese Frage gibt es keine allgemeine Übereinstimmung. Es scheint sicher, dass beide Krater das Ergebnis eines streifenden Einschlages mit sehr niedrigem Einfallswinkel (wahrscheinlich um 5 Grad) aus östlicher Richtung sind, aber waren es ein oder zwei Objekte?

Hat das Objekt auf dem Mond eingeschlagen und den Krater Messier erzeugt, prallte dann ab und fiel wieder zu Boden um schließlich auch noch Messier A zu erzeugen? Oder gab es zwei Objekte, vielleicht zwei Bruchstücke eines Kometen, die nebeneinander durch den Raum flogen? Keiner weiß das so genau. Das helle Kraterinnere und das noch deutliche Strahlenmuster bedeuten, dass der Einschlag innerhalb der letzten paar hundert Millionen Jahre stattgefunden haben muss. Warum beobachten Sie die Krater nicht einmal selbst und denken darüber nach, wie sie entstanden sind.

8.29 Moretus [71°S, 354°O], Cysatus, Gruemberger und Short

Moretus steht da wie ein Wachtposten, der den Zugang zur Südpolregion des Mondes bewacht. Es ist ein gewaltiger Krater, 114 km im Durchmesser, mit sehr schön geformten inneren Terrassen. Im Zentrum der riesigen Kraterarena erhebt sich ein 2,1 km hoher Zentralberg.

Abbildung 8.29 ist eine Aufnahme des Catalina Observatory vom 20. Januar 1967 um 1:52 UT, die den Krater Moretus zeigt. Die selenographische Colongitude betrug 18,5°. Das Photo zeigt auch noch Anzeichen eines weiteren Kraters, der sich in seinem südlichen inneren Kraterwall befindet. Es ist eigentlich nur eine Reihe von Bergspitzen zu erkennen. Kann es sein, dass unmittelbar nach dem Einschlag, bei dem Moretus erzeugt wurde, ein weiterer Meteorit eingeschlagen ist? Ich nehme an, dass das Innere von Moretus von dem ersten Ein-

schlag noch geschmolzen war und so die vollständige Ausprägung eines zweiten Kraters verhindert hat.

Der große, 94 km große Krater nordwestlich von Moretus heißt Gruemberger.
Er ist offensichtlich älter als Moretus, denn sein Kraterrand ist mehr verfallen
und sein Boden stärker verkratert. Nördlich von Moretus und auch an Gruemberger grenzend, befindet sich der noch jünger aussehende Krater Cysatus. Cysatus hat einen Durchmesser von 49 km, terrassierte Kraterwälle und einen sehr
flachen Zentralberg. Südlich von Moretus liegt der 71 km große Krater Short.
Der Westrand von Moretus stimmt genau mit dem Zentralmeridian (0. Längengrad) überein. Diese Tatsache und die Konvergenz des Terminators ermöglichen
es, die genaue Lage des Südpols zu finden. Ob man ihn auch wirklich sehen
kann, hängt natürlich von der Libration ab. Ich frage mich, wie lange es dauern
wird, bis ein zukünftiger Lunarnaut sich auf den Weg machen wird um eine
Flagge am südlichsten Punkt des Mondes aufzustellen.

8.30 Mare Nectaris [15°S, 35°O], Beaumont, Fracastorius, Piccolomini, Rosse und Rupes Altai

Das Mare Nectaris ist eine etwas unscheinbar aussehende, lavaüberflutete Ebene im Südostquadranten des Mondes unterhalb des Mare Tranquillitatis. Mit
wohlklingenden Namen wie „Meer der Ruhe" und „Nektarmeer" wirkt diese
Region des Mondes recht angenehm!

Abb. 8.30(a) Die glatte graue Ebene oben links ist das Mare Nectaris. Die zerklüftete Bergkette (in Wirklichkeit eine steile Böschung) auf der rechten Seite trägt den Namen Rupes Altai. Die drei großen Krater links von der Bergkette sind die Krater Catharina (oben), Cyrillus (mit Catharina verbunden) und Theophilus (der Cyrillus überlappt). Diese Aufnahme wurde von Tony Pacey mit seinem 10 Zoll (254 mm) Newton-Reflektor am 21. März 1991 gemacht. (Der Zeitpunkt ist nicht genau bekannt, etwa gegen 20:00 UT). Er belichtete 1 s mit Okularprojektion auf T-Max 100 Film und entwickelte ihn mit HC110 Entwickler.

Wie man in Abbildung 8.30(a) sieht, hat das Mare Nectaris einen etwas unregelmäßigen Umriss, doch seine wahre Natur als lavagefülltes Becken ist unschwer zu erkennen. Sein Durchmesser beträgt ungefähr 350 km. Die auffällige Kraterkette von Catharina, Cyrillus und Theophilus in der Bildmitte wird in Abschnitt 8.40 genauer besprochen, ebenso wie der kleine Krater Mädler östlich von Theophilus.

Apollo 16 landete im Hinterland etwa 300 km westlich von Theophilus. Die von dort mitgebrachten Mondproben stellten sich als sehr komplex heraus. In viele Fällen konnte der Ursprung der Proben nicht mit absoluter Sicherheit bestimmt werden. Das gilt besonders für Auswurfsmaterial aus dem Nectaris-Becken. Die Wissenschaftler haben ein Alter des Nectaris-Beckens von 3,92 Milliarden Jahren bestimmt. Auch wenn die Identifikation der Bodenproben korrekt war, ist dieses Ergebnis aufgrund der Analysemethoden immer noch mit einer Unsicherheit von plus oder minus 50 Millionen Jahren behaftet.

Das Zeitintervall zwischen der Bildung des Nectaris und des Imbrium-Beckens wird in der Chronologie des Mondes als Nectaris-Periode bezeichnet. Es ist der Zeitabschnitt von 3,92 bis 3,85 Milliarden Jahren vor unserer Zeit. In dieser Zeit fand ein sehr starkes Bombardement statt, ein richtiger lunarer „Blitzkrieg". In der Nectaris-Periode haben etwa ein Dutzend andere gewaltige Einschläge statt-

Abb. 8.30(b)   Weitwinkelaufnahme von der südlichen Hälfte des Mare Nectaris und Rupes Altai. Der auffällige Krater oben im Bild ist Piccolomini. Der überflutete, nicht ganz geschlossene Krater am oberen Rand des Mare ist Fracastorius. Die Krater Catharina und ein Teil von Cyrillus kann man unten rechts erkennen. Diese Aufnahmen wurde am 12. November 1965 um 10:31 UT mit dem 1,5 m Reflektor des Catalina Observatory gemacht, die selenographischen Colongitude der Sonne betrug 134,3°. (Mit freundlicher Genehmigung des Lunar and Planetary Laboratory.)

gefunden, bei denen Becken entstanden sind, zusammen mit vielen der heute verfallenen größeren Krater und einigen helleren Ebenen, die von Auswurfsmaterial aus den Becken erzeugt wurden. In dieser Zeit wurde die obere Mondschicht, der sogenannte Regolith sehr stark „umgegraben".

In Abbildung 8.30(a) ist auch eine riesige Bergkette (oder besser gesagt eine gewaltige Böschung) zu sehen, die das Mare im Süden und Westen umgibt. Dabei handelt es sich um Rupes Altai, dem übriggebliebenen Abschnitt eines Ringes, der einmal das ganze Nectaris-Becken kurz nach seiner Bildung umgeben haben muss. Das Nectaris-Becken war eine Multiring-Struktur. Das am besten erhaltene Exemplar einer solchen Formation ist das jüngere und größere Mare Orientalis, das sich am Westrand des Mondes befindet und uns teilweise verborgen ist.

Abbildung 8.30(b) zeigt eine detailliertere Ansicht vom südlichen Teil des Mare Nectaris. Bitte beachten Sie, dass das Licht hier von der anderen Seite kommt. Der größte Teil der Rupes Altai ist ebenfalls zu sehen.

Abbildung 8.30(c) ist ein vergrößerter Ausschnitt von 8.30(b), der Rupes Altai genauer zeigt. Die gesamte Böschung erstreckt sich über 500 km und hat einen Radius von ungefähr 480 km, dessen Mittelpunkt im Mare Nectaris liegt. Diese Formation ist auf ihrer Westseite sehr flach, deshalb entspricht sie eher einer Böschung als einer Bergkette. Zum Mare Nectaris hin fällt sie jedoch sehr steil ab, die durchschnittliche Höhe beträgt etwa 1,8 km.

Es scheint, dass Rupes Altai eher durch einem Erdrutsch entstanden ist, als durch das Aufwerfen der Mondkruste, wie das bei dem Montes Apenninus an der Grenze des Mare Imbriums der Fall ist.

Abb. 8.30(c) Dieser vergrößerte Ausschnitt von Abbildung (b) zeigt Rupes Altai. Piccolomini ist fast vollständig abgeschnitten in der linken oberen Ecke und Catharina ist unten links. (Aufnahme: Catalina Observatory. Mit freundlicher Genehmigung des Lunar and Planetary Laboratory.)

Abb. 8.30(d) Der Krater Piccolomini in einem vergrößerten Ausschnitt von Abbildung (b). (Aufnahme: Catalina Observatory. Mit freundlicher Genehmigung des Lunar and Planetary Laboratory.)

Rupes Altai springt einem auch schon in kleinen Fernrohren ins Auge, wenn man sie 5 ½ oder 19 Tage nach Vollmond beobachtet, verliert aber an Auffälligkeit, wenn der Terminator etwas weiter entfernt ist. Wie man in Abbildung 8.30 erkennen kann, finden sich auch Anzeichen einer Fortsetzung des Ringes im Süden und Osten des Mare Nectaris, aber diese sind nicht so auffällig wie das eigentlich Rupes Altai.

Der südliche Teil der Rupes Altai endet mit einem schönen großen Krater (siehe Abbildung 8.30(b)). Das ist der 89 km große Krater Piccolomini. Abbildung 8.30(d) ist ein vergrößerter Ausschnitt von 8.30(b) mit Piccolomini in der Mitte. Die Kraterwälle erheben sich 4,5 km über dem aufgewölbten Kraterboden. Sie haben sehr feine innere Terrassen, die durch Erosion und Erdrutsche etwas geglättet wurden. Die äußeren Abhänge an der Nordseite sind auch von Hügelketten überzogen, die parallel zum Kraterrand verlaufen. Der Zentralbergkomplex zeigt auch Spuren von Erdrutschen und ein großer Teil des Kraterbodens ist ebenfalls geglättet. Am bemerkenswertesten ist jedoch das Material, das aus dem umliegenden Hochland in den Krater eingedrungen ist. Tatsächlich scheint das Hochland regelrecht in den Krater geflossen zu sein. Offensichtlich gab es seit der Entstehung des Kraters einiges an seismischer Aktivität. Piccolomini ist ein wirklich bemerkenswertes Objekt.

Man glaubt, dass die Lavaflüsse, die das Mare erzeugt haben, vor 3,7 bis 3,8 Milliarden Jahren stattfanden. Eines der Opfer dieser Lavafluten war der Krater Fracastorius. Abbildung 8.30(e) zeigt diesen 124 km großen Krater am Südufer des Mare Nectaris. Dabei handelt es sich ebenfalls um einen vergrößerten Ausschnitt von Abbildung 8.30(b). Der nördliche Kraterwall wurde von den Lavaströmen fast vollständig zerstört. Es scheint, dass dieser Abschnitt nicht einfach nur von der Lava überdeckt wurde, sondern aufgeschmolzen und weggewaschen worden ist.

Der nahegelegene Krater Beaumont ist mit seinen 53 km Durchmesser ein kleiner Bruder von Fracastorius. Er hat einen kleinen Durchbruch im Osten seines

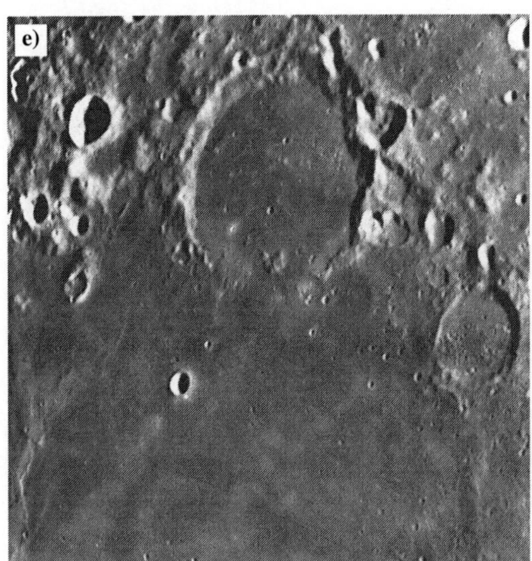

Abb. 8.30(e) Dieser vergrößerte Ausschnitt von Abbildung 8.30(b) zeigt den südlichen Teil des Mare Nectaris. Fracastorius ist in der oberen Hälfte des Bildes. Der viel kleinere überflutete Krater Beaumont befindet sich rechts davon. Der auffällige kleine Krater links unterhalb von Frascatorius ist Rosse. (Aufnahme: Catalina Observatory. Mit freundlicher Genehmigung des Lunar and Planetary Laboratory.)

Kraterwalles. Die über den südlichen Teil des Mare Nectaris und den Boden von Fracastorius verstreuten winzigen Krater sind gute Testobjekte für Beobachter, Teleskop und Sichtbarkeitsbedingungen. Wie viele können Sie mit Ihrem Teleskop erkennen?

Der kleine Krater Rosse hat einen Durchmesser von 12 km und ist 2,4 km tief. Er liegt 70 km nördlich von Fracastorius inmitten des Mare Nectaris und sollte auch mit dem kleinsten astronomischen Teleskop zu sehen sein. Sein Inneres ist sehr hell und er scheint noch recht „frisch" zu sein, verglichen mit dem umgebenden Terrain.

Alles in allem ist das Mare Nectaris eine sehr komplexe und faszinierende Mondregion.

8.31 Neper [9°N, 84°O], Jansky

Wenn Sie eine richtige Herausforderung mögen, versuchen Sie doch einmal den Krater Neper zu finden und zu beobachten. Er befindet sich so nahe am Ostrand des Mondes, dass die Libration ihn meist gerade dann außer Sichtweite bringt, wenn der Himmel klar und ruhig und die Beleuchtung ideal ist. Außerdem sind die Beobachtungsbedingungen für Neper nur günstig, wenn der Terminator in der Nähe ist, also kurz nach Vollmond. Der einzige andere Zeitpunkt, bei dem man Neper bei niedrigem Sonnenstand beobachten kann, ist kurz nach Neumond, wenn der Mond eine sehr dünne Sichel ist. Dann befindet sich der Mond in der Nähe der Sonne. Zu diesem Zeitpunkt kann man den Mond nur am Däm-

Abb. 8.31(a) Neper ist der große Krater nahe des Mondrandes auf dieser Aufnahme des Yerkes Observatory. (Mit freundlicher Genehmigung des Yerkes Observatory und von Prof. E.A.Whitaker.)

merungshimmel sehen und auch dort steht er nur flach über dem Horizont, wo die Atmosphäre sehr unruhig ist.

Abbildung 8.31(a) zeigt eine Aufnahme, die unter solchen Bedingungen gemacht wurde. Man sollte meinen, dass eine solche Aufnahme nicht viel zeigt, auch wenn die Libration zur Beobachtung von Neper sehr günstig war. Tatsächlich ist diese Aufnahme aber mit dem größten Linsenteleskop der Welt gemacht worden, dem 40 Zoll Refraktor des Yerkes Observatory, und damit eine so gute Mondaufnahme hinzubekommen ist kein großes Kunststück! (Leider kenne ich die genauen Daten der Aufnahme nicht.)

Neper ist ein großer Krater. Er hat einen Durchmesser von 142 km, terrassierte Kraterwälle und einen Zentralberg. Roy Bridge hat eine wunderbare Zeichnung dieser Formation gemacht, die ich Ihnen in Abbildung 8.31(b) präsentiere. Die Beobachtung fand zu der Zeit statt, als die Sonne am Ort des Kraters unterging. Roy gelang es sogar, einen Teil des Kraters Jansky zu zeichnen, der **jenseits** von Neper liegt und dessen östlichster Teil sogar jenseits von 90° Ost liegt, also auf der normalerweise erdabgewandten Seite. Jansky hat einen Durchmesser von 72 km.

b)

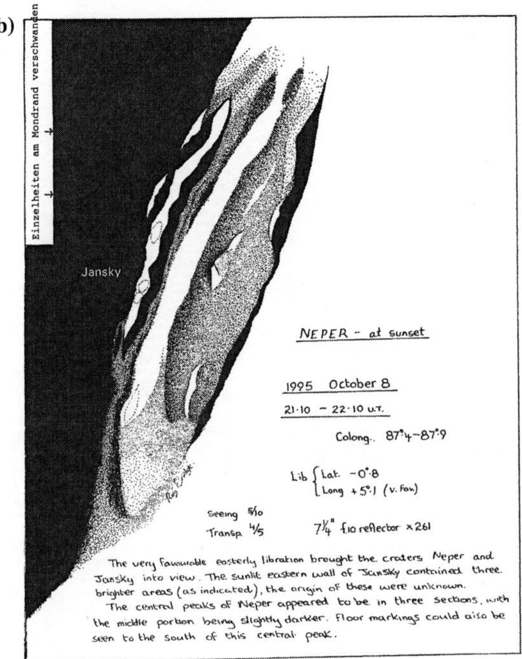

Abb. 8.31(b) Neper, gezeichnet von Roy Bridge. Die Notiz lautet: „Die sehr günstige östliche Libration schob die Krater Neper und Jansky ins Blickfeld. Die sonnenbeschienene Ostwand von Jansky enthält drei hellere Gebiete, deren Ursprung unbekannt ist. Das Zentralgebirge Nepers scheint aus drei Teilen zu bestehen, wobei der mittlere Teil etwas dunkler ist. Südlich dieses Zentralberges sind Muster auf dem Kraterboden zu erkennen.“

8.32 Pitatus [30°S, 346°O], Hesiodus

Pitatus ist ein sehr schöner lavaüberfluteter Krater am Südufer des Mare Nubium. Er hat einen Durchmesser von 104 km und stark erodierte Kraterwälle. Sehr ungewöhnlich ist sein verschobener Zentralberg. Auf seinen Kraterboden befinden sich einige Lavarücken, Hügel und Rillen, aber das sind alles sehr komplizierte Objekte, zu deren Beobachtung man ein großes Fernrohr, ruhiges Seeing und – am allerwichtigsten – genau die richtigen Beleuchtungsbedingungen braucht.

Die Abbildungen 8.32(a) bis (d) zeigen Pitatus unter verschiedenen Beleuchtungsbedingungen. Abbildung 8.32(a) ist eine Zeichnung von Andrew Johnson, die Pitatus bei Sonnenaufgang zeigt (die mittlere selenographische Colongitude der Sonne zum Zeitpunkt der Zeichnung betrug 14,3°).

Abbildung 8.32(b) ist eine weitere Zeichnung von Andrew Johnson, die bei einer mittleren Colongitude von 17,9° gemacht wurde.

Abbildung 8.32(c) ist eine Aufnahme mit dem 1,5 m Teleskop des Catalina Observatory, die bei einer Colongitude von 22,6° gemacht wurde.

a)

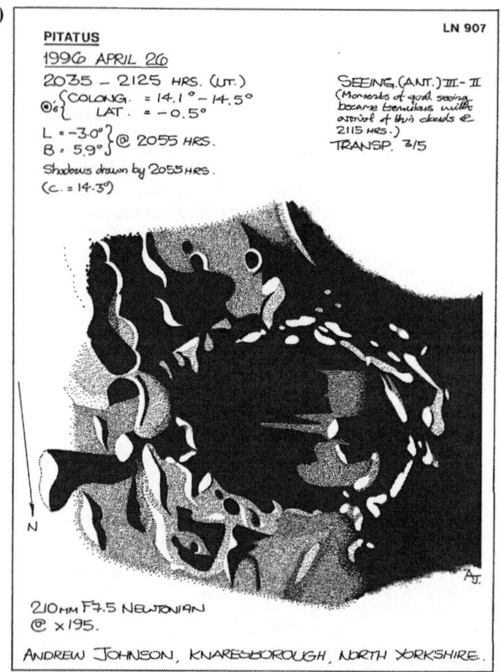

Abb. 8.32(a)   Pitatus bei einer Colongitude von 14,3°, gezeichnet von Andrew Johnson, der zu seiner Beobachtung bemerkt: „Interessanter Anblick von Pitatus beim Sonnenaufgang. Bemerkenswert sind die sich schnell verändernden Schatten auf dem Kraterboden von Pitatus. Zwei Regionen des Kraterbodens nördlich und südlich des Zentralberges sind bereits beleuchtet. Der Schatten vom östlichen Kraterrand wird durch eine ‚Spitze' beleuchteten Kraterbodens in zwei gleiche Hälften geteilt. Der ausgedehnte innere Westwall und der Kraterrand sind in diesem Stadium ein Wirrwarr von beleuchteten Inseln. Dies steht im krassen Gegensatz zum nördlichen Kraterrand, von dem fast nichts zu sehen ist. Die Krater Pitatus G, N, P & Q bilden eine auffällige Reihe, die noch offensichtlicher wird wenn die Sonne höher steigt."

Abbildung 8.32(d) ist eine weitere Aufnahme desselben Teleskops bei einer Colongitude von 39,9°. Beachten Sie die dramatischen Änderungen im Aussehen dieser Formation.

Bei dem Krater an der westlichen Flanke von Pitatus, den man in Abbildung 8.32(c) und (d) erkennen kann, handelt es sich um den 42 km großen Krater Hesiodus. Der Durchbruch im Wall zwischen beiden Kratern wäre ein faszinierendes Forschungsobjekt für zukünftige Mondbewohner. Ich frage mich, wer der Erste sein wird, der diese Stelle durchquert und wann das passieren wird? Bis dahin gibt es für den interessierten Amateur mit seinem Teleskop auch in dieser Region noch genug zu erforschen.

b)

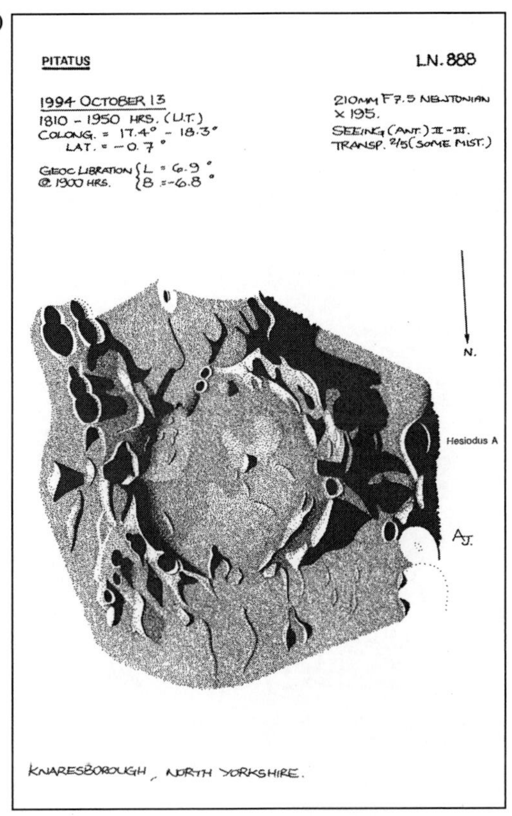

Abb. 8.32(b) Pitatus bei einer Colongitude von 17,9°, Zeichnung von Andrew Johnson. Man beachte Andrews Anmerkungen, besonders die über die wahre Form des Kraters. „Kein Anzeichen von einer der inneren Rillen, das Seeing war nicht perfekt. Keinerlei Anzeichen einer Rille wie Rükl sie in seinem Atlas verzeichnet hat, von Pitatus G bis zu einer Stelle nördlich der Zentralberge. Der Detailreichtum im Kraterwall ist fast zuviel für eine Sitzung. Feine Albedounterschiede am Kraterboden. Verdächtige domähnliche Erscheinung südwestlich des Zentralbergs. (Man beachte: Habe den Kraterboden zu rund gezeichnet, er ist etwas länglicher in Ost-West-Richtung.)"

Abb. 8.32(c) Pitatus und Hesiodus. Aufnahme mit dem 1,5 m Reflektor des Catalina Observatory am 29. Mai 1966, um 4:41 UT bei einer selenographischen Colongitude von 22,6°. (Mit freundlicher Genehmigung des Lunar and Planetary Laboratory.)

Abb. 8.32(d) Pitatus. Aufnahme mit dem 1,5 m Reflektor des Catalina Observatory am 23. Dezember 1966, um 4:54 UT bei einer selenographischen Colongitude von 39,9°. (Mit freundlicher Genehmigung des Lunar and Planetary Laboratory.)

8.33 Plato [51°N, 351°O], Mons Pico, Mons Piton und Plato A

Wenn es ein Objekt auf dem Mond gibt, das populärer ist und häufiger als jedes andere beobachtet wird, dann ist es sicherlich Plato. Plato wird vom ersten bis zum letzten Viertel von der Sonne beschienen. Abbildung 8.33(a) zeigt ihn als dunkles Oval inmitten eines Streifen hügeligen Geländes zwischen dem Mare Imbrium (Meer des Regens) und dem Mare Frigoris (Meer der Kälte). Er fiel auch Johann Hevelius auf, der ihn „den großen schwarzen See" nannte.

Plato liegt am nördlichen Ende der Montes Alpes, die bereits in Abschnitt 8.24 besprochen wurden. Diese Bergkette ist der Überrest eines ehemaligen inneren Rings des Imbrium-Beckens. Plato liegt am Ufer dieses Beckens. Weil er den Einschlag, bei dem das Becken vor 3,85 Milliarden Jahren erzeugt wurde, nicht überlebt haben konnte, muss er danach entstanden sein. Da er mit dunkler basaltischer Lava überflutet ist, muss er älter als 3 Milliarden Jahre sein, wenn unsere Annahme richtig ist, dass alle größeren Lavaflüsse auf dem Mond zu diesem Zeitpunkt beendet waren. Wir haben zwar Anzeichen dafür, dass es noch eine weitere Milliarde Jahre lang kleinere vulkanische Aktivitäten auf dem Mond gegeben hat, aber es gibt viele Hinweise darauf, dass Plato in der Zeitspanne von 3,85 bis 3,00 Milliarden Jahre vor unserer Zeit gebildet und überflutet worden ist. Ein wichtiger Hinweis ist, dass sich die Zusammensetzung von Platos Lava etwas von der nahegelegenen Mare unterscheidet, wie man an seiner etwas dunkleren Farbe erkennen kann.

Die perspektivische Verzerrung aufgrund seiner Position auf der Mondkugel lässt uns Plato oval erscheinen. In Wirklichkeit hat er den Umriss eines sehr regelmäßigen Kreises mit einem Durchmesser von 100 km. Die Wälle dieser natürlichen Arena erheben sich bis zu 2 km über der dunklen Ebene, aber die Gipfel sind ziemlich zerklüftet. Das ergibt bei tiefstehender Sonne einen sehr schönen Anblick. Dann ist der Kraterboden von sehr auffälligen Schattenspitzen überzogen, wie man in Abbildung 8.33(b) sehen kann. Wenn sich der Terminator in der Nähe befindet, kann man schon innerhalb weniger Minuten Veränderungen der Schatten erkennen.

Tatsächlich können sich die Schattenspitzen sogar von der einen Seite über den gesamten Kraterboden bis zur gegenüberliegenden Seite erstrecken, denn Plato gehört zu den flachsten Ebenen des Mondes.

Bei genauerer Beobachtung (die aber schon mit einem kleinen Teleskop möglich ist), kann man im nördlichen und westlichen Abschnitt von Platos Kraterwall Anzeichen von Erdrutschen erkennen. Am auffälligsten ist ein großer dreieckiger Block, der als Plato Zeta bezeichnet wird. Er ist vom westlichen Wall abgebrochen, nach innen gerutscht und hat eine canyonartige Kluft hinterlassen. Wie man in Abbildung 8.33(a) sehen kann, befindet sich auf Platos dunklem Kraterboden eine Reihe kleinerer Krater. Ihre Sichtbarkeit hängt sehr stark von der Beleuchtung und dem Seeing ab. Wenn Plato nahe dem Terminator stand und das Seeing gut war, konnte ich sie mit meinem 18 ¼ Zoll Refraktor bei

Abb. 8.33(a) Der Krater Plato (mitte rechts), aufgenommen mit dem 1,5 m Reflektor des Catalina Observatory in Arizona, am 20. Januar 1967, um 1:45 UT bei einer selenographischen Colongitude von 18,4°. Ein Teil des Mare Imbriums ist oberhalb von Plato sichtbar. Knapp oberhalb von Plato befinden sich die Umrisse eines „Geisterkraters". An seiner rechten Seite ist ein Teil der Montes Teneriffe sichtbar, während im oberen Teil des Geisterkraters Mons Pico liegt. Mons Piton befindet sich in der linken oberen Bildecke. Der Krater Plato A liegt rechts unterhalb von Plato. (Mit freundlicher Genehmigung des Lunar and Planetary Laboratory.)

432facher Vergrößerung als perfekt schüsselförmige Kraterchen erkennen, die im Inneren deutliche Schatten zeigten, auch wenn diese Schatten nicht so intensiv schwarz waren. Der größte davon, der sich ein wenig vom Mittelpunkt von Plato entfernt befindet, ist am leichtesten zu erkennen. Er hat einen Durchmesser von 3 km. Der Krater im Südwesten davon und das Kraterpaar im Nordwesten (das bei schlechten Sichtbarkeitsbedingungen als ein Krater erscheint) sind schon schwerer zu sehen. Es gibt noch einen viel kleineren Krater in der Nähe von Plato Zeta, den ich nur sehr selten finden konnte. Sie können ihn vielleicht in Abbildung 8.33(a) erkennen. Er ist auch in Abbildung 8.33(c) zu sehen, einer weiteren hervorragenden CCD-Aufnahme von Terry Platt. Terrys Aufnahme wird um so erstaunlicher, wenn man bedenkt, dass die Beleuchtung zur Beobachtung kleinerer Krater eigentlich schon zu hoch ist!

Bei hohem Sonnenstand erscheinen diese Krater gewöhnlich als kleine weiße Scheiben. Bei unruhiger Luft werden aus diesen weißen Scheiben weiße Fle-

b)

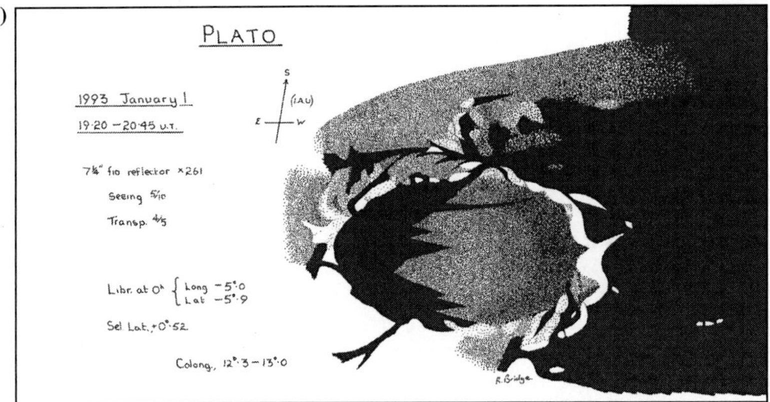

Abb. 8.33(b)   Plato, gezeichnet von Roy Bridge, der zu seiner Beobachtung anmerkt: „Der Schattenwurf von Platos östlichem Kraterwall ist so gezeichnet, wie er um 19:30 UT erschien (Colongitude 12,4°). Bei der Beobachtung zwei Stunden früher um 17:30 UT erstreckten sich die Schatten weiter über den Kraterboden und der lange nun gebogene Schatten im Süden Platos schien wie von einem Telegraphenmast. Gegen Ende der Beobachtung konnte man Anzeichen des Zentralkraterchens erkennen. Dies war als etwas helleres Fleckchen zu sehen, am Südende der mittleren Schattenspitze."

cken, deren Wahrnehmbarkeit ständig wechselt. In schlechten Nächten sind sie überhaupt nicht zu erkennen. Natürlich sind atmosphärische Turbulenzen dafür verantwortlich. Dennoch kursieren viele Geschichten über scheinbar rätselhafte Veränderungen der Sichtbarkeit dieser kleinen Krater. Bei fast allen bedeutenden Beobachtern der Vergangenheit finden sich Aufzeichnungen, in denen sie glaubten, diese Krater sollten eigentlich sichtbar sein, aber sie waren nicht zu finden. Es gibt viele Berichte von Nebelschleiern, die sich über den Kraterboden ausbreiteten und alle Einzelheiten verdeckten. In den 30 Jahren, die ich

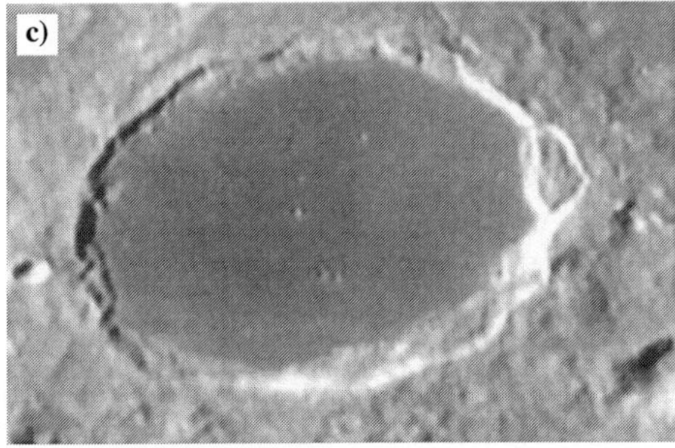

Abb. 8.33(c)   Plato, aufgenommen von Terry Platt mit seinem 12 ½ Zoll Dreifach-Schiefspiegler und einer *Starlight Xpress* CCD-Kamera. Genaue Aufnahmedaten sind nicht bekannt. Der Autor hat mit einem digitalen Bildverarbeitungsprogramm die Aufnahme etwas schärfer gemacht und die Helligkeit neu skaliert.

den Mond beobachte, kann ich nicht mit Sicherheit sagen, dass ich die kleinen Krater weniger auffällig gesehen habe, als sie den Sichtbarkeitsbedingungen entsprechend sein sollten. Bei einigen Gelegenheiten konnte ich jedoch das Gegenteil beobachten. So war ich zum Beispiel sehr überrascht, als ich mit meinem 6 ¼ Zoll (152 mm) Reflektor die Krater innerhalb Platos als helle weiße Flecken sehen konnte (der in der Mitte war bei weitem am hellsten), und das bei Sichtbarkeitsbedingungen der Stufe 5 der Antoniadi-Skala, als alles verschwommen erschien und heftig waberte! Und zu anderen Zeiten waren sie in kleinen und großen Fernrohren nicht zu sehen, obwohl die Sichtbarkeitsbedingungen nicht gar so schlecht waren. Sehr seltsam!

Plato ist auch ein Brennpunkt von anderen vorübergehenden Erscheinungen. Gelegentlich wurde von Blitzen berichtet, oder von Flimmern an einigen Teilen des Kraterrandes, während die anderen Teile des Kraters klar und scharf erschienen. Diesen Effekt habe ich schon selbst beobachtet. Es gibt auch Berichte von farbigem Flimmern entlang des Kraterrandes. Auch dies kann ich bestätigen. Das prismatische Flimmern der Erdatmosphäre kann jedoch genau diese Effekte erzeugen. Der nördliche Abschnitt des Kraterrandes erscheint dann rotorange und der südliche blau. Ist dies in jedem dieser Fälle die Ursache? Ich glaube schon, obwohl ich ein Mal ein rotes Flimmern gesehen habe, das mir in Farbe und Ausmaß ganz anders vorkam als das normale Farbflimmern (das ebenso da war).

Treten bei Plato echte TLPs auf, oder sind das nur optische Täuschungen, die vielleicht durch das komplexe Zusammenspiel von Sichtbarkeit und Lichteinfall verursacht werden? Ich glaube, dass dies für die überwiegende Mehrheit aller Fälle die Ursache ist. Einige Leute sind sich sicher, das dies für alle Fälle zutrifft. Sie zweifeln alle Fälle von TLPs an. Ich denke es gibt hier Grund genug für weitere Untersuchungen. Bei diesen Untersuchungen sollten man Plato aufmerksam mit Teleskopen beobachten. Im letzten Kapitel dieses Buches werde ich mehr zu TLPs sagen.

Ein weiterer Effekt, der schon vor langer Zeit als optische Täuschung erkannt worden ist, ist das scheinbare Dunklerwerden von Platos Kraterboden wenn die Sonne höher steigt. Tatsächlich nimmt die Helligkeit des Kraterbodens mit steigendem Beleuchtungswinkel zu. Die Helligkeit des umgebenden rauen Geländes nimmt aber schneller zu als die des glatten Kraterbodens, und dadurch verstärkt sich der Kontrast. Zur lokalen Mittagszeit (was von der Erde aus gesehen zu Vollmond ist) erscheint auf dem Kraterboden ein Fleckenmuster und ein hellerer Abschnitt im Südwesten der etwa ein Achtel der gesamten Fläche beinhaltet wird zu diesem Zeitpunkt besonders auffällig – eine häufige Ursache von Berichten wie „Nebel, der sich vom Rand über den Kraterboden ausdehnt" von unerfahrenen Beobachtern.

Die Umgebung von Plato ist sehr komplex und der nächstgelegene größere Krater ist Plato A (22 km Durchmesser), der sich etwa 20 km nordwestlich von Plato befindet.

Er ist in Abbildung 8.33(a) rechts neben Plato zu sehen. Eine Reihe von Furchen durchzieht das Hinterland, am auffälligsten ist eine Rille, die sich ostwärts von

d)

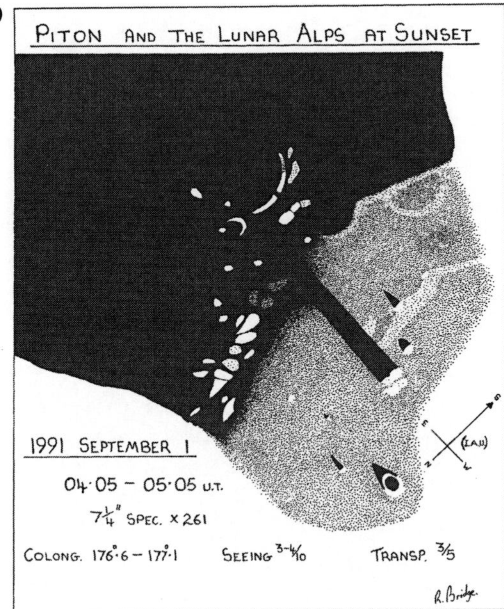

Abb. 8.33(d) Mons Piton, gezeichnet von Roy Bridge.

Plato erstreckt. Der Streifen hügeligen Geländes südlich von Plato wird vom Rand eines Geisterkraters eingeschränkt, der sich im Mare Imbrium befindet. Er hat einen Durchmesser von 115 km und ist als leicht erhöhter Lavarücken auf dem Mare erkennbar (siehe Abbildung 8.33(a) und Abbildung 5.3 in Kapitel 5). Am westlichen Rand dieses Geisterkraters befinden sich die Montes Teneriffe, eine Ansammlung von Bergspitzen, die eine Höhe von 2,4 km erreichen. Der isolierte Gipfel am Südrand ist Mons Pico, der auch eine Höhe von 2,4 km hat. Er hat eine stark reflektierende Oberfläche und sieht sehr hell aus, wenn die oberen Teile ins Sonnenlicht ragen, während deren Umgebung noch jenseits des Terminators im Dunkeln liegt. Dieser Gipfel ist auch eine Quelle vieler Berichte über angebliche Veränderungen und seltsamen Erscheinungen, bei denen es sich wahrscheinlich allesamt um optische Täuschungen handelt. In dem Geisterkrater etwas nördlich von Mons Pico befindet sich eine seltsame Kette kleinerer Krater in einer geraden Linie (siehe Abbildung 8.33(e)).

In Abbildung 8.33(a) kann man noch einige andere isolierte Gipfel erkennen, die die Lavadecke des Mare Imbriums durchstoßen. Der bemerkenswerteste davon ist Mons Piton, der sich in der oberen linken Ecke des Bildes befindet. Er erreicht eine Höhe von 2,25 km. Auch von diesem Berg gibt es Berichte über Veränderungen und andere seltsame Erscheinungen. Abbildung 8.33(d) zeigt eine Zeichnung von Roy Bridge. (Beachten Sie hierzu auch Abbildung 3.5 im 3. Kapitel, eine Zeichnung von Andrew Johnson.)

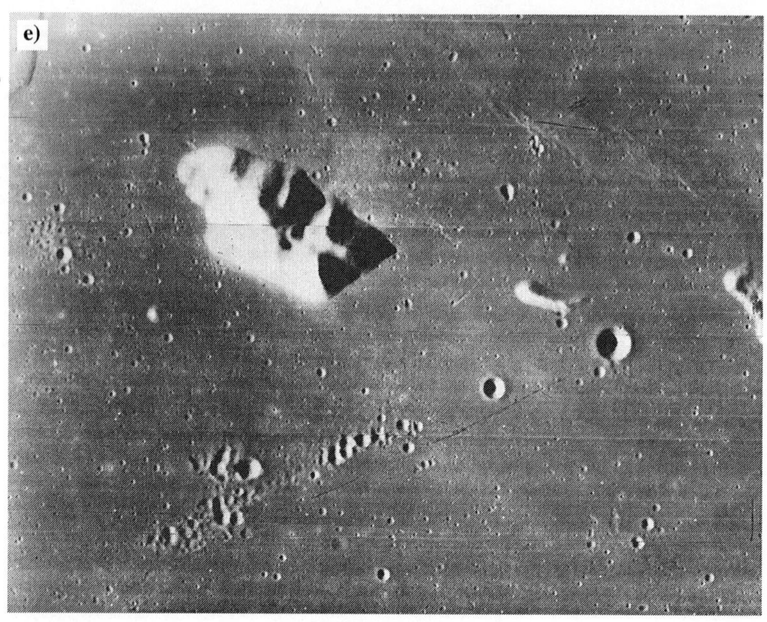

Abb. 8.33(e)   *Lunar Orbiter V*-Aufnahme von Mons Pico. (Mit freundlicher Genehmigung der NASA und von Professor E. A. Whitaker.)

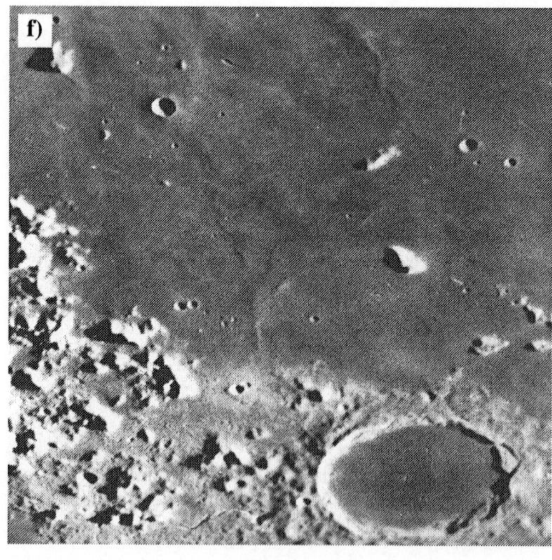

Abb. 8.33(f)   Plato (unten rechts) und Mons Piton (oben links), aufgenommen mit dem 1,5 m Reflektor des Catalina Observatory am 6. September 1966 um 10:44 UT bei einer selenographischen Colongitude von 167,3°. (Mit freundlicher Genehmigung des Lunar and Planetary Laboratory.)

Abbildung 8.33(e) zeigt eine Aufnahme der Mondsonde *Lunar Orbiter V* von Mons Piton. Mons Pico und Piton sind auch in den Abbildungen 8.33(a) und 8.33(f) zu sehen, in denen sie von verschiedenen Seiten beleuchtet werden.
In beiden Bildern erscheinen die Berge etwas unterschiedlich. Da ist es kein Wunder, dass die visuellen Beobachter vergangener Jahrhunderte annahmen, es gäbe dort Veränderungen!

8.34 Plinius [15°N, 24°O], Dawes, Menelaus, Promontorium Archerusia, Ross, Mare Serenitatis und Mare Tranquillitatis

Wie ein Torwächter aus früheren Zeiten steht der Krater Plinius an einer schmalen „Meerenge", die das Mare Tranquillitatis mit dem Mare Serenitatis verbindet. Abbildung 8.34(a) von Tony Pacey zeigt den Krater Plinius am Ende des Mondtages, immer noch auf Wache. Vielleicht wird ihm dabei von dem kleineren Krater Dawes etwas nordöstlich (im Bild links von Plinius) geholfen?
Plinius befindet sich eigentlich noch innerhalb des Mare Tranquillitatis. Das gebirgige Kap westlich von Plinius ist auch als Promontorium Archerusia bekannt, der Name stammt noch aus einer Karte von Hevelius. Darin nannte Hevelius das Gebiet, das wir heute als Mare Tranquillitatis und Mare Serenitatis bezeichnen, Pontus Euxinus, was soviel wie „Schwarzes Meer" bedeutet. Keines der beiden Meere ist wirklich schwarz, aber es gibt einen deutlichen Farbunterschied zwischen beiden. Das Mare Tranquillitatis ist eindeutig etwas dunkler und blauer als das Mare Serenitatis. Wenn ich das Mare Tranquillitatis bei geringer Vergrößerung in meinen Teleskop betrachte, habe ich den Eindruck, dass sein Farbton Preußisch-Blau ist. (Ich möchte noch einmal wiederholen, dass die wahren Farben des Mondes verschiedene Schattierungen von Braun sind, aber ein Weißabgleich des Auges dazu führt, dass bei bestimmten Objekten scheinbar Farben wahrgenommen werden. Die Farben selbst sind vielleicht nicht echt, aber sie weisen zumindest auf Farbunterschiede hin.)
Das Mare Serenitatis erscheint mir schwach grünlich, wie die anderen Mare. Ich sollte vielleicht noch einmal sagen, dass meiner Erfahrung nach meine Augen farbempfindlicher sind als andere, vielleicht können Sie also mit Ihrem Teleskop überhaupt keine Farben erkennen. (Zu meinem Bedauern muss ich feststellen, dass diese erhöhte Farbwahrnehmung mit dem Alter nachlässt.) Genauere colorimetrische Untersuchungen zeigen, dass das Mare Tranquillitatis tatsächlich blauer ist als die anderen Mare. Die Lava des Mare Tranquillitatis ist nämlich titanreicher als die anderer Mare.
Abbildung 8.34(b) zeigt eine Weitwinkelaufnahme beider Mare, die ich selbst gemacht habe. Sie wurde mit einem Farbfilm gemacht, und auch hier zeigt sich, dass das Mare Tranquillitatis bläulicher ist als andere Mare. Zu schade, dass sie hier nur in Schwarz-Weiß dargestellt werden kann. Das Tranquillitatis-Becken ist wahrscheinlich das älteste der großen Becken. Seine Form ist auch weniger

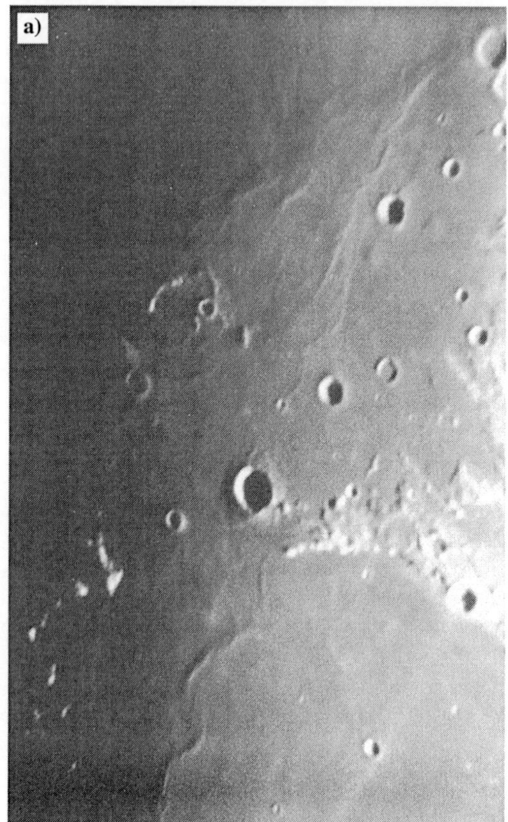

Abb. 8.34(a) Plinius (der große Krater etwas unterhalb der Mitte) und Umgebung, photographiert von Tony Pacey mit seinem 12 Zoll (305 mm) Reflektor am 16. September 1992 um 23:55 UT bei einer selenographischen Colongitude der Sonne von 139,5°. ½ Sekunde auf T-Max 100 Film belichtet.

gut definiert und es besitzt keine Mascons. Bedeutet das, dass das Becken nur kurze Zeit nach der Entstehung des Mondes gebildet wurde, als der gesamte Mond außer einer dünnen Kruste geschmolzen war? Wenn das stimmt, ist das Tranquillitatis-Becken wahrscheinlich 4,5 Milliarden Jahre alt!

Der Durchmesser des lavaüberfluteten Tranquillitatis-Beckens ist etwa 800 km, ungefähr 20 Prozent größer als der des Mare Serenitatis. Wie bei den anderen Mondmare fingen die Lavaflüsse vor etwa 3,9 Milliarden Jahren an (weniger als hundert Millionen Jahre nach der Bildung des Serenitatis-Beckens). Anzeichen aufeinanderfolgender Lavaflüsse finden sich in beiden Maren. Die letzten größeren Lavaeruptionen traten wahrscheinlich vor 3,6 Milliarden Jahren auf. Es ist interessant, dass dieselben titanreichen Laven, die das Mare Tranquillitatis bedecken auch in die südlichen Randgebiete des Mare Serenitatis vorgedrungen sind.

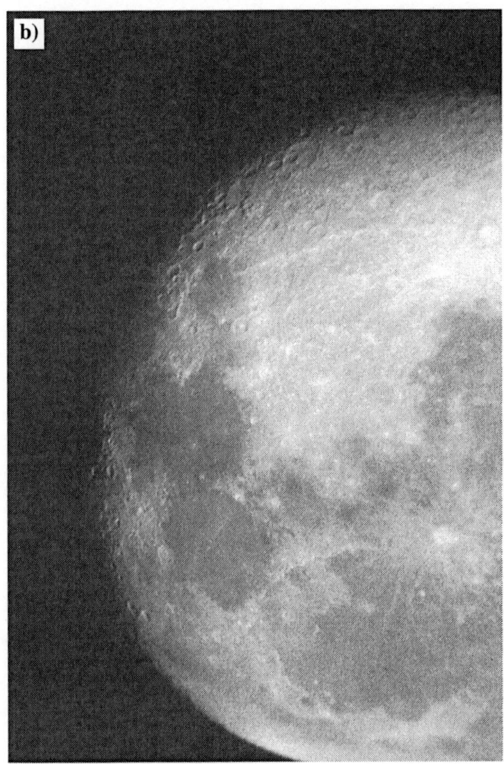

Abb. 8.34(b) Die zwei großen dunklen Gebiete in der Nähe des Mondterminators sind Mare Tranquillitatis (oben) und Mare Serenitatis (unten). Der kleine „See", der südlich (oberhalb) am Mare Tranquillitatis hängt, ist das Mare Nectaris. Aufnahme vom Autor am 14. September 1992 um 22:46 UT bei einer selenographischen Colongitude der Sonne von 114,5°

Er hielt seine Kamera mit einem 58 mm Objektiv von Hand hinter ein 44 mm Plössl-Okular (effektives Öffnungsverhältnis f/7,4) und belichtete $^{1}/_{1000}$ s auf 3M Colourslide 1000 Film.

Abbildung 8.34(a) zeigt deutlich viele der Lavarücken, die das Mare durchziehen. Abbildung 8.34(c) ist eine Zeichnung dieses Gebiets von Andrew Johnson. In den Maren sind Gebilde wie Lavarücken, die durch Kompression entstanden sind, üblicherweise von Spannungsbrüchen umgeben. Diese treten meist als grabenförmige Rillen auf. Sie erwarten nun wahrscheinlich, dass an der Verbindungsstelle zweier Mare besonders viele Rillen auftreten – und damit liegen Sie richtig! Gräben kann man tatsächlich an der Verbindungsstelle zweier Mare finden.

Dies sieht man besonders gut in den Abbildungen 8.34(d) und (e), beides Aufnahmen des Catalina Observatory.

Die verschiedenen Abbildungen in diesem Abschnitt zeigen den Krater Plinius im Verlauf eines Mondtages. Abbildung 8.34(c) ist eine Zeichnung des Kraters bei lokalem Sonnenaufgang, während Abbildung 8.34(d) später am Vormittag aufgenommen wurde, 8.34(e) am Nachmittag und Abbildung 8.34(a) bei Sonnenuntergang.

c)

Abb. 8.34(c) Plinius und Umgebung, gezeichnet von Andrew Johnson. Die Notiz lautet: „Sehr interessante Region an der Grenze von Mare Tranquillitatis und Mare Serenitatis. Rille I sichtbar, nicht aber Rillen II und III, wahrscheinlich sind dies schwer erkennbare Einzelheiten. Einige Lavarücken nördlich und östlich von Plinius. Der Rand vom Mare Tranquillititis war dunkel und machte den Eindruck einer Böschung, die zum Mare Serenitatis hin abfällt."

Der Krater hat einen Durchmesser von 43 km und einen recht scharfen Rand, der sich 2,3 km über das hügelige Kraterinnere erhebt. Die inneren Kraterwälle sind terrassiert und ziemlich komplex, die äußeren Abhänge sind ebenfalls komplex und zeigen eine radiale Struktur. Das Zentralgebirge ist sehr seltsam und sieht bei bestimmter Beleuchtung wie ein Krater aus, wie man in Abbildung 8.34(d) sehen kann. Wenn die Sonne sehr hoch steht, wird der Zentralberg sehr hell und von ihm aus erstrecken sich fünf helle Streifen zu den inneren Terrassen. Diese Erscheinung erinnert mich an ein Rad.

Nordöstlich von Plinius, in Abbildung 8.34(a) etwas links, befindet sich der Krater Dawes. Er hat einen Durchmesser von 18 km und einen scharfen Rand. Der Krater ist auch auf Andrew Johnsons Zeichnung (Abbildung 8.34(c)) zu sehen. Die Objekte auf seinem Kraterboden sind alle nicht sehr hoch und deshalb mit einem Amateurteleskop nur schwer auszumachen. Südlich von Plinius (in Abbildung 8.34(d) und (e) über ihm) befindet sich der 26 km große Krater Ross, der ein seltsames Profil hat.

Der Krater am rechten Bildrand ist Menelaus. Er hat eine Durchmesser von 27 km und terrassierte Kraterwälle, die 3 km ansteigen und einen scharfen Rand

Abb. 8.34(d)   Plinius (der große Krater links), Ross (der größte Krater oberhalb von
Plinius) und Menelaus (der große Krater am äußersten rechten Rand), aufgenommen
mit dem 1,5 m Reflektor des Catalina Observatory am 27. April 1966 um 2:54 UT, als
die selenographische Colongitude der Sonne 351,0° betrug (Morgenbeleuchtung).
Das Kap rechts von Plinius ist Promontorium Archerusia. Man beachte die Rillen, die
von ihm ausgehen und unterhalb von Plinius vorbeilaufen. (Mit freundlicher Genehmigung des Lunar and Planetary Laboratory.)

bilden. Bei steigendem Sonnenwinkel zeigt er eine beträchtliche Zunahme der
Helligkeit. Bei Vollmond erscheint er als heller weißer Ring. Er besitzt ein
asymmetrisches Strahlenmuster, dessen Hauptkomponente ein heller Streifen
ist, der das Mare Serenitatis durchzieht. Offensichtlich ist der Krater nicht älter
als einige hundert Millionen Jahre. Das asymmetrische Strahlenmuster und der
vom Zentrum versetzte Zentralberg legen den Schluss nahe, dass das einschlagende Objekt aus südöstlicher Richtung kam.
In Abschnitt 8.45 wird eine weitere Region des Mare Tranquillitatis beschrieben. Im nächsten Abschnitt geht es um einen anderen Teil des Mare Serenitatis.

Abb. 8.34(e) Plinius und
Umgebung, aufgenommen mit
dem 1,5 m Reflektor des Catalina Observatory am 4. September 1966 um 10:38 UT bei
einer selenographische Colongitude der Sonne von 142,9°
(Abendbeleuchtung). Aufnahmedaten wie bei (d). (Mit
freundlicher Genehmigung
des Lunar and Planetary Laboratory.)

8.35 Posidonius [32°N, 30°O], Chacornac, Daniell, Lacus Somniorum und Posidonius A

Der 100 km große Krater Posidonius befindet sich am Ostrand des Mare Serenitatis (mehr darüber im vorangegangen Abschnitt), das im Nordosten mit dem Lacus Somniorum (See der Träume) verbunden ist. In Abbildung 8.35(a) von Tony Pacey befindet er sich in der rechten oberen Ecke. In Abbildung 8.34(b) im vorangegangen Abschnitt ist es die helle weiße Scheibe links vom Mare Serenitatis, die sich an der Verbindungsstelle zwischen dem „Meer der Heiterkeit" und dem „See der Träume" befindet.

Abbildung 8.35(b) zeigt eine Zeichnung von Nigel Longshaw, die schon auf den ersten Blick recht beeindruckend ist. Wenn man die handgeschriebenen Aufzeichnungen genauer liest, stellt man fest, dass Nigel diese Beobachtung mit einen 3 ½ Zoll (90 mm) catadioptrischen Teleskop machte! Dies zeigt, dass es nicht auf die Größe des Teleskops, sondern auf die Fähigkeiten des Beobachters ankommt!

Abbildung 8.35(a) zeigt den Krater im Morgenlicht. Tony Pacey hat diese Aufnahme mit seinem 10 Zoll (254 mm) Newton-Reflektor mit Okularprojektion (der Vergrößerungsfaktor ist nicht bekannt) auf T-Max 100 Film gemacht und in HC 110 entwickelt. Die Belichtungszeit betrug ½ Sekunde. Sie wurde am

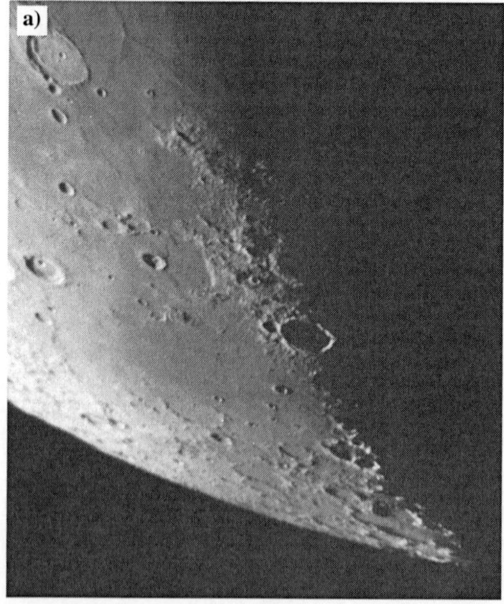

Abb. 8.35(a) Von Posidonius (dem Krater in der oberen linken Ecke) zum Nordpol des Mondes, Photographie von Tony Pacey.

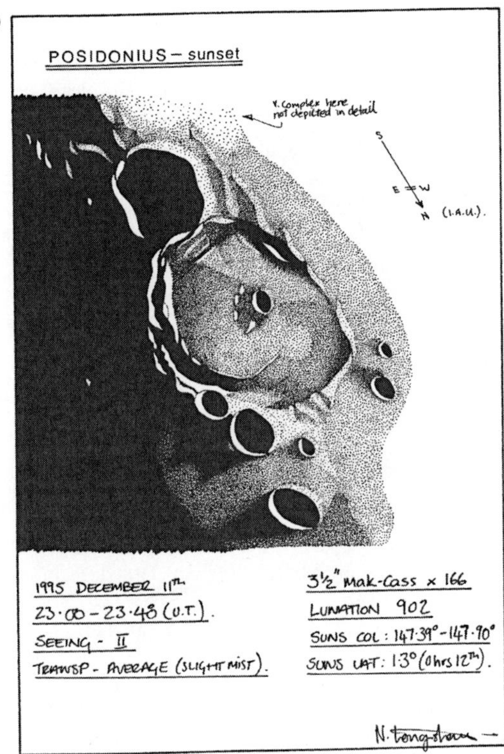

Abb. 8.35(b) Posidonius (Hauptkrater) und Charconac (oben links an Posidonius) und Daniell (unterer Krater), gezeichnet von Nigel Longshaw.

21. März 1991 gegen 20 Uhr UT gemacht, bei einer selenographischen Colongitude von 330°.

Abbildung 8.35 ist eine Aufnahme von Posidonius, die mit dem 1,5 m Reflektor des Catalina Observatory am 4. September 1966 um 10:03 UT gemacht wurde. Zu diesem Zeitpunkt betrug die Colongitude 142,6°, was einer Beleuchtung am späten Nachmittag entspricht. Abbildung 8.35(b) zeigt den Krater beim Sonnenuntergang, die genauen Einzelheiten stehen in den schriftlichen Anmerkungen.

Wenn Sie beim Anblick der Abbildungen in diesem Abschnitt ein *Déjà-vu*-Erlebnis haben, blättern Sie zurück zu Abschnitt 8.22 und Sie werden wissen warum. Der Krater Gassendi scheint auf den ersten Blick ein Doppelgänger von Posidonius zu sein. Gassendi ist nur 10 km größer und an beiden Kratern hängt jeweils noch ein kleiner Krater. Im Falle Gassendis handelt es sich um Gassendi A, bei Posidonius ist es Chacornac. Die größte Ähnlichkeit liegt aber in der inneren Struktur beider Krater. Beide haben ein hügeliges und von Rillen durchzogenes Innere, das den Eindruck erweckt, als sei es von Kräften aus dem Mondinneren nach oben gedrückt worden.

Abb. 8.35(c) Posidonius, Charconac und Daniell, aufgenommen mit dem 1,5 m Reflektor des Catalina Observatory. (Mit freundlicher Genehmigung des Lunar and Planetary Laboratory.)

Da beide Krater von ähnlicher Größe sind, kann man annehmen, dass das einschlagende Projektil auch ungefähr dieselbe kinetische Energie hatte (die von Masse und Geschwindigkeit abhängt). Kann auch die Lage der beiden Krater ein bestimmender Faktor für ihre Form sein? Beide Krater liegen am Rande eines Beckens: bei Gassendi ist es das Humorum-Becken und bei Posidonius das Serenitatis-Becken. Ich spekuliere, ob es eine bestimmte Struktur des Untergrundes an einem Beckenrand gibt, die zu einem Krater der gleichen Art wie Posidonius oder Gassendi führt, falls das Projektil die gleiche Energie hat.

Wenden wir uns den feinen Details zu, die sich im Inneren von Posidonius befinden. Etwas westlich vom Mittelpunkt befindet sich der 11 km große Krater Posidonius A. Östlich davon ist ein kleiner Ring von Bergspitzen. Auf Nigel Longshaws Zeichnung (Abbildung 8.35(b)) sind sie besonders gut zu erkennen. Vielleicht sind sie die verbliebenen Überreste eines älteren ausgelöschten Kraters? Ein weiterer Gebirgsrücken durchzieht den größten Teil der Osthälfte von Posidonius. Handelt es sich hierbei um einen weiteren alten und verfallenen Krater? Wie man in Abbildung 8.35(c) deutlich erkennen kann, ist der Kraterboden innerhalb dieses Bogens angehoben. Zwischen dem angehobenen Boden und dem Rest des Inneren von Posidonius kann man deutlich eine Furche erkennen. Die Geschichte dieses Kraters ist sicher nicht einfach.

Die Kraterwälle von Posidonius haben nicht überall die gleiche Höhe, im Osten sind sie mit 2 km am höchsten. Der große Krater, der sich an Posidonius anschmiegt, ist Chacornac. Er hat einen Durchmesser von 51 km und ein ziemlich vernarbtes Innere, obwohl er offensichtlich erst nach Posidonius entstanden ist. Er ist flacher als Posidonius. Der tiefste Punkt in der Nähe des Zentrums liegt nur etwa 1,5 km unter dem Kraterrand. Auf den Abbildungen sind auch einige Krater nördlich von Posidonius zu erkennen.

Der interessanteste davon ist Daniell, der untere Krater auf der Zeichnung von Nigel Longshaw (Abbildung 8.35(b)). Natürlich erscheinen alle diese Krater wegen ihrer Lage auf dem Mond von der Erde aus perspektivisch verkürzt. Wenn Sie sich die Abbildungen aber genauer anschauen, werden Sie feststellen, dass Daniell ovaler ist als die anderen. Tatsächlich ist er in Nord-Süd-Richtung ungefähr 30 km lang, in Ost-West-Richtung aber nur 23 km! Daniell ist etwa 2,1 km tief. Ich überlasse es Ihnen, über die Ereignisse und Prozesse nachzudenken, die diesen Krater erzeugt haben könnten.

8.36 Pythagoras [63°N, 297°O], Babbage

Um herauszufinden, ob Pythagoras sichtbar ist, suchen Sie zuerst Sinus Iridum. Dann schauen Sie radial davon zum Mondrand. Wenn diese Gegend im Sonnenlicht ist, finden Sie Pythagoras sehr nahe am Mondrand. Der Krater ist einen Tag vor Vollmond am besten sichtbar. Vorher wird er nicht von der Sonne beleuchtet und danach sind wegen des hohen Sonnenstands Einzelheiten nur schwer zu erkennen, denn das Sonnenlicht kommt dann aus derselben Richtung, aus der wir beobachten und wirft so keine von uns aus sichtbaren Schatten.

Dieser 128 km große Krater wäre ein großartiger Anblick, wenn er mehr auf der von uns aus sichtbaren Seite des Mondes läge. Trotz seines sehr kurzen Sichtbarkeitsfensters ist er aber dennoch sehr eindrucksvoll. Andrew Johnson mach-

a)

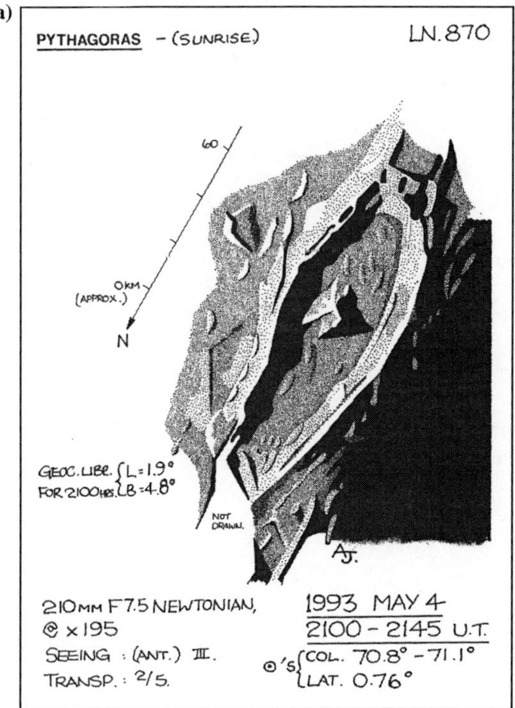

Abb. 8.36(a) Pythagoras, gezeichnet von Andrew Johnson.

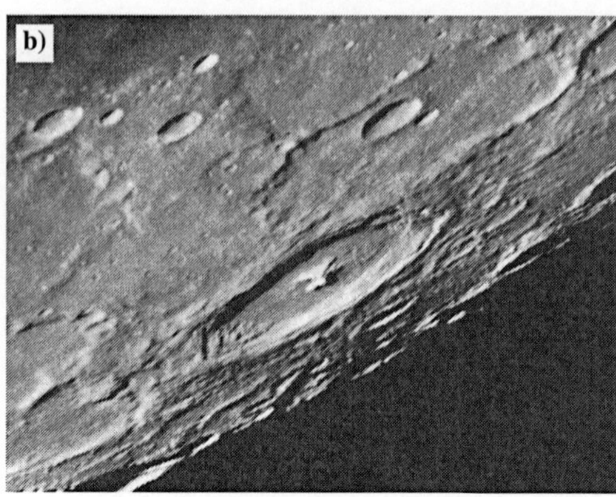

Abb. 8.36(b) Pythagoras, aufgenommen mit dem 1,5 m Reflektor des Catalina Observatory. (Mit freundlicher Genehmigung des Lunar and Planetary Laboratory.)

te eine Zeichnung dieses Kraters während des Sonnenaufgangs (Abbildung 8.36(a)). Vielleicht fragen Sie sich, ob man ihn nicht auch bei Sonnenuntergang beobachten kann? Unglücklicherweise zeigt der Mond dann eine sehr schmale abnehmende Sichel und steht in der Morgendämmerung so nahe an der Sonne, dass das Seeing sehr schlecht ist.

Abbildung 8.36(b) zeigt einen anderen Anblick des Kraters. Diese Aufnahme wurde am 28. Oktober 1966 um 6:34 UT mit dem 1,5 m Reflektor des Catalina Observatory in Arizona gemacht. Die selenographische Colongitude der Sonne betrug 79,3°, die Sonne stand also nur einige Grad höher als in Andrew Johnsons Zeichnung.

Trotz der perspektivischen Verzerrung kann man leicht erkennen, dass der Krater einen hexagonalen Umriss hat. Die beeindruckenden terrassierten Kraterwälle erheben sich 5 km über die Kraterarena. Wenn Sie den Krater genauer untersuchen, finden Sie auch Anzeichen gewaltiger Erdrutsche. Die zentrale Berggruppe besitzt mehrere Gipfel und erreicht eine Höhe von 1,5 km.

In Abbildung 8.36(b) findet man rechts oberhalb von Pythagoras eine sehr seltsame Formation, die sich bis in die rechte obere Ecke des Bildes erstreckt. Sie trägt den Namen Babbage und scheint aus zwei miteinander verschmolzenen Kratern zu bestehen. Babbage enthält auch einige interessante Details wie zum Beispiel zwei größere Krater mit 14 und 32 km Durchmesser. Ich empfehle Ihnen, diese sehr interessante Region des Mondes einmal genauer zu untersuchen, auch wenn sie nicht sehr einfach zu beobachten ist.

8.37 Ramsden [33°S, 328°O], Rimae Ramsden

Der Krater Ramsden ist mit seinem Durchmesser von 24 km und seiner Tiefe
von 2 km eigentlich nichts besonderes. Er liegt im Palus Epidemiarum, der mit
dem Mare Nubium und dem Mare Humorum verbunden ist (siehe hierzu auch
Abschnitt 8.22). Er befindet sich in der Mitte von Abbildung 8.37(a), einer Aufnahme des Catalina Observatory, die am 23. Dezember 1966 um 4:54 UT mit
dem 1,5 m Reflektor gemacht wurde. Die Colongitude der Sonne betrug 39,9°.
Das Interessante in dieser Region sind die Rimae Ramsden, ein System von Rillen, die von dem Krater ausgehen und sich über 130 km erstrecken. Abbildung
8.37(b) zeigt eine Zeichnung von Roy Bridge bei Sonnenaufgang. Die Abbildungen 8.37(c) und (d) zeigen zwei weitere Zeichnungen dieser Formation von
Andrew Johnson bei höherem Sonnenstand.

Abb. 8.37(a) Ramsden
und Rimae Ramsden.
(Aufnahme: Catalina Ob-
servatory. Mit freundlicher
Genehmigung des Lunar
and Planetary Laboratory.)

Abbildung 8.37(e) ist eine Aufnahme der *Lunar Orbiter IV* Mondsonde. Können Sie den Ablauf der Ereignisse erkennen, die zu dem gegenwärtigen Zustand
geführt haben? Ich überlasse Ihnen die genauere Untersuchung der Region und
empfehle Ihnen die Abbildungen als Anhaltspunkt.

b)

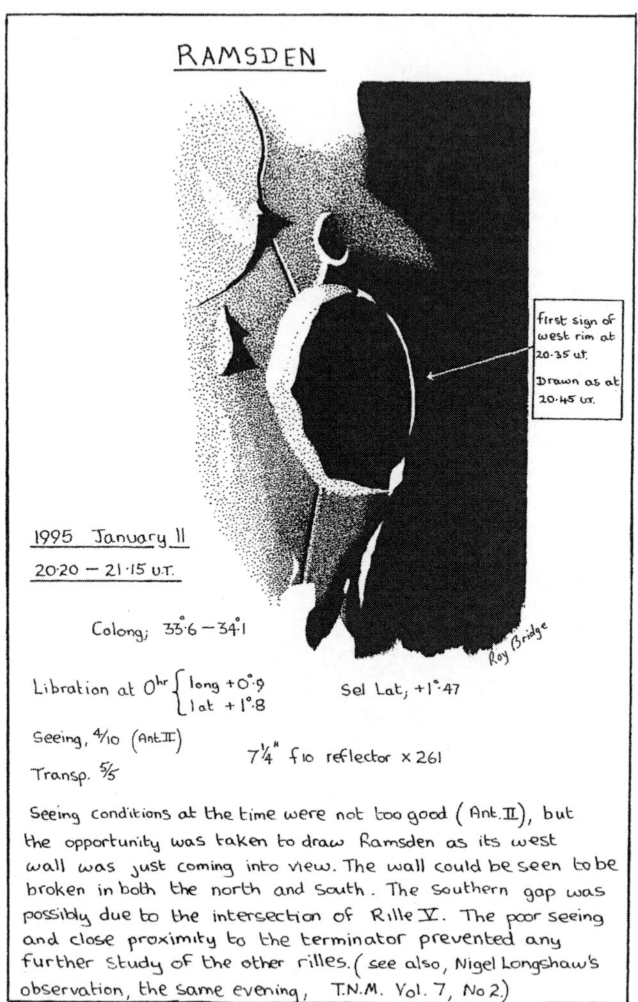

Abb. 8.37(b)   Ramsden und Rimae Ramsden, gezeichnet von Roy Bridge, der zu seiner Beobachtung anmerkt: „Die Sichtbarkeitsbedingungen waren zu diesem Zeitpunkt nicht besonders gut, aber ich habe die Gelegenheit genutzt, Ramsden zu zeichnen, als sein westlicher Kraterrand gerade sichtbar wurde. Der Kraterrand erschien sowohl im Norden wie im Süden durchbrochen. Die südliche Lücke erscheint wahrscheinlich wegen des Durchschneidens von Rille V. Das schlechte Seeing und die Nähe zum Terminator verhinderten eine weitere Untersuchung der anderen Rillen. (Vergleiche mit Nigel Longshaws Beobachtung vom selben Abend, T.M.N. Vol.7, No.2).“

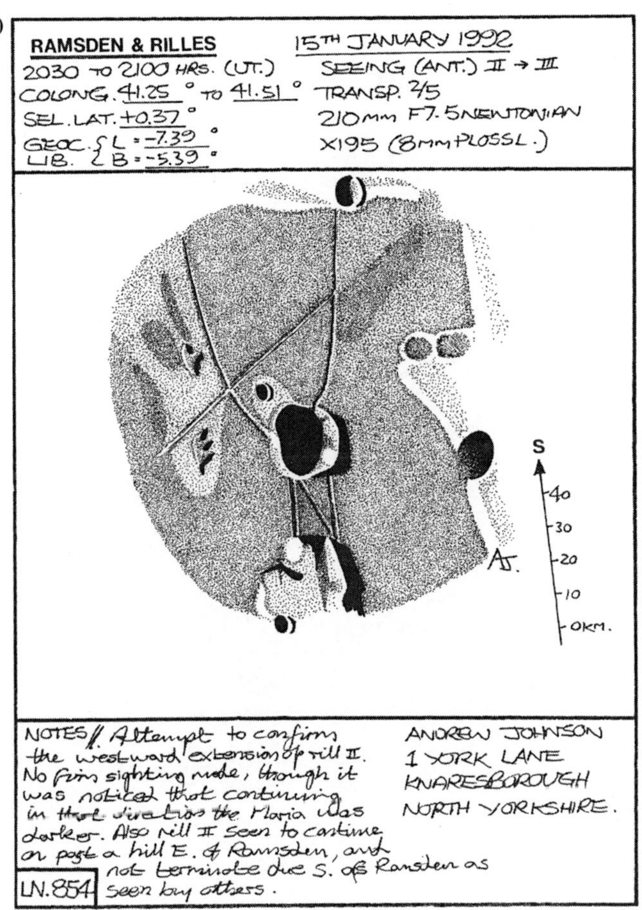

Abb. 8.37(c) Ramsden und Rimae Ramsden, Zeichnung von Andrew Johnson. Die Notiz lautet: „Versuchte die westlichen Ausläufer von Rille II zu bestätigen. Konnte sie nicht weiter verfolgen, aber ich bemerkte, das in Fortsetzung dieser Richtung der Mareboden dunkler erschien. Rille II scheint bei einem Hügel östlich von Ramsden weiterzuverlaufen und nicht südlich von Ramsden abzubrechen, wie von anderen beobachtet.“

d)

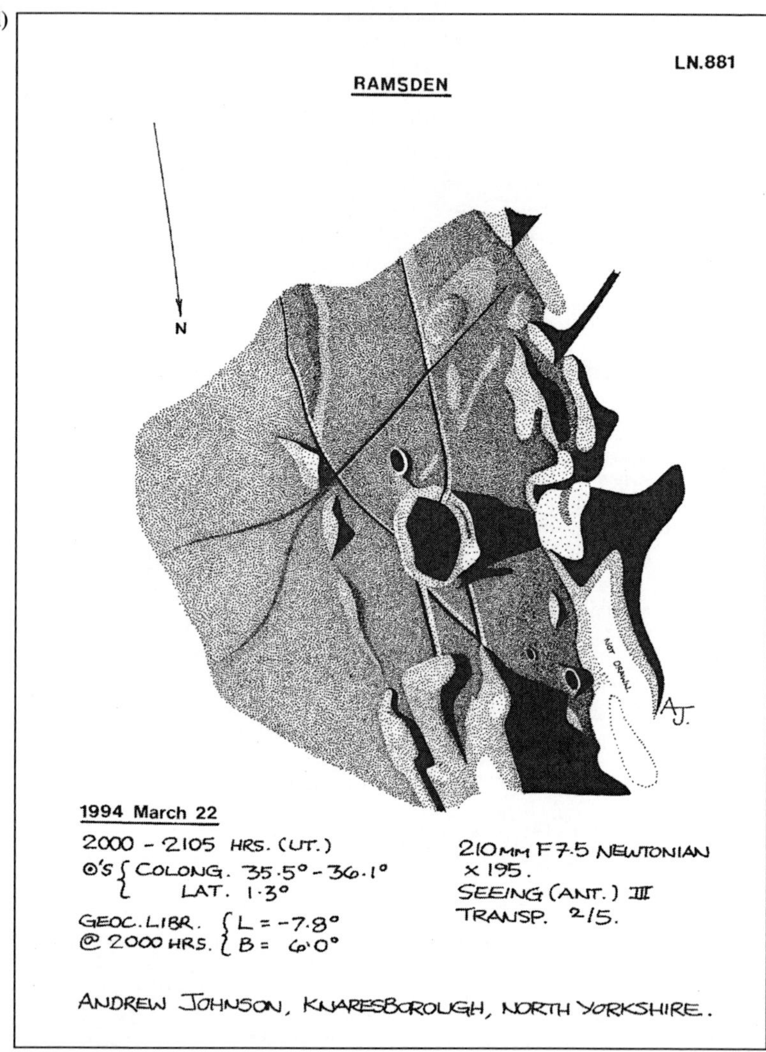

Abb. 8.37(d)   Ramsden und Rimae Ramsden, eine weitere Zeichnung von Andrew Johnson.

Abb. 8.37(e) *Lunar Orbiter IV*-Aufnahme von Ramsden. (Mit freundlicher Genehmigung der NASA und von Professor E. A. Whitaker.)

8.38 Regiomontanus [28°S, 359°O], Purbach, Thebit und Walter

Regiomontanus liegt in einer sehr komplexen Region des lunaren Hochlands. Weil er sich nahe des Zentralmeridians befindet, kann man ihn am besten zum Zeitpunkt des ersten und letzten Viertels beobachten.

Abbildung 8.38(a) zeigt diese Region. Die Aufnahme wurde mit dem 1,5 m Reflektor des Catalina Observatory am 29. Mai 1966 um 4:41 UT gemacht, als die Colongitude der Sonne 22,6° betrug. Regiomontanus ist die große, leicht ovale Formation etwas oberhalb der Mitte der Aufnahme. Er hat eine Ausdehnung von 126 km in ostwestlicher und 110 km in nordsüdlicher Richtung. Sehen Sie, dass die Kraterwälle erodiert und der Kraterboden mit kleinen Kratern überzogen ist? Haben Sie eine Vorstellung vom Alter dieses Kraters? Die unregelmäßigen Kraterwälle erheben sich an einigen Stellen 1,7 km über den Kraterboden. Besonders interessant an Regiomontanus ist der etwas versetzte „Zentralberg" mit seinem Gipfelkrater. Dieser Krater trägt die Bezeichnung Regiomontanus A, hat einen Durchmesser von 5,6 km und ist 1,2 km tief. Wie glauben Sie ist er entstanden?

Oberhalb von Regiomontanus befindet sich die „Wallebene" Walter. (In Abbildung 8.38(a) ist sie nicht ganz vollständig zu sehen.) Walter ist etwas zusammengedrückt und misst in Nord-Süd-Richtung nur 132 km, in Ost-West-Richtung dagegen 140 km. Seine erodierten Kraterwälle erheben sich bis zu 4 km über den rauen und hügeligen Kraterboden. Sie sind sehr breit und werden im Süden von Tälern durchschnitten. Besonders bemerkenswert ist eine Gruppe von Kratern im nordöstlichen Quadranten (im Photo links unten). Können Sie sich vorstellen, wie die Krater in dieser Region entstanden sind?

Abb. 8.38(a) Regiomontanus und Umgebung. Der große Krater oben ist Walter. Der große Krater darunter Regiomontanus. Man beachte den dezentralen Berg in ihm und den Gipfelkrater darauf. Unterhalb von Regiomontanus befindet sich der große Krater Purbach der ihn etwas überlagert. Im unteren rechten Teil des Bildes sind die Krater Thebit (der größte), Thebit A und Thebit L (der kleinste), die sich gegenseitig überlagern. (Aufnahme: Catalina Observatory. Mit freundlicher Genehmigung des Lunar and Planetary Laboratory.)

Abbildung 8.38(b) ist noch eine Aufnahme des 1,5 m Reflektors des Catalina Observatory, die Walter komplett zeigt. Die Aufnahme wurde mit dem 1,5 m Reflektor am 19. Januar 1967 um 2:45 UT gemacht. Die selenographische Colongitude betrug 7,1°, also kurz nach dem örtlichen Sonnenaufgang.

In der rechten unteren Ecke von Abbildung 8.38(a) und 8.38(b) ist eine schöne Anordnung sich überlappender Krater zu sehen. Der größte davon ist Thebit. Er hat einen Durchmesser von 55 km, ist 3,3 km tief und hat einen ziemlich rauen Kraterboden. Der 20 km große Thebit A dringt von der Seite in ihn ein. Er hat ein glatteres, nahezu schüsselartiges Profil und einen kleinen flachen Boden, der 2,7 km unter dem Kraterrand liegt. Thebit A selbst wiederum wird von einem kleinen Krater überlappt. Dieser wird nun offiziell als Thebit L bezeichnet (man findet eventuell auch andere Bezeichnungen). Er ist 12 km groß, nicht sehr tief und hat einen kleinen Zentralkrater.

Abb. 8.38(b) Regiomontanus und Umgebung kurz nach Sonnenaufgang. (Aufnahme: Catalina Observatory. Mit freundlicher Genehmigung des Lunar and Planetary Laboratory.)

Anhänger des endogenen Ursprungs der Mondkrater wollten dieses Gebilde zum Beweis ihrer Theorie heranziehen. Die Abfolge immer kleiner werdender Krater entsprach ihrer Vorstellung, dass ein immer schwächer werdender Vulkanismus entlang einer Spalte diese Formation erzeugt hat. Als weiteren Beweis betrachteten sie auch den perfekten Umriss der Krater bis zu dem Punkt, an dem sie einander überlappen. Sie argumentierten, dass jedes Explosionsereignis die Wälle der früheren Krater erschüttert hätte. Wenn wir uns aber die Mondkrater der hohen Auflösung von Raumsonden ansehen, können wir tatsächlich derartige Störungen erkennen, die groß genug sind, sodass wir einen endogenen Mechanismus zur Erklärung sich überlappender Krater nicht brauchen. Die Tatsache, dass die aufgesetzten Krater fast immer kleiner sind, lässt sich dadurch erklären, dass die großen Impaktoren aufgrund ihrer kleineren Anzahl schneller aufgebraucht worden sind und so eine viel größere Anzahl kleiner felsiger (und

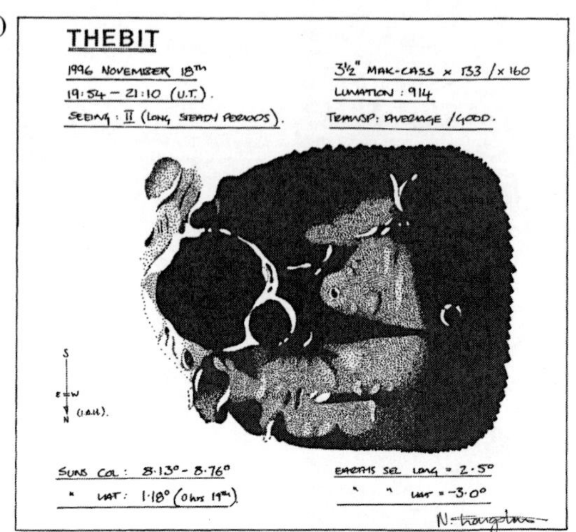

Abb. 8.38(c)   Thebit, gezeichnet von Nigel Longshaw. Er kommentiert: „Hauptgrund der Beobachtung war die Untersuchung von Einzelheiten, die von anderen bei vergleichbarer Beleuchtung aufgezeichnet wurden. Die Beobachtungsbedingungen sahen nicht vielversprechend aus, also entschloss ich mich das C90 aufzubauen. Das Seeing erwies sich jedoch als sehr gut, lange Abschnitte mit Seeing II und sogar I. Um 20:26 UT schoben sich Wolken davor, ich war jedoch in der Lage noch bis 20:33 UT mit 160facher Vergrößerung weiterzubeobachten, wobei ich die feineren Details nachtragen konnte. Ich bemerkte ungewöhnliche Schattenspitzen nördlich von A und L und eine lange gebogene Schattenspitze, die auf eine isolierte Bergspitze nordwestlich von L zulief. Ich konnte auch ein domähnliches Objekt westlich von Thebit erkennen, knapp oberhalb der längeren Schattenspitze und eine Kratergrube östlich von diesem Dom. Gegen 22:30 war der westliche Kamm des Kraters Birt sichtbar, zu diesem Zeitpunkt war die Hauptschattenspitze nur halb so lang wie vorher.“

vielleicht auch aus Eis bestehender) Bruchstücke übrig geblieben sind, die dann nach und nach auf dem Mond einschlugen. So einfach löst sich das Rätsel auf. In Wahrheit gab es überhaupt kein Rätsel.

Ungeachtet dessen hat Thebit schon immer die Beobachter fasziniert. Abbildung 8.38(c) und (d) sind zwei sehr gute Zeichnungen dieser Region von Nigel Longshaw. Die ganze Gegend ist voller interessanter Einzelheiten und ich kann Ihnen nur empfehlen, sie sich einmal genauer anzusehen.

Der Teil des Kraterrandes, der in Abbildung 8.38(a) am unteren Rand zu sehen ist gehört zu Arzachel. Ich habe ihn im Bild gelassen, damit Sie sehen können, wie diese Region mit der in Abschnitt 8.4 beschriebenen zusammenhängt. Unmittelbar westlich von Thebit befindet sich ein Gebilde, das als „Gerade Wand“ bekannt ist, die amtliche Bezeichnung lautet Rupes Recta. Sie wird in Abschnitt 8.43 genauer beschrieben.

d)

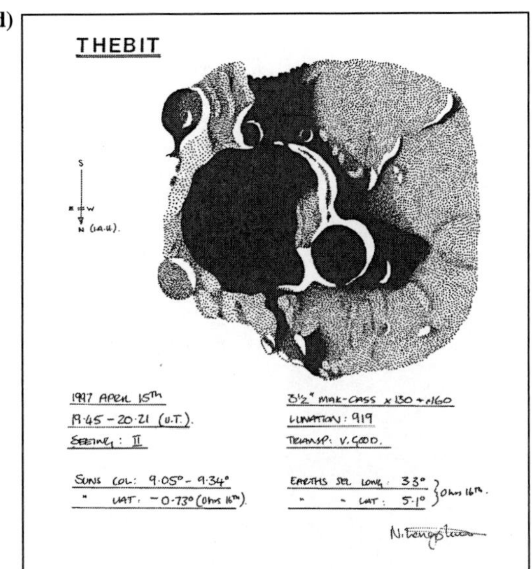

Abb. 8.38(d) Eine weitere Beobachtung von Thebit. Zeichnung von Nigel Longshaw. Er kommentiert: „Eine weitere Gelegenheit diese Formation unter besseren Beleuchtungsbedingungen als am 18. November 1996 zu studieren. Ich beobachtete undeutliche Spuren der zuvor beobachteten Details nahe der Schattenspitzen nördlich von Thebit A und L. Zu diesen Details gehörten auch kleine Gruben, die wie ein Strahlenmuster vom Krater A auszugehen schienen."

8.39 Russell [27°N, 284°O], Briggs, Briggs A, Briggs B, Eddington, Krafft, Seleucus und Struve

Der Krater Russell liegt im Oceanus Procellarum am Rande der Mondscheibe. Abbildung 8.39(a), eine Zeichnung von Roy Bridges, zeigt Russell bei Sonnenaufgang. Russell ist der Überrest einer Wallebene und hat einen Durchmesser von 99 km. Abbildung 8.39(b) zeigt eine Übersichtsaufnahme der gesamten Region, auf der man sehen kann, dass der südliche Kraterwall von Russell fehlt und er mit einer anderen großen Ringstruktur verbunden ist. Sie wird heute Struve genannt, aber in früheren Karten heißt sie oft Otto Struve, und Russell wird manchmal auch als Otto Struve A bezeichnet. Auf anderen alten Karten ist Russell einfach ein Teil von Otto Struve. Mit dem Namen Struve will man alle drei Astronomen der Struve-Dynastie ehren, Friedrich G. Wilhelm von Struve, seinen Sohn Otto Wilhelm von Struve und den Enkel Otto Struve. Es ist angemessen, dass ein Krater, der den Namen von drei Personen trägt, so groß ist. Er hat einen Durchmesser von 183 km.

a)

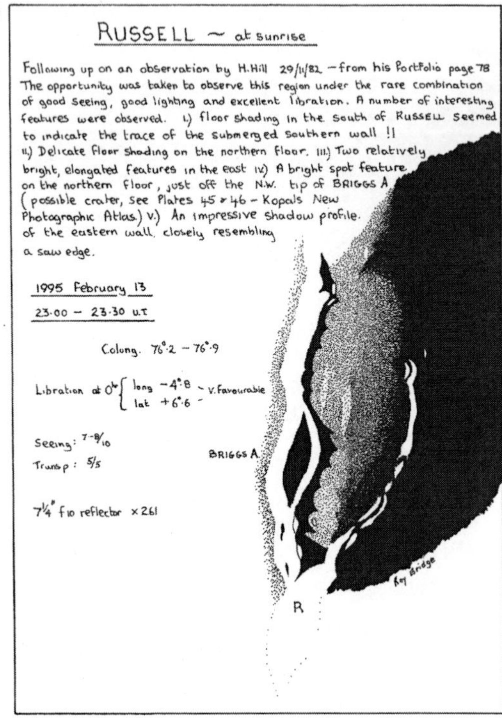

Abb. 8.39(a) Russell, gezeichnet von Roy Bridge. Er merkt an: „Nachfolgebeobachtung einer Beobachtung von H. Hill vom 29.2.1982 – aus seiner Beobachtungsmappe Seite 78. Ich nutzte die Gelegenheit diese Region bei der seltenen Kombination von gutem Seeing, guter Beleuchtung und exzellenter Librationsphase zu beobachten. Konnte eine Reihe interessanter Einzelheiten beobachten."
1.) Schattierungen am südlichen Kraterboden von Russell weisen auf einen versunkenen Südwall hin!!
2.) Feine Schattierungen auf dem nördlichen Kraterboden.
3.) Zwei relativ helle längliche Objekte im Osten.
4.) Ein heller Fleck auf dem nördlichen Kraterboden, nahe der Nordwestspitze von Briggs A (möglicherweise ein Krater, siehe auch Bilder 45 und 46 in Kopals neuem photographischen Atlas).
5.) Ein beeindruckender Schattenwurf von der Ostwand, erinnert an die Zacken einer Säge.

Abbildung 8.39(b) wurde mit dem 1,5 m Reflektor des Catalina Observatory am 28. Oktober 1966 um 6:28 gemacht, die selenographische Colongitude der Sonne betrug 79,3°. Die Kraterböden folgen der Krümmung der Mondoberfläche, was man gut am Verlauf der Helligkeit erkennen kann. Das ist nicht sehr verwunderlich, denn die Krater wurden alle von Lava überflutet.

Abbildung 8.39(c) ist eine Zeichnung von Roy Bridge, die das Gebiet um Struve und Russell zeigt. Die Buchstaben sind die Bezeichnungen für viele der kleineren Krater. Briggs A hat einen Durchmesser von 23 km und befindet sich im Ostwall von Russell. In seinem Inneren hat Roy einige dunkle Bänder eingezeichnet. Suchen Sie doch einmal selbst danach!

In Abbildung 8.39(b) befinden sich links (also östlich) von Briggs A zwei Krater. Bei dem oberen handelt es sich um den 39 km großen Krater Briggs, dessen

Abb. 8.39(b) Russell (unten) verbunden mit Struve (die große Formation am Terminator) und links daran hängend Eddington (teilt sich den Kraterwall mit Struve). Links von Eddington befindet sich der Krater Seleucus, oberhalb der Krater Krafft. Der größere der beiden Krater unten links ist Briggs und der kleinere unten ist Briggs B. Briggs A befindet sich im östlichen Wall von Russell. (Aufnahme des Catalina Observatory. Mit freundlicher Genehmigung des Lunar and Planetary Laboratory.)

Inneres sehr interessant ist. Untersuchen Sie ihn einmal genauer! Der untere Krater hat einen Durchmesser von 25 km und heißt Briggs B.

Seinen östlichen Kraterrand teilt Struve mit einer anderen Ringstruktur. Diese sehr alte, verfallene und von Lava überflutete Formation hat einen Durchmesser von 134 km und wird heute Eddington genannt. Auf einigen früheren Karten wird Eddington als Otto Struve A bezeichnet, was etwas verwirrend ist. Abbildung 8.39(d) zeigt Andrew Johnsons sehr detaillierte Zeichnung von Russell, Struve und Eddington.

Etwas östlich von Eddington befindet sich der auffällige 43 km große Krater Seleucus. Er ist in Abbildung 8.39(b) sehr gut zu erkennen. Der Krater ist etwa 3 km tief, was für seine Größe ziemlich ungewöhnlich ist.

Auffallend ist auch der 53 km große Krater Krafft im oberen Teil von Abbildung 8.39(b). Er ist von einigen kleineren Kratern umgeben.

c)

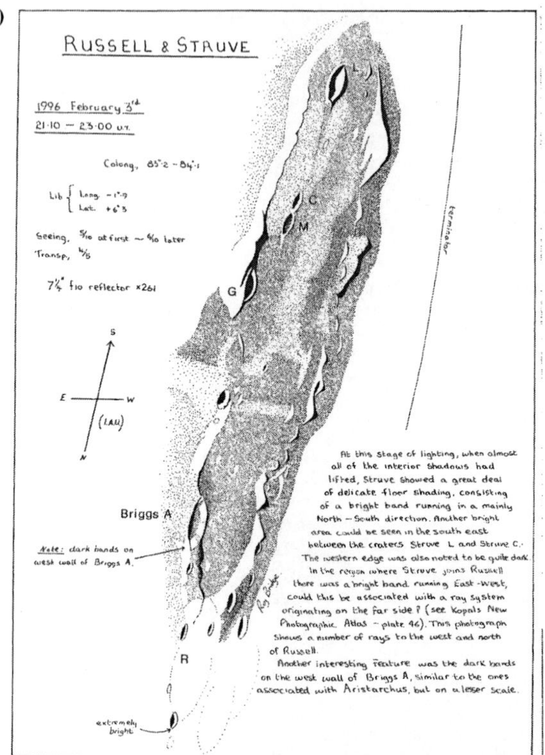

Abb. 8.39(c)   Russell und Struve, gezeichnet von Roy Bridge. Er merkt an: „In diesem Beleuchtungsstadium, wenn fast alle inneren Schatten verschwunden sind, zeigt der Kraterboden von Struve eine ganze Menge feiner Schattierungen, darunter ein helles Band das hauptsächlich in Nord-Süd-Richtung verläuft. Eine weitere helle Fläche findet man im Südosten zwischen den Kratern Struve L und Struve C. Die Westseite dagegen erscheint recht dunkel. In der Region wo Struve mit Russell zusammentrifft verläuft ein helles Band von Ost nach West, könnte das mit einem Strahlensystem zusammenhängen, das seinen Ursprung auf der Rückseite des Mondes hat? (Siehe auch Kopals neuen photographischen Atlas, Bild 46). Dieses Photo zeigt einige Strahlen nördlich und westlich von Russell. Ein weiteres interessantes Detail sind die dunklen Bänder am Westwall von Briggs A, ähnlich denen von Aristarchus, aber in kleinerem Maßstab."

Ich habe die Anmerkungen, die ich hier gebe, ziemlich kurz gehalten. Es war meine Absicht, hier nur einige der interessanten Regionen des Mondes kurz vorzustellen, um ihr Interesse an der Erforschung mit dem eigenen Teleskop zu wecken. Sie werden mir zustimmen, dass es in dieser Region einiges zu erforschen gibt.

d)

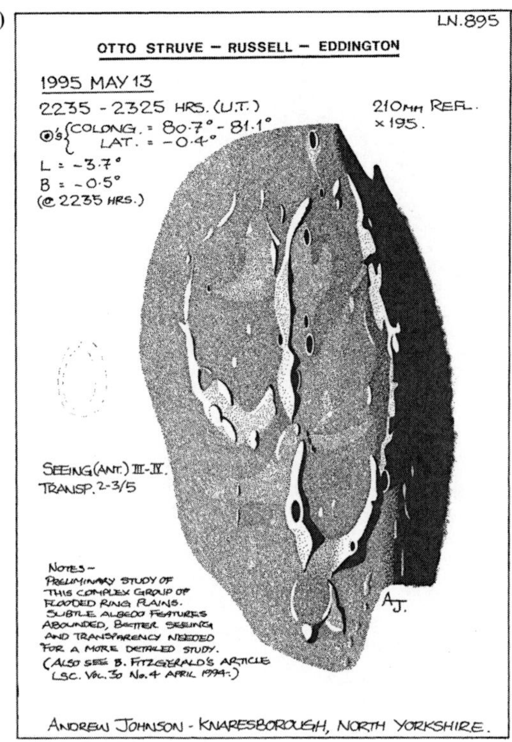

Abb. 8.39(d) Russell und Struve (alte Bezeichnung „Otto Struve") und Eddington gezeichnet von Andrew Johnson. Die untere Notiz lautet: „Erste Untersuchung dieser komplexen Gruppe überfluteter Wallebenen. Viele subtile Albedounterschiede, besseres Seeing und Transparenz sind für eine genauere Untersuchung nötig. (Siehe auch B. Fitzgeralds Artikel in LSC. Vol. 30 No. 4 April 1994)."

8.40 Schickard [44°S, 305°O], Lehmann

Schickard ist eine riesige, teilweise überflutete Wallebene mit einem Durchmesser von 227 km. Sie befindet sich am südöstlichen Mondrand. Abbildung 8.40(a) zeigt ein Portrait dieser großartigen Formation. Die Aufnahme wurde am 10. September 1966 um 12:02 UT mit dem 1,5 m Reflektor des Catalina Observatory gemacht, die selenographische Colongitude der Sonne betrug 216,8°. Die Mitglieder der BAA Lunar Section sind schon seit langem an Schickard und der Vielzahl von Objekten in seinem Kraterinneren interessiert. Keith Abineri ist der Selenograph, der diese Region wahrscheinlich am intensivsten erforscht hat. Er begann im April 1946 mit eigenen Untersuchungen am Teleskop und hat das Studium von Schickard bis jetzt fortgesetzt. Heute benutzt er dazu aber nicht mehr sein Teleskop, sondern die Aufnahmen der Mondsonden *Lunar Orbiter* und *Clementine*. Er hat bereits einige Artikel darüber in dem BAA *Journal* und

Abb. 8.40(a) Schickard. (Aufnahme des Catalina Observatory. Mit freundlicher Genehmigung des Lunar and Planetary Laboratory.)

in Publikationen der BAA Lunar Section wie *The New Moon* veröffentlicht. Sie sollten diese Artikel selbst einmal nachlesen. Neben Informationen über Schickard selbst finden Sie dort auch nützliche Hinweise zu den Methoden die Abineri benutzt.

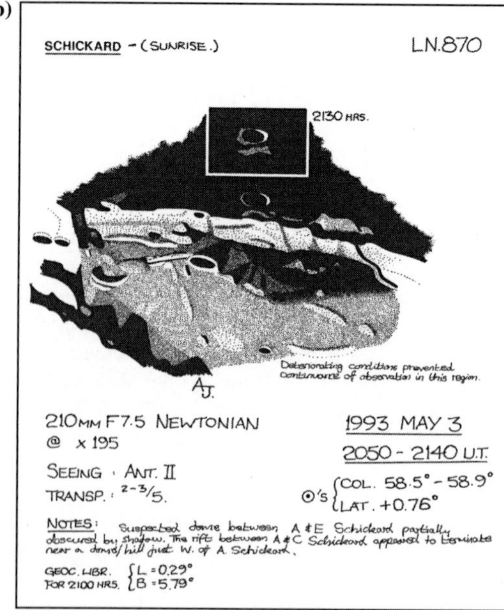

Abb. 8.40(b) Sonnenaufgang über Schickard, gezeichnet von Andrew Johnson. Beachten sie, dass die Zeichnung so orientiert ist , dass Westen nahezu nach oben zeigt. Die obere Notiz lautet: „Schlechter werdende Bedingungen verhinderten eine kontinuierliche Untersuchung dieser Region." Unten folgt die Bemerkung: „Vermuteter Dom zwischen A und E Schickard, teilweise von Schatten bedeckt. Die Rille zwischen A und C Schickard scheint nahe eines Doms oder Hügels westlich von Schickard A zu verschwinden."

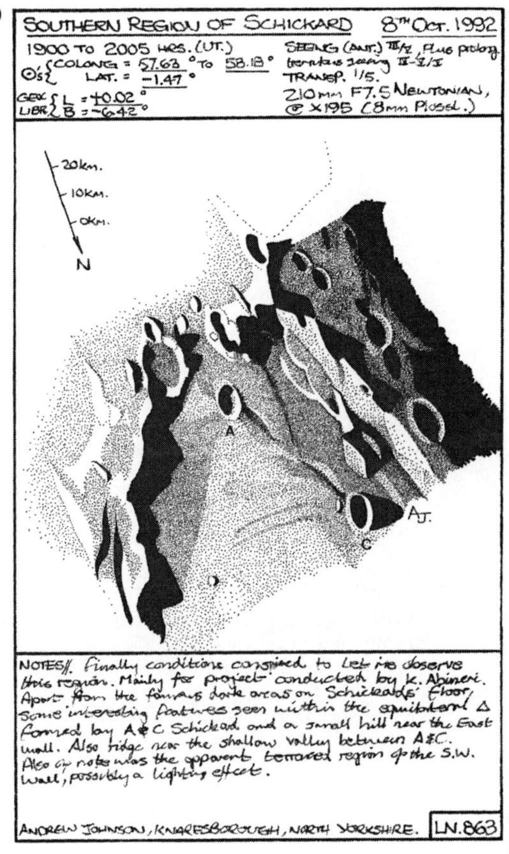

Abb. 8.40(c) Die südliche Hälfte von Schickard, gezeichnet von Andrew Johnson. Die Notiz lautet: „Endlich kamen gute Bedingungen zustande, die mir erlaubten, diese Region zu beobachten, hauptsächlich für das von K. Abineri geführte Projekt. Einige interessante Einzelheiten sind in dem gleichschenkligen Dreieck sichtbar, dass von Schickard A und C und einem kleinen Hügel nahe des Ostwalles gebildet wird. Es gibt einen Bergrücken nahe dem flachen Tal zwischen A und C. Bemerkenswert erscheint auch die terrassiert erscheinende Region am Südwestwall, vielleicht ein Beleuchtungseffekt."

Bei den Abbildungen 8.40(b), (c) und (d) handelt es sich um neuere Untersuchungen von Teilabschnitten dieser Region, die Andrew Johnson mit seinem Teleskop durchführte.

Der Boden von Schickard ist von einem annähernd dreieckigen Bereich helleren Materials bedeckt, der sich von der breiten Seite im Südwesten nach Nordosten erstreckt, der übrige Kraterboden ist ziemlich dunkel. Dies ist am besten bei hohem Sonnenstand zu sehen, doch man kann es auch ansatzweise in Abbildung 8.40(a) erkennen.

Der Rand von Schickard ist von vielen Kratern durchbrochen. Der größte Krater in der unmittelbareren Nachbarschaft ist der 53 km große, stark erodierte Krater Lehmann, der im Norden an Schickard angrenzt. Er befindet sich in der unteren rechten Ecke von Abbildung 8.40(a).

d)

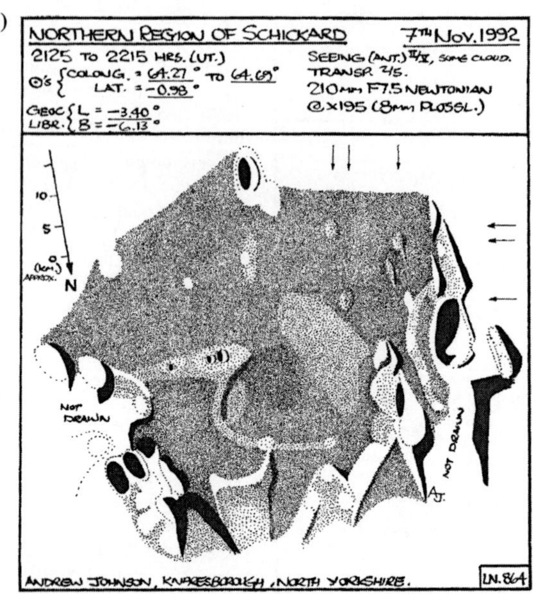

Abb. 8.40(d)   Die nördliche Hälfte von Schickard, gezeichnet von Andrew Johnson. Die Notiz lautet: „Beobachtung der dunklen nördlichen Bucht in Schickard, südlich von Lehmann. Einige interessante Albedodetails, und drei Objekte, die wie Dome aussehen. Mein Atlas (Rükl) zeigt keines dieser Objekte. Drei winzige Krater innerhalb einer helleren Region. Ich muss mir diese Region noch mal bei flacherer Beleuchtung ansehen, wie bei der Beobachtung vom 8. Oktober 1992."

8.41 Schiller [52°S, 320°O]

Nicht weit entfernt von der riesigen Wallebene Schickard (siehe Abschnitt 8.40) befindet sich eine einzigartige Formation. Auf den ersten Blick scheint Schiller ein langgezogener Krater zu sein. Er hat eine Länge von 179 km und eine Breite von 71 km. Die Abbildungen 8.41(a) bis (d) zeigen Schiller unter verschiedenen Beleuchtungsbedingungen, vom frühen Morgen (a) bis zum Sonnenuntergang (d). Alle Aufnahmen wurden mit dem 1,5 m Reflektor des Catalina Observatory gemacht. Die genauen Einzelheiten wie Zeit, Datum und Colongitude stehen in den jeweiligen Bildbeschreibungen. Abbildung 8.41(e) zeigt eine detailreichere Aufnahme, die von der Mondsonde *Clementine* gemacht wurde.

Die übliche Erklärung für das Aussehen von Schiller ist, dass sich hier zwei Krater überlappen. Ich habe dazu aber eine andere Meinung. Ich denke, dass Schiller aus mindestens drei, vielleicht sogar vier Kratern besteht und beim nahezu gleichzeitigen Einschlag von drei oder mehr Projektilen entstanden ist. Das

Abb. 8.41(a) Schiller, photographiert mit dem 1,5 m Reflektor des Catalina Observatory am 2. April 1966 um 8:03 UT, bei einer selenographische Colongitude der Sonne 48,7°. (Mit freundlicher Genehmigung des Lunar and Planetary Laboratory.)

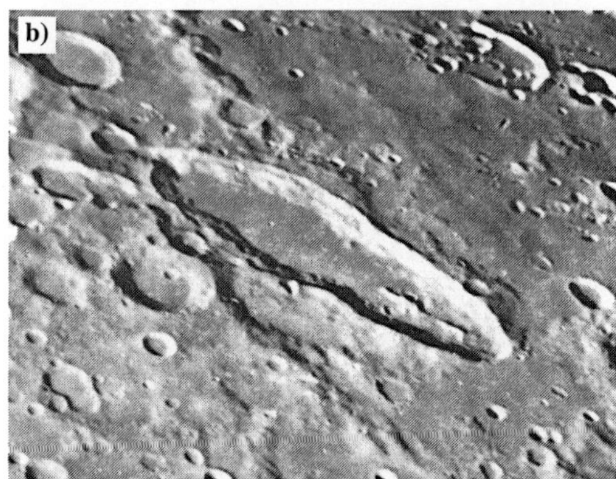

Abb. 8.41(b) Schiller, photographiert mit dem 1,5 m Reflektor des Catalina Observatory am 22. Februar 1967 um 3:43 UT, bei einer selenographische Colongitude der Sonne 61,0°. (Mit freundlicher Genehmigung des Lunar and Planetary Laboratory.)

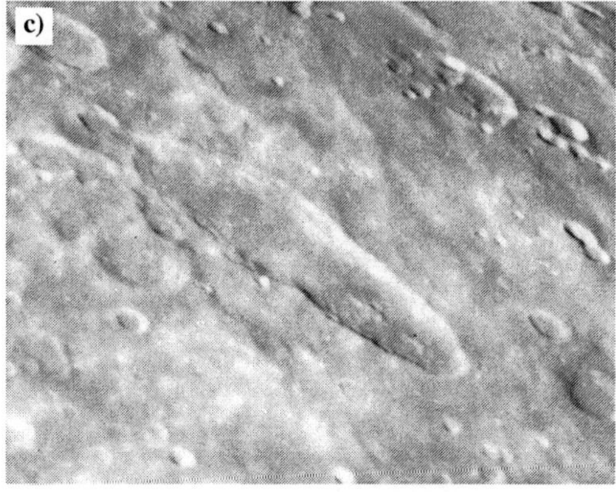

Abb. 8.41(c) Schiller, photographiert mit dem 1,5 m Reflektor des Catalina Observatory am 6. Januar 1966 um 5:45 UT, bei einer selenographische Colongitude der Sonne 80,9°. (Mit freundlicher Genehmigung des Lunar and Planetary Laboratory.)

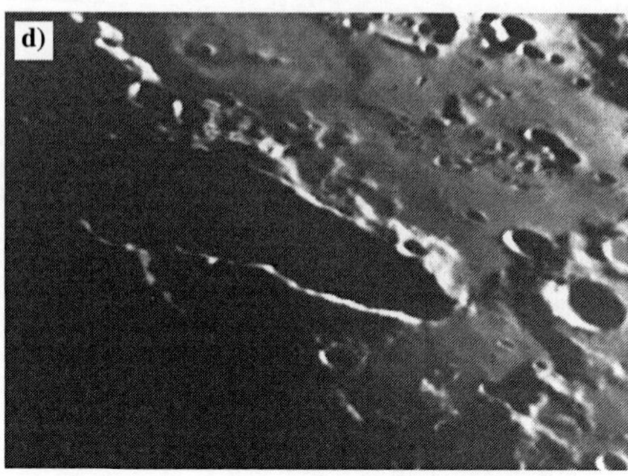

Abb. 8.41(d) Schiller, photographiert mit dem 1,5 m Reflektor des Catalina Observatory am 10. September 1966 um 12:02 UT, bei einer selenographische Colongitude der Sonne 216,8°. (Mit freundlicher Genehmigung des Lunar and Planetary Laboratory.)

schließe ich aus dem Umriss von Schiller. Der südliche Kraterrand hat einen kleineren Radius als der sich daran anschließende Hauptteil. Der schmalere nördliche Abschnitt verengt sich auch immer mehr und schließt mit einem kleineren Radius ab. Außerdem befinden sich im Nordteil zwei langgezogene „Zentralberge", die in derselben Richtung verlaufen, wie die lange Achse der südlichen Kraterhälfte. Die nördliche Hälfte liegt nicht in derselben Richtung, sondern knickt ein bisschen nach Osten ab.

Aus all diesen (zugegebenermaßen etwas oberflächlichen) Tatsachen habe ich die Vorstellung entwickelt, dass eine nahe beieinanderfliegende Gruppe von

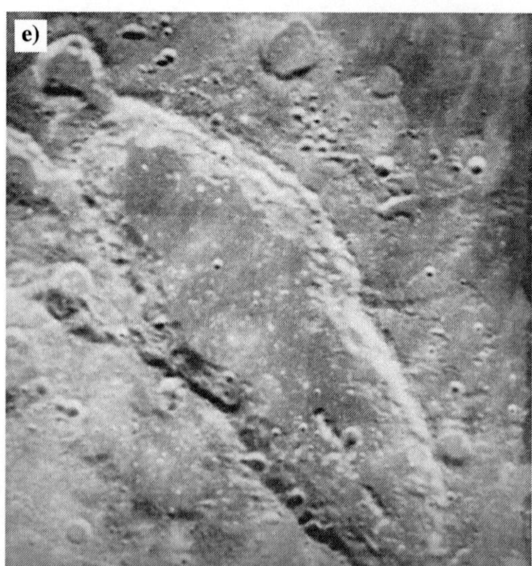

Abb. 8.41(e) *Clementine*-Aufnahme von Schiller. (Mit freundlicher Genehmigung der NASA.)

Projektilen (Bruchstücke eines Kometen oder Asteroiden) unter einem sehr flachen Winkel auf der Mondoberfläche eingeschlagen ist. Die Flugbahn verlief offensichtlich entlang der langen Achse des Kraters – aber in welcher Richtung? Vielleicht ist es von Bedeutung, dass es nur an einem Ende von Schiller so etwas wie einen Zentralberg oder eine Bergkette gibt. Hat ein Teil dieser Formation bereits vor dem Einschlag existiert oder ist alles zusammen entstanden? Natürlich handelt es sich bei diesen Überlegungen nur um meine eigenen Vorstellungen und nicht um die offizielle Lehrmeinung. Aber eines ist sicher: Es steckt mehr hinter Schiller als nur die einfache Überlappung zweier Krater, wie gemeinhin angenommen wurde. Wie denken Sie darüber?

8.42 Rimae Sirsalis [14°S, 300°O] und Sirsalis

Rimae Sirsalis liegt in der Nähe des nordwestlichen Mondrandes und ist mit 330 km die längste Rille des Mondes. Bemerkenswert ist auch die Tatsache, dass sie bei dieser Länge fast kerzengerade ist. Über den größten Teil ihres Verlaufs ist sie nur eine einzelne Rille (Rima Sirsalis), aber es gibt ein paar Ausläufer und Verzweigungen, deswegen bezeichnet man das ganze Gebilde als Rimae Sirsalis.

Abbildung 8.42 zeigt den Hauptteil der Rille in einer Aufnahme des Catalina Observatory in Arizona. Sie wurde mit dem 1,5 m Reflektor am 4. Februar um 7:42 UT gemacht, die selenographische Colongitude der Sonne betrug 74,2°. Die Rille verläuft in der Mitte des Bildes. Es handelt sich dabei um einen Einbruchsgraben, aber wodurch wurde er verursacht? Nicht weit von der Rille befindet sich die äußere Randzone des Orientalis-Beckens. Doch die Sirsalis-Rille verläuft weder radial noch tangential. Ist der Orientalis-Einschlag die Ursache?

Abb. 8.42(a) Sirsalis und Sirsalis A (die beiden überlappenden Krater unterhalb der Mitte) und Rimae Sirsalis (die Rille in der Mitte). (Aufnahme des Catalina Observatory. Mit freundlicher Genehmigung des Lunar and Planetary Laboratory.)

b)

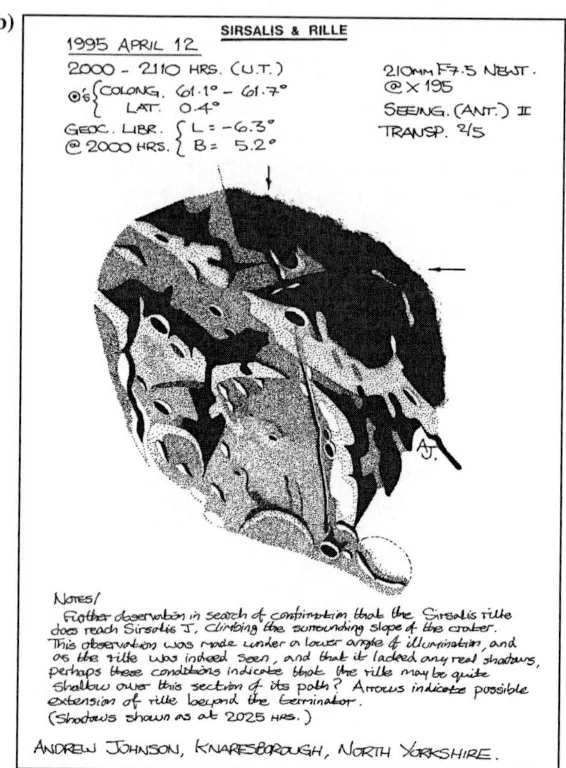

Abb. 8.42(b)   Sirsalis und Rimae Sirsalis, Zeichnung von Andrew Johnson. Die Notiz lautet: „Weitere Beobachtung bei dem Versuch zu bestätigen, dass die Sirsalisrille Sirsalis J erreicht, wenn sie die Kraterböschung erklimmt. Diese Beobachtung wurde bei sehr flacher Beleuchtung durchgeführt. Weil die Rille tatsächlich gesehen wurde und weil es keine richtigen Schatten gab zeigen diese Beleuchtungsbedingungen, dass die Rille in diesem Abschnitt vielleicht sehr flach ist. Die Pfeile zeigen einen möglichen Ausläufer der Rille jenseits des Terminators an. (Schatten gezeichnet um 20:25 UT)."

Viele Amateurastronomen machen einen Sport daraus, die äußeren Ausläufer der Rille möglichst weit nach Norden und Süden zu verfolgen. Die Abbildungen 8.42(b) bis (e) zeigen vier Zeichnungen von Rimae Sirsalis.

Bei dem auffälligen Paar überlappender Krater in der Mitte von Abbildung 8.42(a) handelt es sich um Sirsalis und Sirsalis A. Sirsalis ist der ganzgebliebe Krater.

Er hat einen Durchmesser von 44 km und ist 3 km tief. Der Zentralberg ist ziemlich klein, eigentlich nur ein Hügel, aber dennoch auffällig. Sirsalis A ist mit 49 km etwas größer als Sirsalis, wird aber von ihm überlagert.

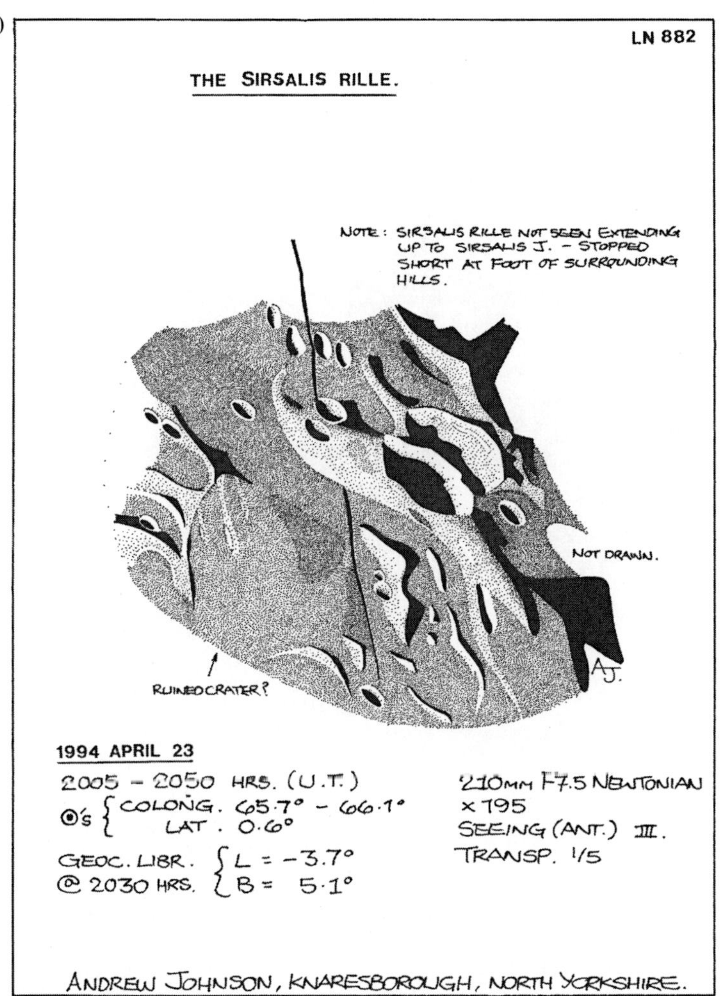

Abb. 8.42(c) Sirsalis und Rimae Sirsalis, eine weitere Zeichnung von Andrew Johnson. Die Notiz lautet: „Konnte nicht beobachten, dass sich die Sirsalisrille bis Sirsalis J hinzieht, sie hörte vorher am Fuß der umgebenden Böschung auf."

d)

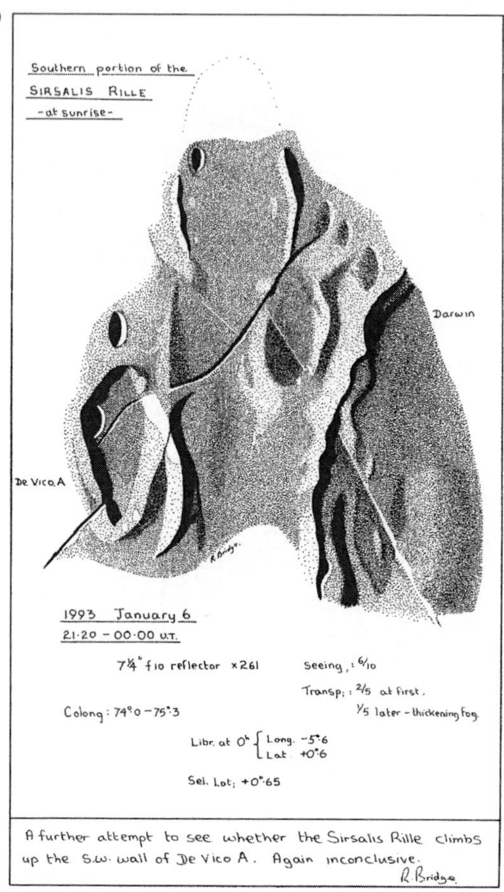

Abb. 8.42(d) Rimae Sirsalis und de Vico A, gezeichnet von Roy Bridge. Die Notiz lautet: „Ein weiterer Versuch zu sehen, ob die Sirsalisrille den Südwestteil von De Vico erklimmt. Immer noch unschlüssig."

e)

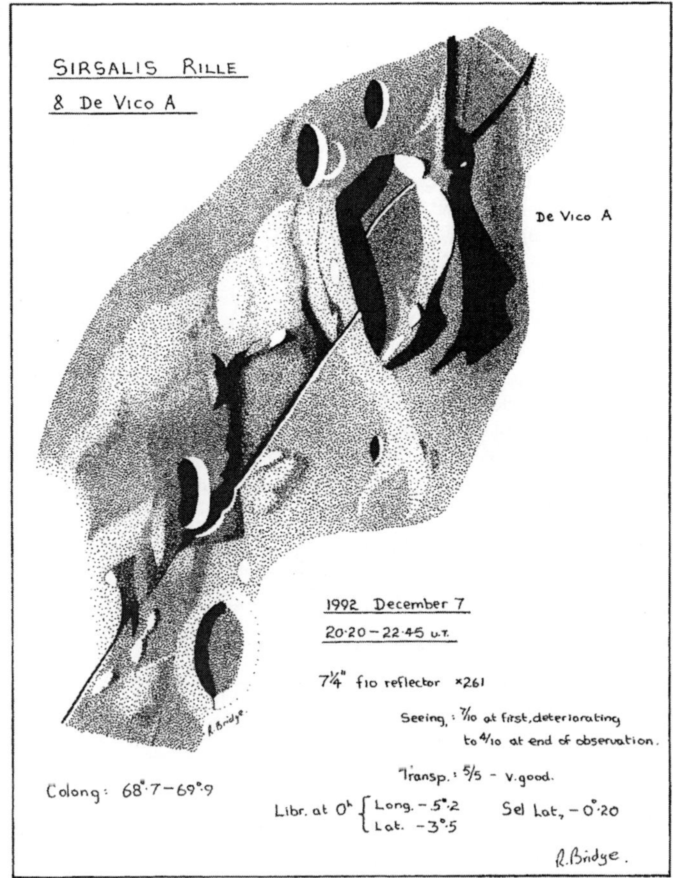

Abb. 8.42(e) De Vico A und der nördliche Teil der Sirsalisrille, gezeichnet von Roy Bridge. Die Notiz lautet: „Diese Beobachtung greift eine Frage auf, auf die mich Harold Hill aufmerksam machte. Erklimmt die Rille den Südwestwall von De Vico A? Leider war die Beobachtung unschlüssig. Ich fand es zu diesem Zeitpunkt extrem schwer zu sagen, ob sie es tut. Es schien einige Anzeichen dafür zu geben, aber die betreffende Gegend ist klein und das Seeing war nicht perfekt. Die Vermutung, dass die Rille auf beiden Seiten über den Wall geht ist vielleicht nur eine Täuschung.“

8.43 Die „Gerade Wand" (Rupes Recta) [22°S, 352°O], Birt und Birt A

Obwohl diese Formation eigentlich Rupes Recta heißt, ist sie unter dem Namen „Gerade Wand" oder „Lange Wand" bekannter. In Abbildung 8.43(a), einer hervorragenden Aufnahme von Tony Pacey, ist sie gut zu sehen. Tony benutzte seinen 10 Zoll Newton-Reflektor und projizierte das Bild mit einem orthoskopischen 4 mm Okular und ½ Sekunde Belichtungszeit auf FP4 Film. Die Aufnahme wurde am 24. April 1988 um 22:00 UT gemacht, die selenographische Colongitude der Sonne betrug 356,8°.

Rupes Recta liegt am östlichen Rand des Mare Nubium, etwas westlich von den auffallenden überlappenden Kratern Thebit, Thebit A und Thebit L (siehe Abschnitt 8.38). Tony Paceys Photographie zeigt die gesamte Umgebung mit dem Thebit-Trio, Regiomontanus (in der oberen linken Ecke), Arzachel, Alphonsus und einen Teil von Ptolemaeus (unten links). Sie sind bereits in den Abschnitten 8.38 und 8.4 besprochen worden. Der Krater Pitatus ist in der oberen rechten Ecke zu sehen, er wurde in Abschnitt 8.32 besprochen. Westlich (in Abbil-

Abb. 8.43(a)   Die „Gerade Wand", korrekt als Rupes Recta bezeichnet, photographiert von Tony Pacey. Sie erscheint hier als dünne schwarze Linie. Die aufeinander sitzenden Krater Thebit, Thebit A und Thebit L sind links von ihr und der kleine aber auffallende Krater Birt mit dem aufgesetzten Birt A befinden sich rechts.

Abb. 8.43(b) Rupes Recta, aufgenommen mit dem 1,5 m Reflektor des Catalina Observatory in Arizona. (Mit freundlicher Genehmigung des Lunar and Planetary Laboratory.)

dung 8.43(a) links) von Rupes Recta befindet sich der kleine aber auffällige Krater Birt mit dem noch kleineren Krater Birt A auf seinem Rand. Birt ist ein schüsselförmiger Krater mit 17 km Durchmesser und einer Tiefe von 3,5 km. Birt A hat einen Durchmesser von 6,8 km und ist 1 km tief.

Die „Gerade Wand" ist nicht exakt gerade und sie ist ganz sicher keine Wand. Kurz nach dem ersten Viertel geht die Sonne über ihr auf und bei Beleuchtung von Osten (Morgenlicht) erscheint sie als dünne schwarze Linie. Wie die meisten Reliefstrukturen auf dem Mond verschwindet sie bei Vollmond und erscheint am Nachmittag, wenn sie von Westen beleuchtet wird wieder als dünne helle Linie. Daran kann man erkennen, dass es zwischen beiden Seiten eine Höhendifferenz gibt.

Trotz ihres Aussehens handelt es sich dabei keineswegs um eine hohe steile Klippe. Es ist viel eher ein sanfter Hang, der den erhöhten Boden im Westen mit der tieferliegenden Ebene im Osten verbindet. Der mittlere Neigungswinkel beträgt nur etwa 7° und die Höhe ist nicht mehr als 240 m. Diese Formation hat jedoch eine beträchtliche Länge von 110 km.

Wodurch ist sie entstanden? Wurde der Boden im Osten angehoben oder ist er im Westen abgesunken? Die Meinungen gehen hier auseinander, aber die am meisten verbreitete Ansicht ist, dass das Gelände im Osten von den Druckkräften in diesem Teil des Mare Nubium angehoben wurde. Wenn Sie sich Abbildung 8.43(a) genauer anschauen, sollten Sie den Umriss eines fast vollständig ausgelöschten Kraters erkennen können. Schauen Sie sich die Grenze des Hochlands östlich von Rupes Recta an. Thebit liegt genau auf dem alten Kraterrand. Die Lavaströme des Mare Nubium haben den größten Teil des westlichen Kraterrandes weggeschmolzen, aber Spuren davon sind noch im Mare auszumachen. Man kann sehen, dass sich Rupes Recta fast über den ganzen Durchmesser dieses alten „Geisterkraters" erstreckt. Hat dies etwas zu bedeuten?

Ich überlasse es Ihnen, über diese faszinierende Formation nachzudenken, und schlage vor, dass Sie sich zuerst einmal den anderen Ring am Südende von Rupes Recta und die Rille anschauen, die parallel zu ihr am Krater Birt vorbeiläuft. Abbildung 8.43(b) zeigt eine Nahaufnahme dieser Region. Sie wurde am 29. Mai 1966 um 4:41 UT mit dem 1,5 m Reflektor des Catalina Observatory gemacht. Die selenographische Colongitude der Sonne betrug 22,6°.

8.44 Theophilus [11°S, 26°O], Catharina, Cyrillus, Mädler und Mons Penck

Eine der auffälligsten Kratergruppierungen auf dem Mond besteht aus Catharina, Cyrillus und Theophilus. 5 bis 6 Tage nach Neumond werden sie von der Sonne beleuchtet und zeigen dann den in Abbildung 8.44(a) photographierten Anblick.

Abbildung 8.44(b) zeigt die selbe Gegend bei hohem Sonnenstand. Auch dann sieht die Gruppe noch sehr eindrucksvoll aus. In Abbildung 8.44(c) werden die Krater von der anderen Seite beleuchtet. Diesen Anblick hat man etwa 19 Tage nach Neumond. Die Krater füllen sich mit schwarzem Schatten und verschwinden nach 19½ Tagen (Abbildung 8.44(d)).

Das dramatische Erscheinungsbild der Krater wird durch die Böschung von Rupes Altai im Westen noch verstärkt. Die Böschung ist eine gebogene Gebirgskette, die bei dem Einschlag aufgeworfen wurde, der des Nectaris-Beckens erzeugt hat. Cyrillus, Catharina und Theophilus liegen also zwischen dem Mare Nectaris im Osten und Rupes Altai im Westen. Der Rest der Mare Nectaris wurde im Abschnitt 8.30 besprochen.

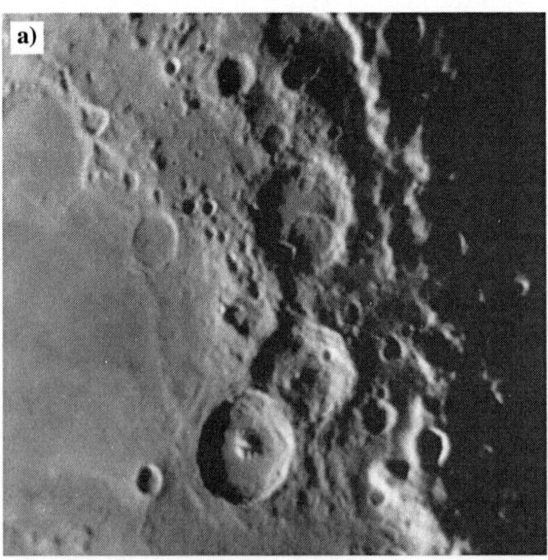

Abb. 8.44(a) Theophilus (der große Krater unten), Cyrillus (darüber und mit Theophilus verbunden) und Catharina (über Cyrillus), aufgenommen von Tony Pacey mit seinem 10 Zoll (254 mm) Newton-Reflektor am 21. März 1991. Der Aufnahmezeitpunkt war etwa 20 Uhr (UT) und die selenographische Colongitude der Sonne betrug etwa 330°. Er belichtete eine ½ Sekunde auf T-Max 100 Film, den er mit HC110 entwickelte. Der kleine Krater links von Theophilus ist Mädler, der sich im Mare Nectaris befindet.

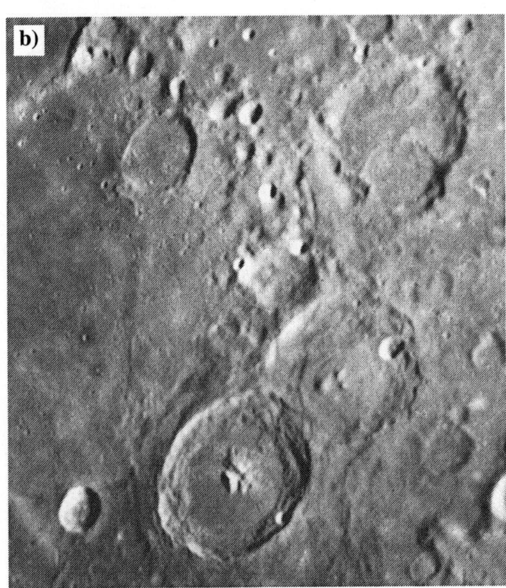

Abb. 8.44(b) Theophilus und Umgebung, aufgenommen mit dem 1,5 m Reflektor am 3. September 1966, um 9:19 UT bei einer selenographischen Colongitude von 130,0°. (Mit freundlicher Genehmigung des Lunar and Planetary Laboratory.)

Catharina ist der südlichste Krater des Trios. Er hat einen Durchmesser von 97 km. Seine Kraterwälle sind 3,1 km hoch, ziemlich rau, haben einen unregelmäßigen Umriss und sind stark von Kratern übersät. Beachten Sie die Details im Inneren. Der Krater hat eine Geschichte, aber das genauer herauszufinden überlasse ich Ihnen.

Catharina ist eindeutig am stärksten erodiert und somit der älteste Krater des Trios, aber Cyrillus, der Krater in der Mitte, ist auch nicht viel jünger. Cyrillus und Catharina scheinen durch einen Kanal miteinander verbunden zu sein. Tatsächlich ist diese Verbindung das Ergebnis weiterer Einschläge und einiger Bodenabsenkungen.

Cyrillus hat einen Durchmesser von 93 km und eine ähnliche Tiefe wie Catharina, obwohl seine sanften Abhänge den Eindruck vermitteln, dass er tiefer wäre. In seiner Mitte befindet sich ein auffälliger Zentralberg, der aus zwei Gipfeln besteht. Ein Vergleich des Kraterinneren von Cyrillus und Catharina ist sehr interessant. Wo liegen die Gemeinsamkeiten und wo die Unterschiede – und wie lässt sich das erklären?

Offensichtlich ist Theophilus der jüngste der drei Krater. Er hat eine Durchmesser von 100 km und ist auch ohne die Anwesenheit con Cyrillus und Catharina für sich allein genommen schon ein sehr spektakuläres Objekt. Die Außenwälle des Kraters sind sehr komplex und erheben sich etwa 1,2 km über seine Umgebung. Das Kraterinnere ist ziemlich tief und liegt etwa 3,2 km unter dem Umgebungsniveau. Wie man auf den Abbildungen sehen kann sind die inneren Kraterwälle von Theophilus sehr komplex. Die ursprünglichen Terrassen wur-

Abb. 8.44(c)   Die Abenddämmerung nähert sich Catharina, Cyrillus und Theophilus
Aufnahme von T. W. Rackham mit dem 1,07 m Reflektor des Pic du Midi Observatory in Frankreich. Beachten Sie, wie der Terminator dem Umriss von Mare Nectaris
folgt. Von der Aufnahme ist nur bekannt, dass sie vor Ende Juli 1964 gemacht wurde.

den von Erdrutschen verschüttet. Bemerkenswert ist auch der glatte Kraterboden, der den großartigen Zentralberg umgibt. Seine höchsten Gipfel erheben
sich 2 km über den Kraterboden. Ich frage mich, wann der erste Bergsteiger die-

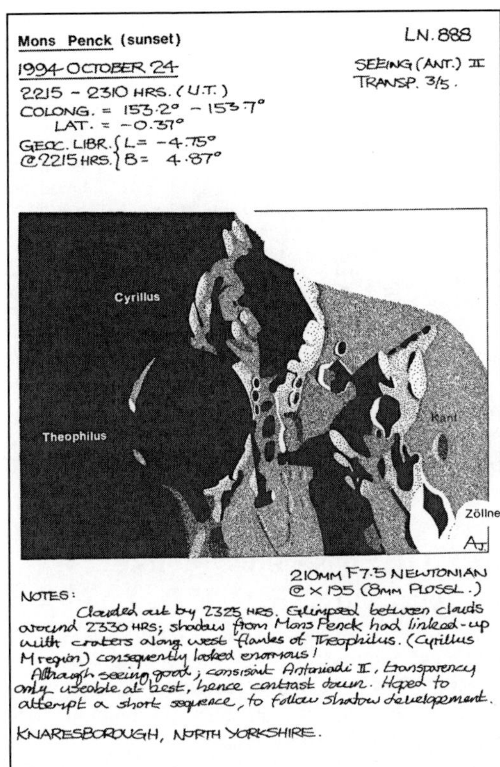

Abb. 8.44(d) Theophilus, Cyrillus und Mons Penck, gezeichnet von Andrew Johnson. Die Notiz lautet: „Bewölkung zugezogen um 23:25 UT. Gegen 23.30 konnte man noch einen Blick erhaschen, der Schatten von Mons Penck ist mit Kratern an der Westflanke von Theophilus (Cyrillus M Region) zusammengeflossen und sah daher riesengroß aus. Obwohl das Seeing gut war (II auf der Antoniadi-Skala), war die Transparenz nur in den günstigsten Fällen brauchbar, deshalb ging der Kontrast herunter. Ich hoffte eine kleine Sequenz aufnehmen zu können, um die Entwicklung des Schattens zu verfolgen."

sen Zentralberg erklimmen und vom Gipfel aus den unglaublichen Anblick der umgebenden fremdartigen Landschaft genießen wird?

Verschiedene Beobachter haben von seltsamen Erscheinungen innerhalb Theophilus berichtet und glauben, dass es ein *Hot Spot* für TLPs sei. Ich selbst habe aber dort nie etwas Ungewöhnliches beobachtet.

An der Stelle wo Theophilus und Rupes Recta am nächsten beieinander liegen, ist ein auffälliger Berggipfel, der sich auch weiter östlich befindet als der Rest der Gebirgskette. Er trägt den Namen Mons Penck und ist auch auf Andrew Johnsons Zeichnung zu sehen (Abbildung 8.44(d)). Abbildung 8.44(e) zeigt eine von Terry Platts außergewöhnlichen CCD-Aufnahmen von Theophilus.

Die Lavaströme des Mare Nectaris drangen bis zur Ostflanke von Theophilus vor. Der auffällige Krater östlich von Theophilus heißt Mädler. Er sitzt an der Verbindung vom Mare Nectaris mit dem Mare Tranquillitatis. Sein Umriss ist etwas verzerrt, der mittlere Durchmesser beträgt etwa 28 km. Für diese Größe ist er sehr tief, die Höhe vom Kraterboden bis zum oberen Rand beträgt etwa 2,7 km.

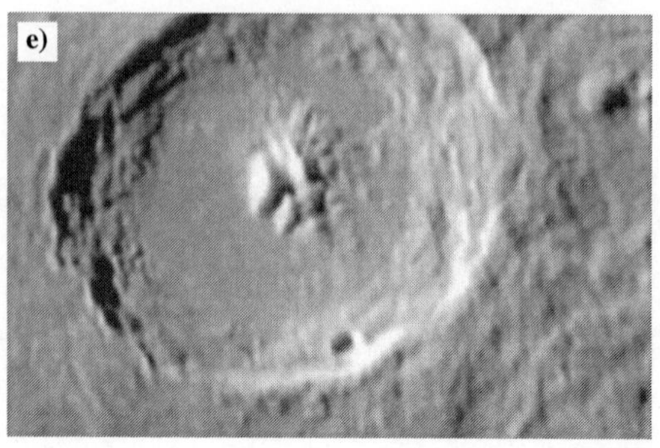

Abb. 8.44(e) Theophilus. CCD-Aufnahme von Terry Platt, die er mit seinem 12 ½ Zoll (318 mm) Dreifach-Schiefspiegler und einer *Starlight Xpress* CCD-Kamera gemacht hat. Genaue Aufnahmedaten sind nicht bekannt. Der Autor hat mit einem digitalen Bildverarbeitungsprogramm die Aufnahme etwas schärfer gemacht und die Helligkeit neu skaliert.

Etwas weiter nördlich von diesem Gebiet mit großartigen Kratern und spektakulären Gebirgszügen befindet sich eine Gruppe sehr kleiner und scheinbar unbedeutender Krater, die dennoch sehr faszinierend sind und vielleicht sogar einige Rätsel beinhalten. Sie sind Thema des nächsten Abschnittes.

8.45 Torricelli [5°S, 28°O], Censorinus, Moltke, Rimae Hypatia, Torricelli A, B, C, F, H, J und K

Weniger als 200 km nördlich von Theophilus, im Mare Tranquillitatis befindet sich eine kleine Gruppe interessanter Objekte, wie in Abbildung 8.45 zu sehen ist. Abbildung 8.45 und 8.44(b) aus dem vorangegangenen Abschnitt sind beides Abzüge derselben Aufnahme des Catalina Observatory.

Torricelli ist nur 20 km groß, wegen seiner Form, die an ein Schlüsselloch erinnert, jedoch sehr auffällig. Er scheint aus zwei miteinander verbundenen Kratern unterschiedlicher Größe zu bestehen.

Der Krater Censorinus ist nur 3,8 km groß, bei hohem Sonnenstand wird er aber sehr auffällig, denn sein Inneres reflektiert dann stark und er ist von hellem Auswurfsmaterial umgeben. Man sagt zwar, dass Aristarchus der hellste Krater auf dem Mond ist. Das ist zweifellos richtig, wenn man den ganzen Krater betrachtet, der viel größer als Censorinus ist. Betrachtet man jedoch die Helligkeit pro Fläche, so erscheint mir Censorinus bei hochstehender Sonne der hellere zu sein. Censorinus ist wohl einer der jüngsten Krater auf dem Mond, der groß genug ist, um in einem Amateurteleskop sichtbar zu sein.

Ein weiterer auffälliger, wenn auch nicht ganz so heller Krater ist Moltke, der einen Durchmesser von 6,5 km hat und 1,3 km tief ist. Auf den Bildern von Raumsonden kann man sehen, dass er einen sehr scharfen Kraterrand hat sein Inneres schüsselförmig, sehr glatt und hell ist. Auch er ist von einem hellen Saum aus Auswurfsmaterial umgeben. Zwischen Moltke und seinem Hinterland verläuft der östliche Teil von Rimae Hypatia. In Abbildung 8.45 ist sie wegen der ungünstigen Beleuchtung so gut wie unsichtbar.

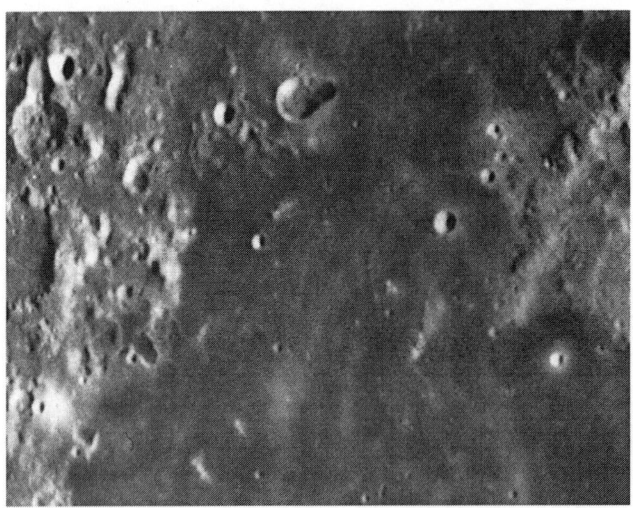

Abb. 8.45(a) Der „Schlüsselloch"-Krater Torricelli (mitte oben), Censorinus (der helle Krater in der unteren linken Ecke) und Moltke (heller Krater links unten), aufgenommen mit dem 1,5 m Reflektor des Catalina Observatory. Die gleichen Aufnahmedaten wie bei Abbildung 8.44(b). Der Krater auf halbem Weg zwischen Moltke und Torricelli ist Torricelli C. Man beachte den kleinen Bogen von Kratern oberhalb von Torricelli C. Von oben nach unten sind die drei größeren Torricelli K; J und H. Bei den zwei Kratern links von Torricelli ist der größere Torricelli A und der kleinere Torricelli F. Unterhalb dieser Krater befindet sich Torricelli B, bekannt als Quelle vieler jüngerer Berichte von TLPs (Transienter lunarer Phänomene). (Mit freundlicher Genehmigung des Lunar and Planetary Laboratory.)

Die Krater Torricelli A, B, C, F, H, J und K haben Durchmesser von 11, 7, 11, 7, 7, 5 und 6 km. (Ihre genaue Position ist im Text von Abbildung 8.45 beschrieben.) Von diesen ist Torricelli B besonders interessant, denn Aufnahmen von Mondsonden zeigen, dass er ein konisches Profil hat und sein Inneres mit verschiedenen Ablagerungen bedeckt ist. Die Bilder von Clementine zeigen einen Streifen hellen Materials, der sich von der Mitte nach Nordosten bis zum Kraterrand erstreckt. (Ich glaube, dass dieses Material reich an Feldspat ist, aber ich weiß nicht genau, ob dies auch der offiziellen Meinung entspricht.) Ein großer Teil des südwestlichen Inneren scheint von dem gleichen Material bedeckt zu sein. Das würde den hellen Klecks erklären, der mir bei vielen Beobachtungen an dieser Stelle aufgefallen ist.

Torricelli B scheint einer der definitiven Brennpunkte von TLPs zu sein. Er und die anderen Krater in seiner Umgebung zeigen im Verlauf einer Lunation auffällige Helligkeitsveränderungen. Doch das ist alles vollkommen normal und einfach zu erklären. Der Krater Torricelli B ist am besten zu erkennen wenn die Sonne tief steht und sein Inneres im Schatten liegt. Bei höherem Sonnenstand wird er zur grauen Scheibe, die bei Vollmond am hellsten ist. Aber sehr häufig erscheint Torricelli B heller oder dunkler als man es zu diesem Zeitpunkt der Mondphase erwarten würde. Ich habe auch gelegentlich den Eindruck, dass sich seine Farbe von normalem Weiß zu einem blauen Farbton verändert. Bei diesen Farbveränderungen ist der Krater sogar manchmal von einem purpurnen Halo umgeben! Ich konnte auch beobachten, dass der Krater innerhalb von Minuten seine Helligkeit änderte, während in dieser Zeit die Helligkeit von nahegelegenen Kratern wie Moltke und Censorinus konstant blieb. Helligkeitsschwankungen innerhalb von einer oder zwei Sekunden können natürlich durch atmosphärische Turbulenzen verursacht werden, aber sind Schwankungen im Lauf von mehreren Minuten möglich?

Die BAA Lunar Section beobachtet diesen Krater sehr aufmerksam, seit im Januar 1983 von den ersten Anomalien berichtet wurde. Besonders ein Mitglied, Mrs. Marie Cook, hat Torricelli B bis heute sehr eifrig beobachtet. Sie hat Hunderte von Beobachtungen von ihm gemacht, visuell und mit Farbfiltern, und sie mit Moltke und Censorinus verglichen. Ihre Ergebnisse scheinen meinen Eindruck von gelegentlichen Farb- und Helligkeitsänderungen zu bestätigen und ich freue mich sehr darüber, an dieser Stelle ihrer Arbeit hier Tribut zu zollen. Sind diese Veränderungen bloß eine Illusion, oder tut sich tatsächlich etwas auf der Mondoberfläche? Natürlich können schlechte Beobachtungsbedingungen und Farbflimmern das Aussehen von Kratern verändern. Ich bin mir sicher, dass sich die meisten TLPs so erklären lassen. Bei dem hellen Krater Censorinus kann man häufig Farbflimmern sehen (ein prismatischer Effekt, der von der Erdatmosphäre verursacht wird).

Manchmal zeigen Censorinus und gelegentlich auch Moltke anomale Helligkeitsveränderungen, aber keiner von beiden zeigt deutliche Farbveränderungen (von Farbflimmern abgesehen). Alles in allem handelt es sich um eine sehr interessante Mondgegend, in der es noch einiges zu erforschen gibt.

8.46 Tycho [43°S, 349°O]

Bei flach einfallendem Sonnenlicht ist Tycho eine sehr eindrucksvolle Formation, wie man in Abbildung 8.46(a) sehen kann.

Abbildung 8.46(b) ist eine Zeichnung des Kraters von Andrew Johnson und Abbildung 8.46(c) eine von Terry Platts bemerkenswerten CCD-Aufnahmen. Tycho hat einen Durchmesser von 85 km und ist auch im Vergleich mit anderen Mondkratern sehr tief.

Die Höhendifferenz vom Kraterrand bis zum tiefsten Punkt beträgt 4,8 km. Die inneren Terrassen, die vom Kraterrand bis zur Arena des Kraters herunterführen, sind sehr spektakulär, wie man in Abbildung 8.46(c) sehen kann. Auf Bildern von Raumsonden kann man natürlich noch mehr Einzelheiten erkennen. Abbildung 8.46(d) ist eine beeindruckende Aufnahme, die von der Mondsonde *Lunar Orbiter V* gemacht wurde. Das zentrale Bergmassiv erhebt sich 1,6 km über den Kraterboden.

Abb. 8.46(a) Tycho, aufgenommen mit dem 1,5 m Reflektor am 20. Januar 1967 um 1:52 UT bei einer selenographischen Colongitude von 18,5°. (Aufnahme: Catalina Observatory. Mit freundlicher Genehmigung des Lunar and Planetary Laboratory.)

Wie ich bereits gesagt habe, ist der Krater bei niedrigem Sonnenstand schon sehr eindrucksvoll. Bei hohem Sonnenstand wird er noch spektakulärer. Das sichtbare innere Relief verschwindet dann zwar, aber der Krater wird zu einer weißen Scheibe mit einem noch helleren Ring, der den Kraterrand darstellt und einem genauso hellen Fleck in der Mitte, dem Zentralberg. Der Krater selbst ist dann von einem dunkleren Halo umgeben. Von diesem geht ein großartiges

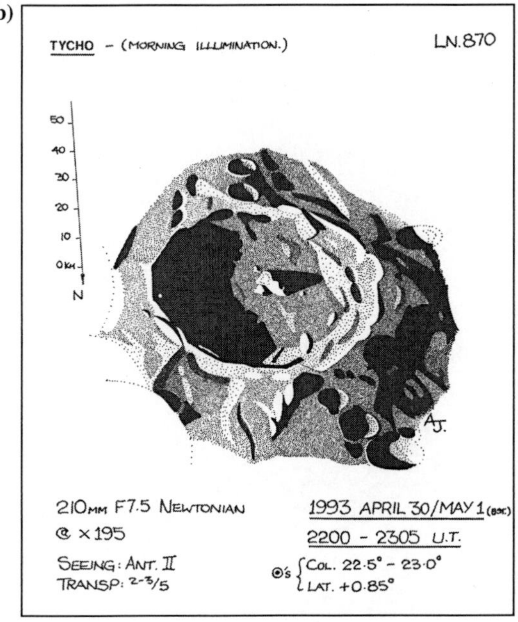

Abb. 8.46(b) Tycho, gezeichnet von Andrew Johnson.

Abb. 8.46(c) Tycho, aufgenommen von Terry Platt mit seinem 12 ½ Zoll Dreifach-Schiefspiegler und einer *Starlight Xpress* CCD-Kamera. Genaue Aufnahmedaten nicht bekannt. Der Autor hat mit einem digitalen Bildverarbeitungsprogramm die Aufnahme etwas schärfer gemacht und die Helligkeit neu skaliert.

Strahlensystem aus, das fast die gesamte sichtbare Mondscheibe überzieht (siehe Abbildung 8.46(e)).

Strahlensysteme habe Selenographen schon immer fasziniert und man hat eine Unmenge Theorien zu ihrer Erklärung entwickelt. Heute wissen wir, dass sie ein Ergebnis der gewaltigen Explosion beim Einschlag des Kraters sind. Die Strahlen bestehen aus fein pulverisiertem Auswurfmaterial (hauptsächlich Glasperlen), das auf ballistischen Bahnen über den Mond verteilt worden ist. Im Laufe von Hunderten von Millionen Jahren verblassen die Strahlen langsam durch die Bombardierung des Sonnenwindes und den Einschlägen von Meteoriten. Diese Einschläge führen dazu, dass die obere Regolithschicht fortwährend umgegraben wird, ein Prozess, den man auch als *gardening* bezeichnet. Die im Verlauf eines Mondtages auftretenden enormen Temperaturunterschiede erzeugen in-

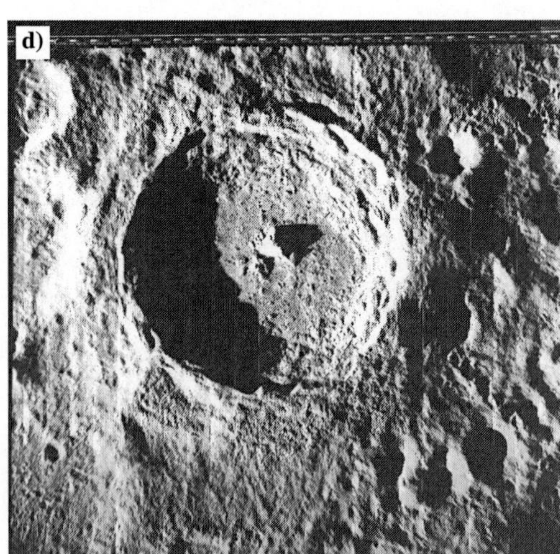

Abb. 8.46(d) *Lunar Orbiter V*-Aufnahme von Tycho. (Mit freundlicher Genehmigung der NASA und Von Professor E. A. Whitaker.)

Abb. 8.46(e) Tycho und sein Strahlensystem dominieren diese Aufnahme des Mondes von Tony Pacey. Er benutzte seinen 12 Zoll (305 mm) Reflektor um den Mond im Newton-Fokus mit einem Öffnungsverhältnis von f/5,4 abzubilden. Belichtungszeit $^1/_{500}$ s auf Pan F Film (es wurde keine zusätzliche Optik benutzt). Die Aufnahme wurde am 11. November 1992 um 21:45 UT gemacht. Die selenographischen Colongitude der Sonne betrug 100,9°.

nerhalb des Gesteins thermische Spannungen und tragen so auch zur Zerstörung bei.

Abbildung 8.46(f) wurde von der Erde aus aufgenommen, auch wenn es nicht so aussieht. Hierzu wurde eine Teleskopaufnahme des Catalina Observatory auf eine weiße Kugel projiziert und dann aus einem anderen Blickwinkel photographiert, um eine entzerrte Darstellung von Tycho und seinem Strahlensystem zu erhalten. Beachten Sie die Zone ohne Strahlen rechts, die zeigt aus welcher Richtung das Projektil kam. Die offensichtliche Tatsache, dass es nur wenig größere Krater mit Strahlensystemen gibt, legt die Vermutung nahe, dass es seit langer Zeit keine Einschläge größerer Meteoriten auf dem Mond mehr gegebeb hat.

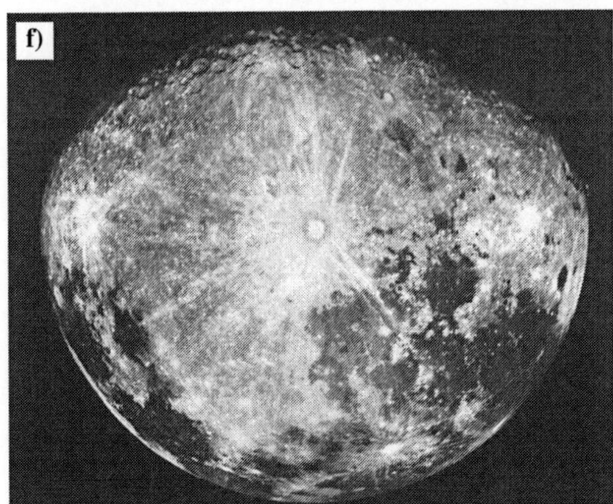

Abb. 8.46(f) Perspektivisch entzerrte Aufnahme von Tycho und seinem Strahlensystem.
Eine von der Erde aus gemachte Aufnahme wurde auf eine weiße Sphäre projiziert und von einem Punkt oberhalb Tychos photographiert. (Mit freundlicher Genehmigung des Lunar and Planetary Laboratory.)

g) 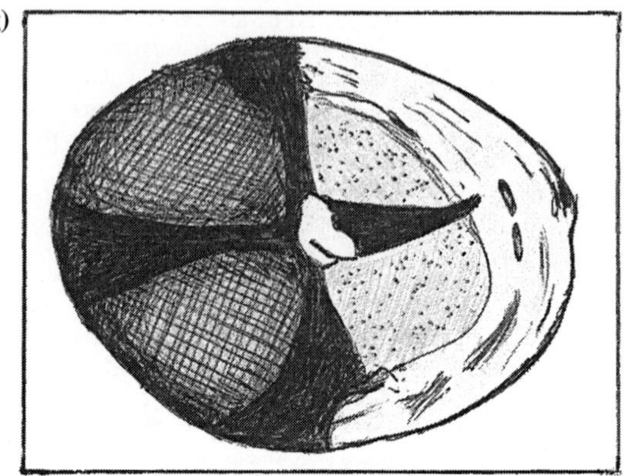

Abb.   8.46(g) Tycho. Zeichnung des Autors, auf der die Gebiete mit den aufgehellten Schatten zu sehen sind. Der Effekt ist hier der Klarheit halber stark übertrieben. In Wahrheit waren die Gebiete sehr schlecht definiert und schwer zu erkennen, kaum heller als die tiefschwarzen Schatten. Zum Zeitpunkt der Beobachtung betrug die selenographische Colongitude der Sonne 7,8°.

Tatsächlich ist Tycho (vielleicht mit Ausnahme des Kraters Giordano Bruno) der jüngste größere Krater auf dem Mond. An einem seiner Strahlen lag auch die Landestelle von *Apollo 17*. Anhand von Proben, die man von dort zur Erde zurückbrachte, konnte das Rätsel um die wahre Natur der Strahlen gelöst werden und man konnte feststellen, dass der Einschlag, bei dem Tycho entstanden ist, sich vor etwa 100 Millionen Jahren ereignet hat.

Es gibt eine Reihe von Berichten über TLPs im Zusammenhang mit Tycho, aber ich habe dort nie etwas beobachtet, dass sich nicht durch die Beleuchtungsbedingungen erklären ließe. Eine interessante Beobachtung habe ich aber am 10. März 1985 gegen 22 Uhr UT machen können. In meinem $18\frac{1}{4}$ Zoll (0,46 m) Reflektor konnte ich bei 144facher Vergrößerung sehen, dass der Schatten innerhalb des Kraters Tycho nicht so tiefschwarz war wie der Rest (siehe Abbildung 8.46(g)). Der Effekt war zwar nicht sehr leicht zu sehen, aber stark genug, um real zu sein. Ich habe andere Mitglieder der BAA angerufen und Sie gebeten, sich den schwarzen Schatten innerhalb Tychos genauer anzusehen (ohne ihnen die genaueren Einzelheiten zu verraten) und war nicht sonderlich überrascht über ihre Bestätigung.

Wie schwarz waren die Schatten im Krater? Sie sahen die meiste Zeit sehr schwarz aus, aber wenn Sie selbst in einer dieser Schattenregionen sitzen würden, hätten Sie wohl keine Schwierigkeiten Details in der Umgebung zu erkennen. Zum einen wäre da das schwache Leuchten des Sternhimmels. Zusätzlich stünde eine hell leuchtende Erde am Himmel über Ihnen. Von Ihrem Standpunkt im Schatten könnten Sie aber auch den Rest des Kraters sehen, der in blendend helles Sonnenlicht getaucht ist. Ich glaube, dass die von mir beobachteten etwas helleren Bereiche im Schatten durch die Reflektion des Lichts vom Zentralberg verursacht wurden, der zum Beobachtungszeitpunkt ins Sonnenlicht ragte. Reflektiertes Licht von den umliegenden hell erleuchteten Kraterwänden hat diesen Effekt noch verstärkt. Ein Teil dieses Lichts wurde vom Zentralberg abgeschattet, daher die dunkle Trennungslinie zwischen den beiden „grauen" Berei-

chen. Bei welchen Kratern können Sie Einzelheiten innerhalb der „schwarzen"
Schatten ausmachen?

8.47 Wargentin [50°S, 300°O], Nasmyth und Phocylides

Wargentin ist mit 84 km das größte Exemplar einer ganz seltenen Art von Mondkratern, die bis zum Rand mit basaltischer Lava gefüllt sind. Abbildung 8.47(a)
ist eine CCD-Aufnahme des Kraters von Terry Platt. Abbildung 8.47(b) ist eine
Zeichnung von Andrew Johnson, die ein baumartiges Muster von Lavarücken
auf Wargentins Oberfläche zeigt. Südlich von Wargentin befindet sich der riesige, 144km große überflutete Krater Phocylides. Beide überlagern die Überreste des einst 77 km großen Kraters Nasmyth. Man kann die ganze Gruppe am besten kurz vor Vollmond beobachten. Die Abbildungen 8.47(c) und (d) zeigen
Wargentin mit Nasmyth und Phocylides unter diesen Beleuchtungsbedingungen. Ich empfehle Ihnen, sich diesen übergelaufenen Krater selbst einmal genauer anzusehen.

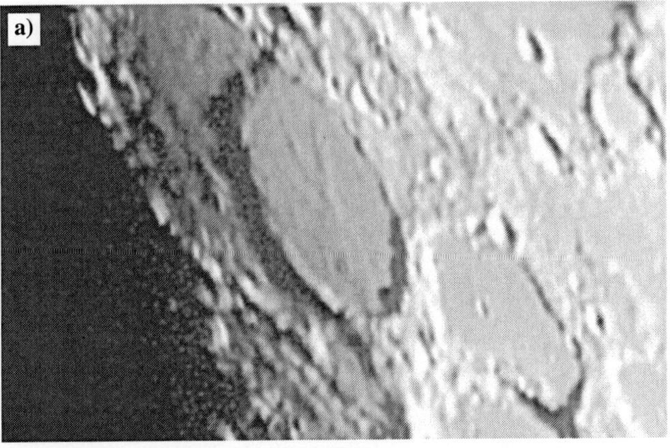

Abb. 8.47(a) Wargentin, aufgenommen von Terry Platt mit seinem 12 ½ Zoll Dreifach-Schiefspiegler und einer *Starlight Xpress* CCD-Kamera. Der Autor hat mit einem
digitalen Bildverarbeitungsprogramm die Aufnahme etwas schärfer gemacht und die
Helligkeit neu skaliert. Genaue Aufnahmedaten sind nicht bekannt.

b)

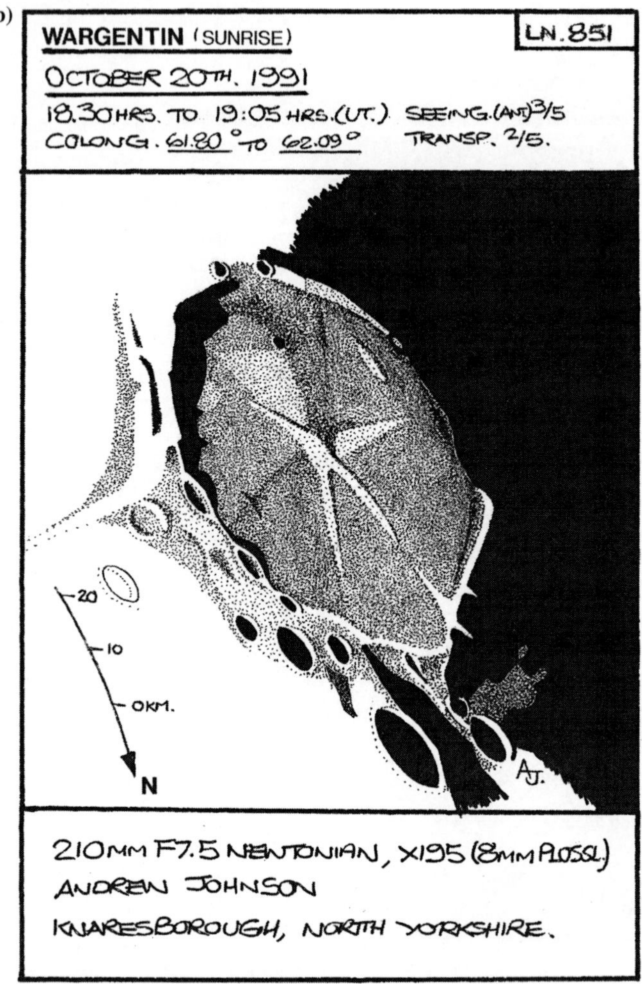

Abb. 8.47(b)   Wargentin, gezeichnet von Andrew Johnson.

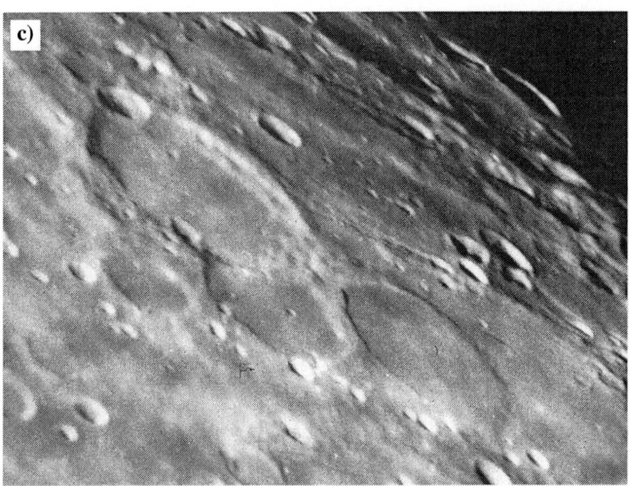

Abb. 8.47(c) Wargentin (unten links), Phocylides (der größte Krater oben links) und Nasmyth (der große Krater, der Wargentin und Phocylides berührt), aufgenommen mit dem 1,5 m Reflektor des Catalina Observatory am 6. Januar 1966 um 5:45 UT bei einer selenographischen Colongitude von 80,9°. (Mit freundlicher Genehmigung des Lunar and Planetary Laboratory.)

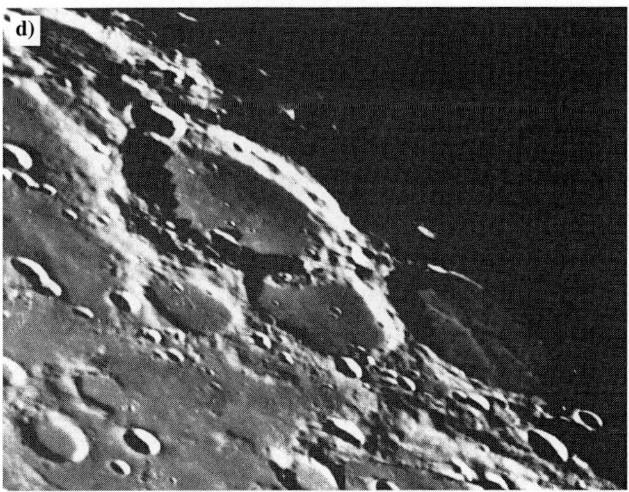

Abb. 8.47(d) Wargentin, Phocylides und Nasmyth, aufgenommen mit dem 1,5 m Reflektor des Catalina Observatory am 22. Februar 1967 um 3:43 UT bei einer selenographischen Colongitude von 61,0°. (Mit freundlicher Genehmigung des Lunar and Planetary Laboratory.)

8.48 Wichmann [8°S, 322°O]

In den vorangegangenen 47 Abschnitten haben wir viele großartige und spektakuläre Mondformationen untersucht. Für diesen Abschnitt habe ich absichtlich ein Gebiet ausgewählt, das auf den ersten Blick ziemlich uninteressant und unbedeutend aussieht. Der mit einem Durchmesser von 10,6 km ziemlich kleine Krater Wichmann liegt im südöstlichen Sektor des Oceanus Procellarum.

Wenn Sie durch ihr Teleskop schauen, sticht Wichmann nicht gerade ins Auge. Doch was sehen Sie, wenn Sie einmal genauer hinschauen? Sie werden alle möglichen interessanten Einzelheiten sehen – Lavarücken, Bergketten und ein erhöhtes Plateau, auf dem sich der Krater befindet. Andrew Johnson hat einmal hingesehen – richtig hingesehen. Die Abbildungen 8.48(a) und (b) zeigen zwei Zeichnungen von ihm. Was ist der Ursprung dieser Objekte? Und in welcher Beziehung stehen sie zu dem Mond im Ganzen?

Worauf ich hinaus will, ist die Tatsache, dass die „alten Favoriten" unter den Mondformationen zwar sehr schön anzuschauen sind, aber dass man auch aus den scheinbar uninteressanten Gegenden viel lernen kann. Die ganze Oberfläche des Mondes erzählt uns eine Geschichte – die Geschichte wie alles entstan-

a)

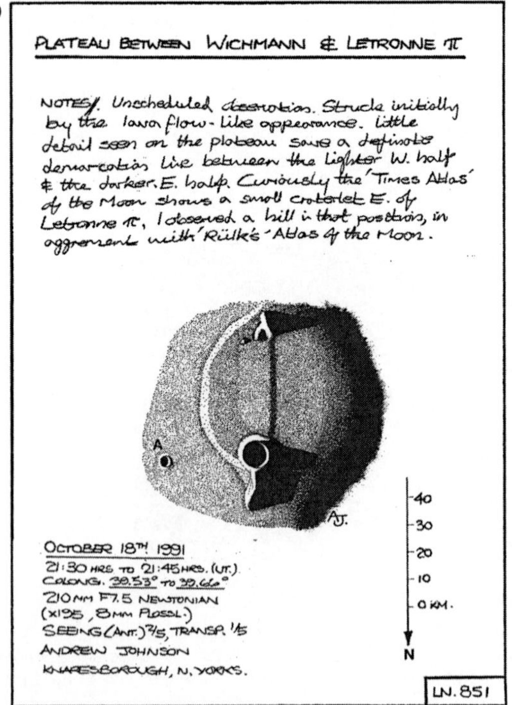

Abb. 8.48(a) Die Region um Wichmann, gezeichnet von Andrew Johnson. Die Notiz lautet: „Ungeplante Beobachtung. Anfangs überwältigt von Anblick der Lavaflüsse. Auf dem Plateau wenig Detail sichtbar außer einer deutlichen Trennungslinie zwischen der helleren Westhälfte und der dunkleren Osthälfte. Seltsamerweise zeigt der „Times Atlas of the Moon" ein kleines Kraterchen östlich von Letronne π, ich beobachtete einen Hügel an dieser Position in Übereinstimmung mit Rükls Mondatlas."

b)

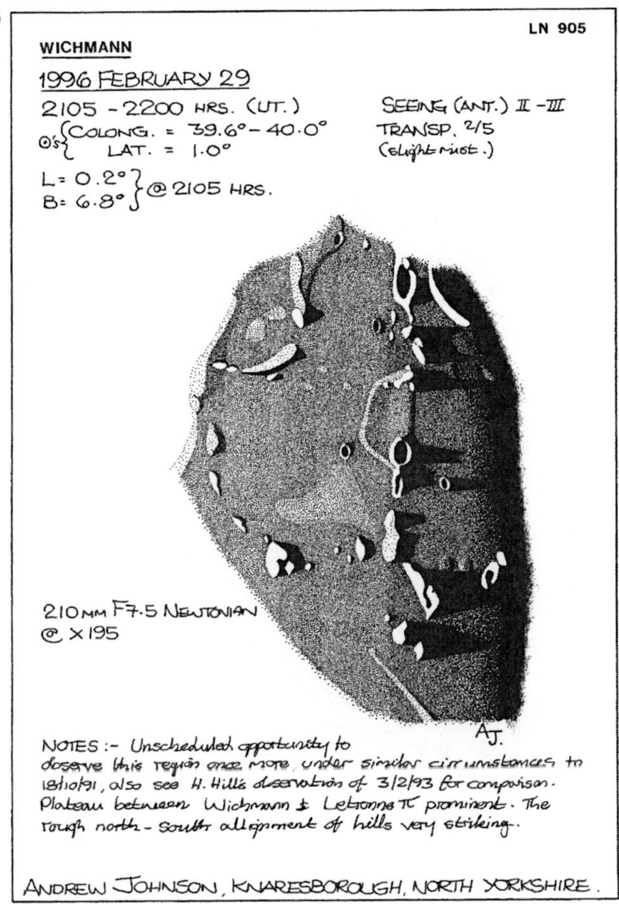

Abb. 8.48(b) Eine weitere Studie der Region um Wichmann, gezeichnet von Andrew Johnson. Die Notiz lautet: „Unerwartete Gelegenheit diese Region noch einmal zu beobachten, unter ähnlichen Bedingungen wie am 18.10.1991 (siehe auch H. Hills Beobachtung vom 3.2.1993 zum Vergleich). Das Plateau zwischen Wichmann und Letronne π steht deutlich hervor. Auffällig auch die Nord-Süd-Orientierung der Hügel."

den ist. Ich hoffe, dass ich Sie dafür begeistern konnte, die Oberfläche des Mondes selbst zu erforschen. Wenn Sie das tun, werden Sie auch viel Sehenswertes jenseits der ausgetretenen Pfade finden.

9 Gibt es TLPs?

Einer der wenigen Bereiche, in denen die Mondbeobachtung durch Amateure noch von wissenschaftlichem Nutzen sein kann, sind die kontrovers diskutierten TLPs. Der Begriff TLP kommt aus dem Englischen und ist die Abkürzung für „Transient Lunar Phenomena", die Amerikaner sprechen dagegen von „Lunar Transient Phenomena" oder LTP, gelegentlich auch von „moonblinks". Im Deutschen benutzt man ebenfalls die Abkürzung TLP, der direkt aus dem Englischen übertragene Begriff „transiente lunare Phänomene" klingt etwas umständlich und bedeutet soviel wie vorübergehende Erscheinungen auf der Mondoberfläche.

Der Grund für die kontrovers geführte Debatte um TLPs sind einige Personen, die behaupten, dass auf der Mondoberfläche des öfteren sehr seltsame Dinge vor sich gehen. Die Glaubwürdigkeit der TLP-Forschung hat unter dem Fanatismus dieser Randgruppe sehr gelitten. Deshalb wird dieses Thema oft nicht ernst genommen, und Leute, die den ernsthaften Versuch machen, diese Dinge wissenschaftlich zu untersuchen, werden sogar belächelt.

Erfahrene Mondbeobachter – Amateure wie auch Profis – sind TLP-Phänomenen gegenüber zwar zunächst einmal kritisch eingestellt, akzeptieren aber wenigstens, dass es einige Hinweise gibt, die eine genauere Untersuchung des Phänomens rechtfertigen. Ich selbst zähle mich zu dieser Gruppe. Im folgenden Kapitel stelle ich Ihnen einige der Hinweise vor und zeige Ihnen, wie Sie selbst an der Erforschung des Phänomens teilhaben können.

9.1 Das Geheimnis wird enthüllt

Regelmäßige Beobachter des Mondes berichten von Zeit zu Zeit über merkwürdige Erscheinungen, wie kurzfristige (manchmal sogar farbige) Schimmer oder nebelartige Verschleierungen in kleinen Bereichen der Mondoberfläche. Diese Beobachtungen gab es schon vor Jahrhunderten, sie sind also keine neue Erscheinung. Doch seit dem Beginn des 20. Jahrhunderts, als klar wurde, dass der Mond keine eigene Atmosphäre hat, erklären Astronomen TLP-Sichtungen immer häufiger als optische Täuschungen.

Dr. Dinsmore Alter, ein Berufsastronom, beobachtete im Jahr 1955 jedoch ein Ereignis, das sich nicht so leicht als optische Täuschung erklären ließ. Damals photographierte er am 60-Zoll-Spiegelteleskop des Mount Wilson verschiedene Regionen des Mondes im nahen Infrarot- als auch nahen Ultraviolett-Bereich. Dabei setzte er die entsprechenden Filter und Filmemulsionen ein. Während auf den Infrarot-Aufnahmen alles wie üblich erschien, bemerkte er auf den UV-Blau-Aufnahmen des Kraterbodens von Alphonsus einen gewissen Detailverlust. Einige Forscher waren verwundert: Hatte Dr. Alter auf seinen Aufnahmen den Austritt von so etwas wie Nebel in diesem Teil des Kraters festgehalten? Infrarotes Licht dringt durch dünne Nebelschwaden hindurch, UV-Licht dagegen nicht. Einige Amateur- sowie Profiastronomen nahmen sich der Beobachtung von Dr. Alter jedenfalls an. Einer von ihnen war Nikolai Kozyrev aus Russland. Kozyrev gewann mit dem 50-Zoll-(1,27 m)-Cassegrain Spiegelteleskop des Astrophysikalischen Observatoriums auf der Krim regelmäßig Spektren der Mondoberfläche auf. Während der Aufnahme kontrollierte er den Vorgang immer durch das Okular des Spektrographen. Am 3. November 1958 wurde er dafür belohnt: Er wurde Zeuge eines realen TLPs auf der Mondoberfläche.

In dieser Nacht absolvierte er zunächst das normale Programm, als er – kurz nach ein Uhr Weltzeit bemerkte, wie der Zentralberg des Kraters Alphonsus plötzlich in rötlichen Nebel gehüllt wurde (mehr über den Krater Alphonsus sowie Photos finden Sie in Abschnitt 8.4.). Schnell positionierte er den Spalt des Spektrographen über den Zentralberg und begann mit der Aufnahme eines Spektrums während er das Phänomen auch optisch weiter verfolgte (die Kanten des Spalts reflektieren und ermöglichen so die präzise Auswahl des spektrographierten Gebiets).

In den kommenden Stunden bemerkte Kozyrev wie der Gipfel des Zentralberges immer heller und immer weißer wurde. Zwischen 03:00 und 03:40 Uhr hatte der Krater wieder seine ursprüngliche Farbe angenommen und so beendete Kozyrev die Aufnahme der Spektren.

Als die Spektren entwickelt waren, zeigten viele von ihnen Anomalien in Form eines Streifens in der Mitte, der vom Licht des Zentralberges stammen musste. Die anderen Bereiche des Kraters, die auch noch vom Spalt des Spektrographen erfasst worden waren, zeigten dagegen nichts Ungewöhnliches, sondern nur das normale Sonnenlicht, das von der Mondoberfläche zurückgeworfenen wurde. Das während des Helligkeitsausbruchs aufgenommene Spektrum des Zentralberges zeigte starke Emissionsbänder. Diese sogenannten „Swan Bands" entstehen, wenn molekularer Kohlenstoffdampf (C_2) zur Emission angeregt wird. Andere spektrale Linien deuteten auf chemische Komponenten im Gas hin, die sich mit dem Kohlenstoff-Spektrum überlagerten. Das letzte Spektrum zeigte dann wieder den ursprünglichen Zustand, übereinstimmend mit dem was Kozyrev berichtete.

Kozyrevs Beobachtung weckte weltweit Interesse. Ein Bericht darüber finden Sie in der Februarausgabe (1959) des Magazins *Sky & Telescope*. Der Titel: „Observation of a volcanic process on the Moon" (Beobachtung eines vulkanischen Prozesses auf dem Mond) spiegelt seine Auffassung von dem wider, was er glaubte, beobachtet zu haben. Nur wenige seiner Zeitgenossen akzeptierten jedoch damals diese Deutung.

Kozyrev selbst gibt einen detaillierteren Bericht über seine Beobachtungen und die Folgerungen in seiner wissenschaftlichen Publikation „Spectroscopic proofs for existence of volcanic processes on the Moon" (Spektroskopische Beweise für die Existenz vulkanischer Prozesse auf dem Mond), die in dem Tagungsband „The Moon – Symposium No. 14 of the International Astronomical Union" (Herausgeber: Kopal und Mikhailov, Academic Press 1962) erschienen ist. Auch diese Quelle wird wahrscheinlich nur noch über den akademischen

Leihservice der Bibliotheken verfügbar sein. Die Publikation ist auf jeden Fall lesenswert, auch wenn Kozyrev das Beobachtete als eine Form von Vulkanismus interpretiert, während die meisten Wissenschaftler bis heute davon überzeugt sind, dass Kozyrev damals lediglich einen relativ ruhigen Gasausbruch auf der Mondoberfläche beobachtet hat.

Im Anschluss an Kozyrevs Darstellung folgt im gleichen Tagungsband eine andere Beschreibung von A. Kalinyak und A. Kamionko vom Pulkovo-Observatorium in Russland mit dem Titel „Microphotometric analysis of the emission flare in the region of the central peak of the crater Alphonsus on 3 November 1958" (Mikrophotometrische Analyse eines Emissionsereignisses in der Gegend des Zentralberges von Krater Alphonsus am 3. November 1958). Die Autoren haben darin eine detaillierte Analyse von Kozyrevs Spektren erstellt und kommen zu dem Ergebnis, dass das Ereignis tatsächlich ein Gasausbruch war, bei dem das austretende Gas durch die Sonnenstrahlung zur Fluoreszenz angeregt wurde. Sie kommen außerdem zu dem Schluss, dass die Temperatur des Gases weniger als 480° Celsius oder noch viel geringer gewesen sein muss. Seine Zusammensetzung ähnelte dabei der im Kopfbereich von Kometen. Kalinyak und Kamionko wiesen unter anderem die „Swan-Bands" des Kohlenstoffs nach und schlossen daraus, dass der Gasdruck weniger als ein Hundert-Millionstel Millimeter Quecksilbersäule (das entspricht in etwa dem Einhunderttausend-Millionstel Teil des Druckes in Meereshöhe) oder noch geringer gewesen sein muss.

Eine faszinierende Zusammenfassung amerikanischer Versuche, Kozyrevs Spektrum zu verstehen und zu bestätigen, findet man in *Sky & Telescope* (Oktober 1996). Der Artikel trägt den Titel „The lunar volcanism controversy". Ehemals skeptische Astronomen – darunter der berühmte Gerard P. Kuiper – haben ihre Einstellung zu diesem Fall geändert, nachdem sie die Möglichkeit bekamen, die Originalspektren von Kozyrev selbst zu untersuchen.

Einige Amateur- und auch Profi-Astronomen behielten Alphonsus auch nach 1958 regelmäßig im Auge, um eventuell auftretende, nachfolgende Effekte registrieren zu können. Es gibt einige Berichte von roten Flecken am Grund des Kraters, deren Existenz jedoch (soviel ich weiß) nie photographisch bewiesen wurde und die nach einigen Monaten auch nicht mehr sichtbar waren.

Kozyrev verfolgte sein Mondbeobachtungsprogramm weiter und fand noch einige weitere spektrographische Anomalien: eine in Krater Alphonsus am 23. Oktober 1959, eine andere im Krater Aristarch (siehe Abschnitt 8.7) am 1. April 1969. Beide Sichtungen waren allerdings nicht so eindeutig wie das Ereignis von 1958. Im ersten Fall war lediglich eine leichte Aufhellung am roten Ende des Spektrums auffällig. Das Aristarch-Ereignis zeigte die gleiche Rötung des Spektrums sowie Bänder molekularen Stickstoffs und molekularem CN knapp oberhalb der Nachweisgrenze.

Die Astronomen Greenacre und Barr vom Lowell Observatory (24 Zoll/0,61 m Refraktor) in den Vereinigten Staaten berichteten am 30. Oktober 1963 über die Sichtung intensiv roter und rosafarbener Flecken in unmittelbarer Nähe des Kraters Aristarch. Das farbige Glühen begann etwa um 01:30 Uhr Weltzeit und veränderte seine Intensität während der Beobachtung. Nach 25 Minuten verschwand das Phänomen genauso unmittelbar, wie es begonnen hatte.

Weitere Sichtungen des roten Leuchtens stammen von einem Astronomen am Perkins Observatory (69 Zoll/1,75 m Linsenteleskop).

Viele Amateurgruppen, besonders die Mondsektionen der British Astronomical Association und der Association of Lunar and Planetary Observers (ALPO), nahmen sich darauf des Problems TLP an. Schon kurze Zeit später gab es die ersten Berichte über Anomalien. Viele davon konnten unzweifelhaft erklärt und damit anderen Ursachen als realen Veränderungen auf der Mondoberfläche zugeordnet werden. Ich selbst glaube, dass ein Großteil der TLP-Sichtungen nichts mit Veränderungen auf der Mondoberfläche zu tun haben (mehr dazu in Unterkapitel 9.5). Dennoch gibt es eine Reihe von Beobachtungen, die nicht so einfach zu entkräften sind.

Barbara Middlehurst und ihre Kollegen in den Vereinigten Staaten sowie Patrick Moore in England trugen unabhängig voneinander Listen von TLP-Ereignissen zusammen, die sie schließlich im Jahr 1967 in einem gemeinsamen Katalog veröffentlichten. Patrick Moore aktualisierte diesen im Jahr 1971 – damals lag die Zahl der Sichtungen bei 713.

Ein Muster zieht sich durch hunderte von TLP-Sichtungen hindurch: So sind diese nicht gleichmäßig auf der Mondoberfläche verteilt, sondern scheinen sich an den Rändern der Mondmeere und innerhalb bestimmter Krater zu häufen. Die Hochländer des Mondes bleiben hingegen verschont. Krater Aristarch ist der „heißeste" aller TLP-Flecken auf dem Mond, etwa ein Drittel aller Sichtungen stehen mit ihm in Zusammenhang.

Auch aus dem Weltraum wurde schon einmal eine Anomalie in Aristarch beobachtet: So berichteten die drei *Apollo-11*-Astronauten über ein Leuchten, das sie am 19. Juli 1969 an einer der Wände des Kraters bemerkt haben wollen. Um 18:45 Uhr Weltzeit berichtete die Crew über eine beleuchtete Region nördlich ihres Raumfahrzeuges. Als sie näher kamen, sahen sie ihre ursprüngliche Meinung bestätigt, dass das Glühen aus dem inneren Bereich des Kraters kam. Hier nun ein Ausschnitt ihrer Kommunikation mit der Missionsleitung (die leider nicht so gut zu verstehen war und deshalb nicht ganz vollständig ist):

Wir haben etwa einen Phasenwinkel von Null Grad. Eine Wand des Kraters (Aristarch) scheint stärker beleuchtet zu sein, als die anderen. Sie ist definitiv heller als alles andere, was ich sehe. Es ist eine der inneren Wände des Kraters … es scheint allerdings keine farbigen Effekte zu geben … es ist der innere Teil der westnordwestlichen Wand, der Teil, der von der Erde aus eher normal aussieht.

Auch Astronomen auf der Erde konnten die Beobachtung der *Apollo*-Astronauten stützen. Sie bestätigten eine Aufhellung und andere Anomalien in der Region um Aristarch an verschiedenen Tagen dieses Zeitraums. Aufgrund der früheren, erdgebundenen Beobachtungen von TLP-Phänomenen waren die Astronauten gebeten worden, die Augen für alle ungewöhnlichen Erscheinungen offen zu halten.

Während der *Apollo-16*-Mission sah Ken Mattingly in der Kommandokapsel mehrere Blitze auf der Mondoberfläche (allerdings kenne ich hierzu keine genaueren Einzelheiten) und *Apollo-17*-Astronaut Harrison Schmidt beobachtete einen Blitz in der Region des Mondkraters Grimaldi. Dies ist ein zweiter heißer TLP-Fleck auf der Landkarte des Mondes. Im Abschnitt 8.20 finden Sie mehr über ihn.

Ein anderer TLP-*Hot Spot* (zumindest war er es in den sechziger und siebziger Jahren, seitdem kaum noch) ist der Mondkrater Gassendi (siehe Abschnitt 8.22). Walter Haas und H. P. Wilkins sahen in ihm am 10. Juli 1941 sowie am 17. Mai 1957 helle vergängliche Lichtflecken. Das auffälligste Ereignis fand jedoch am 30. April 1966 statt und wurde von P. K. Sartory zuerst entdeckt. An diesem Tag konnte man für vier Stunden einen keilförmigen Strahl sehen, der sich von der zentralen Erhebung des Kraters bis zu seinem südwestlichen Rand erstreckte. Mehrere unabhängige Beobachter – darunter Patrick Moore – wurden Zeuge dieses ungewöhnlichen Phänomens. Dieser beschrieb es mit den Worten „es war die bisher untrüglichste rote Lichterscheinung, die ich je auf dem Mond gesehen habe".

Damals war man davon überzeugt, dass sich TLP-Phänome immer in Form von roten Leuchterscheinungen zeigen müssten. Peter Sartory, ein Mitglied der Mondabteilung der British Astronomical Association, konstruierte sogar ein Gerät mit dem Namen „Moonblink". Dieses enthielt Rot- und Blaufilter, die im Teleskop vor die Okulare geklappt werden. Mit einem Knopf konnte jeweils einer der beiden Filter in Stellung gebracht werden. Rote Flecken auf der Mondoberfläche erscheinen durch einen Rotfilter eher hell, durch einen Blaufilter eher dunkel. Indem man die Filter beim Beobachten hin- und herwechselte konnte man rote Flecken auf der Mondoberfläche sehr schön erkennen. Mit dieser Methode wurden viele positive „Blinks" gefunden.

In den Vereinigten Staaten etablierte sich unter der Schirmherrschaft der NASA sogar ein Netzwerk professioneller Astronomen, die sich dem Problem mit noch ausgereifteren technischen Methoden annahm. Hier kam statt des menschlichen Auges ein elektronischer Detektor zum Einsatz (lesen Sie dazu auch *Icarus*, Juli 1967).

Ein Mitglied dieses Netzwerks, Winifred S. Cameron, befasst sich schon seit Jahrzehnten mit der TLP-Forschung. Auch jetzt, im Ruhestand, geht sie dem Thema nach und gilt weithin als führende Expertin auf dem Gebiet. Auch ist sie eine sehr produktive Autorin auf dem Gebiet der TLP-Forschung. Ihren Artikel „Lunar Transient Phenomena" in der Märzausgabe 1991 der Zeitschrift *Sky & Telescope* sollten Sie unbedingt lesen.

Einen der Fälle, den sie in ihrem Artikel anführt, betrifft den Krater Pitatus (siehe Abschnitt 8.32 für Abbildungen und Details). Außerdem sind in ihrem Artikel zwei Photographien von Gary Slayton aus Fort Lauderdale (Florida) zu sehen, auf denen sich ein heller Fleck im Krater innerhalb der beiden Aufnahmenzeiten eindeutig bewegt (die absoluten Zeiten sind zwar nicht angegeben, das Datum ist aber der 5. September 1981. Dies ist nicht der einzige Fall eines sich bewegenden Lichtphänomens auf dem Mond, von dem berichtet wurde.

Nun zurück zu den „Blink"-Detektoren, denn auch bei ihnen gibt es einige Probleme. Zum Beispiel mit Farbflimmern, einem Effekt, der von der Erdatmosphäre verursacht wird, und auf das zweifellos viele TLPs zurückzuführen sind. Schließlich merkten die Beobachter auch, dass die Mehrheit der TLP-Phänomene nicht rot waren, und wenige überhaupt Farben zeigten. Nicht zuletzt deshalb sind Blink-Detektoren heute aus der Mode gekommen.

Da ich hier nur Raum für einige wenige Beispiele habe, ist es nun an der Zeit, die kurze Historie der TLP-Sichtungen zu beenden und einmal die Haupttypen der beobachteten Phänomene vorzustellen.

9.2 Kategorien von TLPs

Im Folgenden schildere ich die verschiedenen Formen visueller Anomalien, von denen am häufigsten berichtet wird. In jedem dieser Fälle ist die betroffene Mondregion nur einige Quadratkilometer groß.

Kurzzeitige Änderungen der Albedo

Darunter versteht man eine ungewöhnliche Zu- oder Abnahme der Helligkeit der Mondoberfläche. Diese Helligkeitswechsel können einige Stunden andauern, sind meistens jedoch schon nach weniger als einer Stunde vorbei. Manchmal ist die Helligkeitsänderung relativ stabil, d.h., die Helligkeit in einem kleinen Bereich der Mondoberfläche steigt auf einen bestimmten Level, verharrt dort einige Zeit und fällt dann genauso gleichmäßig wieder zurück auf ihren ursprünglichen Wert. Bei anderen Phänomen sind die Helligkeitsschwankungen eher pulsierend. Ist dies der Fall, so schwankt die Helligkeit meist unregelmäßig hin und her. Diese Helligkeits-Fluktuationen haben Zeitskalen von nur wenigen Sekunden.

Verfinsterung von Oberflächendetails

Ein kleiner Fleck auf der Mondoberfläche kann plötzlich verschwommen oder unklar erscheinen, während seine Umgebung weiterhin klar und deutlich zu sehen ist. Der Effekt dauert meist eine Stunde. Es fällt auf, dass die verschwommene Region zuerst sehr deutlich und lokal begrenzt ist, sich dann aber vergrößert und weniger offensichtlich wird, ähnlich wie eine Dampfwolke, die sich verflüchtigt.

Farberscheinungen

Manchmal treten Farben als Begleiterscheinung von Helligkeitsänderungen oder Verfinsterung von Oberflächenstrukturen auf. Zu anderen Zeiten erscheinen sie alleine. Die meisten Anomalien zeigen keine starken Farberscheinungen. Bei einigen wenigen Fällen traten Farben allerdings sehr kräftig hervor. Aus meiner eigenen Erfahrung heraus kann ich sagen, dass Gebiete mit kurzzeitigen Helligkeitsschwankungen meist in einem bläulichen Farbton erscheinen, falls dabei überhaupt irgendwelche Farben sichtbar sind.

Lichtblitze

Lichtblitze sind die seltensten aller TLP-Erscheinungen. Dennoch gibt es zu viele verlässliche Schilderungen darüber, um sie zu verwerfen. Meist erscheinen sie als helle oder gar sehr helle Lichtblitze oder als kurzes Funkeln auf der Mondoberfläche. Es gibt mindestens zwei Photos, die Blitze auf der Mondoberfläche zeigen, obwohl ich zugeben muss, dass eine ganze Menge an möglichen photographischen Fehlern zur Erklärung dieser Photos in Frage kämen. Außerdem könnte es auch andere (weniger wahrscheinliche) Erklärungen geben, wie die Reflexion von Sonnenlicht an einem Satelliten, der sich zum Zeitpunkt der Aufnahme gerade durch das Bildfeld bewegte. Manchmal werden Lichtblitze auch gemeinsam mit anderen TLP-Erscheinungen beobachtet.

9.3 Das Geheimnis bleibt

Das wachsende Interesse von Amateur- wie auch Profi-Astronomen an TLP-Ereignissen in den fünfziger und sechziger Jahren setzte sich auch in den siebziger Jahren fort. Wie ich schon in der Einleitung bemerkte, zog das Thema allerdings eine gewisse Zahl an Spinnern an. Diese Leute gingen an ihre Teleskope und sahen plötzlich alle möglichen Formen von Farbeffekten als Rauchwolken aus Kratern aufsteigen. Viele wandten sich mit halbgaren Theorien über die Ursachen dieser physikalischen Phänomene sofort an die Öffentlichkeit.
Ich wäre froh, wenn dies alles der Vergangenheit angehören würde, doch dem ist leider nicht so. Auch heute gibt es Personen, für die der Mond ein wahrer Marktplatz für verrückte Phänomene ist. Nicht nur, dass die Berichte dieser Leute den Hohn und Spott von Profi-Astronomen auf dieses Fachgebiet der Mondbeobachtung lenken. Ihre „Berichte" verfälschen alle Daten, die über TLP bisher gesammelt wurden und machen ernsthafte Untersuchungen schwierig. Aus diesem Grund traue ich auch keinen statistischen Untersuchungen über TLP-Erscheinungen. Viele Korrelationsversuche mit der Sonnenaktivität, mit der Position des Mondes auf seiner Bahn und dem damit verbundenen Durchgang durch den Schweif des irdischen Magnetfeldes oder der Mondbeben-Aktivität wurden von Forschern sowohl bewiesen als auch entkräftet.

Glücklicherweise sind wir im Besitz einiger guter Beweise und Daten. Am meisten ernst genommen wird dabei natürlich die Arbeit der Profi-Astronomen. So haben Forscher des Tokyo Astronomical Observatory beispielsweise Langzeitstudien der Oberflächenhelligkeit des Mondes vorgenommen und untersucht, wie diese das einfallende und reflektierte Sonnenlicht polarisiert. (Einige Schwingungsebenen der Lichtstrahlen werden stärker reflektiert als andere.) Im Jahr 1970 beobachteten sie ein Ereignis am Krater Aristarchus, das sie in dem Buch „The Moon – issue 2" (1971) beschrieben haben. Ihr Aufsatz war überschrieben mit „An anomalous brightening of the lunar surface observed on March 26, 1970", der Autor war Naosuke Sekiguchi. Als sie an diesem Tag wie immer ihr normales photometrisches und polarimetrisches Helligkeits-Mess-Programm mit dem 36 Zoll (0,91 m) Spiegelteleskop durchführten, stellten Sekiguchi und seine Mitarbeiter fest, dass die Gegend um Aristarchus 0,3 Helligkeitsklassen heller erschien als sonst. Zur gleichen Zeit nahm der Farbindex um 0,1 Stufen ab. Mit anderen Worten: Die Region wurde etwa 30 Prozent heller und gleichzeitig bedeutend blauer. Der Wechsel in der optischen Polarisation, der ebenfalls nur in der Aristarchus-Region registriert wurde, ist ein gewichtiges Argument für ein echtes TLP-Ereignis. Sekiguchi bezieht sich auf andere Berichte professioneller Beobachtungen dieses Phänomens. Außerdem weist er darauf hin, dass das von ihm aufgezeichnete TLP-Ereignis eventuell mit dem Ausbruch eines Sonnenflares 29 Stunden vor seiner Beobachtung zusammenhängen könnte.

Ich schließe diese Geschichte – bruchstückhaft wie sie ist – mit der kürzestmöglichen Darstellung meiner eigenen Beteiligung an der TLP-Forschung und einer Zusammenfassung des heute aktuellen Standes.

Im Jahr 1979, als ich gerade mein Studium beendet hatte, kehrte ich in das Haus meiner Eltern in Seaford, East Sussex (England) zurück. Zu dieser Zeit trat ich auch der Mondsektion der British Astronomical Association bei und nahm die Mondbeobachtungen mit meinen 6 ¼ und 18 ¼ Zoll Spiegelteleskopen wieder auf. Damals existierte ein Telefon-Warnsystem, mit dem ein Beobachter alle verdächtigen Erscheinungen an einen zentralen Koordinator weiterleiten konnte. Dieser trat dann mit allen aktiven Beobachtern des Netzwerks in Kontakt. In den folgenden Jahren beobachtete ich den Mond regelmäßig bei allen sich bietenden Gelegenheiten, auch bei Wohnsitz- und Berufswechseln. 1983 schließlich landete ich in Bexhill-on-sea, East Sussex. Bis zu diesem Zeitpunkt hatte ich meine Beobachtungstätigkeit regelmäßig fortgeführt, wenn mich auch eine langfristige Erkrankung in den letzten Jahren etwas kürzer treten ließ.

In dieser Zeit gab es öfters Beobachtungsalarm. In manchen Fällen konnte ich überhaupt keine sichtbare Anomalie feststellen. In anderen Fällen konnte ich etwas sehen, fand aber heraus, dass die Ursache hierfür nicht auf dem Mond lag (in Abschnitt 9.5 mehr darüber). In einigen wenigen Fällen schien es indes so, als ob die Erscheinungen etwas mit Effekten auf der Mondoberfläche zu tun gehabt hätten. Einige dieser Alarme habe ich selbst ausgelöst, obwohl ich manchmal auch andere Ursachen als echte TLPs hinter den Ereignissen vermutete – nur sicher war ich mir eben nicht. Der Beobachter, der den Alarm auslöst, soll-

Abb. 9.1 Der 30-Zoll-(0,76 m)-Coudé-Reflektor in Herstmonceux, der Heimat des früheren Royal Greenwich Observatory. Das Licht tritt durch die Tür am hinteren Ende des Teleskops aus, um dann von dem links zu sehenden Spiegel (oberhalb des dünnen Dreibeins) in den Kopf des Spektrographen gespiegelt zu werden. Die verschiedenen Teile des Spektrographen verteilen sich über drei Stockwerke des Gebäudes!

te nie mehr als die grobe Richtung der vermuteten Erscheinung angeben. Eine Untermauerung des Ereignisses sollte also immer nach der Erscheinung mit Hilfe der darüber verfassten Berichte oder davon angefertigten Zeichnungen erfolgen. Meine endgültige Heimat in Bexhill war sehr zweckdienlich, als sich die Möglichkeit bot, als Gast-Beobachter am zwanzig Autominuten entfernten Royal Greenwich Observatory (RGO) zu arbeiten. Nach einer Einführung durch Patrick Moore und weil ich ein ausgebildeter Astronom bin, wurde mir das große Privileg zuteil, an den Geräten des RGO arbeiten zu dürfen. Von Januar 1985 bis März 1990 standen mir verschiedene Teleskope sowie weitere Geräte im Hauptgebäude zur Verfügung. Mein Hauptziel war dabei, Kozyrevs Beobachtungen zu bestätigen und ein gutes Spektrum eines TLP-Ereignisses aufzunehmen.

Mein Hauptinstrument war das 30-Zoll-(0,76 m)-Coude-Spiegelteleskop mit seinem ausgezeichneten, hochauflösenden Spektrographen (siehe Abbildung 9.1). Ein anderes, sehr nützliches Instrument war der 36-Zoll-(0,91 m)-Cassegrain-Reflektor in der angrenzenden Kuppel.

Abb. 9.2 Hier sieht man den Autor unterhalb des 36-Zoll-(0,96 m)-Cassegrain Reflektors des früheren Royal Greenwich Observatorys in Herstmonceux.

Normalerweise benutzte ich während der Beobachtungen beide Teleskope. Das Cassegrain-Teleskop eignete sich dabei besser als Kontrollinstrument (siehe Abbildung 9.2). Um von einem zum anderen Teleskop zu gelangen, brauchte man nur durch den Verbindungskorridor zwischen beiden Kuppeln zu laufen.

Natürlich nahm ich zu Vergleichszwecken viele Standard-Spektren auf, in der Hoffnung, dass einmal ein Spektrum eines TLP darunter wäre. Heutzutage würde man die Ausstattung, die ich seinerzeit benutzte als antiquiert bezeichnen. So nahm ich die Spektren noch auf 7 mal 1 Zoll (178×25 mm) großen Photoplatten auf, die ich aus 10×2 Zoll großen Kodak IIaO-Platten zurechtschneiden und nach der Belichtung im Spektrographen entwickeln musste. Heute betrachten frisch graduierte Astronomen diese Methode sicher eher als eine nostalgische Kunst eines vergangenen Jahrhunderts.

Abbildung 9.3(a) zeigt einen Abzug einer der Platten. Einige Details habe ich in der Bildunterschrift aufgeführt. Man sieht, dass eine recht hohe spektrale Auflösung erreicht wurde. Die Photoplatten scannte ich dann mit dem Densitometer des RGO's, das von jeder Platte drei Meter lange Grafiken erstellte, in denen die Intensität gegen die Wellenlänge aufgetragen wurde.

a)

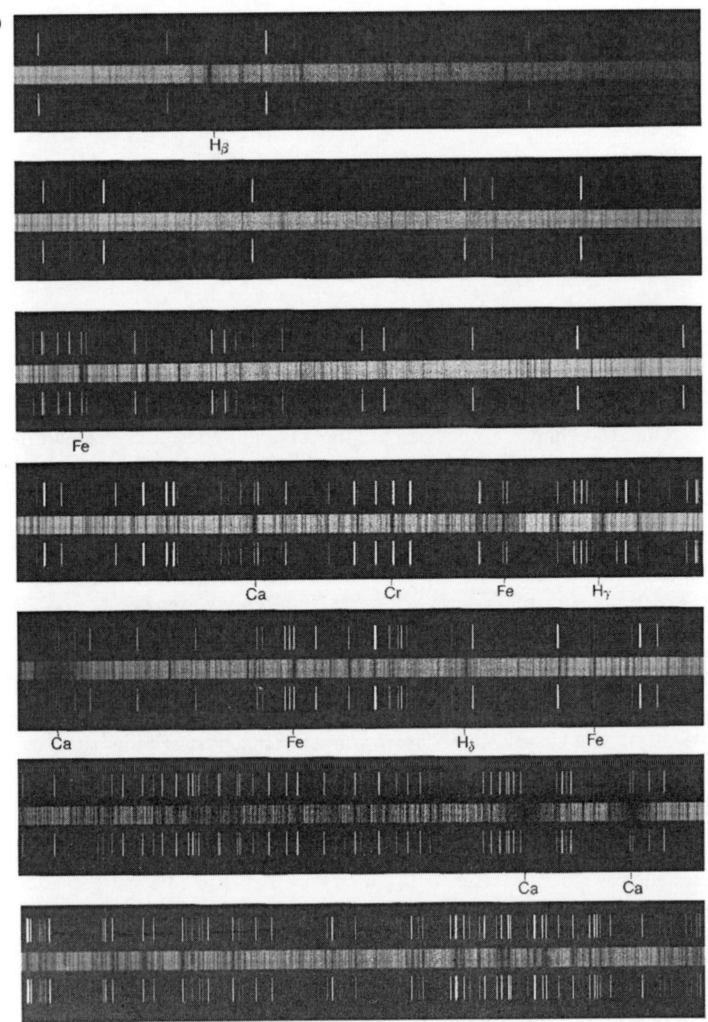

Abb. 9.3(a) Links sehen Sie ein hochaufgelöstes Spektrum des von der Mondoberfläche zurückgeworfenen Sonnenlichts, das vom Autor am 30-Zoll-Coudé-Reflektor und dem hochauflösenden Spektrograph des Royal Greenwich Observatory aufgenommen wurde. Der aufgenommene Wellenlängenbereich erstreckt sich von 355 Nanometern (links unten) bis 504 Nanometern (rechts oben). Auf jedem der abgebildeten Streifen nimmt die Wellenlänge von links nach rechts zu. Zwischen den einzelnen Streifen gibt es jeweils einen gewissen Überlapp. Ober- und unterhalb des Hauptspektrums wird ein Kupfer-Argon-Emissionsspektrum auf der Platte aufgenommen, um es eichen zu können.

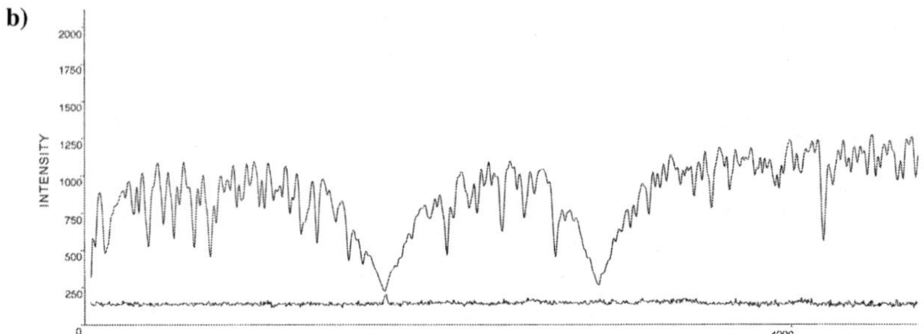

Abb. 9.3(b)   Ein kleiner Ausschnitt des Intensitätsübertrags des Spektrums. Die beiden Täler entsprechen in Abbildung (a) den zwei Calzium-Absorptionslinien im zweiten Streifen von unten.

Einen kleinen Ausschnitt davon sehen Sie in Abbildung 9.3(b). Die ausführlichen Kurven erlauben den Vergleich mit jedem Spektrum, das im Verdacht steht, eine Anomalie aufzuweisen. Eine ausführliche Darstellung der Ausstattung sowie der Vorgehensweise finden Sie in den Ausgaben Juli bis September 1987 der Zeitschrift *Astronomy Now*.

Nun aber die große Frage: Habe ich in dieser Zeit das Spektrum eines TLP erwischt? Ich fürchte, ich muss diese Frage mit Nein beantworten!

Am 27. September 1985 war ich gerade in der Kuppel des 30-Zoll-Teleskops beschäftigt, als mich ein TLP-Alarm über Telefon erreichte. Das Seeing an diesem Tag war äußerst schlecht und ich hatte schon ein Standard-Spektrum von Aristarchus aufgenommen. Trotzdem setzte ich den Spalt des Spektrographen auf Torricelli B. Die Ursache des Alarms war der Verdacht auf Helligkeitsänderungen. Dies zu sehen war bei den schlechten Sichtbedingungen fast unmöglich. Ich machte eine neunminütige Aufnahme. Als ich diese Platte entwickelte und anschließend scannte, fand ich nichts Ungewöhnliches an dem Spektrum. Allerdings gab es bei diesen Bedingungen auch keine großen Chancen etwas festzustellen, auch wenn auf Torricelli B ein starkes TLP-Ereignis stattgefunden hätte. Durch die unruhige Atmosphäre gelangte nur ein geringer Teil des Lichts von diesem kleinen Krater durch den Eingangsspalt des Spektrographen, der größere Teil stammte wohl aus der Umgebung.

In der nächsten Nacht lag dichter Nebel über Bexhill und so beschloss ich, zu Hause zu bleiben. Dennoch klingelte schon nach kurzer Zeit das Telefon: ein weiterer TLP-Alarm – wieder betraf es Torricelli B. Nach einer abenteuerlichen Fahrt zur Sternwarte bereitete ich alles vor, belichtete die Platte diesmal aber länger, um den Effekt des Nebels zu vermindern. Doch auch diesmal war der Aufwand umsonst: Ich konnte nichts ungewöhnliches finden – das Rauschen des Hintergrundes war einfach zu hoch.

Zu anderen Zeiten waren die Instrumente des RGO gerade belegt, wenn ein TLP-Alarm einging. Alles, was ich dann tun konnte war, meine eigenen Instrumente zu benutzen. Wieder einmal ging es um Torricelli B. Am 31. Mai 1985 beobachtete ich gerade mit meinem 0,46-m-Spiegelteleskop, als ich gegen 20:23 Weltzeit (UT) bemerkte, dass Torricelli B heller und malvenfarbig erschien und von einem Halo desselben Farbtons umgeben war. Sofort rannte ich ans Telefon und informierte den Koordinator. Um 20:29 Uhr war ich bereits wieder am Teleskop, doch da waren die Farbeffekte schon wieder verschwunden! Der Krater schien vom Farbton her rein weiß zu sein und schwankte unregelmäßig in seiner Helligkeit mit einer mittleren Periode von etwa zwei Sekunden. Die schlechten Seeing-Bedingungen verursachten ein Absinken der Bildschärfe mit einer mittleren Periode von fünf bis zehn Sekunden, während das turbulente Kräuseln des Bildes eine Periode von einer halben Sekunde aufwies. Um 20:34 Uhr bemerkte ich, dass der Krater stoßweise einen Hauch von Rosa zeigte. Von diesem Zeitpunkt an bis zum Ende der Beobachtung gegen 22:18 UT konnte ich Helligkeitsschwankungen feststellen, die keine atmosphärischen Ursachen zu haben schienen. Zwei andere Beobachter der BAA, die besseres Wetter erwischt hatten, berichteten unabhängig davon ebenfalls über Helligkeitsschwankungen und Farbphänomene und sogar sternähnliche Blitze im Krater. Sogar der Zeitpunkt der Blitze stimmte bei beiden Beobachtern auf die Minute genau überein. Ich selbst sah jedoch keine Blitze.

Das deutlichste TLP-Ereignis, das ich je gesehen habe, ereignete sich nur einen Tag vorher. Patrick Moore und Paul Doherty beobachteten eine ungewöhnliche Aufhellung am westlichen Rand von Aristarchus sowie ein Verschwimmen des nordwestlichen Kraterrandes. Ich und fünf andere Mitglieder der Mondsektion der BAA wurden benachrichtigt und beobachteten den Krater. Wie bereits berichtet, wurden bei einem solchen Alarm keinerlei Details der verdächtigen Erscheinung mitgeteilt, sondern nur deren ungefähre Position.

An meinem Standort herrschte ein schlechtes Seeing, gegen 20:53 Uhr bemerkte ich jedoch in den kurzen Zeiten guter Sichtbarkeit, einen rosa Farbton im nördlichen Kraterinnern. Um 22:08 Uhr nahm ich eine merkwürdige Erscheinung am Schatten des nordwestlichen Kraterrands wahr (siehe auch Abbildung 9.4), dort bildete sich ein Einschnitt! Bis 22:54 Uhr nahm die Kerbe eine rubinrote Färbung an.

Das Seeing verschlechterte sich ab diesem Zeitpunkt zunehmend, sodass ich die Beobachtung um 23:08 Uhr schließlich abbrechen musste. Alle Beobachter dieses TLP-Ereignisses stimmten in den Zeiten und den beobachteten Phänomenen überein. Zwei Beobachter bestätigten den von mir gesehenen Einschnitt sowie die Farbeffekte darin – und das Beste daran: alle Berichte waren unabhängig voneinander zustande gekommen!

Es frustrierte mich sehr, dass ich während dieser zwei Nächte keinen Zugang zu den Teleskopen des RGO hatte. Genauso frustrierend war es, wenn TLP-Alarm gegeben wurde und der Himmel über Herstmonceux aber bedeckt war. So war es mir leider nicht möglich, ein Spektrum eines TLP-Ereignisses aufzunehmen. Dennoch genoss ich es sehr, während der fünf Jahre die Profi-Instrumente des RGO benutzen zu können und ich habe andere erfolgreiche Beobachtungen mit ihnen gemacht. Es war eine großartige Erfahrung, die leider endete, als das RGO nach Cambridge umzog. Heute gibt es das RGO nicht mehr. Ein Stück eng-

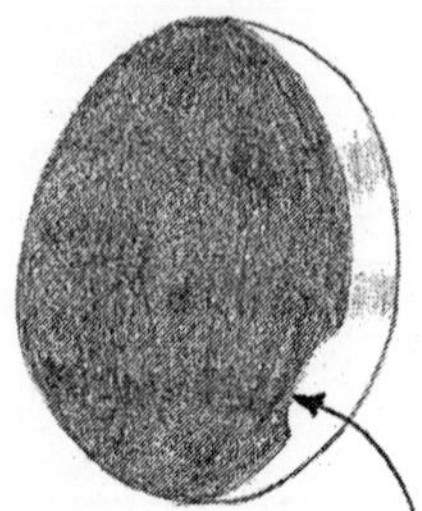

Abb. 9.4 Eine visuelle Anomalie beim Krater Aristarch, die vom Autor mit Papier und Bleistift festgehalten wurde.

lischer Wissenschaftsgeschichte, das von unseren Politikern einfach so weggeworfen wurde.

Für mich bedeutete das im Grunde, mich wieder der Hinterhof-Astronomie zuzuwenden. Ich konstruierte einen Spektrographen für mein größtes Teleskop (siehe Abbildung 9.5; eine genauere Beschreibung finden Sie in meinem Buch *Advanced Amateur Astronomy*). Die Krankheit, von der ich vorhin sprach, hielt mich indes immer mehr vom Beobachten ab.

Nichtsdestotrotz übernahm ich in einer Phase des Wechsels den Job des Koordinators der TLP-Beobachter in der Mondabteilung der BAA. Mir gelang es, die Arbeit der Gruppe noch einmal zu reaktivieren. Nach ein paar Jahren musste ich aber auch diese Aufgabe abgeben.

Die jetzige Situation sieht wie folgt aus: Weltweit gibt es noch einige versprengte Gruppen von TLP-Beobachtern. Der Enthusiasmus von früher hat jedoch erheblich nachgelassen. Es gibt natürlich auch Ausnahmen: Die ALPO beispielsweise verfolgt ein sehr ambitioniertes Beobachtungsprogramm. Auch die Mondabteilung der BAA hat weiterhin ein TLP-Programm, jedoch mit bedeutend weniger aktiven Mitgliedern als in seiner Glanzzeit.

Ich wünschte mir, ich hätte an dieser Stelle mehr Platz, um über TLP-Erscheinungen zu berichten, besonders von jenen, die von Profi-Astronomen beobachtet wurden. Dennoch hoffe ich, hiermit Ihr Interesse an diesem Feld geweckt zu haben. Die brennende Frage ist jedoch: Was ist die Ursache von TLP-Ereignissen?

a)

Abb. 9.5(a) Hier sehen Sie den Spektrographen, den der Autor auf den Tubus seines 0,46-m-Reflektor aufgesetzt hat.

Abb. 9.5(b) Spektrum des vom Mond reflektierten Sonnenlichts. (Vom Autor mit seinem eigenen Spektrographen aufgenommen).

b)

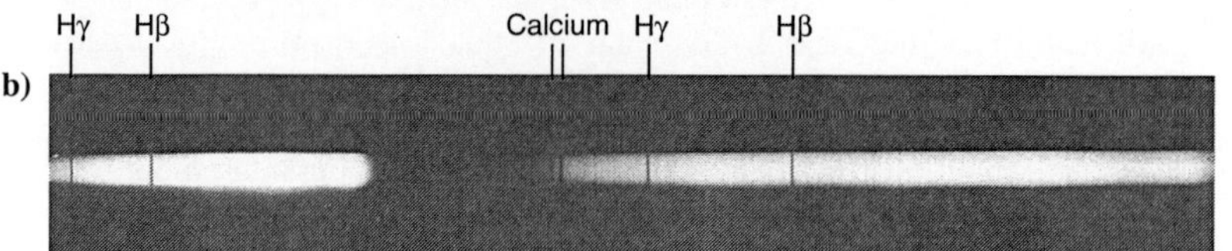

9.4 Was könnten die Ursachen von TLPs sein?

Wenn es nur ein einziges richtiges TLP-Ereignis gegeben hätte, nämlich das, welches von Kozyrev im Jahr 1958 beobachtet wurde, so wäre meine Schlussfolgerung einfach: Kozyrev wurde Zeuge eines Einschlages eines kleinen Kometen in der Nähe des Zentralberges von Alphonsus. Das dabei herausgeschleuderte Oberflächenmaterial verursachte die rötliche Färbung. Anschließend wurden die verbliebenen Gase des verdampften Einschlagskörpers von der Sonneneinstrahlung (Sonnenlicht und Sonnenwind) zum Fluoreszieren angeregt.

Wir haben es jedoch nicht mit nur einer, sondern mit Hunderten von TLP-Sichtungen beim Mond zu tun. Das Problem mit der „Kometen-Einschlagstheorie" ist, dass sich so nicht erklären lässt, warum bestimmte Regionen des Mondes von TLP-Ereignissen bevorzugt werden. Einschläge von Kometenmaterial sollten auf der gesamten Mondoberfläche gleichmäßig verteilt vorkommen.

Könnte es sein, dass der Mond noch unterirdische Eisvorkommen nach Kometenart besitzt und diese von Zeit zu Zeit an bestimmten Stellen durch Spalten und Risse ausgasen? Auch dies scheint relativ unwahrscheinlich zu sein. Zwar hat die Mondsonde Lunar Prospector sehr wohl Oberflächeneis an den Polregionen des Mondes nachweisen können, doch unterirdische Vorkommen kometaren Eises über große Bereiche der Mondoberfläche hinweg sind eine ganz andere Geschichte. Die meisten Planetenforscher und Geologen würden über einer solche Vorstellung nur milde lächeln.

Wahrscheinlicher ist da schon die Annahme, radioaktive Gase und gasförmige Rückstände aus der vulkanisch aktiven Frühzeit des Mondes könnten durch Risse an die Oberfläche gekommen sein. Interessanterweise deuten die Daten der auf der Mondoberfläche zurückgelassenen Seismometer auf eine Korrelation der Orte von TLPs mit den Epizentren von Mondbeben hin. Bei statistischen Korrelationen dieser Art ist allerdings eine gewisse Vorsicht angebracht.

Ich könnte mir auch vorstellen, dass die Sonneneinstrahlung und der Sonnenwind eine gewisse Rolle bei der Entstehung von TLPs spielen. Einfache Rechnungen zeigen zwar, dass der mittlere Energiefluss des Sonnenwinds beileibe nicht ausreicht, um sichtbare Effekte auf der Mondoberfläche auszulösen. Allerdings ist er sehr wechselhaft und die heftigsten Ausbrüche könnten durchaus genügend Energie liefern. Ich erwähnte ja bereits Sekiguchis Beobachtung vom 26. März 1970 und die Tatsache, dass nur 29 Stunden vorher ein großer Ausbruch auf der Sonnenoberfläche stattgefunden hat.

Natürlich kann die Fluoreszenz auch nur von den Oberflächengesteinen des Mondes herrühren. Schon seit längerer Zeit wissen wir, dass das Mondlicht mehr als nur reflektiertes Sonnenlicht ist. Eine berühmte Untersuchung zu diesem Thema stammt aus den sechziger Jahren von der „Manchester Group". Der in der Mai-Ausgabe (1965) der Zeitschrift *Scientific American* erschienene Artikel von Z. Kopal ist wirklich lesenswert und lohnt die Mühe, sich ihn zu beschaffen. Zusammen mit T. W. Rackham photographierte er eine ganze Reihe von Leuchterscheinungen am Observatorium Pic du Midi. Einige der Bilder sind in dem eben erwähnten Artikel abgebildet. Von den Mondkratern sind speziell Copernicus, Kepler, Plato und Aristarchus betroffen. Zum Teil wurden Helligkeitsausbrüche von bis zu 80 Prozent – verglichen mit dem einfallenden Sonnenlicht – gemessen. Spätere Arbeiten deuten an, dass der Mond normalerweise zehn Prozent heller leuchtet, als es das reflektierte Sonnenlicht eigentlich zulassen sollte. In seinem Artikel präsentiert Kopal eine detaillierte Analyse dieses Phänomens und macht die Teilchenstrahlung der Sonne hierfür verantwortlich.

Anzumerken bleibt, dass nicht jeder die Deutung des 1958 von Kozyrev aufgenommenen Spektrums als Ausbruch von Gasen akzeptierte. E. J. Öpik beispielsweise führte in den *Advances in Astronomy and Astrophysics, Volume 8* (1971 herausgegeben von Z. Kopal) aus, dass die Region größter Helligkeit sich nicht bis in den im Schatten liegenden, zentralen Bereich von Alphonsus erstreckte. Die Demarkationslinie im Spektrum ist scharf, was man von einer sich ausdehnenden Gaswolke nicht erwarten würde. Öpik folgert daraus, dass die Fluoreszenz-Erscheinung doch von der festen Mondoberfläche und nicht von einer gasförmigen Wolke ausging.

Ich halte die Fluoreszenz-These des Mondgesteins als Erklärung vieler TLP-Ereignisse für glaubwürdig. Allerdings frage ich mich manchmal, ob nicht auch gasförmige Emissionen von der Mondoberfläche eine gewisse Rolle spielen könnten. So wissen wir seit den *Apollo*-Missionen, dass zum Beispiel Radon aus der Mondoberfläche ausgast. Das *Apollo Alpha Particle Spectrometer* (AAPS) an Bord der Kommandokapseln von *Apollo 15* und *Apollo 16* registrierte Alphateilchen mit genau dem richtigen Energiespektrum, wie sie beim radioaktiven Zerfall von Radon entstehen.

Doch es kommt noch besser: Drei Amerikaner, Paul Gorenstein, Leon Golub und Paul Bjorkholm fanden bei der detaillierten Analyse der AAPS-Ergebnisse heraus, dass die Stellen mit den größten Radon-Emissionen mit den TLP-*Hot Spots* übereinstimmten (die Korrelation scheint wirklich stark genug zu sein). Ihr Aufsatz „Radon emanation from the Moon, spatial and temporal variability" (räumliche und zeitliche Veränderungen von Radonausgasungen auf dem Mond) erschien 1974 in dem Band *The Moon, 9 (1974)*.

Die Krater Grimaldi, Alphonsus sowie die Ränder der Mondmeere liegen hierbei auf den vorderen Plätzen. Die größte Radonquelle befindet sich jedoch im Bereich von Aristarch – dem aktivsten aller TLP-Gebiete.

Es erscheint mir sehr plausibel, dass austretendes Radon in der gleichen Weise zum Fluoreszieren gebracht werden kann, wie Oberflächengesteine. Es ist auch gut möglich, dass neben dem Radon noch weitere Gase aus der Mondoberfläche austreten.

Die Teilchen des Sonnenwindes kollidieren mit den Atomen oder Molekülen der Gase und regen deren Elektronen zum Sprung auf höhere Energieniveaus an. Beim Zurückfallen produzieren diese ihr charakteristisches Strahlungsspektrum. Genauso arbeiten auch konventionelle Fluoreszenz-Lampen, wie die Natrium-Lampen der Straßenbeleuchtung. Interessanterweise liefert Radongas wie Natriumdampf ein fast komplett monochromatisches Spektrum. Die stärkste Emission liegt im sichtbaren Bereich bei einer Wellenlänge von 434,96 Nanometern (multiplizieren Sie diesen Wert mit 10 wenn Sie die alte Einheit Angström lieber mögen). Das liegt im blau-violetten Bereich des Spektrums.

Um es einfach auszudrücken: Wenn ein starker Teilchenstrom von der Sonne gerade dort auf die Mondoberfläche trifft, wo Radon austritt, so kann es relativ leicht zu einem blauen, fluoreszierenden Leuchten kommen, das beispielsweise bei Torricelli B gesehen wurde. Außerdem vermute ich, dass bei einem relativ starken Radon-Ausbruch, der immer noch schwach im Vergleich zu irdischen Verhältnissen ist, sogar Teilchen aus der Mondoberfläche herausgelöst werden könnten und so die beobachteten Verschleierungen hervorrufen. Ob dies möglich ist, hängt jedoch immer von der lokalen Topographie ab. Man sollte erwarten, dass die Gaswolke je nach Größe der beteiligten Partikel entweder eine weiße oder eine rötliche Färbung aufweist. Das an der Wolke gestreute Licht ist je nach Teilchengröße zu einem gewissen Teil polarisiert. Bewegliche, ionisierte Gasatome oder -moleküle, besonders jene, die mit den festen Teilchen der Mondoberfläche wechselwirken, können zu einer Ladungstrennung und damit zum Aufbau einer elektrischen Potenzialdifferenz führen. Die dann folgende Gasentladung könnte für die beobachteten Blitze und Funken verantwortlich sein.

Soweit meine Theorie der Ursachen von TLP-Ereignissen. Diese kann natürlich auch komplett falsch sein. Wir brauchen einfach mehr Daten.

Andere Zeitgenossen haben andere Ideen. So gibt es zum Beispiel die Vorstellung, dass durch die starken Temperaturschwankungen auf der Mondoberfläche piezoelektrische Entladungen im Oberflächengestein stattfinden. Auch durch Mondbeben hervorgerufene piezoelektrische Effekte könnten zu triboelektrischen Entladungen führen. Winifred Cameron gibt in ihrem Artikel „Lunar Transient Phenomena (LTP): manifestations, site distribution, correlations and possible causes" (in *Physics of the Earth and Planetary Interiors, Volume 14 (1977)*), einen schönen Überblick über das Thema.

Über eines herrscht jedoch Klarheit: TLP-Ereignisse sind höchst selten. Die meisten der beobachteten Anomalien haben rein gar nichts mit physikalischen Prozessen auf der Mondoberfläche zu tun. Mögliche Gründe für solche Phänomene liegen meist viel näher.

9.5 Mögliche Ursachen von TLP-Falschmeldungen

Es gibt drei Quellen für TLP-Falschmeldungen: die irdische Atmosphäre, das Teleskop oder den Beobachter. Es gibt eine Reihe verschiedener Mechanismen, die hier ineinander greifen. Eine allein oder auch eine Kombination von mehreren kann zu einer TLP-Falschmeldung führen.

Die Atmosphäre

Eine der größten Fallen, in die ein Beobachter tappen kann, ist die des Farbflimmerns. Das Bild des Mondes besteht aus Grenzflächen zwischen hell und dunkel. An diesen erscheinen oft Farbsäume. Wir wissen alle, was passiert, wenn ein dünner Strahl weißen Lichts auf ein Glas-Prisma fällt. Das Licht wird zu seiner Basis hin gebrochen. Da jede Farbe anders gebrochen wird, wird der Lichtstrahl automatisch nach seinen Wellenlängenanteilen (das entspricht den Farben) sortiert. Diesen Effekt nennt man Dispersion. Der violette Anteil des Lichts wird etwas stärker gebrochen als der rote Anteil. Die Erdatmosphäre verhält sich ähnlich wie ein Prisma, dessen Basis nach oben zeigt. Daraus folgt, dass astronomische Objekte immer etwas höher über dem Horizont erscheinen, als sie tatsächlich sind. Der Sonnenaufgang findet also etwas früher, der Sonnenuntergang etwas später statt. Die Lichtstrahlen werden in der Atmosphäre leicht gestreut. Für jede Hell-Dunkel-Grenzfläche erscheint also immer der „volle Regenbogen". Aber auch die Orientierung der Grenzfläche und die Bildstruktur der nahen Umgebung spielen eine nicht unerhebliche Rolle, wodurch meist immer nur ein Teil des Regenbogens sichtbar ist. So scheinen die meisten Mondkrater einen blauen Farbsaum an ihrem südlichen Kraterrand zu haben, an ihrem nördlichen Kraterrand dagegen einen rötlichen. An dem Mondkrater Plato ist dieser Effekt häufig zu beobachten. Meist zeigen viele Krater jedoch nicht beide Halb-Regenbogen in der gleichen Intensität. Bei Plato beispielsweise ist der rötliche Farbsaum im Norden sehr viel stärker als der blaue Saum an seinem Südrand. Bei einigen Kratern ist die Verteilung aber auch genau umgekehrt: Blau im Norden und Rot im Süden.

Dieses Farbflimmern ist besonders ausgeprägt wenn wir den Mond (oder auch andere Himmelsobjekte) nahe dem Horizont beobachten. Der Effekt schwankt auch mit dem allgemeinen Zustand der Atmosphäre: Temperatur, Feuchtigkeit, Luftdruck, Aerosole und Partikel – alles spielt eine Rolle.

Die Auswirkungen auf die Suche nach TLP-Ereignissen sind offensichtlich: Immer wieder stellt sich heraus, dass das „rote Glühen" um einen Krater oder Zenralberg herum nichts anderes ist als ein Effekt unserer Atmosphäre. Ich bitte Sie deshalb eindringlich darum, sich klar zu machen, welche Farben bei bestimmten Formationen typischerweise auftreten. Die Krater Aristarch und Plato habe ich schon angesprochen. Ein anderes interessantes Beispiel ist der Krater Lassell. In vielen Nächten, besonders in der Nähe des Vollmonds ist Lassell von einem bläulichen Schein eingehüllt. Das Bergmassiv im Nordwesten von Lassell erscheint dagegen oft in einem orangefarbenen Licht.

Luftturbulenzen, die sogenannte *Szintillation*, können auch sehr stören. Manchmal ist das Bild flau, aber ziemlich stabil. Zu anderen Zeiten wogt es sehr stark hin und her. Meistens treten beide Effekte zugleich auf. Sie unterscheiden sich auch von Objekt zu Objekt. Ist ein Teil des Kraterwalls wirklich flau, oder liegt es daran, dass die feinen Details der Terassenstruktur dort ineinander gelaufen sind und so einen verschwommenen oder nebligen Anblick bieten? Um zu entscheiden, ob es sich um eine reale Anomalie handelt oder nicht braucht man viel Beobachtungserfahrung.

Das Teleskop

Das perfekte Teleskop gibt es nicht. Abgesehen von mechanischen Unzulänglichkeiten hat jedes optische System in Sachen Design und Genauigkeitstoleranzen irgendwo seine Grenzen. Einige davon beschreibe ich in Kapitel 3, da ich aber in diesem Buch zu wenig Platz habe, würde ich Sie für eine detailliertere Darstellung der optischen Systeme, ihrer Schwächen und Möglichkeiten der Korrektur gerne auf mein Buch *Advanced Amateur Astronomy* verweisen.

An dieser Stelle möchte ich lediglich anmerken, dass die laterale chromatische Aberration (also die von der Optik bedingten Farbränder um die Objekte herum) die größte Fehlerquelle für TLP-Beobachtungen darstellt. Die longitudinale chromatische Aberration äußert sich dagegen in einem Aufweichen der Bildschärfe im Zentrum des Gesichtsfeldes. Weiter außen kommt dann wieder die laterale Form der Farbabweichung zum Tragen. Beobachtungen mit Refraktoren (Linsenteleskopen) sind daher besonders kritisch. Allerdings verursacht das Okular meist eine weit größere Verschlechterung. In dieser Hinsicht haben Sie die größten Probleme, wenn Sie ein Spiegelteleskop mit zu geringem Öffnungsverhältnis benutzen!

Prüfen Sie alle Ihre Okulare kritisch. Suchen Sie sich eine Hell-Dunkel-Grenzfläche – zum Beispiel einen mit Schatten angefüllten Krater – und bewegen Sie ihn an den Rand des Gesichtsfeldes. Sehen Sie dann Farbabweichungen an den Rändern des Objekts? Das ist die klassische laterale Farbabweichung. Im Zentrum des Gesichtsfeldes erscheint der gleiche Krater ohne Farbringe. Probieren Sie gerne auch Farbfilter aus. Wird das Bild bei ihrem Einsatz schärfer? Wenn dem so ist, dann wissen Sie, dass das Bild durch die longitudinale chromatische Aberration verschlechtert wird.

Entweder beschränken Sie sich also auf monochromatische Beobachtungen mittels eines Farbfilters oder Sie investieren etwas Geld in bessere Okulare.

Der Beobachter

Wir sind Menschen und daher nicht unfehlbar. Unsere Augen sind nicht perfekt und noch weniger unser Gehirn, das das Wahrgenommene verarbeitet. Wenn Sie sich einmal vor Augen führen, wie stark sich der Anblick des Mondes aufgrund unterschiedlichster Beleuchtungsszenarien ändert, so ist es nicht schwierig, sich vorzustellen, wie ungewöhnliche Effekte uns in die Irre führen können. Dabei sind die meisten dieser Täuschungen für die jeweiligen Lichtverhältnisse ganz normal. Wieder ist hier Beobachtungserfahrung gefragt, um zu entscheiden, ob es sich um eine wirkliche Anomalie handelt oder nicht.

9.6 Das TLP-Beobachtungsprogramm

Von der Ausstattung her können Sie alle ihre vorhandenen Teleskope für die TLP-Beobachtung benutzen. Ab und zu treten prominente (helle) Anomalien auf, die auch in einem kleinen Teleskop gut sichtbar sind, daher ist es schwierig, eine untere Grenze der notwendigen Teleskopgröße zu nennen. Alle Teleskope mit mehr als 6 Zoll (152 mm) Öffnung sind empfehlenswert, sofern sie von guter Qualität sind. Spiegelteleskope sind Linsenfernrohren überlegen, sie sollten allerdings zur Vermeidung der chromatischen Aberration mit qualitativ hochwertigen Okularen ausgestattet sein.

Wenn Sie mit der Mondbeobachtung neu beginnen, sollten Sie den Mond erst einmal über mehrere Monate hinweg im Auge behalten, um etwas Erfahrung zu sammeln, wie der Mond bei verschiedenen Phasen und Beleuchtungswinkeln aussieht. Danach sollten Sie sich immer nur auf ein oder zwei Mondformationen beschränken und so langsam ein Gefühl dafür bekommen, was natürliche Phänomene sind und was nicht. Die Anmerkungen in Kapitel 8 werden Ihnen dabei helfen. Wenn ich auf TLP-Jagd gehe, so verfolge ich eine gewisse Strategie. Je nach Beobachtungsbedingungen unterteile ich die Beobachtung in zwei Phasen: Zuerst benutze ich eine etwas geringere Vergrößerung (etwa 144-fach an meinem 0,46-m-Teleskop) und fahre erst einmal die komplette Mondoberfläche ab (sowohl die von der Sonne beschienenen wie auch die dunklen Bereiche). Das dauert etwa 15 Minuten. Dabei führe ich das Teleskop von Ost nach West über die Mondoberfläche und bewege mich nach jedem Streifen zu einer etwas höheren Deklination. Die Bänder überlagern sich naturgemäß ein wenig und garantieren so, dass ich nichts auslasse. Dabei untersuche ich sorgfältig alle Mondformationen, die durchs Gesichtsfeld wandern, und halte nach irgendwelchen Unregelmäßigkeiten Ausschau.

Dann sehe ich mir alles, was verdächtig erschien, noch einmal genauer an. Wenn ich mir nicht sicher bin, so vergleiche ich meine Beobachtungen mit Karten oder Photos der Region, die unter ähnlichen Beleuchtungsbedingungen entstanden sind. Meistens beobachte ich die entsprechende Region für einen gewissen Zeitraum, um sicher zu sein.

Wenn alles normal ist, was meistens der Fall ist, schaue ich mir das nächste Objekt an. Meine Liste enthält folgende Formationen: Aristarchus, Torricelli B, Plato, Proclus, Alphonsus, Messier und Messier A, Tycho. All das sind heiße TLP-Favoriten. Außer bei Vollmond sind sie natürlich nie gleichzeitig von der Sonne beschienen, doch Aristarchus beispielsweise kann man auch im dunklen Bereich des Mondes unter der Beleuchtung mit Erdlicht beobachten.

Danach wechsle ich zu stärkeren Vergrößerungen und untersuche meine ausgewählten Objekte erneut. Meistens treibe ich die Vergrößerung aufgrund dem meist vorherrschenden, turbulenten Seeing nicht über das 207-fache hinaus. Wenn das Bild jedoch bereits schon bei geringerer Vergrößerung sehr flau erscheint, so macht es keinen Sinn, zu einer stärkeren Vergrößerung zu wechseln. Eine große Gefahr geht allerdings von der selektiven Beobachtung ausgesuchter Strukturen aus. Indem man die gesamte Mondoberfläche untersucht, kann man diesen Fehler vermeiden.

Besonders während Mondfinsternissen sollte man auf TLPs achten. Manche Beobachter vermuten, dass der schnelle Wechsel in der Oberflächentemperatur des Mondes TLP-Ereignisse auslösen kann.

Natürlich empfehle ich auch, sich einer Gesellschaft mit TLP-Beobachtergruppe anzuschließen. Gibt es einen Verdacht, so können Sie ihn einem zentralen Koordinator melden. Bitte geben Sie aber lediglich den ungefähren Ort ihres vermuteten Ereignisses an. Ansonsten könnten Sie mit genaueren Angaben ein korrekte Analyse verfälschen. Der Koordinator kann dann eine gezielte Suchaktion der anderen Teilnehmer auslösen.

Sie können sinnvolle Arbeit leisten, indem Sie die Mondoberfläche visuell nach TLPs absuchen. Haben Sie sogar Zugriff auf andere Untersuchungsmethoden, um so besser. Photographien (siehe Kapitel 4) und Video- oder CCD-Aufnahmen (siehe Kapitel 5) sind wertvolle Ergänzungen der rein visuellen Beobachtung. Zusätzlich können Sie auch Farbfilter mit all ihren Möglichkeiten nutzen. Auch photometrische Beobachtungen sind möglich, solange Sie ihre Video- oder CCD-Aufnahmen auf einem Computer gespeichert haben. Zusammen mit dem Einsatz von Farbfiltern nennt man diese Methode *Colorimetrie* – die Messung der relativen Helligkeit in verschiedenen Wellenlängenbereichen. Mit einem Polarisationsfilter sind wir dann bei der *Polarimetrie*. Wenn Sie einen Spektrographen besitzen oder sich zutrauen, einen zu bauen, so können Sie auch die Arbeit von Kozyrev nachvollziehen. Details all dieser Techniken finden Sie in meinem Buch *Advanced Amateur Astronomy*, da ich inzwischen mit diesem Buch schon die vom Herausgeber maximal vorgesehene Seitenzahl überschritten habe!

Seit drei Jahrzehnten erfüllt mich die Mondbeobachtung mit großer Genugtuung und Freude. Obwohl ich momentan gesundheitlich angeschlagen bin, nutze ich doch die eine oder andere Stunde zur Teleskopbeobachtung und hoffe noch mehr beobachten zu können, wenn sich mein Gesundheitszustand in Zukunft wieder bessert. Vielleicht sind mir ja weitere drei Jahrzehnte hinter dem Okular vergönnt. Ich bin mir relativ sicher, dass ich es noch erleben werde, wenn die Menschheit zum Mond zurückkehren wird.

Ich habe versucht, soviel Informationen wie nur möglich in den mir zur Verfügung stehenden Raum dieses Buches hineinzupacken. Dennoch ist es nicht vollständig. Dieses Buch könnte doppelt so lang sein und trotzdem nicht alles abdecken. Unser Wissen über den Mond ist einfach viel zu umfangreich. Und es gibt noch so viel zu lernen. Ich hoffe, ich konnte Sie davon überzeugen, ihr Teleskop auf den Mond zu richten. Dort werden Sie neben faszinierenden Gebirgszügen, Kratern und Ebenen eine faszinierende Welt voll rätselhafter Schönheit erleben. Dann werden sie am eigenen Körper erfahren, was Buzz Aldrin mit „großartiger Einöde" meinte.

Index